EINFÜHRUNG

IN DIE

THEORIE DER WÄRME

VON

DR. HEINRICH MACHE
O. Ö. PROFESSOR AN DER TECHNISCHEN HOCHSCHULE
IN WIEN

MIT 96 TEXTFIGUREN

BERLIN UND LEIPZIG 1921
VEREINIGUNG WISSENSCHAFTLICHER VERLEGER
WALTER DE GRUYTER & CO.
VORMALS G. J. GÖSCHEN'SCHE VERLAGSHANDLUNG :: J. GUTTENTAG, VERLAGS-BUCHHANDLUNG :: GEORG REIMER :: KARL J. TRÜBNER :: VEIT & COMP.

Druck von Metzger & Wittig in Leipzig.

Vorwort.

Wenn ich im Folgenden Vorlesungen über Wärmetheorie, wie ich sie (mit Ausnahme der später gesondert angeführten Kapitel) in den letzten Jahren an der Wiener technischen Hochschule, und zwar vornehmlich für den II. Jahrgang der Hörer der Maschinenbauschule gehalten habe, hiermit dem Druck übergebe, so geschieht dies zunächst, um einem Bedürfnis zu entsprechen, welches der langdauernde Krieg, wenigstens hier, gezeitigt hat. Die jahrelange geistige Entspannung der Hörer und ihre durch das Zusammenkommen mehrerer Jahrgänge bedeutend gesteigerte Zahl erschwert Studium und Unterricht und erweckte den Wunsch nach einem Hilfsbuch, das ausführlich und leichtverständlich geschrieben, den mündlichen Vortrag zu ergänzen und das im überfüllten Hörsaal besonders lästige Mitschreiben zu ersparen vermag. Natürlich hoffe ich aber, daß auch Studierende anderer Hochschulen, von gleicher Not betroffen, dieses Lehrbuch mit Nutzen werden verwenden können.

Nachdem die deutsche Literatur an Büchern über Thermodynamik eher Überfluß als Mangel aufweist, bedarf es einer Rechtfertigung warum ich nicht besser meine Vorlesung an eines dieser zum Teil so vorzüglichen Werke angeschlossen habe. Doch wird mir, wie ich glaube, der sachkundige Beurteiler zugeben, daß diese Bücher für eine erste Einführung in den Gegenstand wenig geeignet sind. Kann man auch im zweiten Jahr des Hochschulstudiums in Hinsicht auf mathematische Kenntnisse das Wenige voraussetzen, dessen man in der Thermodynamik bedarf, so trifft dies bezüglich der physikalischen Begriffsbildung ganz und gar nicht zu. Begriffe wie Temperatur, umkehrbare Arbeit und Wärmezufuhr, Zustandsfunktion und dgl. müssen erst entwickelt werden und bedürfen, ehe man sie gebraucht, eingehendster Erörterung, wobei auch die experimentellen Grundlagen zu berücksichtigen sind, die der Studierende in der Regel überhaupt noch nicht oder in anderem Zusammenhange kennen gelernt hat. Diese Begriffsbildung möglichst einfach und klar zu gestalten, war mein Bestreben und falls es Erfolg hatte, so hoffe ich, daß das vorliegende Buch jedem von Nutzen sein kann, der mit physikalischer Mittelschulbildung und Kenntnis der Elemente der Differential- und Integralrechnung ausgerüstet, dieses Gebiet der theoretischen Physik studieren will.

Dem Hauptziel entspricht die Auswahl des Stoffes. Es lag keineswegs in meiner Absicht, eine „Technische Thermodynamik" zu schreiben. Eine solche, wie wir sie z. B. in dem schönen Buch von Schüle ohnedies besitzen, tut recht daran, wenn sie von den physikalischen Grundlagen in aller Kürze nur das Nötigste bringt und dafür die Ergebnisse der Theorie in ihren technischen Anwendungen ausführlich erörtert. Hier handelte es sich hingegen vor allem um diese Grundlagen. Anwendungen wurden zur Erläuterung und als Beispiele gern aber nur soweit gebracht, als es nötig schien, um den angehenden Maschinenbauer davon zu überzeugen, daß er hier die gesicherten physikalischen Grundlagen seines Wissenschaftsgebietes kennen lernt. Die Erwerbung dieser Kenntnisse muß ihrer Anwendung vorausgehen; denn es ist unmöglich, einen Begriff, wie z. B. den der Entropie, dem Studierenden statt durch wirkliches Erfassen sozusagen durch Gewöhnung näher zu bringen.

Eine Sonderstellung nehmen die Kapitel XIV, XV, XVI und XXII ein, die über die sonst durchaus elementare Darstellung stellenweise hinausgehen. Sie können bei einem ersten Studium ohneweiters überschlagen werden. Doch schien es mir der Vollständigkeit halber geboten, auch diese Gebiete der Wärmetheorie zu behandeln, welche, wie der Nernstsche Satz (XIV) und die Plancksche Quantentheorie (XVI) das wissenschaftliche Interesse derzeit besonders in Anspruch nehmen. Die Kenntnis der Strahlungsgesetze (XV) kann der Techniker schon heute nicht entbehren und es ist nur eine Frage der Zeit, wann dies auch bezüglich der auf dem Gebiet der physikalischen Chemie mit so großem Nutzen verwendeten Zustandsfunktionen, vor allem der „freien Energie" und des „thermodynamischen Potentials" (XXII) der Fall sein wird. Die „Wärmefunktion" (Wärmeinhalt) findet schon jetzt allgemeine Anwendung.

Hier habe ich auch mit besonderem Dank anzuführen, daß das Kapitel XVI von meinem Kollegen, Prof. L. Flamm, geschrieben wurde, der damit den ersten und, wie ich glaube, gelungenen Versuch macht, das Plancksche Strahlungsgesetz aus der Quantenhypothese in einfacher Weise zu entwickeln. Er vereinfacht und vertieft aus diesem Anlasse den Weg, den er hierzu bereits in einem in der „Physikalischen Zeitschrift" [**19**, 116 (1918)] erschienenen Aufsatz eingeschlagen hat. Weiter habe ich zu erwähnen, daß der § 60 (Entropie und Wahrscheinlichkeit) in Erinnerung an einen nicht veröffentlichten populären Vortrag niedergeschrieben wurde, den Prof. Ph. Frank (Prag) vor einigen Jahren gelegentlich in Wien gehalten hat. Endlich danke ich meinem früheren Assistenten, Dr. A. Smekal, wärmstens für seine Hilfe beim Lesen der Korrekturen.

Wien, im Oktober 1920.

H. Mache.

Inhalt.

Erster Abschnitt: Grundtatsachen und Grundbegriffe.

Erstes Kapitel. Die Zustandsvariablen.

Zweites Kapitel.
Zusammenhänge zwischen Volumen, Druck und Temperatur.

Drittes Kapitel. Das Verhalten der Gase.

Viertes Kapitel. Die Wärmemenge.

Fünftes Kapitel. Die Arbeit.

Erster Abschnitt.
Grundtatsachen und Grundbegriffe.

Erstes Kapitel.
Die Zustandsveränderlichen.

§ 1. Zustand und Zustandsänderung.

In allgemeinster Fassung können wir die Physik als die Lehre vom Zustand und von den Zustandsänderungen der unbelebten Körper bezeichnen, wobei wir jeden bestimmten Zustand des betrachteten Körpers durch genaue Angabe der Art und Stärke seiner sämtlichen Eigenschaften festzulegen hätten. Das kann nie restlos erfolgen, schon weil es gewiß viele Eigenschaften der Stoffe gibt, die wir noch gar nicht kennen.

Jede Änderung auch nur einer Eigenschaft bedingt eine Zustandsänderung des Körpers. Aber auch hier wird die Verfolgung eines solchen Vorgangs sofort dadurch außerordentlich verwickelt, daß wir es eigentlich nie mit der Veränderung nur einer der Eigenschaften zu tun haben, deren Summe den Zustand des Körpers bestimmt. Wird z. B. die Temperatur eines Körpers geändert, so ändern sich damit zugleich die meisten seiner mechanischen, akustischen, thermischen, elektrischen und magnetischen Eigenschaften und bisweilen auch seine chemische Zusammensetzung.

Wollen wir dieser außerordentlichen Mannigfaltigkeit einigermaßen Herr werden, so bleibt nur ein Weg übrig, den die Forschung seit jeher gegangen ist und der in der glücklichen Scheidung des Wesentlichen vom weniger Wesentlichen in der beobachteten Zustandsänderung besteht. In jedem der Teilgebiete der Physik, wie Mechanik, Optik, Elektrizität wird so eine Gruppe von Eigenschaften als allein den Zustand hinreichend bestimmend herausgefaßt.

Es gibt nun eine große Reihe von Vorgängen, also Zustandsänderungen, bei denen sich die Betrachtung auf die Veränderung dreier Eigenschaften, nämlich des Volumens, des in der Regel überall gleich groß vorausgesetzten Innendrucks und der Temperatur des betreffenden Körpers beschränken kann, die dann hier die drei Variabeln darstellen, als deren Funktion der Zustand erscheint. Es ist dies um so leichter möglich, als viele andere Eigenschaften eines Körpers durch Angabe dieser drei Bestimmungsstücke ebenfalls schon festgelegt erscheinen, so daß die noch übrig bleibende Unbestimmtheit in vielen Fällen als nebensächlich gelten kann.

Das so abgegrenzte Gebiet ist es, dessen Behandlung der allgemeinen Wärmelehre oder Thermodynamik zufällt.

§ 2. Volumen und Druck.

Die Angabe des Gesamtvolumens V eines bestimmten Körpers ist, besonders wenn es sich um Gase und Dämpfe handelt, wenig bezeichnend; denn ein und dieselbe Menge kann je nach dem Druck, unter dem sie steht, ein sehr verschiedenes Volumen ausfüllen und umgekehrt können in gleichem Volumen sehr verschiedene Mengen vorhanden sein. Für den Zustand weit kennzeichnender ist die Angabe des „spezifischen Volumens" v, d. h. die Angabe des Raums, welchen die Mengeneinheit des betrachteten Körpers einnimmt. Sind n Mengeneinheiten vorhanden, so ist offenbar $V = nv$ oder $v = \frac{V}{n}$, d. h. es ist das spezifische Volumen als Quotient aus Gesamtvolumen und Menge gegeben. Als Einheit des Volumens gilt das cm^3, in der Technik das m^3, bisweilen auch das Liter, als Mengeneinheit das gr, in der Technik das kg, wobei aber in der Regel der Physiker und Chemiker unter Mengeneinheit die Masseneinheit (gr-Masse), der Techniker die Gewichtseinheit (kg-Gewicht) versteht.

Es ist für alles Folgende wichtig festzuhalten, daß wir weiterhin konsequent unter Menge immer nur die Masse oder das Gewicht, niemals aber ein Volumen verstehen werden, obwohl im gewöhnlichen Sprachgebrauch unter einer Menge auch ein Volumen gemeint sein kann. Es empfiehlt sich aber die Einführung des Ausdrucks Menge im angegebenen Sinn, um nicht zwischen dem „absoluten" und dem „statischen" Maßsystem wählen zu müssen, wozu in der Wärmelehre im allgemeinen gar keine Veranlassung vorliegt. Nur wo gelegentlich die Bewegungsgleichung auftritt (§ 40 und 44) wird man sich für eines der beiden Maßsysteme zu entscheiden haben.

Die Angabe, daß ein Kessel von 1 m^3 Rauminhalt bei 20^0 C mit Luft gefüllt ist, es sich also um 1 m^3 Luft von 20^0 C handelt, macht noch keine Aussage über den Zustand der Luft. Erst die weitere Angabe, daß im Kessel im Ganzen z. B. 2 kg Luft vorhanden sind, daß also 1 kg Luft einen Raum von 0·5 m^3 ausfüllt, legt den Zustand fest. Wären im gleichen Kessel nur 0·5 kg Luft vorhanden, so würde 1 kg, wenn es unter gleichen Verhältnissen vorhanden wäre, einen Raum von 2 m^3 ausfüllen; es ist jetzt das spezifische Volumen der Luft, ihr „kg-Volumen" gleich 2 m^3. Hierbei ist es belanglos, daß im ersten Fall im ganzen mehr als 1 kg, im zweiten nur der Bruchteil eines kg wirklich vorhanden sind. Wir haben uns stets an die Mengeneinheit zu halten, sie entweder aus der größeren Menge herauszugrenzen oder die kleinere Menge bis auf die Einheit ergänzt zu denken. Alle Zustandsänderungen werden wir uns in der Regel an der Mengeneinheit ausgeführt vorstellen. Es ist daher für das Verständnis alles folgenden von größter Wichtigkeit, zwischen dem Gesamtvolumen V und dem spezifischen Volumen v streng zu unterscheiden.

Statt des spezifischen Volumens kann natürlich ebensogut auch die reziproke Größe $\frac{1}{v} = \varrho$ Verwendung finden. Ist v das Volumen der Mengeneinheit, so ist ϱ die Menge der Volumseinheit, also die „Dichte" (spezifische Masse) oder das „spezifische Gewicht", je nachdem man als Einheit der Menge die Massen- oder die Gewichtseinheit definiert.

Mißt man v das eine Mal in cm^3 pro gr, das andere Mal in m^3 pro kg, so ist im ersten Fall die Maßzahl 1000mal größer als im zweiten. Es ist also $v\frac{cm^3}{gr} = 1000\,v\frac{m^3}{kg}$ und $\varrho\frac{gr}{cm^3} = \frac{1}{1000}\,\varrho\frac{kg}{m^3}$.

Auch der Druck wird nicht als Gesamtdruck P, sondern besser als „spezifischer Druck" p angegeben. Da feste Körper in der Wärmetheorie wenig behandelt werden, es sich meistens um Gase, Dämpfe, Flüssigkeiten und Lösungen handelt, also um Körper mit hydrostatischen Druckverhältnissen, so kann in der Regel der Druck im Innern des Körpers überall und nach jeder Richtung als gleich groß und an seiner Oberfläche als überall zu ihr senkrecht vorausgesetzt werden. Der Gesamtdruck ist dann der Druckfläche einfach proportional, $P = p\,F$, und der Druck pro Flächeneinheit oder „spezifische Druck" (Flächeneinheitsdruck) $p = \frac{P}{F}$ kennzeichnet vollkommen den Druckzustand des Körpers.

Da der Druck eine Kraft ist, der spezifische Druck also eine Kraft pro Flächeneinheit, kann er „absolut" in Dyne gemessen werden, oder durch den Gewichtsdruck bestimmter Massen, wobei für 45° Breite (mittlere Schwere) der Gewichtsdruck eines gr = 980·6 Dyne zu setzen ist, sich aber wirklich mit Breite und Seehöhe etwas ändert (Berlin 981·3, Wien 980·8).

Gebräuchliche Druckeinheiten sind:

1 kg/m² = $^1/_{10}$ gr/cm² = 1 mm H_2O (Wassersäule bei 4° C) = 98·06 Dyne/cm².

1 kg/cm² = 1 at (technische Atmosphäre) = 10000 kg/m² = 10 m H_2O
= 980600 Dyne/cm².

76 cm Hg (Quecksilbersäule bei 0° C) = 1 At (physikalische Atmosphäre)
= 76 . 13·595 [1] gr/cm² = 76 . 13·595 . 980·6 Dyne/cm²
= 1013200 Dyne/cm².

[1] Dichte des Quecksilbers bei 0° C. Da das Quecksilber sich für 1° C um 0·000181 seines Volumens ausdehnt, muß eine bei der Temperatur ϑ° C beobachtete Quecksilbersäule durch Multiplikation mit $1 - 0{\cdot}000181\,\vartheta$ auf 0° C reduziert werden (reduzierter Barometerstand).

1 mm Hg = 0·0013158 At = 0·0013595 at = 13·595 mm H_2O
= 1333·1 Dyne/cm².

Man merke: 1 At = 1·0333 at und 1 at = 0·9678 At.

Wohl zu unterscheiden ist zwischen Druck und Druckunterschied (Überdruck oder Unterdruck). Die Manometer (Federmanometer, Flüssigkeitssäulen) zeigen nur den Druckunterschied gegen den jeweils herrschenden Luftdruck.

Zeigt z. B. das Manometer eines Dampfkessels 8 at und beträgt gleichzeitig der reduzierte Barometerstand 736 mm, so ist der Überdruck, den das Kesselblech auszuhalten hat 8 at, der Dampf selbst hat aber eine Spannung von 8 + 736 . 0·0013595 = 9 at.

Oder wurde in einem mit Luft gefüllten Gefäß, an das ein Wassermanometer angeschlossen ist, durch Erwärmen ein Überdruck von *h* mm Wassersäule hergestellt und gleichzeitig ein reduzierter Barometerstand von *b* mm Hg beobachtet, so steht die Luft unter dem Druck oder hat die Spannung $h + 13·595\,b$ kg/m².

§ 3. Temperatur.

Weit schwieriger als Volumen und Druck ist die dritte thermische Variable, die Temperatur, zu definieren. Wir werden das vorerst gar nicht vollständig tun können.

Zwar verdankt man auch die Kenntnis der Temperatur der unmittelbaren Sinnesempfindung. Wie das Volumen durch das Auge, der Druck durch den Tastsinn wahrgenommen wird, so wird die Empfindung der Temperatur durch den Temperatursinn vermittelt, dessen Sitz, wie der des Tastsinns, die Haut ist. Nur kann man Empfindungen, welcher Art immer, nicht unmittelbar messen. Während uns aber das Messen von Volumen und Druck vermittels Maßstab und Gewicht ganz geläufig ist, müssen wir erst einsehen lernen, daß auch für die Temperatur die Möglichkeit besteht, sie mechanisch, oder wie man sagt, „absolut“ zu messen, so zwar, daß das Ergebnis der Temperaturmessung von der Art und Substanz des Thermometers ebenso unabhängig ist, wie die Volums- und Druckmessung vom Material des Maßstabes oder des Gewichtes.

Wie schon erwähnt wurde, ändern sich beim Erwärmen fast alle Eigenschaften eines Körpers, unter ihnen viele so kontinuierlich und eindeutig sowie stark genug, daß jeder Intensität der betreffenden Eigenschaft eine ganz bestimmte Temperatur zugeordnet erscheint. Vor allem sind es wieder Volumen und Druck des Körpers, die sich in diesem Sinne veränderlich zeigen. Ein mit einer Flüssigkeit gefülltes Gefäß mit angesetzter Kapillare, ein mit Luft oder Wasserstoff gefülltes festes Gefäß mit angesetztem empfindlichen Manometer (bei gleichzeitiger Messung des Barometerstandes) sind das einfachste Volum- bzw. Druckthermometer. (Fig. 1.) Besonders in der letzten Vorrichtung, dem Gasthermometer mit Wasserstoffüllung, dessen Einrichtung und Gebrauch in den Einzelheiten später beschrieben wird, besitzen wir ein ausgezeichnetes Instrument zur Temperaturbestimmung, dessen Angaben, wie wir hören werden, sich so gut mit der „absoluten" Temperatur decken, daß es für Wissenschaft und Praxis als Normalthermometer gilt.

Aber auch die Änderung des elektrischen Widerstandes der Metalle mit der Temperatur, vor allem des Platins (Widerstandsthermometer, Bolometer), die elektromotorische Kraft, die zwischen den beiden Lötstellen zweier Drähte aus verschiedenem Metall auftritt, wenn die Lötstellen sich auf verschiedener Temperatur befinden (Thermoelemente) und für hohe Temperaturen die Eigenschaften des von gewissen Körpern beim Glühen ausgestrahlten Lichtes (optische Pyrometrie) werden viel und mit großem Vorteil zur Temperaturmessung verwendet.

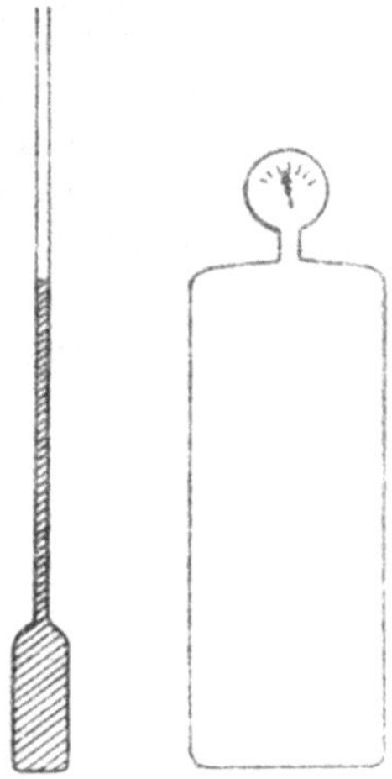

Fig. 1.

Zur Festlegung der Temperatur irgendeines Körpers genügt es, das betreffende Thermometer durch möglichst innige Berührung in wärmeleitende Verbindung mit dem Körper zu setzen (Eintauchen bei Flüssigkeiten und Gasen, Einsenken in eine zweckmäßiger Weise mit Quecksilber gefüllte Bohrung bei festen Körpern); man wird auch leicht zu einer Temperaturskala gelangen können, wenn man in üblicher Weise den Schmelzpunkt reinen Eises und die Temperatur des von Wasser entwickelten Dampfes, das unter dem Druck einer physikalischen Atmosphäre siedet, als Fixpunkte wählt und den Unterschied zwischen den Anzeigen des Thermometers bei beiden Punkten in hundert gleiche Teile teilt; doch kommt man so zu einer weder von der Art des Thermometers noch von der thermometrischen Substanz unabhängigen Skala mit obendrein veränderlichem Parswert.

Denken wir uns zwei der üblichen Flüssigkeitsvolumthermometer mit verschiedener Füllung, z. B. Quecksilber und Anilin, an ihnen den Eis- und Siedepunkt bestimmt und den Volumsunterschied $V_{100} - V_0$ in 100 gleiche Teile, Grade, geteilt. Wenn dann das Quecksilberthermometer auf 50^0 zeigt, lesen wir am Anilinthermometer eine etwas andere und zwar höhere Temperatur ab. Ebenso werden wir an einem mit Weingeist oder Toluol gefüllten Thermometer wieder andere Temperaturen ablesen und verwenden wir Gasthermometer, Widerstandsthermometer oder Thermoelemente, so wird trotz Übereinstimmung der beiden Fixpunkte die Ablesung bei 50^0 wieder etwas anders sein. Hier liegt die Schwierigkeit! Es scheint, daß wir überhaupt nicht imstande sind, Temperaturen anders zu messen als unter gleichzeitiger Angabe des Thermometers und der thermometrischen Substanz.

Glücklicherweise bieten aber gewisse Kreisprozesse, d. h. Zustandsänderungen, bei denen der Körper schließlich in den Ausgangszustand zurückkehrt, von denen später ausführlich die Rede sein wird, grundsätzlich die Möglichkeit Temperaturdifferenzen durch Arbeitsmessung, also auf rein mechanischem Wege miteinander zu vergleichen und es wird dort auch gezeigt werden, daß die so erhaltene absolute Temperaturskala so gut wie vollkommen der Temperatur entspricht, welche man mit einem mit Wasserstoff gefüllten Gasthermometer (Wasserstoffthermometer) bestimmt. Auch zahlenmäßig ist die Übereinstimmung herzustellen, wenn man bei Teilung des Druckunterschieds zwischen Siedepunkt und Eispunkt in 100 Teile (Centigrad- oder Centesimalskala) den Eispunkt mit 273 (genauer 273·1) beziffert. Der Nullpunkt dieser so bezifferten Skala, also die Temperatur von -273^{0} C heißt dann der absolute Nullpunkt und besitzt insoweit fundamentale Bedeutung als wir später hören werden, daß er eine untere Grenze der Temperatur darstellt, der wir uns wohl nähern, die wir aber nicht erreichen können.

Wir werden daher im folgenden bis zur vollständigen Klarlegung des Temperaturbegriffes durch die Kreisprozesse (§ 54) unter der Temperatur die mittels Wasserstoffthermometer gemessene verstehen und werden sie mit ϑ (C^{0}) oder mit T (absolut) bezeichnen, je nachdem wir uns auf den Eispunkt oder den absoluten Nullpunkt als Ausgangspunkt der Zählung beziehen. Es ist also $T = \vartheta + 273$ und $dT = d\vartheta$.

Der Unterschied zwischen dieser „Wasserstoffskala" und der eigentlich absoluten, d. h. mechanisch gemessenen, ist in der Tat so klein, daß die Wasserstoffskala auch gesetzlich als Normalskala gilt.

§ 4. Das Quecksilberthermometer.

Unter allen Flüssigkeiten vergrößert Quecksilber am ehesten sein Volumen proportional mit der Temperatur. Die Abweichungen zwischen den Angaben des Quecksilber- und des Wasserstoffthermometers sind daher nicht groß. Für ein aus Thermometerglas Nr. XVI (Schott-Zeiß in Jena) gefertigtes Quecksilberthermometer zeigt dies die folgende Zusammenstellung:

Wasserstoff	Quecksilber	Wasserstoff	Quecksilber
-20^{0} C	$-19{\cdot}81$	100^{0} C	100
0	0	140	139·91
+ 20	+ 20·09	180	179·94
40	40·12	220	220·21
60	60·10	260	260·83
80	80·06	300	301·91

Die Fixpunkte sind hierbei zur Übereinstimmung gebracht. Offenbar kommen die Abweichungen nicht allein durch die ungleichförmige Ausdehnung des Quecksilbers, sondern auch die des Glases zustande, da die Ausdehnung des Quecksilbers den Meniscus steigen, die freilich weit geringere des Thermometergefäßes ihn sinken macht.

Außer der verhältnismäßig gleichförmigen Ausdehnung hat Quecksilber den Vorzug am Glas nicht zu haften, sowie tiefen Gefrierpunkt (— 38·8°) und hohen Siedepunkt (357°) zu besitzen. Für tiefere Temperaturen wird statt Quecksilber Alkohol, Pentan oder Petroläther (bis — 190° flüssig) verwendet, was aber wegen des Haftens der Flüssigkeit an der Glaswand den Nachteil hat, daß bei rasch sinkender Temperatur leicht zu tiefe Werte beobachtet werden. Für höhere Temperaturen (bis 575°) kann man das Quecksilberthermometer gebrauchen, indem man schwer schmelzbares Glas verwendet und die Kapillare, statt sie wie sonst luftleer zu lassen, mit Stickstoff unter hohem Druck (über 12 At) füllt, um das Sieden des Quecksilbers zu verhindern. Unter Verwendung von Quarzglas kann man sogar bis 750° messen, wenn man zugleich den Druck auf 60 At erhöht. Diese gasgefüllten Quecksilberthermometer können aber, ungleich den luftleeren, nur in aufrechter Lage aufbewahrt und verwendet werden. Umdrehen gefährdet das Instrument, da der ins Quecksilber aufsteigende Stickstoff den Faden zerreißt.

Soll mit einem Quecksilberthermometer bei mittleren Temperaturen eine Genauigkeit von $^1/_{10}$° erreicht werden, so sind als Fehlerquellen zu beachten:

1. Hydrostatischer Druck. Bei langen Thermometern erzeugt bei senkrechter Stellung die Quecksilbersäule im Thermometergefäß einen nicht unbeträchtlichen hydrostatischen Innendruck, der das Gefäß ausweitet. Wagrecht gelegt, zeigt das Instrument etwas höher. Stärkerer Außendruck (Kesseldruck, Flüssigkeitsdruck) muß durch Einschließen des Thermometers in eine Metallkapsel beseitigt werden.

2. Kaliber. Ein Grad entspricht dem hundertsten Teil der in der Kapillare beobachteten Volumsvermehrung des Quecksilbers zwischen Eis- und Siedepunkt. Die vom Verfertiger des Thermometers angebrachte lineare Teilung ist also nur dann richtig, wenn der Querschnitt der Kapillare überall gleich groß ist. Die Regel ist aber, daß sie sich nach oben konisch erweitert oder verengt. Der hiedurch bedingte Fehler läßt sich an einem luftleeren Thermometer auch nach der Fertigstellung korrigieren, indem man es umkehrt und durch einen leichten Stoß gegen sein Ende ein Stück des Quecksilberfadens abtrennt. In wagrechter Lage des Thermometers kann dann der Faden durch leichtes Neigen an verschiedene Stellen der Kapillare gebracht werden. Dort wo sie weiter ist, wird der Faden kürzer sein. Durch Ausmessen der Fadenlänge an mehreren Stellen vermittels der eigenen Skala des Instrumentes, kann so die angebrachte Längenteilung auf Volumsteilung korrigiert werden.

3. Herausragender Faden. Häufig ist es nicht möglich, das ganze Quecksilber auf die zu messende Temperatur zu bringen, wie das die Skala voraussetzt, deren Fixpunkte derart festgelegt werden, daß man hierbei, wenn nicht das ganze Thermometer, so doch den ganzen unter dem Meniscus liegenden Teil in das Eisbad oder den Dampf bringt.

Gewöhnlich bleibt ein Teil des Fadens außerhalb und hat die Umgebung eine andere Temperatur, so wird man zu tief oder zu hoch messen, je nachdem die Temperatur der Umgebung niedriger oder höher ist, als die zu messende. Für Jenaer Thermometerglas Nr. XVI hat man dann zu der Ablesung ϑ den Betrag $0{\cdot}000157\, a\, (\vartheta - \vartheta')$ hinzuzufügen, wenn ϑ' die Mitteltemperatur des herausragenden Quecksilberfadens und a seine in Graden ausgedrückte Länge ist. Man bestimmt ϑ' genähert an einem kleinen Hilfsthermometer, dessen Gefäß neben dem herausragenden Faden angebracht wird; doch werden wegen der Unsicherheit dieser Bestimmung lange herausragende Fäden bei genauen Messungen tunlichst zu vermeiden sein.

Es zeige z. B. das Thermometer, das bis zum Skalenpunkt 100° in ein Ölbad taucht, auf 250°; das Hilfsthermometer auf 50°. Man hat dann $0{\cdot}000157 . 150 . 200 = 4{\cdot}7^{0}$ zu addieren, so daß die Temperatur des Ölbades richtig 254·7° ist.

4. Nachwirkungen. Da das Glas des Thermometergefäßes zwar weniger als das Quecksilber, aber doch auch sein Volumen ändert und Glas in gewissem Sinn die Eigenschaften einer Gallerte hat, erreicht es bei Temperaturänderung sein neues Volumen nur langsam. Noch rasch geht dieser Vorgang bei höherer Temperatur, auch schon bei 100° vor sich, sehr langsam hingegen bereits bei 0°. Das hat zur Folge, daß nach jeder stärkeren Erwärmung eine Erweiterung des Gefäßes zurückbleibt, die sich in einer zeitweisen „Depression des Eispunktes" äußert. Für Jenaer Thermometerglas bleibt für Erwärmungen bis 100° die Depression kleiner als $^1/_{10}{}^0$. Bei stärkerer, langdauernder Erwärmung steigt sie aber rasch an und es ist längeres Warten erforderlich, ehe das Instrument für die genaue Messung niedriger Temperaturen wieder brauchbar wird.

Sehr vereinfacht wird der Gebrauch des Quecksilberthermometers durch die Prüfungsscheine der physikalisch-technischen Reichsanstalt in Charlottenburg, welche sorgfältig hergestellten, sogenannten „Normalthermometern" beigegeben werden. An ihnen ist das Kaliber bereits korrigiert und auch schon die Reduktion auf das Wasserstoffthermometer vorgenommen. Es bedarf in der Regel nur noch der Berücksichtigung des herausragenden Fadens. Mittels eines solchen Normalthermometers können dann auch andere durch Vergleich geeicht werden. Man taucht sie zusammen in eine mit Quecksilber gefüllte Schale, die in einem größeren, ständig umgerührten Wasser- oder Ölbad steht und liest, während man die Temperatur durch Erhitzen steigen läßt, gleichzeitig ab. Zeitweise Kontrolle der Fixpunkte des Normalthermometers ist nötig, wobei man wegen der Nachwirkung grundsätzlich den Eispunkt vor dem Siedepunkt prüft.

Zur Prüfung des Eispunktes stellt man aus reinem (gewaschenem), zerstoßenem Eis und destilliertem Wasser einen Brei her, in den man das Thermometer so tief eintaucht, daß der Nullpunkt gerade noch gesehen werden kann.

Zur Prüfung des Siedepunktes bedient man sich eines Blechgefäßes von der gezeichneten Form, in dessen Innenrohr, durch einen Stöpsel gehalten, das Thermometer so weit eingesenkt wird, daß sich möglichst der ganze Quecksilberfaden im Dampf befindet. Keinesfalls darf das Thermometergefäß in das siedende Wasser selbst gebracht werden. Der durch das Außenrohr abströmende Dampf schützt den Dampf im Innenrohr vor Wärmeverlust und Kondensation. Bei einem (auf 0° reduzierten) Barometerstand b, den wir als zwischen 715 und 770 mm gelegen voraussetzen, soll das Thermometer auf $100 - 0{\cdot}0375\,(760 - b)$ zeigen. Der Unterschied zwischen dieser und der abgelesenen Temperatur, falls überhaupt ein solcher vorhanden ist, gibt den gesuchten Fehler in der Nähe von 100°, also auch beim normalen, dem Druck von 1 At entsprechenden Siedepunkt.

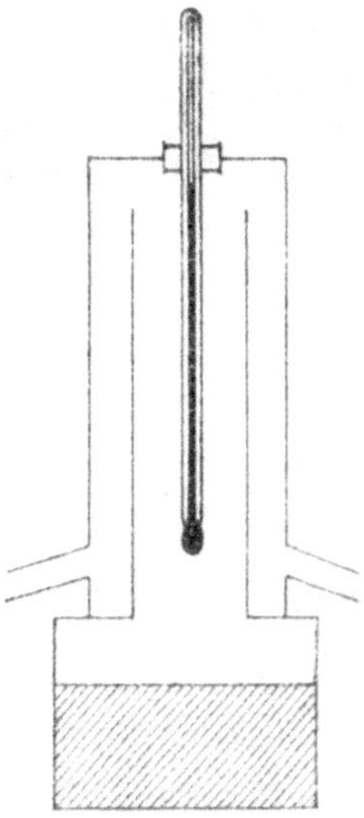

Fig. 2.

§ 5. Elektrische Temperaturmessung.

Widerstandsthermometer. Der elektrische Widerstand von Metallen, besonders von reinen Metallen, wächst mit der Temperatur. So zeigt reines Platin pro Grad eine Zunahme bis zu 4 Promille. Da die Messung eines Widerstandes leicht mit einer Genauigkeit vorgenommen werden kann, welche die einer Längenmessung fast erreicht, so eignen sich die Widerstandsthermometer besonders auch zur Messung kleiner Temperaturdifferenzen. Unter Verwendung eines sehr dünnen Streifens aus Platinblech konnte Langley Temperaturunterschiede von nur ein Milliontel Grad erkennen. Weniger empfindliche, aber für großen Meßbereich (− 100° bis 900°) mannigfach verwendbare Widerstandsthermometer werden hergestellt indem man dünnen Platindraht auf ein Glimmerrähmchen oder ein Quarzglasröhrchen aufwickelt. Für tiefere Temperaturen muß man, weil hier der Widerstand schon recht klein wird, sehr dünne Drähte nehmen und bei den tiefsten, erreichbaren Temperaturen wird er so klein, die Leitfähigkeit so groß („Supraleitfähigkeit“ nach Kamerlingh Onnes), daß das Verfahren versagt.

Würde der Widerstand des Platins mit der Temperatur linear ansteigen und bedeuten w_0 und w_{100} die beim Eis- und Siedepunkt beobachteten Widerstände, so würde einem Widerstand w_ϑ die Temperatur

$$\vartheta = \frac{w_\vartheta - w_0}{{}^1/_{100}\,(w_{100} - w_0)} = 100\,\frac{w_\vartheta - w_0}{w_{100} - w_0}$$

entsprechen („Platintemperatur“ nach Callendar). Tatsächlich erfolgt aber der Anstieg nur genähert linear, d. h. es ist ϑ der Differenz $w_\vartheta - w_0$ nicht einfach proportional. Für nicht zu weite Grenzen kann man $\vartheta = A(w_\vartheta - w_0)$

$+ B(w_\vartheta - w_0)^2$ setzen und die Konstanten A und B durch Messung des Widerstandes bei zwei bekannten Temperaturen (Siedepunkt von Naphthalin 218·0°, Schmelzpunkt von Zink 418·2°) bestimmen.

Thermoelemente. Zwei gleich lange Drähte, für niedrige Temperaturen am besten aus Eisen und Konstantan (Legierung von 60 % Kupfer und 40 % Nickel), für hohe Temperaturen aus Platin und Platinrhodium (Legierung von Platin mit 10 % Rhodium) werden mit den einen Enden aneinander, mit den anderen an Kupferdrähte gelötet, die zu einem Galvanometer (G) führen. Die beiden Lötstellen an die Kupferdrähte hält man auf bekannter Temperatur, am besten durch ein Eiswassergemisch auf 0°, die dritte Lötstelle bringt man auf die zu messende Temperatur (unter Vermeidung oder Berücksichtigung der Wärmeableitung durch die Drähte). In kleinerem Temperaturbereich ist die elektromotorische Kraft des Thermoelementes, also auch die Stromstärke, der Temperaturdifferenz einfach proportional. Für größeren Bereich genügt es in der Regel den Ausschlag am Galvanometer gleich $a\vartheta + b\vartheta^2$ zu setzen und die Konstanten a und b durch Beobachtung zweier bekannter Siede- oder Schmelzpunkte zu bestimmen. Platin-Platinrhodiumelemente zur Messung hoher Temperaturen (bis gegen 1800°), vor allem der in elektrischen Öfen, werden mit hierzu geeigneten Galvanometern in den Handel gebracht (Le-Chateliersches Pyrometer). Zu erwähnen ist, daß Thermoelemente nur einen sehr geringen Raum beanspruchen und deshalb bei manchen Versuchen die einzig verwendbaren Thermometer sind.

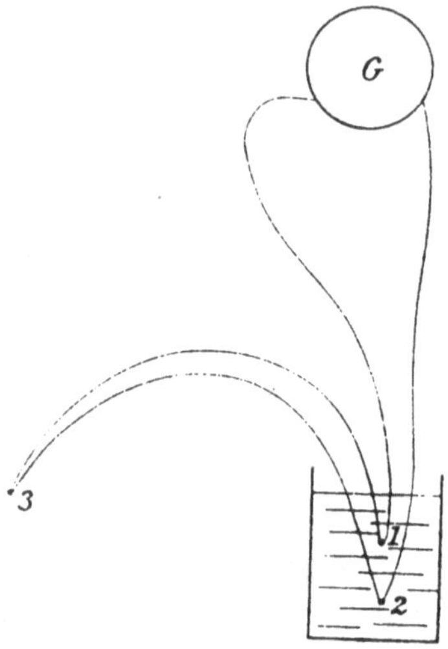

Fig. 3.

Das Gasthermometer und die Methoden der optischen Pyrometrie werden später an geeigneten Stellen besprochen werden.

Zweites Kapitel.

Zusammenhänge zwischen Volumen, Druck und Temperatur.

§ 6. Begriff der Zustandsgleichung.

Die drei thermischen Variabeln sind voneinander nicht unabhängig. Sind Druck und Temperatur gegeben, so ist das spezifische Volumen im allgemeinen eindeutig festgelegt. An den Grenzen zwischen zwei verschiedenen Aggregatzuständen kann v durch p und ϑ auch mehrdeutig bestimmt sein. Es hat z. B. die Mengeneinheit Wasser bei 0° und Atmosphärendruck entweder das Volumen des tropfbar flüssigen Wassers oder des Eises und bei 100° das des siedenden Wassers oder des Wasserdampfes. Jedenfalls gibt es für einen jeden Stoff eine Beziehung

$$v = \varphi(p, \vartheta) \quad \text{oder} \quad f(v, p, \vartheta) = 0,$$

eine sogenannte „Zustandsgleichung“. Kennt man sie, so kann eine der drei thermischen Variabeln durch die beiden anderen ausgedrückt, die Zahl der Variabeln auf zwei erniedrigt werden. Aber auch wenn man sie nicht kennt, folgt schon aus ihrer Existenz allein, daß sich die Zustände und Zustandsänderungen durch ein Paar der Variabeln (v und ϑ, p und ϑ oder v und p) festlegen lassen.

Wir wollen diese Zusammenhänge zunächst für die festen Körper und Flüssigkeiten studieren, für welche eine Zustandsgleichung wohl besteht, aber in geschlossener oder gar in allgemein gültiger Form nicht bekannt ist. Daran werden wir die Untersuchung der Gase schließen, die gerade für die Wärmetheorie von überragender Bedeutung sind und für die man, wenigstens innerhalb gewisser Grenzen von Druck und Temperatur die Zustandsgleichung kennt.

Wir denken uns hierbei nicht sofort alle drei thermischen Variabeln gleichzeitig verändert, sondern untersuchen:

1. Die „thermische Ausdehnung“, d. h. den Zusammenhang zwischen Volumen und Temperatur bei konstant gehaltenem Druck;
2. Die „Kompressibilität“, d. h. den Zusammenhang zwischen Volumen und Druck bei konstant gehaltener Temperatur;
3. Die „thermische Spannung“, d. h. den Zusammenhang zwischen Druck und Temperatur bei konstant gehaltenem Volumen.

§ 7. Thermische Ausdehnung.

Man unterscheidet zwischen der Längen- und Volumsausdehnung und führt dementsprechend, als für einen Stoff kennzeichnend, einen „linearen“ und einen „kubischen“ Ausdehnungskoeffizienten ein.

Die Länge l eines Stabes kann durch Erwärmen, wie auch durch allseitigen oder einseitigen Druck oder Zug geändert werden. Allgemein ist also $l = f(p, \vartheta)$. Da wir aber hier für den Druck einen bestimmten Wert, in der Regel Atmosphärendruck annehmen, ist bei diesem bestimmten Druck l nur mehr als Funkion von ϑ aufzufassen. $\left(\frac{\partial l}{\partial \vartheta}\right)_p$, d. h. die partielle Ableitung von f nach ϑ bei festgehaltener zweiter Variablen p ist dann ein Maß für das durch Erwärmen eintretende Längenwachstum des betreffenden Stabes.

Wir können uns nämlich die Temperaturen als Abszissen, die zugehörigen Stablängen als Ordinaten aufgetragen denken (l_0 bei 0°, l_ϑ bei ϑ^0) und kommen so zu einer die Funktion f für einen bestimmten Druckwert darstellenden Kurve. $\left(\frac{\partial l}{\partial \vartheta}\right)_p = \operatorname{tg} \alpha$ ist dann das Verhältnis zwischen dem kleinen Längenzuwachs $d\,l$ und dem kleinen, ihn hervorrufenden Temperaturzuwachs $d\,\vartheta$, oder, wie man kurz sagen kann, der Längenzuwachs des Stabes pro Grad; freilich unter der Voraussetzung, daß dieses Wachstum in dem ganzen endlichen Intervall von einem Grad genau so vor sich ginge, wie in nächster Umgebung von M. Übrigens ist die Kurve zwar in der Regel gegen die Abszisse konvex, d. h. die Stoffe zeigen im allgemeinen mit steigender Temperatur wachsende Wärmeausdehnung, doch ist selbst bei genauester Messung eine Änderung in der Neigung der Kurve über den Bereich von nur einem Grad kaum zu erkennen. Dagegen wird dieser Längenzuwachs, den der Stab pro Grad Erwärmung aufweist, von der Temperatur bei der diese Erwärmung vorgenommen wird abhängen, also selbst wieder Funktion von ϑ sein. Er ist, wenn der Anstieg nicht vollkommen linear verläuft, an der Stelle M ein anderer, wie an der Stelle N.

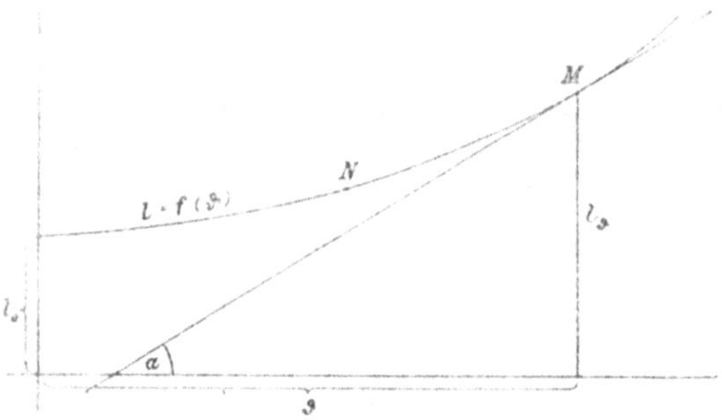

Fig. 4.

Natürlich müssen, falls $\left(\frac{\partial l}{\partial \vartheta}\right)_p$ den Stoff kennzeichnen soll, Stäbe gleicher Länge miteinander verglichen werden; denn ein zwei- dreimal längerer Stab wird auch die doppelte und dreifache Ausdehnung zeigen. Gewöhnlich bezieht man sich auf die bei 0° gemessene Längeneinheit und nennt

$$\beta_\vartheta = \frac{1}{l_0}\left(\frac{\partial l}{\partial \vartheta}\right)_p$$

den „linearen" Ausdehnungskoeffizienten des betreffenden Stoffes (bei der Temperatur ϑ und unter dem Druck p). Er gibt die Verlängerung der bei 0° gemessenen Längeneinheit des Stabes bei einer Temperaturerhöhung um ein Grad.

Bei den festen Körpern, auf die sinngemäß diese Definition sich allein erstreckt, ist es nicht möglich die Länge in geschlossener Form als Funktion der Temperatur anzuschreiben. Man nimmt hier, wie stets in der Physik, wo der tiefere theoretische Einblick fehlt, zur Reihenentwicklung Zuflucht und schreibt:

$$l_\vartheta = l_0(1 + \beta'\vartheta + \beta''\vartheta^2 + \ldots),$$

wobei die Koeffizienten der Reihenentwicklung β', β'' usw. aus den Beobachtungen so berechnet werden, daß die Reihe die Beobachtungen bis auf die möglichen Beobachtungsfehler wiedergibt. Natürlich ist aber die Anwendung einer jeden solchen rein empirischen Reihe nur innerhalb des Bereiches der Beobachtungen statthaft.

Da der Ausdehnungskoeffizient in vielen Fällen sich nicht stark mit der Temperatur ändert, d. h. die Kurve $l = f(\vartheta)$ nahezu eine Gerade ist, wendet man für nicht zu große Temperaturbereiche mit Vorteil einen mittleren linearen Ausdehnungskoeffizienten an. Ist $\vartheta > \vartheta'$ und sind l_ϑ und $l_{\vartheta'}$ die zugehörigen Längen, so ist der mittlere lineare Ausdehnungskoeffizient $\bar{\beta}$ zwischen ϑ' und ϑ

$$\bar{\beta}_{\vartheta'}^{\vartheta} = \frac{1}{l_0} \frac{l_\vartheta - l_{\vartheta'}}{\vartheta - \vartheta'},$$

woraus für $\vartheta' = 0^0$ auch

$$l_\vartheta = l_0 (1 + \bar{\beta}_0^\vartheta \vartheta)$$

folgt. Die hiernach berechneten Längen werden von den wahren Längen um so weiter abweichen, je weiter die Temperatur von ϑ bzw. ϑ' abweicht.

Ist für den betreffenden Stoff die Reihenentwicklung gegeben, so kann man aus ihr $\bar{\beta}$ für jedes beliebige Intervall berechnen. Es ist nämlich:

$$l_\vartheta - l_{\vartheta'} = l_0 [\beta' (\vartheta - \vartheta') + \beta'' (\vartheta^2 - \vartheta'^2) + \beta''' (\vartheta^3 - \vartheta'^3) + \ldots]$$

also

$$\bar{\beta}_{\vartheta'}^{\vartheta} = \frac{1}{l_0} \frac{l_\vartheta - l_{\vartheta'}}{\vartheta - \vartheta'} = \beta' + \beta'' \frac{\vartheta^2 - \vartheta'^2}{\vartheta - \vartheta'} + \beta''' \frac{\vartheta^3 - \vartheta'^3}{\vartheta - \vartheta'} + \ldots$$

oder genähert

$$\bar{\beta}_{\vartheta'}^{\vartheta} = \beta' + \beta'' (\vartheta + \vartheta').$$

Die lineare, also einseitige Wärmeausdehnung hat nur bei festen Körpern Bedeutung. In einem mit Flüssigkeit gefüllten Rohr, z. B. im Thermometer beobachtet man am Steigen des Meniscus die gesamte Volumsvermehrung, die „kubische" Ausdehnung. Der „kubische" oder Volumsausdehnungskoeffizient wird genau wie der lineare definiert:

Es ist für einen bestimmten Druck das Volumen V nur Funktion von ϑ und der kubische Ausdehnungskoeffizient α (bei der Temperatur ϑ und dem Druck p)

$$\alpha_\vartheta = \frac{1}{V_0} \left(\frac{\partial V}{\partial \vartheta} \right)_p$$

gibt die Volumsvergrößerung der bei 0^0 die Volumseinheit ausfüllenden Substanz bei einer Temperatursteigerung von ϑ auf $\vartheta + 1^0$. Wieder werden die Beobachtungen durch eine Potenzreihe dargestellt

$$V_\vartheta = V_0 (1 + \alpha' \vartheta + \alpha'' \vartheta^2 + \ldots)$$

und heißt $\bar{\alpha}_{\vartheta'}^{\vartheta} = \frac{1}{V_0} \frac{V_\vartheta - V_{\vartheta'}}{\vartheta - \vartheta'}$ der mittlere Ausdehnungskoeffizient im Temperaturbereich ϑ' bis ϑ, woraus sich mit $\vartheta' = 0^0$ die Beziehung

$$V_\vartheta = V_0 (1 + \bar{\alpha}_0^\vartheta \vartheta)$$

ergibt.

Natürlich sind kubischer und linearer Ausdehnungskoeffizient voneinander nicht unabhängig, sondern einer aus dem andern berechenbar. Hat nämlich ein rechtwinkeliges Parallelepiped bei 0^0 die Seitenlängen a_0,

b_0 und c_0 und das Volumen $V_0 = a_0 b_0 c_0$, so ist sein Volumen bei der Temperatur ϑ

$$V_\vartheta = a_0 b_0 c_0 (1 + \bar{\beta}_0^\vartheta \vartheta)^3 = V_0 (1 + 3 \bar{\beta}_0^\vartheta \vartheta),$$

wenn wir mit Rücksicht darauf, daß $\bar{\beta}$ stets eine sehr kleine Zahl ist, die Potenz entwickeln und die höheren Glieder vernachlässigen. Es ist also α sehr nahe gleich 3β (genommen bei gleicher Temperatur oder als Mittelwerte in gleichem Temperaturintervall).

Auch sieht man ein, daß die Volumsvergrößerung des betrachteten Parallelepipeds dieselbe ist, gleichgiltig ob wir es uns massiv oder nur aus Platten aus dem betreffenden Stoff hergestellt, also hohl denken. Allgemein läßt sich sagen, daß ein Hohlkörper beim Erwärmen sich um ebensoviel ausdehnt, wie ein Vollkörper.

Schließlich sei noch erwähnt, daß es bei den späteren theoretischen Betrachtungen als zweckmäßig erscheinen wird, sich statt auf die Volumseinheit auf die Mengeneinheit des Stoffes zu beziehen und $\left(\frac{\partial v}{\partial \vartheta}\right)_p$ als Maß der thermischen Ausdehnung aufzufassen. Es gibt dies an, um wieviel sich das spezifische Volumen des Körpers beim Erwärmen um 1^0 ausdehnt. Da man α offenbar auch gleich $\frac{1}{v_0}\left(\frac{\partial v}{\partial \vartheta}\right)_p$ schreiben kann, so ist $\left(\frac{\partial v}{\partial \vartheta}\right)_p = v_0 \alpha = \frac{\alpha}{\varrho_0}$.

§ 8. Verfahren zur Bestimmung der thermischen Ausdehnung fester und flüssiger Körper.

Kann man aus dem festen Stoff längere Stäbe herstellen, so benützt man am besten den mit Mikroskop versehenen Komparator und stellt auf eine am freien Ende des Stabes angebrachte feine Marke ein. Der Stab liegt hierbei in einem Wasser- oder Ölbad, das man auf verschiedene Temperatur bringt. Um die Ablesung nicht durch die Flüssigkeit hindurch vornehmen zu müssen, wird über die Marke ein Röhrchen auf den Stab gekittet, das aus der Flüssigkeit ragt.

Für kleine Substanzmengen verwendet man die Interferenzmethode von Fizeau. Es wird aus dem zu untersuchenden Stoff ein Säulchen mit polierter oberer Fläche hergestellt und knapp darüber, auf drei Stahlschrauben aufliegend und schwach geneigt, eine Glasplatte gebracht, so daß dazwischen eine schwach keilförmige, dünne Luftschichte entsteht. Homogenes Licht (Natrium- oder Quecksilberlicht), das an den Begrenzungsflächen dieser dünnen Schichte reflektiert wird, zeigt dann die bekannten Newtonschen Interferenzstreifen, die sich verschieben, wenn die Schichte infolge Wärmeausdehnung des Säulchens dünner wird. Die Verschiebung wird durch ein Mikroskop an einer Marke gemessen,

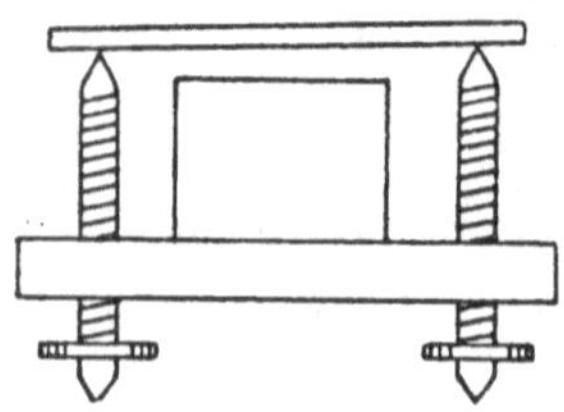

Fig. 5.

die auf der Unterseite der Glasplatte angebracht ist. Wandern n-Streifen an dieser Marke vorbei, so hat die Schichtdicke um $\frac{n}{2}$ Wellenlängen des verwendeten homogenen Lichtes abgenommen (für Na-Licht um $\frac{n}{2} \cdot 0{\cdot}000589$ mm). Da sich die Stahlschrauben, welche die Glasplatte tragen auch erwärmen und ihrerseits die Schichtdicke vergrößern, muß zur Ermittlung der hierdurch bedingten Korrektur ein Vorversuch mit einem Säulchen von gut bekannter Wärmeausdehnung (Quarz) ausgeführt werden.

Als „Dilatometer“ für Flüssigkeiten kann man das Pyknometer verwenden, indem man bei verschiedenen Temperaturen Dichtigkeitsbestimmungen der betreffenden Flüssigkeit ausführt, oder bequemer ein Glasgefäß nach Art eines offenen Thermometers mit großem Gefäß und angeblasenem engen und geteilten Rohr. Steht die Flüssigkeit bei 0^0 im Gefäß bei a und nach Erwärmen auf ϑ^0 bei b, so ist die aus dem Kaliber des Rohrs berechenbare scheinbare Volumsvermehrung φ der Unterschied zwischen der Ausdehnung der Flüssigkeit und des Glasgefäßes, also wenn $\bar{\alpha}$ und $\bar{\gamma}$ den mittleren kubischen Ausdehnungskoeffizienten der Flüssigkeit und des Glases zwischen 0 und ϑ^0 bezeichnen

$$\varphi = V_0(\bar{\alpha} - \bar{\gamma})\vartheta \quad \text{und} \quad \bar{\alpha} = \bar{\gamma} + \frac{\varphi}{V_0 \vartheta}$$

$\bar{\gamma}$ muß für das betreffende Glasgefäß ein- für allemal bestimmt werden, am besten durch einen Vorversuch mit einer Flüssigkeit von genau bekannter thermischer Ausdehnung (Wasser, Quecksilber).

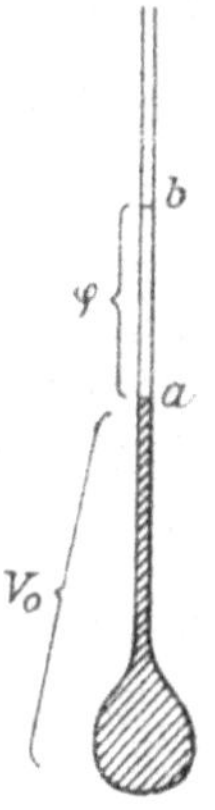

Fig. 6.

Bei genauer Ausführung schwierig, aber wegen seiner Unabhängigkeit von der Gefäßausdehnung von Bedeutung ist das Verfahren der kommunizierenden Röhren (Dulong). Steht eine Flüssigkeitssäule von der Temperatur 0^0 und der Höhe h_0 (von der Achse des horizontalen Verbindungsröhrchens gerechnet) mit einer zweiten von der Temperatur ϑ^0 im Gleichgewicht, so berechnet sich die Höhe h_ϑ der zweiten aus der Gleichung

$$h_0 \varrho_0 = h_\vartheta \varrho_\vartheta \quad \text{oder} \quad \frac{h_0}{v_0} = \frac{h_\vartheta}{v_\vartheta} = \frac{h_\vartheta}{v_0(1 + \bar{\alpha}\,\vartheta)}$$

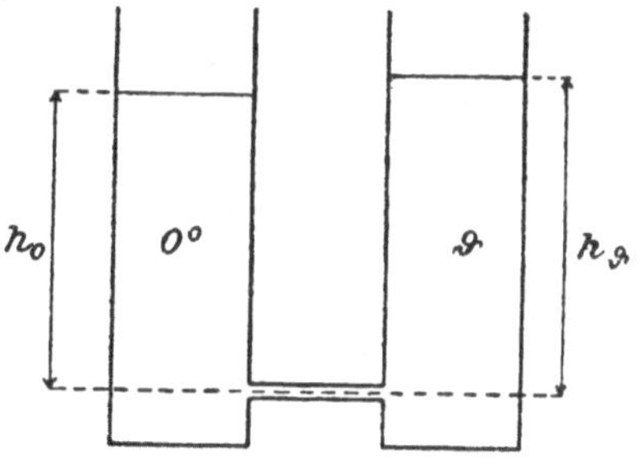

Fig. 7.

und hieraus:

$$\bar{\alpha}_0^\vartheta = \frac{h_\vartheta - h_0}{h_0\,\vartheta}.$$

Die fundamentalen Bestimmungen an Quecksilber und Wasser wurden nach diesem Verfahren ausgeführt.

Die folgende Tabelle gibt den Ausdehnungskoeffizienten um 18^0 und den mittleren Ausdehnungskoeffizienten zwischen 0 und 100° für einige feste und flüssige Stoffe[1]), bezogen auf das cm, bzw. cm³ als Einheit der Länge und des Volumens.

	β_{18} 0·0000	β_0^{100} 0·0000		β_{18} 0·0000	β_0^{100} 0·0000
Aluminium .	218	242	Magnesium	250	32
Antimon	107	105	Natrium	72	—
Blei	288	290	Nickel	127	135
Eisen	112	12	Platin	088	090
Stahl	10	11	Silber .	185	194
Gold	141	147	Wismut .	134	137
Kalium	83	—	Zink . .	286	297
Kupfer	159	171	Zinn . .	213	230
		β_{18} 0·0000			α_{18} 0·00
Messing		18	Wasser . .		018
Invar (64 % Fe, 36 % Ni)		<02	Quecksilber		0181
Porzellan		028	Alkohol .		110
Thermometerglas Nr. XVI .		078	Äther .		163
Quarz ⊥ Achse . .		137	Benzol .		124
Quarz ‖ Achse . .		074	Glyzerin .		050
Quarzglas		004			

Bemerkenswert ist der kleine Ausdehnungskoeffizient der Nickelstahllegierungen bei Zimmertemperatur (Invar), weshalb sie zur Anfertigung von Pendelstangen verwendet werden. Noch kleiner ist der von geschmolzenem Quarz (Quarzglas oder richtiger Quarzgut), so daß aus Quarzglas hergestellte Geräte ohne zu springen dem schroffsten Temperaturwechsel ausgesetzt werden können, was im Verein mit der schweren Schmelzbarkeit sie als Platinersatz geeignet macht. Krystallisierter Quarz hat weit höheren und wie alle anisotropen Körper von der Richtung abhängigen Ausdehnungskoeffizienten. Ferner sei auf den geringen Unterschied in der Ausdehnung von Platin und Glas hingewiesen, der das Einschmelzen von Platin in Glas ermöglicht, ohne daß nachher das Glas an der Einschmelzstelle springt. Doch hat man neuerdings Einschmelzglas von so hohem Ausdehnungskoeffizienten erzeugt, daß auch andere Metalle oder Legierungen eingeschmolzen werden können, was für die Herstellung der Glühbirnen und Vakuumröhren von Wert ist.

Endlich sei noch bemerkt, daß die Körper beim Erwärmen sich wohl in der Regel ausdehnen, daß aber bisweilen innerhalb gewisser Temperaturgrenzen auch das Gegenteil eintritt. Bekannt ist in dieser Hinsicht das Verhalten von Wasser, das sich beim Erwärmen zwischen 0 und 4° zusammenzieht, so daß bei 4°, genauer bei 3·98°, ein

[1] Nach Kohlrausch, Lehrb. d. prakt. Physik, 12. Aufl. (1914).

Dichtemaximum vorhanden ist. Ebenso verhält sich Kupferoxydul (Cuprit) bei etwa -4^0. Auch Krystalle des nicht regulären Systems weisen zum Teil in bestimmter Richtung Kontraktion (negativen linearen Ausdehnungskoeffizienten), nach anderen Richtungen hingegen Ausdehnung auf, so zwar, daß im ganzen Volumsvergrößerung auftritt, also der kubische Ausdehnungskoeffizient positiv bleibt. Dasselbe Verhalten zeigt gedehnter Kautschuk. Er zieht sich beim Erwärmen in der Richtung der Spannung sehr beträchtlich zusammen. Ungedehnter Kautschuk aber verhält sich normal.

§ 9. Kompressibilität.

Es wurde schon erwähnt, daß das Volumen eines Körpers von Druck und Temperatur abhängt [$V = f(p, \vartheta)$]. Wurde bisher nur die Änderung des Volumens mit der Temperatur untersucht und hierbei der Druck als konstant vorausgesetzt, so soll im Folgenden die Änderung des Volumens mit dem Druck untersucht werden, wobei wir uns aber jetzt die Temperatur festgehalten denken. Drückt man einen Körper zusammen, so erwärmt er sich im Allgemeinen hierbei, während Ausdehnung eine Abkühlung zur Folge hat. Wir denken uns aber den Körper in einem großen Wasserbad und langsam zusammengedrückt, so daß vollständiger Temperaturausgleich mit der Umgebung erfolgen kann.

Scharf ist zwischen dem Verhalten der festen Körper und dem der Flüssigkeiten und Gase zu unterscheiden. Während diese keinen oder fast keinen Widerstand gegen Gestaltsänderungen leisten, ist er bei jenen gegen Gestalts- und Volumsänderungen von etwa gleicher Größe. In den leicht zu verwirklichenden Fällen einseitiger Dehnung, Biegung und Torsion, wie sie in der Elastizitätstheorie und der technischen Mechanik behandelt werden, tritt stets Gestalts- und Volumsänderung ein, es kommen Kompressions- und Deformationsmodul in Betracht. Hier aber wird es sich fast immer nur um die reine Volumsänderung handeln. Bei festen Körpern müssen wir uns also die Kräfte so gesetzt denken, daß die

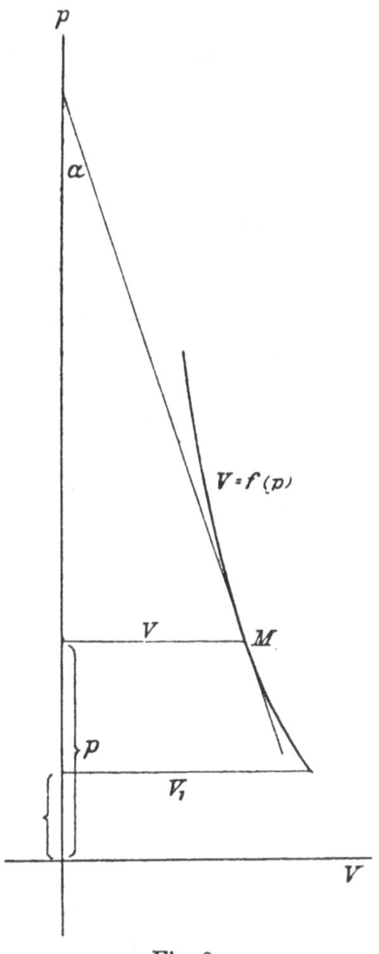

Fig. 8.

Form vollkommen gewahrt bleibt (Kugel oder Würfel unter überall gleichem, senkrechtem Oberflächendruck).

Man definiert dann den Kompressibilitätskoeffizienten in der folgenden Weise:

Denken wir uns das jeweilige Volumen als Abszisse, den zugehörigen Druck als Ordinate aufgetragen (Fig. 8), so kommen wir zu einer Kurve, welche für die bestimmte Versuchstemperatur den Zusammenhang zwischen V und p gibt. An der Stelle M ist dann $\left(\frac{\partial V}{\partial p}\right)_\vartheta = \operatorname{tg} \alpha$ ein Maß für die Kompressibilität, d. h. für die Volumsänderung bei der Erhöhung des Drucks um die Druckeinheit, als die hier in der Regel die physikalische Atmosphäre gewählt wird. Nur empfiehlt es sich erstens das negative Zeichen zu nehmen, damit dieses Maß positiv wird, da eine Druckvermehrung selbstverständlich immer nur eine Volumsverminderung zur Folge hat, zweitens pflegt man sich auf gleiche Volumina zu beziehen, um ein den Stoff kennzeichnendes Maß zu erhalten. Man wählt die unter dem Druck einer Atmosphäre gemessene Volumseinheit. Es ist also

$$\varepsilon_p = -\frac{1}{V_1}\left(\frac{\partial V}{\partial p}\right)_\vartheta$$

der Kompressibilitätskoeffizient beim Druck p und der Versuchstemperatur ϑ.

Um keine zu kleinen Zahlen zu erhalten, wird er bei festen und flüssigen Körpern gewöhnlich mit 10^6 multipliziert angegeben. Die Zahlen bedeuten dann die Abnahme eines beim Druck einer physikalischen Atmosphäre abgemessenen cm^3 der Substanz bei Druckzunahme um 1 At gemessen in Tausendsteln eines mm^3, oder die eines m^3 gemessen in cm^3.

Außerdem führt man auch wieder einen „mittleren" Kompressibilitätskoeffizienten im Druckbereich p' bis p ein, gemäß der Formel

$$\bar{\varepsilon}_{p'}^{p} = \frac{1}{V_1}\,\frac{V_{p'} - V_p}{p - p'}.$$

Zur Darstellung der Versuchsergebnisse über ein größeres Druckintervall muß man auch hier zur Entwicklung in eine Potenzreihe greifen. Man setzt:

$$V_p = V_1\,[1 + \varepsilon'(p-1) + \varepsilon''(p-1)^2 + \ldots].$$

Schließlich kann man sich wieder statt auf die Volumseinheit auf das spezifische Volumen des betreffenden Körpers beziehen und in dem Differentialquotienten $\left(\frac{\partial v}{\partial p}\right)_\vartheta$ ebenfalls ein ganz bestimmtes Maß der Kompressibilität erblicken. Es ist $\left(\frac{\partial v}{\partial p}\right)_\vartheta = -v_1\,\varepsilon = -\frac{\varepsilon}{\varrho_1}$.

§ 10. Verfahren zur Bestimmung der Kompressibilität fester und flüssiger Körper.

Der erste brauchbare Apparat rührt von **Ørsted** her und diente zur Bestimmung der Kompressibilität von Flüssigkeiten (**Sympiezometer**). Ein Glasgefäß nach Art eines Dilatometers wird mit der durch Auskochen luftfrei gemachten Flüssigkeit gefüllt und verkehrt in ein Quecksilber enthaltendes Schälchen getaucht. Beim Abkühlen steigt das Quecksilber in die Höhe (bis *a*). Das Ganze befindet sich in einem mit Wasser gefüllten, sehr starkwandigen Glasgefäß und dieses Wasser kann von einem Rohr aus durch Ansetzen einer Pumpe unter bestimmten Druck gebracht werden. Der Druck pflanzt sich als hydrostatischer allseits, also auch durch das Kapillarrohr in das Innere des Piezometergefäßes fort und drückt dort einerseits die Flüssigkeit zusammen (das Quecksilber steigt bis nach *b*), während er zugleich den von außen auf das Gefäß wirkenden Druck kompensiert und so eine größere Volumsänderung des Gefäßes durch einseitige Belastung verhindert.

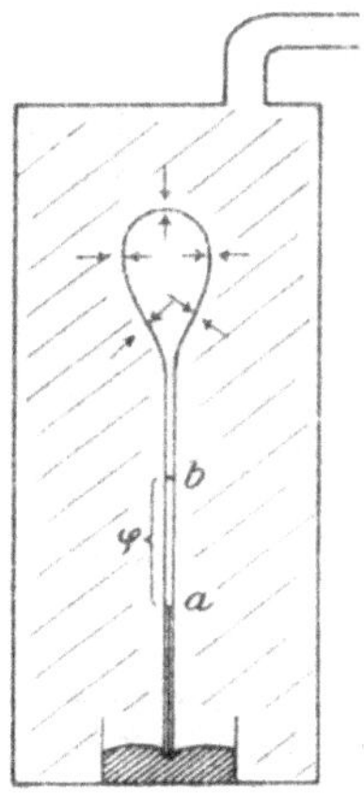

Fig. 9.

Vollkommen ist das allerdings nicht erreicht. Da ein Hohlgefäß, das gleichzeitig von außen und innen hydrostatisch gedrückt wird, sein Volumen um ebensoviel verkleinert, wie ein Vollkörper aus demselben Material unter gleichgroßem Außendruck, so ist die beobachtete Volumsverminderung φ die Differenz aus der Kompressibilität der Flüssigkeit und der des Gefäßes; die ermittelten Werte sind also zu klein.

Regnault hat den **Ørstedschen** Versuch derart abgeändert, daß er gleichzeitig die Messung der wahren Kompressibilität der Flüssigkeit und des festen Materials vornehmen konnte, aus dem das Piezometergefäß hergestellt war. Dieses hatte kugelförmige Gestalt und war von einem größeren mit Wasser gefüllten Gefäß umschlossen, das sich selbst wieder zur Erhaltung der Temperatur in einem Wasserbad befand. In der eingekitteten Glaskapillare beobachtet man den Stand des Meniscus *m* bei Einlassen von Druck aus der Rohrleitung *L* in den folgenden drei Stellungen der aus Fig. 10 ersichtlichen vier Hähne:

Stellung	I:	1	und	3	offen,	2	und	4 geschlossen;
„	II:	3	„	2	„ ,	1	„	4 „ ;
„	III:	1	„	4	„ ,	2	„	3 „ .

Stellung I entspricht dem **Ørstedschen** Versuch, bei Stellung II wird nur das Gefäß von außen, bei Stellung III die Flüssigkeit und das Gefäß von innen gedrückt. Die dritte Beobachtung dient nur zur Kontrolle der beiden ersten, aus denen allein sich bereits die Kompressibilität von Gefäßmaterial und Flüssigkeit ableiten läßt.

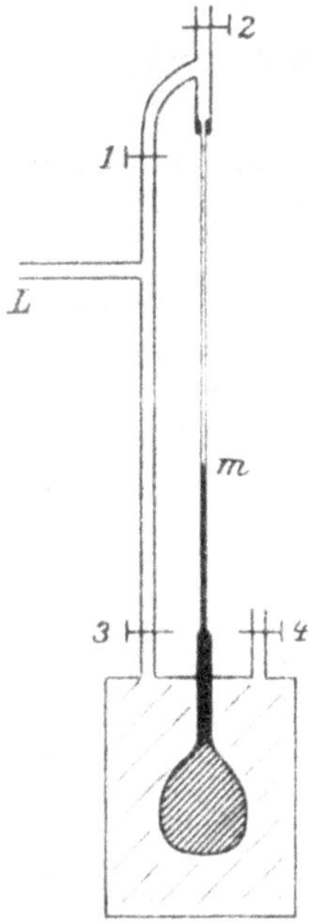

Fig. 10.

Neuerdings hat Mallock eine in der Ausführung sehr einfache Methode zur Messung der Kompressibilität fester Körper gegeben. Ein zylindrisches, beiderseits geschlossenes Rohr aus dem betreffenden Stoff wird einem inneren Überdruck ausgesetzt, wodurch am Rohr eine nach der Elastizitätstheorie berechenbare Längsdehnung eintritt, die sich als Differenz der durch den Druck auf die inneren Endflächen hervorgerufenen Verlängerung und der durch die Ausbauchung des Zylindermantels entstehenden Verkürzung des Rohres darstellt. Sie kann leicht genau gemessen werden und ermöglicht die Berechnung der Kompressibilität.

Die folgende Zusammenstellung enthält Werte für die Kompressibilität einiger Metalle bei sehr tiefer, mittlerer und höherer Temperatur zwischen 10 und 100 At auf Grund der nach der Methode von Mallock ausgeführten Messungen Grüneisens; weiters die einiger Flüssigkeiten bei verschiedenen Drucken und Temperaturen. Die letzteren sind den ausgedehnten Versuchsreihen Amagats entnommen.

	-190°	$+16^\circ$	$+165^\circ$C
Aluminium $\bar{\varepsilon} \times 10^6 =$	1·32	1·46	—
Eisen . . .	0·606	0·633	0·675
Kupfer .	0·718	0·773	0·828
Silber . .	0·709	0·763	—
Zinn . . .	2·1	ca 3	—
Platin . .	0·374	0·392	0·404
Blei	ca 2·5	ca 3·2	—

Quecksilber (0° C): $\bar{\varepsilon} \times 10^6 = 3·9$

Druckgrenzen in At	Wasser	Alkohol	Äther
1—50	$\bar{\varepsilon} \times 10^6 =$ 49·8	112	176
400—500	($\vartheta = 20^\circ$) 41·5	73	100
900—1000	36·5	55	71
1500—2000	30·9	41	48
2500—3000	25·7	29	34

Druckgrenzen 200—300 At.

ϑ	0°	20°	40°	60°	80°	100°	200°
Wasser	$\bar{\varepsilon} \times 10^6 =$ 48·0	43·4	41·4	41·5	43·6	45·9	76·9
Alkohol	77	86	96	108	121	138	337
Äther	109	125	148	174	204	241	571

Es ist bemerkenswert und vom Standpunkt der Atomistik begreiflich, daß die Unterschiede in der Kompressibilität der verschiedenen Stoffe bei sehr hohen Drucken kleiner werden; desgleichen daß im Allgemeinen die Kompressibilität mit steigender Temperatur wächst. Hingegen ist es überraschend, daß sie auch bei den tiefsten Temperaturen noch beträchtliche Werte aufweist und von einem Konvergieren gegen Null bei Annäherung an den absoluten Nullpunkt nichts zu merken ist. Nur die Abhängigkeit der Kompressibilität von der Temperatur wird dort klein.

§ 11. Thermische Spannung.

Der Zusammenhang zwischen Druck und Temperatur bei konstant gehaltenem Volumen wird durch den Spannungskoeffizienten gekennzeichnet. Darunter versteht man bei festen Körpern und Flüssigkeiten den Ausdruck

$$\sigma = \left(\frac{\partial p}{\partial \vartheta}\right)_v,$$

d. h. die Zunahme des Drucks im Körper bei einer Temperaturzunahme um ein Grad, vorausgesetzt, daß das Volumen konstant bleibt, also jede Ausdehnung des Körpers durch Einschließen in eine feste, unveränderliche Hülle verhindert wird.

Es sei aber gleich hier darauf hingewiesen, daß man bei Gasen und Dämpfen unter dem Spannungskoeffizienten den Ausdruck $\frac{1}{p_0}\left(\frac{\partial p}{\partial \vartheta}\right)_v$ versteht, d. h. das Verhältnis der Zunahme des Drucks beim Erwärmen um 1^0 zu dem (bei gleichem Volumen) vorhandenen Druck bei 0^0.

Die experimentelle Bestimmung von σ für feste Körper und Flüssigkeiten unterliegt der Schwierigkeit, daß ein auch nur genähertes Festhalten des Volumens wegen der Wärmeausdehnung und Drucknachgiebigkeit jeder Hülle schwer möglich ist. Eine einfache Überlegung lehrt aber, daß eine gesonderte Bestimmung von σ auch entbehrt werden kann, da es sich aus α und ε ohne weiteres berechnen läßt.

Es bedeutet nämlich α die Vergrößerung der (bei 0^0 und dem Druck p gemessenen) Volumseinheit bei der Erhöhung der Temperatur um 1^0 und σ somit nichts anderes als den Druck, der nötig ist, um diese Ausdehnung zu verhindern. Anderseits ist ε die Volumsverminderung der (unter dem Druck von 1 At bei der Temperatur ϑ gemessenen) Volumseinheit, die durch den Druckzuwachs von 1 At erzielt wird. Soweit $V_0 = V_1$ gesetzt werden kann, was wegen der geringen Wärmeausdehnung und Kompressibilität der festen Körper und Flüssigkeiten zulässig erscheint, ist somit einfach $\sigma = \frac{\alpha}{\varepsilon}$.

So ist z. B. für Quecksilber $\alpha = 0{\cdot}00018$ und $\varepsilon = 3{\cdot}9 \,.\, 10^{-6}$, also $\sigma = \frac{\alpha}{\varepsilon} = 46$, d. h. es braucht 46 At um Quecksilber beim Erwärmen um 1° auf konstantem Volumen zu erhalten. Die bei der thermischen Ausdehnung fester und flüssiger Körper entwickelten Kräfte sind also sehr große.

§ 12. Die drei thermischen Koeffizienten und die allgemeine Beziehung, welche zwischen ihnen besteht.

Wie schon erwähnt wurde, empfiehlt es sich oft statt α und ε die dem Stoff ebenfalls eigentümlichen Differentialquotienten $\left(\frac{\partial v}{\partial \vartheta}\right)_p$ und $\left(\frac{\partial v}{\partial p}\right)_\vartheta$ einzuführen, die wir zusammen mit $\left(\frac{\partial p}{\partial \vartheta}\right)_v$ im Folgenden kurz als die drei „thermischen Koeffizienten" des Stoffes bezeichnen werden. Ebenso wie zwischen α, ε und σ muß natürlich auch zwischen diesen drei thermischen Koeffizienten der Ausdehnung, Kompressibilität und Spannung ein Zusammenhang bestehen, der sich in der Tat leicht allgemein aus der Zustandsgleichung entwickeln läßt, also aus jener Beziehung zwischen den drei thermischen Variabeln, $f(v, p, \vartheta) = 0$, die, wenn wir sie in geschlossener Form auch nur in seltenen Fällen und auch dann nur genähert kennen, jedenfalls vorhanden sein muß.

Ihre Differentiation ergibt $\left(\frac{\partial f}{\partial v}\right)_{p,\vartheta} dv + \left(\frac{\partial f}{\partial p}\right)_{v,\vartheta} dp + \left(\frac{\partial f}{\partial \vartheta}\right)_{v,p} d\vartheta = 0$,

also für p konstant: $$\left(\frac{\partial v}{\partial \vartheta}\right)_p = -\frac{\frac{\partial f}{\partial \vartheta}}{\frac{\partial f}{\partial v}} = v_0 \alpha$$

für ϑ konstant: $$\left(\frac{\partial v}{\partial p}\right)_\vartheta = -\frac{\frac{\partial f}{\partial p}}{\frac{\partial f}{\partial v}} = -v_1 \varepsilon$$

für v konstant: $$\left(\frac{\partial p}{\partial \vartheta}\right)_v = -\frac{\frac{\partial f}{\partial \vartheta}}{\frac{\partial f}{\partial p}} = \sigma.$$

Daraus ergibt sich einerseits die Beziehung $\sigma = \frac{v_0}{v_1} \frac{\alpha}{\varepsilon}$, die wir für den Fall, daß $\frac{v_0}{v_1} = 1$ gesetzt werden kann, bereits durch eine einfache Überlegung gewonnen haben, anderseits die Gleichung

$$1)\qquad \left(\frac{\partial v}{\partial \vartheta}\right)_p \left(\frac{\partial p}{\partial v}\right)_\vartheta = -\left(\frac{\partial p}{\partial \vartheta}\right)_v,$$

von der wir später des öfteren Gebrauch machen werden.

Drittes Kapitel.

Das Verhalten der Gase.

§ 13. Die Gasgleichung.

Wir haben bisher die Gase und Dämpfe nicht behandelt, obwohl ihr Verhalten von besonderem theoretischen Interesse, wie auch von größter praktischer Wichtigkeit ist, da sie in den Wärmekraftmaschinen die Rolle des arbeitenden Körpers spielen. Wir sind bei ihnen in der glücklichen Lage, die Zustandsgleichung mit in der Regel genügender Genauigkeit zu kennen und da sie zudem eine sehr einfache Form hat, ist diese sogenannte „Gasgleichung" von allergrößter Bedeutung.

Die Betrachtung im vorhergehenden Paragraphen lehrt, daß α, ε und σ aus der Zustandsgleichung berechenbar sind. Umgekehrt kann man die Zustandsgleichung gewinnen, wenn das Verhalten eines Körpers in bezug auf thermische Ausdehnung und Kompression oder thermische Spannung durch geschlossene Ausdrücke gegeben ist.

Es gilt nun für Gase und Dämpfe bis zum Eintritt der Verflüssigung und zwar um so genauer, je weiter sie von der Verflüssigung entfernt sind, in bezug auf

thermische Ausdehnung (p konstant): $V_\vartheta = V_0\left(1 + \frac{1}{273}\vartheta\right)$,

Kompressibilität (ϑ konstant): $pV = \text{konstant} = C$,

thermische Spannung (v konstant): $p_\vartheta = p_0\left(1 + \frac{1}{273}\vartheta\right)$.

Zuerst war das zweite Gesetz bekannt (Boyle 1662). Es besagt, daß ein Gas bei bestimmter Temperatur durch doppelten und dreifachen Druck auf die Hälfte und das Drittel seines Volumens zusammengedrückt wird, so daß das Produkt $p\,V$ für jede Temperatur einen ganz bestimmten Wert hat. Das erste und dritte Gesetz wurden gleichzeitig von Gay-Lussac und Charles gefunden (1802). Hiernach ist der Ausdehnungskoeffizient unabhängig von der Natur des Gases gleich $\frac{1}{273} = 0{\cdot}003663$ und auch gleich dem hier als $\frac{1}{p_0}\left(\frac{\partial p}{\partial \vartheta}\right)_v$ definierten Spannungskoeffizienten.

Wir nehmen zunächst an, daß diese Gesetze die Beobachtungen genau wiedergeben und nennen ein solches Gas ein „ideales". Von den Abweichungen, die schon ihren Entdeckern bekannt waren, wird später die Rede sein.

Es sollen nun die beiden ersten Gleichungen, aus denen dann die dritte notwendigerweise folgt, zur Gasgleichung vereinigt werden. Wir denken uns hierbei das Gas vom Zustand V_0, p_0, 0^0 in den Zustand V, p, ϑ überführt, indem wir es zunächst bei gleichbleibendem Druck p_0 von 0 auf ϑ^0 erwärmen, wobei das Volumen $V_1 = V_0\left(1 + \frac{1}{273}\vartheta\right)$ erreicht wird und dann bei festgehaltener Temperatur ϑ durch Zusammendrücken oder Ausdehnen auf den Druck p bringen, wonach dann gemäß der Boyleschen Gleichung sich ein Volumen V einstellt, das aus der Beziehung

$$p V = p_0 V_1 = p_0 V_0 \left(1 + \frac{1}{273} \vartheta\right)$$

gefunden wird.

Hierin bedeutet $p_0 V_0$ den Wert des Produktes $p V$ bei der Temperatur 0^0. Es ist dies die gesuchte Beziehung zwischen V, p und ϑ, also die Zustandsgleichung des idealen Gases. Sie enthält die drei Gleichungen, von denen wir ausgegangen sind, als Sonderfälle. Für $p = p_0$ wird $V = V_0 \left(1 + \frac{1}{273} \vartheta\right)$, für ϑ konstant wird jedes $p V$ gleich $p_0 V_0 \left(1 + \frac{1}{273} \vartheta\right)$ und hat somit einen bestimmten, konstanten Wert und für $V = V_0$ wird $p = p_0 \left(1 + \frac{1}{273} \vartheta\right)$. Auch sieht man ein, daß diese drei Gleichungen nur dann anwendbar sind, wenn die betreffende dritte Variable konstant gehalten wird und daß man zu ganz unsinnigen Resultaten käme, wenn man sie ohne Rücksicht darauf durch Rechnungsoperationen vereinigen wollte.

V bedeutet in der obigen Zustandsgleichung das Volumen der beliebigen Gasmenge n. Führt man das spezifische Volumen ein, so ist $V = n v$ und $V_0 = n v_0$ und die Gasgleichung erhält die Form:

$$p V = n p_0 v_0 \left(1 + \frac{1}{273} \vartheta\right) = n \frac{p_0 v_0}{273} (273 + \vartheta)$$

oder für die Mengeneinheit selbst:

$$p v = \frac{p_0 v_0}{273} (273 + \vartheta).$$

Schreibt man $\frac{p_0 v_0}{273} = R$ und $273 + \vartheta = T$, so erhält man schließlich

$$\left.\begin{aligned} p V &= n R T \\ \text{und} \qquad p v &= R T. \end{aligned}\right\} \tag{2}$$

R heißt die „Gaskonstante" des betreffenden Gases und ist durch $\frac{1}{273}$ des Wertes bestimmt, den das Produkt $p v$ für das Gas bei 0^0 besitzt. Welche Größe wir dem p_0 zuschreiben, ist hierbei gleichgültig, wenn wir nur unter v_0 den dem p_0 zugehörigen Wert des spezifischen Volumens verstehen. Wählen wir z. B. $p_0 = 1$ At, so ist v_0 das Volumen der Mengeneinheit des Gases bei 0^0 unter dem Druck einer Atmosphäre.

$T = 273 + \vartheta$ können wir als absolute Temperatur bezeichnen, da sich nämlich später zeigen lassen wird, daß ein Gas, welches der Gleichung 2 vollkommen entspräche, also ein ideales Gas, in einem Volums- oder Druckthermometer als thermometrische Substanz verwendet, Temperaturangaben liefern würde, die ganz gleich wären mit der durch

Arbeitsmessung auf mechanischem Wege, also absolut ermittelten Temperatur. Insoweit Wasserstoff der Gasgleichung entspricht, ist T auch die Wasserstofftemperatur, auf einer Zentesimalskala gemessen, deren Nullpunkt bei -273 liegt.

Aus der Gleichung $V_\vartheta = V_0 \left(1 + \frac{1}{273}\vartheta\right)$ folgt für $\vartheta = -273$, $V_\vartheta = 0$, d. h. das Volumen des Gases würde beim absoluten Nullpunkt gleich Null, was sowohl den Erfahrungen bei den tiefsten erreichbaren Temperaturen als auch den Vorstellungen der Atomistik widerspricht. Es ist aber zu beachten, daß einerseits der absolute Nullpunkt überhaupt nicht erreichbar ist, anderseits die Gasgleichung für so tiefe Temperaturen nicht mehr das Verhalten einer wirklich existierenden Substanz darstellt.

R hat von Gas zu Gas einen anderen Wert und heißt darum auch die „individuelle" Gaskonstante. Ist aber R für irgendein Gas, z. B. für Wasserstoff bekannt, so kann man es für jedes andere Gas aus dessen Molekulargewicht μ ohne weiteres berechnen. Es verhalten sich nämlich unter gleichen Verhältnissen des Drucks und der Temperatur die Dichten verschiedener Gase wie ihre Molekulargewichte, also die spezifischen Volumina verkehrt wie die Molekulargewichte. Es ist somit

$$v_H : v = \mu : 2$$

und

$$R_H : R = \frac{p_0 v_{0H}}{273} : \frac{p_0 v_0}{273} = \mu : 2$$

oder

$$R = \frac{2 R_H}{\mu} = \frac{\mathfrak{R}}{\mu},$$

wenn wir die doppelte Gaskonstante des Wasserstoffs, die sogenannte „allgemeine" Gaskonstante mit $\mathfrak{R}$ bezeichnen.

Es erübrigt noch ihre Berechnung:

Unter einer „Grammolekel" oder einem „Mol" versteht man eine Menge, die ebensoviel Gramm ausmacht, wie das Molekulargewicht beträgt und es ist nach dem Gesagten offenbar das Volumen eines Mol, das „Molekularvolumen" $\mathfrak{V}$ bei bestimmtem Druck und bestimmter Temperatur für alle Gase eine ganz bestimmte Größe, z. B. unter dem Druck 1 At und bei 0° gleich 22·414 Liter. Für Wasserstoff ist somit für $p_0 = 1$ At $= 1013200$ Dyne/cm² und 0 Grad $v_0 = 11 \cdot 207$ Liter $= 11207$ cm³ und daher $R_H = \frac{1}{273} 1013200.11207 = 416.10^5$, also $\mathfrak{R} = 832.10^5$.

Wenn man somit den Druck in Dyne/cm², das Volumen in cm³ und die Menge in gr mißt, so gilt:

$$p V = n \frac{832.10^5}{\mu} T.$$

In den technischen Rechnungen wählt man aber in der Regel kg/m², m³ und kg als Einheiten. Dann wird, da 1 At = 10333 kg/m² ist und

1 kg Wasserstoff unter diesem Druck bei 0° ein Volumen von 11·207 m³ ausfüllt, $R_H = \frac{10333.11 \cdot 207}{273} = 424$, also:

$$p V = n \frac{848}{\mu} T.$$

Der Chemiker wählt hingegen in der Regel als Einheiten die physikalische Atmosphäre, das Liter und das Mol. Dann wird R gleich $\frac{22 \cdot 414}{273} = 0 \cdot 082$ und wenn man für $\frac{n}{\mu}$ den Buchstaben ν einführt, wo ν die Anzahl der vorhandenen Mol des betreffenden Gases bezeichnet

$$p V = \nu . 0 \cdot 082\, T.$$

Was die Benennung von R anlangt, so bemerken wir, daß $pV = \frac{\text{Kraft}}{\text{Fläche}}$ $\times$ Volumen = Kraft $\times$ Länge die Dimension einer Arbeit hat und da $R = \frac{pV}{n\,T}$ ist, so ist R eine Arbeit pro Mengeneinheit und pro Grad $\left[\frac{\text{Erg}}{\text{gr C}^0}\right]$ bzw. $\left[\frac{\text{kgm}}{\text{kg C}^0}\right]$, oder, wie wir auch sagen können, eine Arbeit, die geleistet wird, wenn man die Mengeneinheit um 1 Grad erwärmt. Wir werden später (§ 42) sehen, daß es sich hierbei um die gegen den konstanten Druck p geleistete Ausdehnungsarbeit handelt.

Bei der Wichtigkeit der Gasgleichung muß das Rechnen mit ihr geübt werden.

Es ist in kgm pro kg und Grad für

Wasserstoff	$\mu = 2$,	$R = 424$	Kohlenoxyd	$\mu = 28$,	$R = 30 \cdot 3$
Sauerstoff	$\mu = 32$,	$R = 26 \cdot 5$	Kohlensäure	$\mu = 44$,	$R = 19 \cdot 3$
Luft	$\mu = 28 \cdot 9$,	$R = 29 \cdot 3$	Ammoniak	$\mu = 17$,	$R = 49 \cdot 9$
			Wasserdampf	$\mu = 18$,	$R = 47 \cdot 1$.

Was man unter dem Molekulargewicht eines Gasgemisches wie Luft zu verstehen hat, wird später besprochen werden.

---

1. In einem Kessel, der auf 200° erhitzt ist und ein Volumen von $^1/_2$ m³ hat, sind $2^1/_2$ kg Sauerstoff eingepreßt. Wie hoch ist der absolute Druck und wie hoch ist der Druck, unter dem das Kesselblech steht, wenn der Barometerstand 730 mm beträgt? $p . \frac{1}{2} = 2 \cdot 5 . 26 \cdot 5 . 473$, also $p = 62\,670$ kg/m². Die Kesselwand steht unter einem Druck von 62 670 kg/m², vermindert um den Luftdruck 730.13·595 = 9920 kg/m², das ist 52 750 kg/m² = 5·275 at.

2. Wie groß ist das Volumen von 100 gr = $\frac{100}{44}$ Mol Kohlensäure bei 27° unter dem Druck von 5 At?

$$5\, V = \frac{100}{44} . 0 \cdot 082 . 300, \quad V = 11 \cdot 18 \text{ Liter}.$$

3. Wieviel kg sind 0·3 m³ Luft, die bei 18⁰ unter einem Druck von 8 at stehen?

$$80000 . 0{\cdot}3 = n . 29{\cdot}3 . 291, \quad n = 2{\cdot}815 \text{ kg}.$$

§ 14. Satz von Avogadro.

Nach den Anschauungen der Chemie sind die Molekulargewichte dem tatsächlichen Gewicht der Molekeln proportional. Nehmen wir also verschiedene Gase, aber unter gleichen Verhältnissen von Druck und Temperatur und nehmen wir außerdem von ihnen gleiche Volumina, so gilt:

$$p V = n_1 \frac{\mathfrak{R}}{\mu_1} T, \quad p V = n_2 \frac{\mathfrak{R}}{\mu_2} T, \quad p V = n_3 \frac{\mathfrak{R}}{\mu_3} T \ldots$$

oder

$$\frac{n_1}{\mu_1} = \frac{n_2}{\mu_2} = \frac{n_3}{\mu_3} \ldots$$

Die Quotienten $\frac{n}{\mu}$ sind aber offenbar der Anzahl der Molekeln proportional, die in den das gleiche Volumen V ausfüllenden Gasmengen n enthalten sind. Wir kommen somit zu dem Satz:

Unter gleichen Verhältnissen von Druck und Temperatur enthalten alle Gase, soweit die Gasgleichung zutrifft, in gleichem Volumen die gleiche Zahl Molekeln.

Es ist als Erstem Loschmidt gelungen (1865), diese Zahl absolut zu bestimmen und damit auch das wahre Gewicht der Molekeln zu ermitteln. Seitdem konnte durch Anwendung elektrischer Methoden die Genauigkeit dieser Bestimmung wesentlich erhöht werden. Hiernach enthält ein cm³ Gas bei 0⁰ und 760 mm Druck $27{\cdot}05 . 10^{18}$ Molekeln oder ein Mol $60{\cdot}62 . 10^{22}$. Man nennt diese wichtige Größe die Loschmidtsche Zahl. Das Gewicht des Wasserstoffatoms ist dann $1{\cdot}65 . 10^{-24}$ gr, das der Wasserstoffmolekel das Doppelte.

§ 15. Gesetz von Dalton; Luftfeuchtigkeit.

Werden mehrere chemisch gegeneinander indifferente Gase von gleicher Temperatur und gleichem Druck miteinander gemischt, so zeigt sich, falls das Gemisch nachher unter denselben Umständen des Drucks und der Temperatur gemessen wird, daß das Volumen V des Gemisches gleich der Summe der Volumina der Einzelgase vor der Mischung ist, also

$$V = V_1 + V_2 + V_3 + \ldots$$

Man wird annehmen müssen, daß in jedem nicht allzukleinen Volumteil der Mischung alle Gase vorhanden sind. Dann beweist dieses Verhalten, daß kein Gas das andere in seiner Druckwirkung stört, d. h. daß jedes Gas denjenigen Druck p_1, p_2, p_3 ... ausübt, der ihm nach der Gasgleichung zukäme, wenn es im Zustande entsprechender Verdünnung im großen Raum V allein vorhanden wäre; denn aus

$$p V = p V_1 + p V_2 + p V_3 + \ldots$$

folgt

$$p = \frac{pV_1}{V} + \frac{pV_2}{V} + \frac{pV_3}{V} + \ldots$$

und da nach Boyles Gesetz

$$pV_1 = p_1 V, \quad pV_2 = p_2 V, \quad pV_3 = p_3 V \ldots$$

ist, auch

$$p = p_1 + p_2 + p_3 + \ldots$$

Man nennt p_1, p_2, p_3 ... die Partialdrucke der einzelnen Gase in der Mischung und kann sagen, daß sich der Gesamtdruck einer Gasmischung aus den Partialdrucken der Einzelgase „additiv" zusammensetzt. Die Gültigkeit dieses Gesetzes ist aber offenbar außer von der Gültigkeit der Boyleschen Gleichung auch noch von der Erfüllung der Annahme abhängig, daß das Volumen der Mischung tatsächlich gleich der Summe der Einzelvolumina ist.

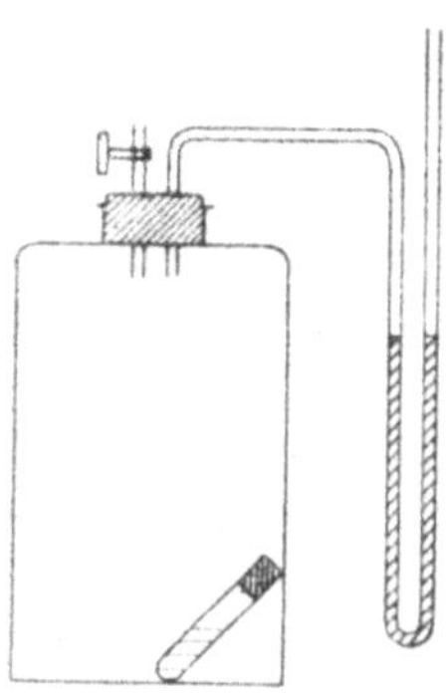

Fig. 11.

Aus dem Gesetz folgt, daß wenn einem Gas ein zweites, indifferentes ohne Vergrößerung des Volumens hinzugefügt wird, der Druck um den dem Gesamtvolumen entsprechenden Druck des zweiten Gases steigt. Ist das zweite Gas ein Dampf, der mit seiner Flüssigkeit in Berührung steht, so ist dieser Partialdruck einfach gleich dem der betreffenden Temperatur zugehörigen Sättigungsdruck[1]. Wird umgekehrt einem Gemisch eines der Gase entzogen, etwa durch Absorption, so sinkt der Druck um den Partialdruck des absorbierten Gases.

Bringt man in eine Flasche, die mit einem Flüssigkeitsmanometer (Öl, damit nicht die Dampfspannung der Manometerflüssigkeit stört) ein etwa Alkohol enthaltendes dünnwandiges Gläschen, so steigt nach Zerschlagen des Gläschens das Manometer solange, bis der Überdruck gleich dem Dampfdruck des Alkohols bei der betreffenden Temperatur geworden ist. Ist die Flasche mit atmosphärischer Luft gefüllt und war in dem Gläschen ein Trockenmittel (konzentrierte Schwefelsäure) so stellt sich umgekehrt ein Unterdruck ein, welcher dem Druck des in der Atmosphäre stets enthaltenen Wasserdampfes entspricht. Dieser als „Dunstdruck" bezeichnete, gewöhnlich in mm Hg gemessene Partialdruck des unsichtbar in der Atmosphäre enthaltenen Wasserdampfes ist im allgemeinen kleiner als der der Lufttemperatur entsprechende Sättigungsdruck des Wasserdampfes, der nur dann erreicht wird, wenn die Luft „mit Wasser gesättigt" erscheint. Das in Prozenten ausgedrückte Verhältnis zwischen dem wirklich vorhandenen Dunstdruck und jenem Sättigungsdruck (genau

[1] Eine geringe Steigerung dieses Sättigungsdruckes bei großem Druck des indifferenten Gases ist allerdings vorhanden.

das Verhältnis der in beiden Fällen in gleichem Volumen vorhandenen Wasserdampfmengen) bezeichnet man als „relative Feuchtigkeit". Unter „absoluter Feuchtigkeit" versteht man die in gr ausgedrückte Menge des im m^3 enthaltenen Wasserdampfes. Sie ist aus dem Dunstdruck p und der Lufttemperatur ϑ nach der Gasgleichung berechenbar. Es ist für Wasserdampf ($R = 47 \cdot 1$), wenn p in kg/m^2 (mm H_2O) ausgedrückt wird, die Menge Wasserdampf im Volumen $V = 1\, m^3$:

$$n = \frac{p}{47 \cdot 1\,(273 + \vartheta)}\, kg/m^3 = \frac{1000\, p}{47 \cdot 1\,(273 + \vartheta)}\, gr/m^3 = \frac{21 \cdot 23\, p}{273 + \vartheta}\, gr/m^3.$$

Direkt mißt man die absolute Feuchtigkeit, indem man ein bestimmtes Luftvolumen langsam durch eine Röhre saugt, in der sich mit Schwefelsäure getränkter Bimsstein oder Stückchen Chlorkalzium befinden, und das absorbierte Wasser aus der Gewichtszunahme bestimmt.

Doch werden in der Meteorologie statt dieser genauen, aber zeitraubenden Methoden, die wir geschildert haben, in der Regel die bequemen als Hygrometer und Psychrometer bezeichneten und bekannten Instrumente verwendet, bei denen es sich um einfache Thermometer- oder Skalenablesungen handelt.

§ 16. Scheinbares Molekulargewicht eines Gasgemisches.

Das Gesetz von Dalton führt auch zur Erweiterung der Gasgleichung auf Gasgemische. Da jedes der Gase im Gemisch sich so verhält, als ob es allein vorhanden wäre, so gilt

für n_1 gr oder $\frac{n_1}{\mu_1} = \nu_1$ Mol des ersten Gases $p_1 V = \nu_1 \mathfrak{R} T$

für n_2 gr oder $\frac{n_2}{\mu_2} = \nu_2$ Mol des zweiten Gases $p_2 V = \nu_2 \mathfrak{R} T$

für n_3 gr oder $\frac{n_3}{\mu_3} = \nu_3$ Mol des dritten Gases $p_3 V = \nu_3 \mathfrak{R} T$ usw.

Daraus folgt $(p_1 + p_2 + p_3 + \ldots)\, V = p\, V = (\nu_1 + \nu_2 + \nu_3 + \ldots) \mathfrak{R} T$, oder, wenn wir die gesamte im Volumen V vorhandene Gasmenge $n_1 + n_2 + n_3 + \ldots$ mit n bezeichnen:

$$pV = n \frac{\mathfrak{R}}{\frac{n}{\nu_1 + \nu_2 + \nu_3 + \ldots}} T.$$

Wir können also die Gasgleichung auf ein Gasgemisch ebenso anwenden, wie auf ein einzelnes Gas, nur tritt an die Stelle des Molekulargewichts μ der Ausdruck $\frac{n}{\nu_1 + \nu_2 + \nu_3 + \ldots}$, den man darum auch das „scheinbare Molekulargewicht" des betreffenden Gemisches nennt.

So enthält Luft 77 Gewichtsteile N_2 und 23 Gewichtsteile O_2 in 100 Teilen, wenn wir Argon zum Stickstoff rechnen und die anderen in nur sehr geringen Mengen vorhandenen Gase vernachlässigen. Es ist dann für Luft $\mu = \frac{100}{77/28 + 23/32} = 28 \cdot 9$, also die Gaskonstante („Luftkonstante") in kgm pro kg und Grad: $\frac{\Re}{\mu} = \frac{848}{28 \cdot 9} = 29 \cdot 3$, wie wir sie schon früher angegeben haben.

Da nach den oben angeschriebenen Gleichungen $p_1 : p_2 : p_3 \ldots = v_1 : v_2 : v_3 \ldots$ ist, so verhalten sich die Partialdrucke wie die Molzahlen und weil das Volumen eines Mol für alle Gase das gleiche ist, auch wie die räumliche Zusammensetzung des Gemisches. Da Luft aus 79 Raumteilen N_2 und 21 Raumteilen O_2 besteht, so beteiligen sich an einem Luftdruck von 760 mm der Stickstoff mit 600, der Sauerstoff mit 160 mm.

Ein Gasgemisch bestehe, in Gewichtsprozenten ausgedrückt, aus 30·8 CO_2, 39·7 CO, 1·6 H_2, 14·7 N_2 und 13·2 H_2O-Dampf. Es sind zu berechnen das scheinbare Molekulargewicht, die Gaskonstante, der relative Partialdruck der einzelnen Gase und die Zusammensetzung in Volumsprozenten.

Die Molzahlen sind

$$\frac{30 \cdot 8}{44} = 0 \cdot 70, \quad \frac{39 \cdot 7}{28} = 1 \cdot 42, \quad \frac{1 \cdot 6}{2} = 0 \cdot 80, \quad \frac{14 \cdot 7}{28 \cdot 08} = 0 \cdot 52, \quad \frac{13 \cdot 2}{18} = 0 \cdot 73 .$$

Es ist somit

$$\mu = \frac{100}{0 \cdot 70 + 1 \cdot 42 + 0 \cdot 80 + 0 \cdot 52 + 0 \cdot 73} = 24 \cdot 0, \quad R = \frac{848}{24 \cdot 0} = 35 \cdot 3,$$

$$p_{CO_2} : p_{CO} : p_{H_2} : p_{N_2} : p_{H_2O} = 0 \cdot 70 : 1 \cdot 42 : 0 \cdot 80 : 0 \cdot 52 : 0 \cdot 73$$

oder in Prozenten des Gesamtdrucks

$$16 \cdot 8 : 34 \cdot 0 : 19 \cdot 2 : 12 \cdot 5 : 17 \cdot 5 .$$

Das sind zugleich die Volumsprozente.

§ 17. Das Gasthermometer.

Grundsätzlich läßt sich das Gasthermometer als Volums- oder Druckthermometer herstellen, indem man davon ausgeht, daß bei konstant gehaltenem Druck das Volumen, bei konstant gehaltenem Volumen der Druck pro Grad um $^1/_{273}$ des bei 0° vorhandenen Betrages ansteigt. Doch ist das erste Verfahren umständlicher und wenig im Gebrauch, so daß wir hier nur die Messung aus der Änderung des Drucks bei konstantem Volumen besprechen wollen.

Das einfachste Gasthermometer dieser Art ist das von Jolly angegebene. Es besteht aus einer mit trockenem Gas (Wasserstoff) gefüllten Glaskugel von rund 50 cm³ Inhalt mit angeschmolzener, doppelt rechtwinkelig gebogener Kapillare, die in ein weiteres Glasrohr *L* übergeht, das durch einen starkwandigen Gummischlauch mit einem zweiten Glasrohr *R* kommuniziert. Die Röhren werden mit Quecksilber gefüllt, so daß sie ein an die gasgefüllte Kugel angeschlossenes Manometer vorstellen. Um auf der linken Seite über dem Quecksilber stets das gleiche Gasvolumen abzugrenzen, also die Druckmessung immer bei konstantem Volumen auszuführen, hebt man das längs eines vertikalen Maßstabs verschiebbare rechte Rohr jeweils solange, bis das Quecksilber links bei einer knapp unter der Mündung ins Kapillarrohr angebrachten Marke steht (in der Regel eine eingeschmolzene Glasspitze, auf deren Berührung mit dem Quecksilberspiegel scharf eingestellt werden kann).

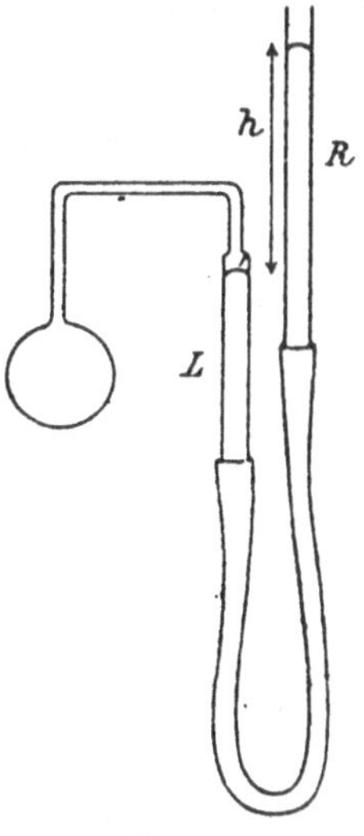

Fig. 12.

Bei dieser Einstellung liest man am Maßstab den manometrischen Überdruck ab und zwar zunächst, während sich das Instrument auf 0° befindet (h_0) und dann bei der zu messenden Temperatur (h_ϑ), und beobachtet außerdem den Barometerstand (b). Natürlich müssen wegen der Wärmeausdehnung des Quecksilbers die gemessenen Quecksilbersäulen h und b auf gleiche Temperatur (0°) umgerechnet werden.

Aus der Gasgleichung $p\,V = n\,R\,T$ folgt nun für konstantes Volumen und konstante Menge Proportionalität zwischen Druck und absoluter Temperatur. Ist der Druck bei 0°, also die Summe aus dem gemessenen Überdruck h_0 und dem Barometerstand b gleich p_0 und bei ϑ^0 gleich p_ϑ, so ist

$$\frac{273 + \vartheta}{273} = \frac{p_\vartheta}{p_0} \quad \text{und} \quad \vartheta = 273\,\frac{p_\vartheta - p_0}{p_0}\,.$$

Doch bedarf diese einfache Formel für genaue Messungen, besonders dann, wenn es sich um hohe Temperaturen handelt, zweier Berichtigungen.

1. Gefäßausdehnung. Trotz Einstellen auf die Glasspitze ist das Gasvolumen bei ϑ^0 etwas größer als bei 0°, da sich das Glas beim Erwärmen ausdehnt. Es ist nicht Volumen und Menge, sondern strenge genommen, nur die Menge konstant. Ist V_0 das Volumen des Gefäßes bei 0°, so ist, wenn $\bar{\gamma}$ den mittleren kubischen Ausdehnungskoeffizienten des Glases zwischen 0 und ϑ^0 bezeichnet, sein Volumen bei ϑ^0 gleich $V_0\,(1 + \bar{\gamma}\,\vartheta)$. Aus der Gleichung $n = \frac{p\,V}{R\,T}$ folgt für 0 Grad $n = \frac{p_0 V_0}{R\,273}$ und für ϑ Grad $n = \frac{p_\vartheta V_0 (1 + \bar{\gamma}\,\vartheta)}{R\,(273 + \vartheta)}$, woraus man durch Gleichsetzung

$$\vartheta = \frac{p_\vartheta - p_0}{\frac{p_0}{273} - p_\vartheta\,\bar{\gamma}}$$

erhält. Da der Spannungs- und Ausdehnungskoeffizient der Gase $^1/_{273}$ rund 500 mal so groß ist, als der Ausdehnungskoeffizient des Glases γ, so ist diese Korrektur klein.

2. Schädlicher Raum. Falls nur die Kugel auf die zu messende Temperatur (ϑ) gebracht wird, so ist, wie beim Quecksilberthermometer der herausragende Faden, hier zu berücksichtigen, daß sich dann das in der Kapillare und bei der Glasspitze vorhandene Gas auf einer anderen Temperatur (ϑ') befindet. Wird auch bei der ersten beim Eispunkt vorgenommenen Messung nur die Kugel eingetaucht, bedeutet jetzt V_0 das Volumen der Kugel allein bezogen auf 0°, V' das bei beiden Messungen gleiche Volumen des „schädlichen Raumes", so erhält man, wieder durch Gleichsetzen der Ausdrücke für n bei 0 und ϑ^0, die Beziehung:

$$\frac{p_0 V_0}{R\,273} + \frac{p_0 V'}{R\,(273 + \vartheta')} = \frac{p_\vartheta V_0 (1 + \bar{\gamma}\,\vartheta)}{R\,(273 + \vartheta)} + \frac{p_\vartheta V'}{R\,(273 + \vartheta')}$$

oder wenn zur Abkürzung $\frac{V'}{V_0} = q$ gesetzt wird, nach einfacher Umformung:

$$\vartheta \left[\frac{p_0}{273} - p_\vartheta \bar{\gamma} - q\,\frac{p_\vartheta - p_0}{273 + \vartheta'}\right] = (p_\vartheta - p_0)\left[1 + q\,\frac{273}{273 + \vartheta'}\right]$$

woraus man ϑ berechnet.

Das Verhältnis q wird am besten durch Auswägen mit Quecksilber ermittelt.

Beide Korrekturen fallen nur bei der Messung höherer Temperaturen ins Gewicht. Über 500 bis etwa 1400° werden Gefäße aus glasiertem Porzellan und wegen der Fähigkeit des Wasserstoffs durch die erhitzten Gefäßwände zu diffundieren, statt seiner Stickstoff genommen, dessen Angaben bei höherer Temperatur sich mit denen bei Wasserstoffüllung vollkommen decken. Für die tiefsten Temperaturen (unter — 200°) wird mit Vorteil das Thermometer mit Gas von sehr niedrigem Druck gefüllt und statt Wasserstoff Helium verwendet, welches als das am schwersten zu verflüssigende Gas sich dort der absoluten Temperaturskala besser anschließt als Wasserstoff. Hinderlich ist bei der Anwendung des Gasthermometers in manchen Fällen das verhältnismäßig große Volumen des Thermometergefäßes.

Viertes Kapitel.

Die Wärmemenge.

§ 18. Der I. Hauptsatz.

Während Volumen, Druck und Temperatur der sinnlichen Wahrnehmung unmittelbar zugänglich sind, bedeutete die „Wärmemenge" zunächst nur einen dem Kausalbedürfnis entspringenden Hilfsbegriff. Vor allem waren es die Erscheinungen der Wärmeleitung, welche die Annahme nahelegten, daß vom warmen zum kalten Körper etwas übergeht. Förderlich war dieser Auffassung von der stofflichen Natur der Wärme auch die Phlogistontheorie der alten Chemie, die zu einer Zeit, als der Sauerstoff noch nicht bekannt war, in den Oxydationsvorgängen eine Verbindung zwischen der sich oxydierenden Substanz und dem hypothetischen Wärmestoff erblickte. So entstand die Vorstellung von der Wärmemenge als einem unwägbaren „Fluidum“, unwägbar, da ein Körper beim Erwärmen nicht an Gewicht zunimmt, und es war ganz natürlich, daß man wie für jeden Stoff, so auch für die Wärme annahm, daß in einem genügend großen oder in einem nach außen abgeschlossenen System die Wärmesumme konstant sein müsse, daß Wärme, so wie die wägbare Materie, weder geschaffen noch zerstört werden könne.

In der Tat schien diese Auffassung zunächst nirgends in Widerspruch mit der Erfahrung zu kommen. Der Wärmeverbrauch beim Schmelzen oder Verdampfen ohne eintretende Temperaturerhöhung ließ sich leicht deuten. Man brauchte nur anzunehmen, daß z. B. Eis von 0^0 einen geringeren Gehalt an Wärmestoff hat, als Wasser von gleicher Temperatur, so daß beim Übergang von einem Aggregatzustand zum andern eine gewisse Wärmemenge zuzuführen ist, die bei Umwandlung in entgegengesetzter Richtung wieder zum Vorschein kommt (latente Wärme). Auch die bei chemischen Prozessen oder beim Lösungsvorgang auftretende oder verschwindende Wärme konnte in ganz ähnlicher Weise als „frei“ oder „latent“ werdende Wärme aufgefaßt werden. Auch die Kompressionswärme ließ sich aus der Verdichtung des Wärmestoffes erklären und selbst die Reibungswärme suchte man zunächst in ähnlicher Weise zu deuten, wenn das auch nicht recht befriedigen konnte.

Hingegen kam die Anschauung von der stofflichen Natur der Wärme mit den Tatsachen in Widerspruch, als man sie auf die Wärmekraftmaschinen und auf die Wärmeerscheinungen des elektrischen Stroms anwendete.

Daß die Dampfmaschine Arbeit leistet, suchte die Stofftheorie nach Analogie des Mühlrades zu erklären. Sieht man von den Wärmeverlusten an die Umgebung ab, so wird der in stationärem Gange befindlichen Maschine stündlich durch das Kesselblech hindurch eine bestimmte Wärmemenge von hoher Temperatur (Kesseltemperatur) zugeführt, anderseits von ihr eine bestimmte Wärmemenge von niedrigerer Temperatur (Kondensatortemperatur) an das Kühlwasser des Kondensators abgegeben. Nach der Stofftheorie müßten beide Wärmemengen gleich groß sein, so wie ja auch beim Mühlrad die zufließende und abfließende Wassermenge gleich sind und die Arbeitsleistung entstünde durch das Herabsinken der Wärme von hoher auf tiefe Temperatur, wie beim Mühlrad durch das Herabfallen des Wassers von hohem auf tiefes Niveau. Carnot, der 1824 zum erstenmal eine Theorie der Dampfmaschine zu geben versuchte und dem wir in methodischer Hinsicht sonst außerordentlich viel verdanken, stellte sich hierbei auf diesen Standpunkt. Es ist das Verdienst von Robert Mayer im Jahre 1842 zuerst auf Grund von Überlegungen sehr allgemeiner Natur die Verwandelbarkeit von Wärme und Arbeit nach einem ganz bestimmten Verhältnis dargetan zu haben, was dann weiterhin von ihm selbst und anderen, vor allem von Helmholtz, zum Prinzip von der Erhaltung der Energie erweitert wurde. Es ist dann auch, wie zuerst Hirn durch Versuche nachgewiesen hat, in der Wärmekraftmaschine die abgegebene Wärmemenge kleiner als die zugeführte und die Differenz aus beiden der von der Maschine geleisteten Arbeit proportional. Es verschwindet Wärme und tritt statt dessen Arbeit auf. Wenn auch in manchen Punkten zutreffend, ist also der Vergleich zwischen Wärme- und Wasserkraftmaschine in diesem wichtigsten Punkte ganz irreführend.

Aber nicht nur bei der Wärmekraftmaschine, überall wo Wärme verschwindet und Arbeit auftritt oder umgekehrt, hat es sich erwiesen, daß hierbei Wärmemenge und Arbeitsbetrag in jedem bestimmten Maßsystem in einem ganz bestimmten Verhältnis stehen. Ist L die gewonnene oder geleistete Arbeit und Q die hierbei verbrauchte oder erzeugte Wärmemenge, so ist

$$\frac{L}{Q} = J \text{ (mechanisches Wärmeäquivalent)}$$

oder

$$\frac{Q}{L} = \frac{1}{J} = A \text{ (kalorisches Arbeitsäquivalent)}$$

eine konstante Zahl.

Durch diesen Satz von der „Äquivalenz der Wärme und Arbeit" wurde der Grund für die hohe Entwicklung gelegt, die seitdem die Wärmetheorie erreicht hat und er wird daher der erste Hauptsatz der Wärmetheorie genannt.

Im Lichte dieser Erkenntnis wird es leicht verständlich, daß bei der Reibung rauher Körper aneinander, bei der Bremsung bewegter Körper in zähen Flüssigkeiten oder in der Luft, beim Zusammenstoß nicht vollkommen elastischer Körper und in ähnlichen Fällen Wärme entsteht. Die mechanische Energie der Bewegung wird in Wärme umgewandelt. Aber auch andere als mechanische Energie kann als Wärme in Erscheinung treten; so wird die Energie des elektrischen Stromes, soweit sie nicht zur Leistung magnetischer oder chemischer Arbeit Verwendung findet, in Wärme umgesetzt. Wir erkennen, daß Wärme eine Erscheinungsform der Energie ist und der Äquivalenzsatz ein Sonderfall des Satzes von der Erhaltung der Energie.

§ 19. Wärmeeinheiten.

Nach dem Äquivalenzsatz können wir Wärmemengen in der Arbeitseinheit messen, indem wir als Wärmeeinheit diejenige Wärmemenge bezeichnen, die durch Umwandlung eines Erg oder eines kgm entsteht. Da die sekundliche Arbeitsfähigkeit (Leistung) des elektrischen Stromes als Produkt aus Stromstärke und Spannung gegeben ist und für einen Strom von 1 Ampère und 1 Volt Spannung 10^7 Erg pro Sekunde (1 Watt) beträgt, so wird als mechanisches Maß der Wärme, besonders in der

Elektrotechnik, die 10^7 Erg äquivalente Menge eingeführt und als ein „Joule“ bezeichnet.

Bei Experimentaluntersuchungen und in der Literatur werden aber Wärmemengen auch jetzt noch in der Regel in Kalorien angegeben, d. h. als Vielfaches derjenigen Wärmemenge, welche nötig ist, um die Temperatur von 1 gr Wasser (kleine Kalorie oder Grammkalorie) oder von 1 kg Wasser (große Kalorie, Kilogrammkalorie) um 1^0 zu steigern und die wir kurz mit cal bzw. Cal bezeichnen wollen. Genaue Messungen haben gezeigt, daß diese Wärmemenge von der Ausgangstemperatur nicht unabhängig ist und man unterscheidet zwischen der 0^0-Kalorie (Wärmemenge zur Erwärmung der Mengeneinheit Wasser von 0 auf 1^0), der 15^0-Kalorie (Wärmemenge zur Erwärmung der Mengeneinheit Wasser von $14\,^1/_2{}^0$ auf $15^1/_2{}^0$) und der „mittleren“ Kalorie (gleich dem hundertsten Teil der Wärmemenge, welche zur Erwärmung der Mengeneinheit Wasser von 0 auf 100^0 benötigt wird). Nach Warburg ist die 15^0-Kalorie den beiden anderen aus experimentellen Gründen vorzuziehen und liegt auch hier weiterhin allen genauen Zahlenangaben zugrunde. Doch ist der Unterschied nicht bedeutend. Es ist die 0^0-Kalorie um 9 Promille, die mittlere Kalorie um nur etwa 3 Promille größer, als die 15^0-Kalorie.

Mitunter spricht man auch von der Eis-Kalorie, d. i. die zum Schmelzen der Mengeneinheit Eis nötige Wärmemenge. Sie entspricht 80·0 15^0-Kalorien.

Hat man die Wärmeeinheit festgelegt, so kann man für irgendeinen Körper oder für einen aus mehreren Körpern zusammengesetzten Apparat ermitteln, wieviele Kalorien zuzuführen sind, um seine Temperatur um 1^0 zu erhöhen. Man bezeichnet das als den Wasserwert des betreffenden Körpers oder Apparates, da hierdurch die Wassermenge bestimmt ist, zu deren Erwärmung um 1^0 die gleiche Wärmemenge benötigt würde. Wir werden darauf noch zurückkommen.

§ 20. Das mechanische Wärmeäquivalent.

Bei der Verwandlung von Wärme in Arbeit oder Arbeit in Wärme entspricht einer Kalorie stets der Gewinn oder der Verbrauch einer ganz bestimmten Zahl Erg oder Kilogrammeter. Das ist bereits derart gesicherter Besitz der Wissenschaft, daß man zurzeit keine Versuche mehr anstellen wird, um nur die Richtigkeit dieses Satzes zu erhärten. Es wird daher auch genügen die Versuche zu beschreiben, deren Ziel eine möglichst genaue Bestimmung jener Verhältniszahl ist. Die vielen anderen Versuche, die darauf ausgingen, die Gültigkeit des Äquivalenzprinzipes bei der Verwandlung der verschiedensten Arten von Energien in Wärme darzutun, haben, so wichtig sie seiner Zeit waren, jetzt nur mehr historische Bedeutung.

Robert Mayer selbst berechnete das Wärmeäquivalent aus den spezifischen Wärmen der Gase, wie das später besprochen werden wird (§ 42). Joule war der erste, der bald darauf eigene Versuche zu seiner Bestimmung ausgeführt hat und er hat auch bereits diejenigen zwei Methoden angewendet, die der größten Genauigkeit fähig sind.

1. Reibungsmethode. In einem mit Wasser oder Quecksilber gefüllten Gefäß wird mittels eines von Gewichten angetriebenen Schnurlaufes ein Schaufelrad gedreht. Ein Mitrotieren der Flüssigkeit wird durch sternförmig in das Gefäß eingebaute Zwischenwände verhindert, die so ausgeschnitten sind, daß die Schaufeln gerade hindurchschlagen

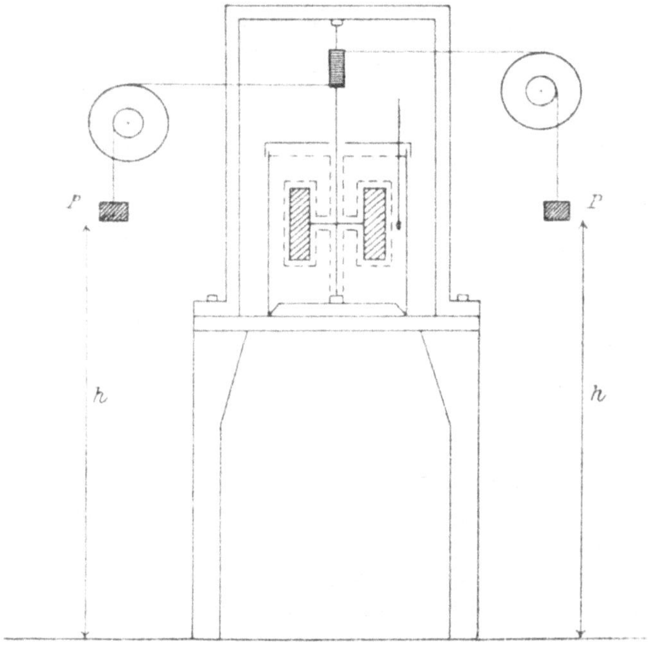

Fig. 13.

können. Hierdurch wird erreicht, daß die Flüssigkeit der Bewegung des Rades einen beträchtlichen Reibungswiderstand entgegensetzt und die Gewichte, die natürlich sonst beschleunigt fallen würden, sich nach kurzer Zeit mit konstanter Geschwindigkeit v bewegen. Es wird dies dann der Fall sein, wenn der mit wachsender Drehgeschwindigkeit steigende Reibungswiderstand die Schwerebeschleunigung gerade kompensiert. Alle Reibung außerhalb des Gefäßes, wie an den Zapfen des Schaufelrades oder in den Lagern der Wellräder, wird durch den symmetrischen Zug der beiden gleich großen Gewichte P und durch Anbringen von Friktionsrollen möglichst vermieden. Sind die Gewichte um die Höhe h gefallen, so wurde die Arbeit $2Ph$ geleistet, vermindert um die Energie der mit der Geschwindigkeit v am Boden aufschlagenden Gewichte, also um $2\frac{Mv^2}{2} = \frac{P}{g}v^2$, wenn $M = \frac{P}{g}$ die Masse eines Gewichtes, g die Schwerebeschleunigung bedeutet.

Diese Arbeit $2Ph - \frac{P}{g}v^2$ wurde im Gefäß in Reibungswärme verwandelt. Beobachtet man also dort an dem in der Flüssigkeit befindlichen genauen Thermometer eine Temperatursteigerung $\Delta\vartheta$ und ist W der Wasserwert des ganzen Gefäßes samt Füllung, der vorher genau ermittelt werden muß, so erhält man das Wärmeäquivalent J aus der Gleichsetzung:

$$J W \Delta\vartheta = 2Ph - \frac{P}{g}v^2.$$

Die Wärmeabgabe an die Umgebung und die Arbeit zur elastischen Spannung der Schnur, welche das Schaufelrad sich noch drehen läßt, wenn die Gewichte schon am Boden stehen, müssen berücksichtigt werden.

Bei der Wiederholung des Versuches durch Rowland geschah der Antrieb mittels Motor und wurde vor allem das verwendete Quecksilberthermometer auf die Wasserstoffskala reduziert.

2. Elektrische Methode. Man bestimmt die von einem Strom bekannter Stärke in einem Widerstand bekannter Größe in bestimmter Zeit entwickelte Wärmemenge. Ist der Strom gleich i Ampère und der Widerstand gleich w Ohm, so werden sekundlich i^2w „Joule" oder $i^2w\cdot 10^7$ Erg in Wärme verwandelt. Doch war zur Zeit der Arbeiten Joules das Ohm noch nicht genau herstellbar, so daß auch hier erst später durch Rowland und Andere genaue Werte erhalten wurden.

Die folgenden nach diesen beiden Methoden gewonnenen Zahlen geben das mechanische Äquivalent für die kleine 15°-Kalorie in Erg:

Rowland . . .	$418\cdot7.10^5$	Reibungsmethode
Miculescu	418·3	Reibungsmethode
Rowland	418·4	elektrische Methode
Griffiths	418·8	elektrische Methode
Schuster u. Gannon .	418·5	elektrische Methode
Reynolds u. Moorby .	418·4	elektrische Methode
Callendar u. Barnes .	418·4	elektrische Methode
Cremieu u. Rispail .	418·9	elektrische Methode
Bousfield	417·9	elektrische Methode
Jaeger u. Steinwehr .	418·4	elektrische Methode
Sutton u. Henning. .	418·5	elektrische Methode

Als wahrscheinlichster Wert gilt zurzeit $J = 418\cdot4.10^5$ oder gewöhnlich $419\cdot10^5\,\frac{\text{Erg}}{\text{cal}}$. Es ist dann ein Joule = 0·239 cal und da ein Joule auch eine Wattsekunde bedeutet, die Kilowattsekunde = 0·239 Cal und die Kilowattstunde = 860 Cal.

Wird die Arbeit statt in Erg in kgm gemessen, so hängt das mechanische Äquivalent der Kalorie natürlich von der Schwere ab, die am betreffenden Orte herrscht. Für mittlere Schwere $\left(g = 9{\cdot}806 \frac{\text{m}}{\text{sec}^2}\right)$ ist für die große 15°-Kalorie $J = 427$ kgm. Es entspricht dann eine Pferdestärke (PS = 75 kgm pro Sekunde) 0·176 Cal, oder es würden umgekehrt 632 Cal hinreichen, um vollständig in Arbeit umgewandelt eine ganze Stunde lang eine Leistung von 1 PS zu liefern. Der Arbeitswert der Kalorie ist demnach ein sehr großer. 1 gr Holz entwickelt bei vollständiger Verbrennung 4·5 Cal und wäre es möglich diese Wärmemenge restlos in Arbeit umzuwandeln, so würde das genügen, um eine Tonne 2 m hoch zu heben. Wir werden aber später hören, daß grundsätzlich auch in der vollkommensten Maschine nur ein bestimmter Bruchteil der zugeführten Wärme in Arbeit verwandelt werden kann, der in den wirklichen Maschinen durch Reibung und Wärmeverluste noch weiter sinkt.

Am ungünstigsten liegt der Fall bei der Dampfmaschine, bei der 20 % und mehr der vom Brennstoff entwickelbaren Wärme durch unvollkommene Verbrennung auf dem Roste und mit den aus dem Schornstein entweichenden Gasen im voraus verloren gehen, aber auch von der durch das Kesselblech in das Wasser wirklich eindringenden Wärme nur ein kleiner Bruchteil in Arbeit verwandelt wird, während der größte Teil im Auspuffdampf oder bei der Kondensation wieder erscheint, ohne Arbeit geleistet zu haben. Man versteht unter dem „wirtschaftlichen Wirkungsgrad" einer Wärmekraftmaschine das Verhältnis zwischen ihrer wirklichen Leistung und dem Arbeitswert der für ihren Betrieb sekundlich aufgewendeten Wärmemenge. Verbraucht z. B. eine Dampfmaschine pro PS stündlich 1 kg Kohle von 6800 Cal Heizwert, so berechnet sich der wirtschaftliche Wirkungsgrad zu $\frac{75 \cdot 3600}{6800 \cdot 427} = 0{\cdot}093$, d. h. zu 9·3 %. Bei den größten mit aller Sorgfalt gebauten Dampfmaschinenanlagen kann er auf rund das Doppelte gebracht werden. Günstiger noch stellt sich das Verhältnis bei den Gasmaschinen (Explosions- und Verbrennungsmotoren), wo die Wärme durch die Verbrennung in der Maschine selbst entwickelt wird, was natürlich die Wärmeverluste vermindert. Der wirtschaftliche Wirkungsgrad erreicht hier bei den großen Typen 35 %.

Auf chemischem Wege, etwa vermittels galvanischer Elemente, läßt sich ein bei weitem größerer Teil, ja bisweilen praktisch die ganze Verbindungswärme in elektrische und durch eine Dynamomaschine in mechanische Arbeit umsetzen.

§ 21. Effektive Arbeit einer Maschine. Pulujs Demonstrationsapparat zur Bestimmung des mechanischen Wärmeäquivalents.

Um die von einer Maschine wirklich geleistete (effektive) Arbeit zu messen, werden bei Leerlauf gegen die Welle der Maschine zwei Holzbacken gepreßt (Schmierung mit Seifenwasser!) und die Schrauben solange angezogen, bis dieselbe Tourenzahl erreicht ist, welche früher die Maschine bei der zu messenden Arbeitsleistung hatte. Muß dann an den Hebel von der Länge l (vom Mittelpunkt der Welle aus gerechnet) das Gewicht P angehängt werden, um das Mitrotieren der Backen zu verhindern, d. h. den Hebel in wagrechter Lage zwischen den Anschlägen a und a' schwebend zu erhalten, so ist die der zu messenden

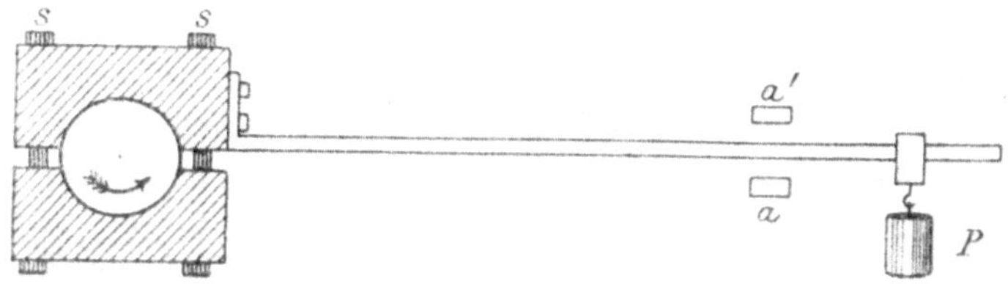

Fig. 14.

Arbeit jetzt gleiche Reibungsarbeit bei jeder Umdrehung der Welle ebensogroß, als ob die Welle in Ruhe wäre und statt dessen der Hebel mit der Kraft P einmal herumgedreht würde, also $2\pi l P$ und bei n Um-

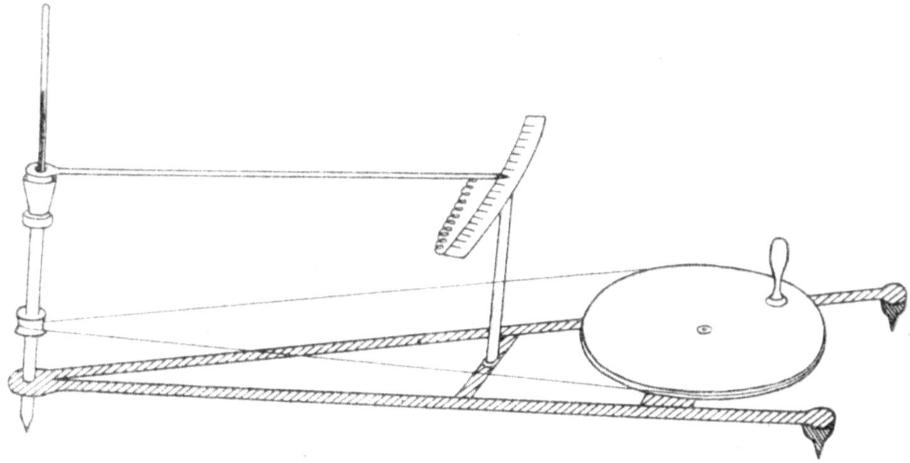

Fig. 15.

drehungen $2\pi l P n$. Für ν Umdrehungen in der Minute ergibt sich, wenn P in kg und l in m ausgedrückt wird, die Leistung zu $2\pi l P \frac{\nu}{60} \frac{\text{kgm}}{\text{sec}}$ und in PS, wenn man noch durch 75 dividiert (Effektive PS). Diese einfache Vorrichtung nennt man Bremsdynamometer oder Pronyschen Zaum.

Sie findet auch an einem kleinen Demonstrationsapparat Verwendung, der nach Puluj zur beiläufigen Bestimmung des mechanischen Wärmeäquivalents dienen kann (Fig. 15).

Von zwei eisernen Hohlkegeln ist der eine auf Holz (zwecks Wärmeisolation) fest auf der Achse einer mit Zählwerk versehenen Schwungmaschine befestigt. Der zweite Kegel, mit Quecksilber gefüllt und mit einem Thermometer ausgerüstet, paßt genau in den ersten, in dem er aber ohne weitere Befestigung steckt und trägt einen längeren Holzarm, dessen Ende durch eine Feder festgehalten wird, so daß bei Drehung der Schwungmaschine die Mantelflächen der beiden Kegel aufeinander reiben. Hält man durch gleichmäßiges Drehen die Feder auf bestimmter, vorher durch Gewichte ermittelter Spannung und zählt die Zahl der Umdrehungen des Kegels, so kennt man die Reibungsarbeit. Ist ferner der Wasserwert des aus den beiden Hohlkegeln, dem eingefüllten Quecksilber und dem Thermometer bestehenden Systems bekannt, so kann man aus der zu beobachtenden Temperaturerhöhung die entwickelte Wärmemenge als Produkt aus Wasserwert und Temperaturerhöhung berechnen.

In einem bestimmten Falle betrug der Wasserwert 0·16 Cal, die für 200 Umdrehungen beobachtete Temperaturerhöhung 2·7°. Der Arm des Pronyschen Zaums hatte eine Länge von 30 cm = 0·3 m, die Spannung der Feder betrug 50 gr = 0·05 kg. Die geleistete Arbeit war somit $2 \cdot 3{\cdot}14 \cdot 0{\cdot}3 \cdot 0{\cdot}05 \cdot 200 = 18{\cdot}84$ kgm; die entwickelte Wärme $0{\cdot}16 \cdot 2{\cdot}7 = 0{\cdot}432$ Cal, also $J = \frac{18{\cdot}84}{0{\cdot}432} = 436 \frac{\text{kgm}}{\text{Cal}}$.

§ 22. Spezifische Wärme.

Vergleicht man die Wärmemengen, welche nötig sind, um die Mengeneinheit verschiedener Stoffe um 1° zu erwärmen, so erhält man von Stoff zu Stoff verschiedene Werte. Man bezeichnet diese Wärmemenge als die spezifische Wärme c der betreffenden Substanz. Es ist die sp. W. also auch das Verhältnis der vom gr oder kg (je nach der Definition der Kalorie) aufgenommenen Wärmemenge q zu der hierdurch hervorgerufenen Temperaturveränderung $\left[\frac{\text{cal}}{\text{gr C}^0}\right]$ bzw. $\left[\frac{\text{Cal}}{\text{kg C}^0}\right]$. Da c, wie wir schon am Wasser bemerkt haben, denn die Kalorie ist ja nichts anderes als die sp. W. des Wassers, von der Temperatur abhängt, muß man eigentlich, um die sp. W. bei ganz bestimmter Temperatur, die sogenannte „wahre“ sp. W. zu erhalten, die Temperaturänderung also auch die Wärmezufuhr sehr klein machen. Wird durch Zufuhr der kleinen Wärmemenge dq eine Temperaturänderung $d\vartheta$ (dT) erzielt, so ist

$$c = \frac{dq}{d\vartheta} = \frac{dq}{dT}.$$

Doch kann man in nicht zu großem Temperaturbereiche ϑ' bis ϑ in der Regel mit der „mittleren“ sp. W.

$$\bar{c}_{\vartheta'}^{\vartheta} = \frac{q}{\vartheta - \vartheta'}$$

rechnen. Zwischen $\bar{c}$ und c besteht ein einfacher Zusammenhang. Es ist $dq = c\,d\vartheta$, mithin die zur Erwärmung der Mengeneinheit von ϑ' auf ϑ nötige Wärmemenge

$$q = \int_{\vartheta'}^{\vartheta} c\,d\vartheta$$

und somit

$$\bar{c} = \frac{1}{\vartheta - \vartheta'} \int_{\vartheta'}^{\vartheta} c\,d\vartheta\,,$$

oder, wenn als untere Grenze des Temperaturintervalls 0° gewählt wird,

$$\bar{c} = \frac{1}{\vartheta} \int_{0}^{\vartheta} c\,d\vartheta\,.$$

Ist also aus Versuchen die Abhängigkeit der sp. W. von der Temperatur durch eine Potenzreihe

$$c = \alpha + \beta\vartheta + \gamma\vartheta^2 + \ldots$$

gegeben, so berechnet man als mittlere sp. W. zwischen 0° und der beliebigen Temperatur ϑ

$$\bar{c} = \alpha + \tfrac{1}{2}\beta\vartheta + \tfrac{1}{3}\gamma\vartheta^2 + \ldots.$$

Hat man umgekehrt aus Versuchen die mittlere sp. W. als

$$\bar{c} = a + b\vartheta + c\vartheta^2 + \ldots$$

bestimmt, so ist die „wahre“ sp. W.

$$c = a + 2b\vartheta + 3c\vartheta^2 + \ldots.$$

Erfahrungsgemäß ist zur Erwärmung von n Mengeneinheiten einer Substanz eine n-mal so große Wärmemenge erforderlich, als unter gleichen Umständen zur Erwärmung einer Mengeneinheit. Zur Temperaturerhöhung um $d\vartheta$ ist jetzt die Wärmemenge $dQ = n\,c\,d\vartheta$ nötig und zum Erwärmen von ϑ' auf ϑ Grade die Wärmemenge

$$Q = n \int_{\vartheta'}^{\vartheta} c\,d\vartheta = n\,\bar{c}_{\vartheta'}^{\vartheta}(\vartheta - \vartheta')\,.$$

$n\bar{c}$ ist dann der „Wasserwert“ des betreffenden Körpers. Haben wir von mehreren Körpern die Mengen n_1, n_2, n_3 ... mit den sp. W. c_1, c_2, c_3 ..., so ist der Wasserwert eines aus ihnen zusammengesetzten Aggregats offenbar gleich

$$n_1 c_1 + n_2 c_2 + n_3 c_3 + \ldots.$$

Von Vorteil ist es oft, die sp. W. nicht auf das gr oder kg, sondern auf das Mol zu beziehen, also das Produkt μc für verschiedene Stoffe zu vergleichen. Man nennt es die Molekularwärme. Desgleichen bezeichnet man für einen elementaren Körper das Produkt aus Atomgewicht und sp. W. als seine Atomwärme.

Doch ist es schon hier an der Zeit auf einen Umstand auf das Nachdrücklichste hinzuweisen, welcher der sp. W. bis zu einem gewissen Grade die Eigenschaft einer für den Stoff kennzeichnenden Größe raubt. Es ist nämlich der Wert der sp. W. von der Art der Erwärmung abhängig.

Wird der Körper in einer absolut festen Hülle erwärmt, also bei konstantem Volumen, dann wird wohl die gesamte zugeführte Wärmemenge ausschließlich dazu verwendet, um seinen Wärmeinhalt oder wie wir auf Grund der mechanischen Auffassung von der Natur der Wärme sagen können, seine innere Energie zu erhöhen und wir erhalten eine streng definierte sp. W., die man mit c_v bezeichnet. Doch ist diese Art der Erwärmung nur bei Gasen und Dämpfen praktisch durchzuführen, da es bei flüssigen oder gar festen Körpern schwer möglich ist eine Hülle zu finden, die sich weder durch die Temperaturerhöhung noch durch die entwickelte enorme Spannung ausdehnt.

Wird aber der Körper nicht fest eingeschlossen, sondern kann er sich ausdehnen, z. B. gegen den konstanten Gegendruck des atmosphärischen Luftdrucks, so leistet er hierbei im allgemeinen zweierlei Arbeit: eine äußere, indem er bei der thermischen Ausdehnung eben diesen Druck zurückschiebt; außerdem wird aber jetzt auch ein größerer Wärmebetrag als früher zur Erhöhung der inneren Energie aufzuwenden sein, da bei der Ausdehnung auch innere Kräfte, nämlich die Kohäsionskräfte zu überwinden sind, also auch noch innere Arbeit zu leisten ist. Eine der Summe dieser beiden Arbeiten äquivalente Wärmemenge ist jetzt mehr zuzuführen als früher. Es wird also bei dieser Art des Erwärmens, beim Erwärmen unter konstantem Drucke eine größere Wärmemenge c_p zuzuführen sein. Es ist $c_p > c_v$. Gleich c_v kann es nur dort werden, wo sich der Körper beim Erwärmen unter konstantem Druck überhaupt nicht ausdehnt, wie dies bei Wasser von 4^0 der Fall ist.

Diese beiden Arten der Erwärmung sind aber nur zwei unter unendlich vielen Möglichkeiten, da wir ja auch während des Erwärmens Volumen und Druck unter Leistung oder Gewinnung von Arbeit beliebig verändern können. Wir können z. B. den Körper ohne alle Wärmezufuhr erhitzen, indem wir ihn unter Arbeitsleistung zusammenpressen. Dann ist $c = 0$. Wir können anderseits dem Körper auch beliebig große Wärmemengen zuführen, ohne daß seine Temperatur steigt, wenn wir ihn sich gleichzeitig unter äußerer und innerer Arbeitsleistung so ausdehnen lassen, daß die zugeführte Wärmemenge hierzu verbraucht wird. Dann ist $c = \infty$.

Dieser Schwierigkeit in der Definition der sp. W. werden wir dadurch zu begegnen haben, daß wir in jedem einzelnen Fall genau angeben, welche sp. W. gemeint ist, d. h. auf welche Art die Erwärmung vorgenommen wird. Man sieht aber auch, daß diese unendlich vielen Erwärmungsarten aus dem schon oben angegebenen Grunde praktisch nur an Gasen und Dämpfen auszuführen sind und für flüssige und feste

Körper weniger Bedeutung haben. Hier wollen wir aber zunächst wieder nur über feste und flüssige Körper sprechen, indem wir das Verhalten der Gase und Dämpfe in bezug auf sp. W. wegen der besonderen Wichtigkeit noch sehr ausführlich untersuchen werden. Bei den festen und flüssigen Körpern versteht man unter sp. W. schlechtweg, wenn es nicht eigens anders gesagt wird, stets die sp. W. bei konstantem Druck (Atmosphärendruck), also die Größe c_p, die ja einzig bequem und genau meßbar ist.

§ 23. Kalorimetrie.

Die Apparate zur Messung von Wärmemengen nennt man Kalorimeter. Sie dienen nicht nur zur Bestimmung der sp. W. der Körper in den verschiedenen Aggregatzuständen, sondern können auch, entweder so wie sie sind, oder in den besonderen Zwecken angepaßten Formen zur Messung von Wärmemengen verwendet werden, wie sie bei Aggregatsänderungen (Schmelz- und Verdampfungswärme bzw. Erstarrungs- und Kondensationswärme), bei chemischen Umsetzungen (Verbindungs-, Verbrennungswärme), bei Lösungsvorgängen, bei der elektrischen Strömung, bei der Absorption von Wärme-, Licht- und anderen Strahlen entwickelt werden.

1. Mischungskalorimeter.

Im Sinne des ältesten und einfachsten kalorimetrischen Grundgedankens wird die zu messende Wärme einer bestimmten Wassermenge zugeführt und deren Temperaturerhöhung mittels Thermometer gemessen. Kann Wasser nicht benutzt werden, so wählt man eine andere Flüssigkeit, wie Toluol, Anilin, Vaselinöl u. dgl., deren sp. W. c_1 aber genau bekannt sein muß. Wir setzen zunächst voraus, daß die verwendete Flüssigkeitsmenge n_1 so groß ist, daß gegenüber ihrem Wasserwert $n_1 c_1$ der Wasserwert des aus dünnstem Blech (Messing) hergestellten Gefäßes und gar des Thermometers nicht ins Gewicht fällt. Steigt die Temperatur von ϑ_1 auf ϑ, so wurden $n_1 c_1 (\vartheta - \vartheta_1)$ Kalorien zugeführt.

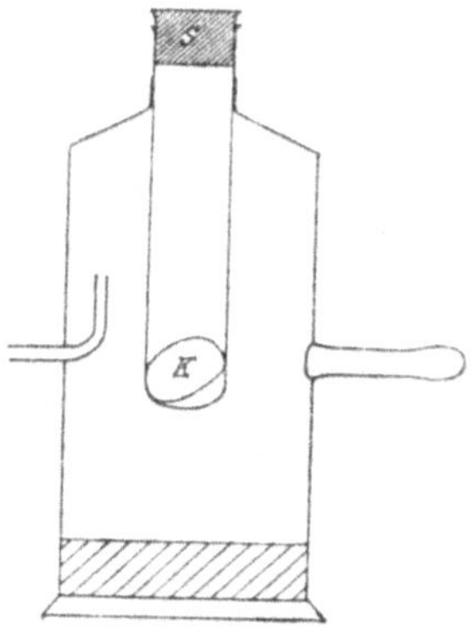

Fig. 16.

Zur Bestimmung der sp. W. eines in der Flüssigkeit unlöslichen festen Körpers erwärmt man den Körper auf eine höhere Temperatur ϑ_2. Als solche wird in der Regel die Siedetemperatur des Wassers gewählt, die durch den gleichzeitig beobachteten Barometerstand genau gegeben ist. Als Erhitzungsgefäß kann vorteilhaft das nebenstehende verwendet werden. Der erhitzte Körper (K) wird nach Entfernen des Stöpsels (S) durch Umdrehen des Gefäßes rasch, also ohne Wärmeverlust, in das Kalorimeter fallen gelassen. Unter beständigem Umrühren der Kalorimeterflüssigkeit mittels eines von Hand oder Motor betriebenen Rührers wird die Endtemperatur ϑ gemessen, die Kalorimeter und Körper annehmen. War vom Körper die Menge n_2 vorhanden und ist c_2 dessen sp. W., so wurde vom Körper die Wärmemenge $n_2 c_2 (\vartheta_2 - \vartheta)$ abgegeben, vom Kalorimeter die Wärmemenge $n_1 c_1 (\vartheta - \vartheta_1)$ aufgenommen, aus deren Gleichsetzung die End- oder Ausgleichstemperatur

$$\vartheta = \frac{n_1 c_1 \vartheta_1 + n_2 c_2 \vartheta_2}{n_1 c_1 + n_2 c_2} \quad \text{(Mischungsregel [1])}$$

und die gesuchte sp. W.

$$c_2 = \frac{n_1 c_1 (\vartheta - \vartheta_1)}{n_2 (\vartheta_2 - \vartheta)}$$

folgt.

Bei Bestimmungen, die eine Genauigkeit von 1 % anstreben, kommen als Korrekturen in Betracht:

1. Die Wasserwerte des Kalorimetergefäßes, des Rührers und des Thermometers. Man fertigt den Rührer in der Regel aus dem gleichen Metall, wie das Kalorimetergefäß, z. B. aus Messing und berechnet den Wasserwert beider als Produkt aus der Messingmenge und der sp. W. des Messings (0·093). Der Wasserwert des Thermometers wird ermittelt, indem man es über einer Weingeistflamme um etwa 50° bis zur Temperatur ϑ'' erhitzt und rasch in eine kleine Wassermenge ν taucht, deren Temperatur hierdurch von ϑ' auf ϑ steigen möge. Der Wasserwert ist dann $\frac{\nu(\vartheta - \vartheta')}{\vartheta'' - \vartheta}$. Ist W die Summe aller drei Wasserwerte, so hat man oben überall $n_1 c_1$ durch $n_1 c_1 + W$ zu ersetzen.

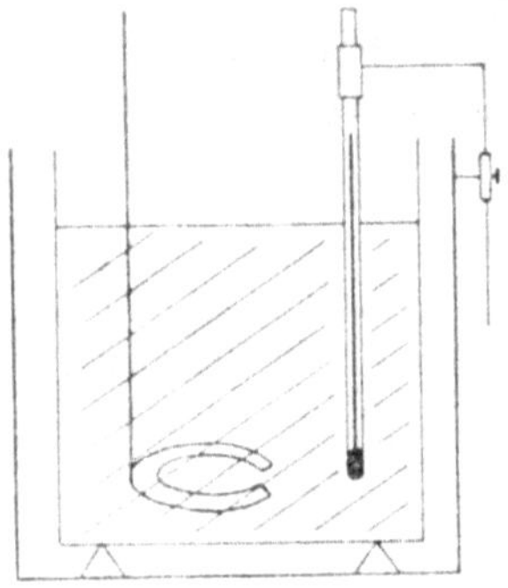

Fig. 17.

2. Der Wärmeaustausch mit der Umgebung. Man sucht ihn zunächst möglichst zu verhindern, indem man das Kalorimetergefäß auf Korkschneiden und zur Verhinderung von Luftströmungen in ein zweites weiteres Gefäß stellt, endlich den Wärmeaustausch infolge Wärmestrahlung durch Polieren der einander zugewandten Flächen des Kalorimeter- und Schutzgefäßes einschränkt. Auch doppelwandige Glasgefäße mit luftleer gepumptem Zwischenraum, sogenannte Dewargefäße, wie sie zur Aufbewahrung verflüssigter Gase gebraucht werden, lassen sich mit Vorteil als Kalorimeter verwenden. Trotzdem wird der Wärmeaustausch nie ganz zu verhindern sein. Um ihn unschädlich zu machen, läßt man die Anfangstemperatur unter, die Endtemperatur etwa ebensoweit über der des Versuchsraums liegen, was sich leicht erreichen läßt, so daß der Wärmegewinn aus der Umgebung in der ersten Hälfte des

[1] Allgemein gilt $\vartheta = \frac{\Sigma n c \vartheta}{\Sigma n c}$.

ganzen Ausgleichsprozesses durch den Wärmeverlust in der zweiten aufgewogen wird. Oder man beobachtet vor und nach dem Einbringen

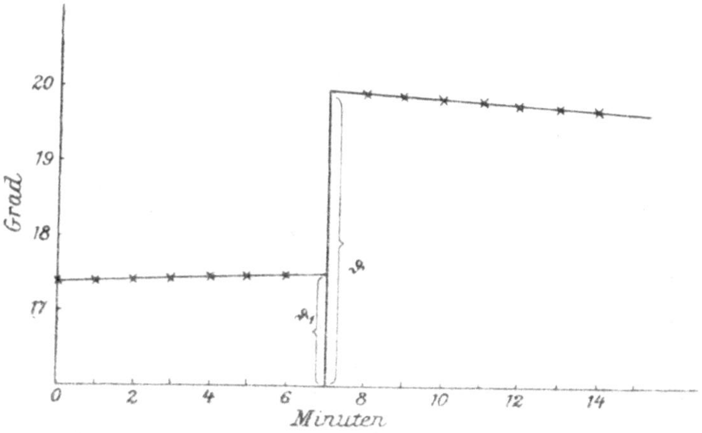

Fig. 18.

des Körpers den Gang des Thermometers, trägt, wie dies die nebenstehende Zeichnung veranschaulicht, die erhaltenen Werte graphisch auf und verlängert die Kurven bis zur Mitte des Zeitintervalls zwischen Einbringen des erhitzten Körpers und Wiederbeginn der Temperaturmessung. Die für diesen Zeitpunkt aus der Zeichnung abgelesenen beiden Temperaturen können dann als Anfangs- und Endtemperatur betrachtet werden.

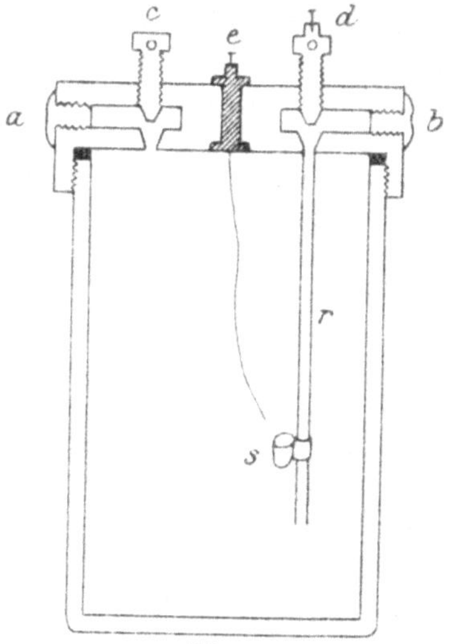

Fig. 19.

Die erhaltenen sp. W. sind natürlich Mittelwerte zwischen ϑ und ϑ_2, also in der Regel zwischen rund 20 und 100°.

Auch die sp. W. von Flüssigkeiten ist mit dem Mischungskalorimeter ohne weiteres zu bestimmen, sozusagen durch Umkehrung des Verfahrens. Man füllt das Kalorimeter mit der betreffenden Flüssigkeit und bringt in sie einen erhitzten festen Körper von bereits bekannter sp. W. Die obige Gleichung ist dann statt nach c_2 nach c_1 aufzulösen.

Von großer praktischer Bedeutung ist die Verwendung des Mischungsverfahrens zur Bestimmung der Verbrennungswärme (Heizwertes) fester und flüssiger Brennstoffe.

Bei festen Brennstoffen besteht die Schwierigkeit in der Zuführung der zur vollständigen Verbrennung hinreichenden Sauerstoffmenge. Zugleich soll die Möglichkeit gegeben sein, das Verbrennungsprodukt chemisch zu untersuchen. Beides wird in der kalorimetrischen Bombe von Berthelot erreicht, die wir in der Ausführung von Kroeker beschreiben (Fig. 19). Sie besteht aus einem dickwandigen innen platinierten oder mit Chamotte ausgekleideten Stahlzylinder, der durch einen aufschraubbaren, mittels Bleiring gedichteten Deckel geschlossen ist und in den Sauerstoff bis zu 20 At Druck eingepreßt wird (bei *a* durch ein dort zu diesem Zweck eingeschraubtes Röhrchen). Dann wird die Bombe durch Zudrehen der Schrauben *c*, *d*, *a* und *b* geschlossen. Die Brennstoffprobe wurde vorher zu einem kleinen Brikett gepreßt und in das Platinschälchen *s* gelegt, das an dem Platinrohr *r* befestigt ist. Die Zündung erfolgt auf galvanischem Wege. Zu diesem Zweck ragt von der durch Bein isolierten Klemmschraube *e* ein Platindraht in die Bombe. Um diesen, das Brikett und das Platinrohr wird ein Stückchen feiner Eisendraht gewickelt, der durch einen bei *e* und *d* geschlossenen Strom zum Glühen gebracht wird. Seine Verbrennungswärme muß in Rechnung gezogen werden. Die ganze Bombe wird in ein mit Rührer und feinem Thermometer ausgestattetes Wasserkalorimeter gebracht, ihr Wasserwert durch Eichung mit einer Substanz von bekannter Verbrennungswärme (Zucker oder Naphthalin) ermittelt. Die Verbrennungsgase kann man nachher durch bei *a* und *b* eingeschraubte Röhrchen nach Öffnen der Schrauben *c* und *d* entnehmen. Bildet sich bei der Verbrennung Wasserdampf, der natürlich sofort kondensiert, so ist in der gemessenen Wärmemenge die Kondensationswärme des gebildeten Wassers enthalten. Bestimmt wird auf diese Weise die Verbrennungswärme bei konstantem Volumen.

Zur Ermittlung des Heizwertes flüssiger und gasförmiger Brennstoffe findet in Gasanstalten, Hochofenbetrieben und Kokereien das Kalorimeter von Junkers ausgedehnte Verwendung. Das Gas oder der verdampfte flüssige Brennstoff (Benzin, Petroleum usw.) werden in einem Bunsenbrenner verbrannt und die kontinuierlich entwickelten heißen Verbrennungsgase durch Streichen längs eines Systems zahlreicher von einem Wasserstrom durchflossener Röhren abgekühlt, so daß sie schließlich den Apparat mit der Temperatur des abfließenden Wassers verlassen. Die Vorrichtung hat große Ähnlichkeit mit den Warmwasserapparaten, wie sie für Bade- und medizinische Zwecke vielfach in Verwendung stehen. Man wartet zunächst den stationären Zustand ab und mißt dann an zwei im Zu- und Ablauf angebrachten Thermometern die Temperaturen, mit denen das Wasser ein- und austritt. Bestimmt man weiters mittels Wage oder Gasuhr die in einer bestimmten Zeit verbrannte Brennstoffmenge und mittels Meßzylinder die in der gleichen Zeit durch den Apparat geflossene Wassermenge, so läßt sich die vom Liter des Brennstoffs entwickelte Wärmemenge berechnen. Wo dauernde Kontrolle des Heizwertes des betreffenden Brennstoffes erwünscht ist, kann das Kalorimeter selbstregistrierend eingerichtet werden.

Auch hier wird die Kondensationswärme des bei allen technischen Brennstoffen gebildeten Wassers mitgemessen; der Apparat gibt unmittelbar den sogenannten „oberen Heizwert“. Da aber in den Heizanlagen die Flammengase im Allgemeinen nicht unter 100° abgekühlt werden, das „Verbrennungswasser“ also dampfförmig aus der Esse oder dem Auspuff entweicht, gilt als technisch nutzbarer oder „unterer Heizwert“ der um die Kondensationswärme des entstandenen Wassers verminderte obere Heizwert. Im Junkersschen Kalorimeter kann das Verbrennungswasser aufgefangen und so auch der untere Heizwert leicht bestimmt werden. Da die Flamme frei brennt, erhält man die Verbrennungswärme bei konstantem Druck, die sich im Allgemeinen von der bei konstantem Volumen gemessenen ein wenig unterscheidet. Wir kommen darauf in § 51 zurück. Dort wird auch über die Abhängigkeit der Verbrennungswärme von der Temperatur zu sprechen sein.

Die folgende Zusammenstellung gibt die oberen Heizwerte bei vollkommener Verbrennung für einige Stoffe pro kg in Cal (vgl. „Hütte“ 22. Auflage 1915, Bd. I., S. 458, 462, 473):

Ruhrkohlen	8300	Gaskoks	7830
Saar-, schlesische und sächsische Kohlen	7800	Alkohol	7100
Sächsische Braunkohlen	6630	Benzol	10000
Torf	5400	Petroleum	11000
Steinkohlenbriketts	8500	Leuchtgas (Dichte bezogen auf Luft 0·434) oberer Heizwert	9960
Braunkohlenbriketts	6540	unterer Heizwert	8900

Bei Verbrennung von 1 kg reinen Kohlenstoffs zu Kohlendioxyd werden 8080 Cal frei. Daß einige Kohlen mehr Wärme entwickeln, liegt an ihrem Gehalt an Bitumen und Gas.

2. Methode der bestimmten Wärmezufuhr.

Werden n Mengeneinheiten eines Körpers von der sp. W. c durch Zufuhr von Q Wärmeeinheiten von ϑ' auf ϑ erwärmt, so ist $nc(\vartheta - \vartheta') = Q$ und $c = \frac{Q}{n(\vartheta - \vartheta')}$. Hierbei bedeutet c die mittlere sp. W. zwischen ϑ' und ϑ.

Die Wärmezufuhr kann, wenn es sich um die Bestimmung der sp. W. einer Flüssigkeit handelt nach Andrews mittels eines Erhitzungskörpers (Thermophor) geschehen, der aus einer Glaskugel von rund 100 cm³ Inhalt besteht, die mit Quecksilber gefüllt und an die eine Kapillare angesetzt ist, welche zwei Marken A und B trägt, zwischen denen sich, damit das Rohr nicht zu lang werde, eine Erweiterung befindet. Man erwärmt vorsichtig über einer Weingeistflamme oder in einem Bad bis das Quecksilber etwas über B steht und wartet dann solange bis es gerade durch Abkühlung nach B zurückgekehrt ist. In diesem Augenblick wird die Kugel in die betreffende Flüssigkeit eingetaucht und solange darin gelassen, bis der Meniscus auf A gesunken ist. Hierdurch gelangt eine ganz bestimmte Wärmemenge in die Flüssigkeit, die ein für allemal durch einen mit Wasser ausgeführten Versuch bestimmt wird.

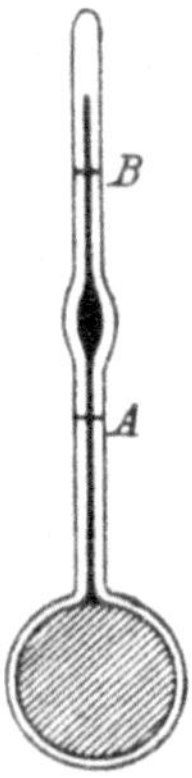

Fig. 20.

Zweckmäßiger erfolgt nach Pfaundler die Zufuhr einer bestimmten Wärmemenge durch den elektrischen Strom. Man senkt in die Flüssigkeit eine (in leitenden Flüssigkeiten gut isolierte) Spirale aus dünnem Draht, deren elektrischer Widerstand bekannt ist und schickt durch sie während einer gemessenen Zeit einen Strom von bestimmter Stärke. Die pro Sekunde zugeführte Wärmemenge ist 0·239 cal mal dem Produkt aus dem Quadrat der in Ampère gemessenen Stromstärke und dem in Ohm gemessenen Widerstand.

Auch auf die Bestimmung der sp. W. fester Körper (Metalle), zumal bei tiefen Temperaturen, wurde das gleiche Verfahren von Nernst mit bestem Erfolge angewendet:

Ein zylindrischer Block aus dem betreffenden Metall war mit einer weiten Bohrung versehen, in die ein aus dem gleichen Metall gefertigter und spiralig mit Platindraht umwickelter Stift eingesetzt wurde. Zur Isolierung des Drahtes vom Metall diente dünnes, paraffiniertes Papier, der sehr kleine Zwischenraum zwischen Stift und Block wurde mit Paraffin ausgegossen. Das Ganze hing mit den Enden der Wicklung in einer auf das Höchste evakuierten Glasbirne. Schickt man während einer bestimmten Zeit durch den Platindraht einen elektrischen Strom, so nimmt der Metallkörper rasch die ganze entwickelte Stromwärme auf und zeigt eine dementsprechende Temperaturerhöhung, die man mittels des gleichen Platindrahtes, der jetzt als Widerstandsthermometer verwendet wird, bestimmen kann. Das hohe Vakuum schützt vor Wärmeverlusten, so daß sich im ganzen Metallkörper vollkommenes Temperaturgleichgewicht herstellt, zumal bei tiefen Temperaturen, wo die Wärmeleitfähigkeit groß und die sp. W. klein ist, Temperaturunterschiede sich daher besonders rasch ausgleichen.

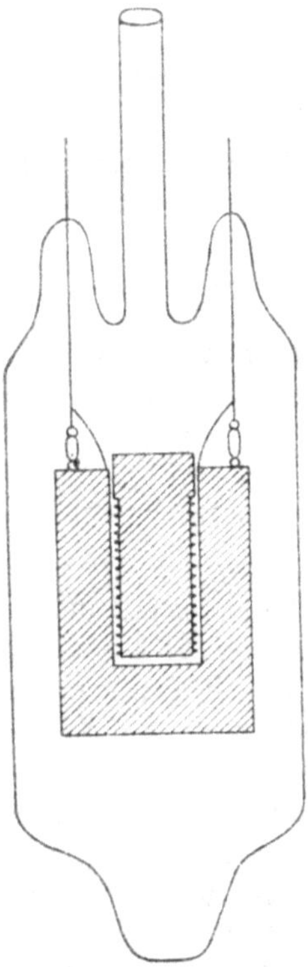
Fig. 21.

Ein Vorzug der Methode bestimmter Wärmezufuhr zur Bestimmung der sp. W. besteht darin, daß hierbei die Substanz selbst sozusagen als Kalorimeter verwendet wird und bei genügend empfindlichem Thermometer eine Erwärmung um wenige Grad zu einer verläßlichen Bestimmung ausreicht.

3. Eiskalorimeter.

Zum Schmelzen der Mengeneinheit Eis von 0^0 sind 80·0 Kalorien nötig. Man kann also die zu messende Wärmemenge schmelzendem Eis zuführen und die Menge des Schmelzwassers etwa durch Wägung bestimmen. Weit genauer geschieht das aber im Eiskalorimeter von Bunsen, indem man die Menge des geschmolzenen Eises aus der Volumsabnahme ermittelt, die beim Schmelzen eintritt.

Ein Glasgefäß der gezeichneten Form wird (durch einen Schlauch) mit destilliertem und zur Entfernung der Luft ausgekochtem Wasser gefüllt und dann das Wasser am Boden des Gefäßes und im angeschmolzenen Rohr durch Eingießen von Quecksilber verdrängt. Das Ganze wird in ein Bad von destilliertem Wasser gebracht, das wieder in einem zweiten, weiteren, mit reinem Eis und Wasser gefüllten Gefäß steht. Ist alles auf 0^0 abgekühlt, so wird durch eine in A eingeführte Kältemischung oder indem man dort Äther einfüllt, der durch Durchblasen von Luft rasch verdampft wird, um A herum ein Eismantel gebildet. Zufolge der Volumsvermehrung tritt hierbei aus dem nach unten gebogenen Ende der Kapillare Quecksilber in ein Schälchen aus. Hernach wird auch A mit nullgrädigem, destilliertem Wasser gefüllt, womit das Kalorimeter für den Versuch bereit ist.

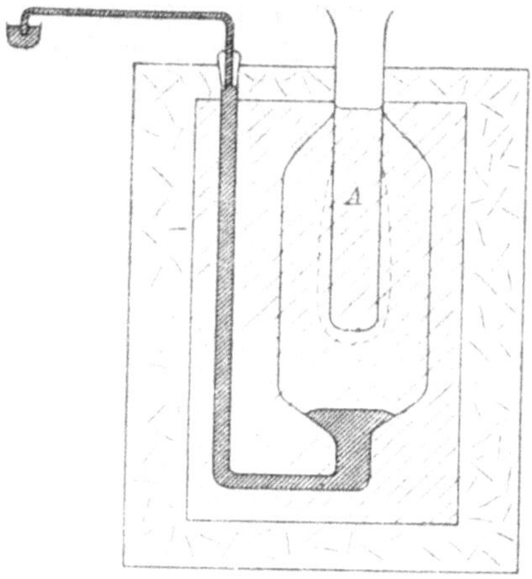

Fig. 22.

Handelt es sich um die Bestimmung der sp. W. eines festen Körpers, so wird er erhitzt und in A fallen gelassen. Einige gr genügen, ja sind größeren Mengen vorzuziehen, da sich dann das Wasser am Grund von A nicht über 4^0 erwärmt und nicht aufsteigt. So dringt die ganze bei Abkühlung des Körpers auf 0^0 abgegebene Wärme mit der Zeit durch das Glas in das Eis und schmilzt eine bestimmte Eismenge, die aus der infolge Volumsverminderung aus dem Schälchen eingesaugten Quecksilbermenge ermittelt wird. Einer 15^0-cal entsprechen 0·0154 gr Quecksilber von 0^0. Gemessen wird hier stets der Mittelwert der sp. W. zwischen 0^0 und der Erhitzungstemperatur des Körpers, also in der Regel zwischen 0 und rund 100^0. Bewirken n gr des auf ϑ^0 erhitzten Körpers das Ansaugen von M gr Quecksilber aus dem Schälchen, so ist diese mittlere sp. W.

$$\bar{c} = 64 \cdot 9 \frac{M}{n\vartheta}.$$

Handelt es sich nicht um die Bestimmung einer sp. W. sondern um die Messung einer Reaktionswärme, Stromwärme oder dgl., so läßt man den die zu messende Wärme entwickelnden Vorgang sich ebenfalls im Röhrchen *A* abspielen.

§ 24. Die spezifische Wärme fester Stoffe.

Regel von Dulong u. Petit. Die genannten Forscher haben zuerst bemerkt, daß das Produkt aus Atomgewicht und sp. W., also die Atomwärme (*C*) für fast alle chemischen Elemente im festen Aggregatzustand genähert eine konstante Zahl ist, die im Mittel etwas über 6 liegt. Ausgenommen sind Kohlenstoff (Diamant), Bor, Beryllium und Silizium, Elemente, die sich durch kleines Atomgewicht bei großer Härte (starke innere Kräfte!) auszeichnen. Die genäherte Gültigkeit der Regel erhellt aus der folgenden Zusammenstellung, in der auch die erwähnten Ausnahmen verzeichnet sind:

	Atomgewicht	c_p bei 18°[1]	C_p
Aluminium	27·1	0·214	5·8
Antimon	120·2	0·050	6·0
Blei	207·1	0·031	6·4
Eisen	55·8	0·105	5·9
Stahl	55·8	0·114	6·4
Gold	197·2	0·031	6·1
Kalium	39·1	0·19	7·4
Kupfer	63·6	0·091	5·8
Magnesium	24·3	0·25	6·1
Mangan	54·9	0·12	6·6
Natrium	23·0	0·30	6·9
Nickel	58·7	0·106	6·2
Platin	195·2	0·032	6·2
Silber	107·9	0·055	5·9
Wismut	208·0	0·029	6·0
Zink	65·4	0·092	6·0
Zinn	119·0	0·052	6·2
Beryllium	9·1	0·408	3·7
Bor	11·0	0·254	2·8
Kohle, amorph	12·0	0·174	2·1
Kohle, Diamant	12·0	0·143	1·7
Silizium	28·4	0·165	4·6

Die Untersuchung der Abhängigkeit der sp. W. von der Temperatur lehrt, daß wir in der Dulong-Petitschen Regel insoweit ein nur für mittlere Temperaturen gültiges Zufallsgesetz zu erblicken haben, als die sp. W. der festen Elemente mit steigender Temperatur wächst und zwar

[1] Nach Kohlrausch, Lehrb. d. prakt. Physik 12. Aufl. (1914).

für die verschiedenen Elemente in verschiedenem Maß. Sehr ausgesprochen ist dieses Wachstum gerade für diejenigen Stoffe, welche von der Dulong-Petitschen Regel abweichen, wie z. B. für den Diamant, der bei Temperaturen über 1000° dieselbe Atomwärme erlangt, wie sie die anderen Elemente bei mittlerer Temperatur besitzen. Bei sehr tiefen Temperaturen, wie sie durch Kühlung mit flüssigem unter Atmosphärendruck siedendem Wasserstoff erreicht werden (unter — 200°, bei Kohlenstoff schon weit früher!) tritt ein rapides Absinken der Atomwärme ein, so daß Nernst, dem wir diese Erkenntnis verdanken, schließt, daß die sp. W. aller festen Stoffe in der Nähe des absoluten Nullpunktes asymptotisch gegen Null abnimmt. Dies erhellt für einige Elemente aus den folgenden Ergebnissen der Beobachtungen von Nernst:

Kupfer		Blei		Silber		Diamant	
ϑ	C_p	ϑ	C_p	ϑ	C_p	ϑ	C_p
300	6·30	300	7·00	800	8·21	985	5·51
100	6·03	200	6·72	300	6·58	607	5·29
— 185	3·38	100	6·43	100	6·11	206	3·28
— 240	0·54	0	6·31	0	6·00	86	2·12
— 250	0·22	— 100	6·05	— 100	5·65	— 53	0·72
—	—	— 200	5·53	— 200	3·96	— 181	0·03
—	—	— 250	2·96	— 250	0·60	—	—

Aus theoretischen Gründen wäre es vorzuziehen, statt der durch den Versuch im Kalorimeter bestimmten Atomwärmen bei konstantem Druck (C_p) die für konstantes Volumen miteinander zu vergleichen, die, wie wir später sehen werden (§ 62) aus C_p und den thermischen Koeffizienten berechnet werden können. Für sehr tiefe Temperaturen werden übrigens C_p und C_v einander gleich. Es läßt sich dann das wirkliche Verhalten der spezifischen Wärme in der folgenden, zutreffenderen Weise kennzeichnen:

Die Atomwärme C_v eines jeden festen elementaren Stoffes nähert sich bei sehr tiefer Temperatur asymptotisch der Null, wächst mit steigender Temperatur und wird endlich, wenn der Körper nicht früher schmilzt oder verdampft genähert konstant. Bei mittlerer Temperatur hat sie für die meisten Stoffe einen Wert, der von 6 nicht weit abweicht.

Für den Verlauf dieses Anstieges haben Einstein und später Debye auf Grund der Planckschen Quantenhypothese Formeln aufgestellt, unter denen wegen seiner Einfachheit das Debyesche Grenzgesetz hervorzuheben ist, nach dem bei sehr tiefen Temperaturen C_v und auch C_p der dritten Potenz der absoluten Temperatur proportional verläuft. Wir werden darauf noch zurückkommen (§ 76).

Regeln von Joule und Neumann. Den eben besprochenen Gesetzmäßigkeiten unterliegen die Atome auch in den festen chemischen Verbindungen, insoweit sich hier das Produkt aus Molekulargewicht und sp. W. einfach als die Summe aus den Atomwärmen darstellt. Da die Atomwärmen für konstanten Druck bei mittlerer Temperatur für die meisten Stoffe bei 6·4 liegen, ergibt sich die Molekularwärme einer Verbindung solcher Stoffe in roher Annäherung als Produkt aus 6·4 und der Anzahl der in der Molekel enthaltenen Atome. Doch ist die Übereinstimmung besser, wenn man statt 6·4 die wirklichen Werte der Atomwärme einsetzt, was besonders auch bei tiefen Temperaturen zutrifft. Die Schwierigkeit bei der Anwendung dieser Jouleschen Regel besteht darin, daß man für eine Reihe gerade in Verbindungen häufig auftretender Elemente, vor allem für die Gase Sauerstoff, Stickstoff und Wasserstoff die sp. W. im festen Zustand nicht kennt und daß andere, wie Kohlenstoff, Schwefel und Phosphor außerhalb des molekularen Verbandes in verschiedenen festen Modifikationen vorkommen, die sich durch Dichte, Kristallform und dgl., wie auch durch verschiedene sp. W. unterscheiden. Man hat darum den umgekehrten Weg eingeschlagen und die Atomwärme dieser Elemente in chemischer Bindung derart ermittelt, daß man die Molekularwärmen verschiedener Verbindungen, in denen sie auftreten, bestimmte und von ihnen die bekannten Atomwärmen der anderen Elemente abzog. Mit der Atomwärme 4 für Sauerstoff, 6·4 für Stickstoff, 2·3 für Wasserstoff, 1·8 für Kohlenstoff, 5·4 für Schwefel und Phosphor lassen sich die Molekularwärmen von Verbindungen der verschiedensten Art für mittlere Temperatur genähert vorausberechnen, wobei dann natürlich für Verbindungen gleicher Art, z. B. für alle Oxyde von der Form RO, Sulfate von der Form R_2SO_4 oder für alle Nitrate RNO_3 usw. die gleiche Molekularwärme erhalten wird, soferne der Bestandteil R der Regel von Dulong u. Petit entspricht. Daß in der Tat die Molekularwärme ähnlich zusammengesetzter Stoffe genähert gleich ist, hat Neumann schon lange vor Joule bemerkt.

Wenn die Annäherung an die Joulesche und bisweilen auch an die Neumannsche Regel nur eine grobe ist, so hat dies seinen Grund darin, daß die Atomwärmen, besonders bei höherer Temperatur durch die chemische Bindung offenbar doch beeinflußt werden. Es ist mit Nernst anzunehmen, daß die Übereinstimmung mit sinkender Temperatur immer besser wird. In der Nähe des absoluten Nullpunktes konvergieren schließlich die Molekularwärmen aller festen Verbindungen ebenso gegen Null wie die Atomwärmen der festen Elemente.

Trotz ihrer genäherten Gültigkeit sind aber die Regeln von Dulong u. Petit und von Joule für den Chemiker von großem Nutzen gewesen. Auf analytischem Wege wird nur der genaue Wert des Äquivalentgewichtes gefunden, d. h. diejenige Menge, in welcher sich die Elemente mit immer derselben Menge eines bestimmten Vergleichselementes verbinden. Die Möglichkeit aus der sp. W. des Elementes oder einer seiner Verbindungen das Atomgewicht, wenn auch nur ungefähr bestimmen zu können, läßt entscheiden, welches Vielfache vom Äquivalentgewicht das Atomgewicht ist.

§ 25. Die spezifische Wärme flüssiger Stoffe.

Bei den Flüssigkeiten begegnen wir weit verwickelteren Verhältnissen als bei den festen Körpern und die dort geltenden Regelmäßigkeiten sind hier auch nicht angenähert erfüllt. Wohl zeigen auch die meisten Flüssigkeiten mit steigender Temperatur eine Zunahme der sp. W., die sogar meist größer ist als im festen Zustand. Es ist bei der Temperatur ϑ für

Alkohol . . . $c_p = 0{\cdot}5396 + 0{\cdot}001698\,\vartheta$
Äther . . . . $0{\cdot}52901 + 0{\cdot}0002958\,\vartheta$
Chloroform . . . $0{\cdot}23235 + 0{\cdot}0000507\,\vartheta$.

Doch tritt bisweilen auch das Gegenteil ein, wie bei Quecksilber, dessen sp. W. kontinuierlich nach der Gleichung

$$c_p = 0{\cdot}03336 - 0{\cdot}0000069\,\vartheta$$

abnimmt.

Nicht selten zeigt sich sogar beim selben Stoff in verschiedenen Temperaturgebieten Zunahme oder Abnahme. Der wichtigste derartige Fall betrifft das Wasser, dessen sp. W. die folgende auf den Beobachtungen von Dieterici fußende Zusammenstellung gibt, in der die 15°-Kalorie die Einheit darstellt. Der Wert der Kalorie geht also bei 30° durch ein Minimum.

ϑ	c_p	ϑ	c_p
0°	1·0088	80°	1·0045
10	1·0021	90	1·0070
20	0·9987	100	1·0099
30	0·9984	140	1·0257
40	0·9987	180	1·0482
50	0·9996	220	1·0772
60	1·0008	260	1·1129
70	1·0025	300	1·1543

Durchgängig steigt die sp. W. eines Stoffes beim Übergang aus der festen in die flüssige Aggregatform, hat also die Flüssigkeit eine größere sp. W. als der feste Körper, dessen Schmelze sie darstellt. So ist die sp. W. von Eis bei 0° gleich 0·502, die von festem Blei bei 300° gleich 0·0338, die von flüssigem zwischen 350 und 450° gleich 0·0402. Die größte überhaupt bekannte sp. W. hat flüssiger Wasserstoff, nämlich 6.

Bemerkenswert ist, daß die sp. W. von Flüssigkeitsgemengen und Lösungen in der Regel beträchtlich von demjenigen Wert abweichen, den man unter der Annahme berechnet, daß eine einfache Mischung vorliegt, sich also die Wasserwerte beider Bestandteile addieren. Tatsächlich ist die sp. W. von Flüssigkeitsgemengen in der Regel größer, die von wässerigen Lösungen kleiner als es der Mischungsregel entspricht, was vermutlich damit zusammenhängt, daß sich Flüssigkeiten in der Regel unter Wärmeentwicklung vermischen, während bei der Bildung wässeriger Lösungen umgekehrt Abkühlung, also Wärmeaufnahme aus der Umgebung eintritt.

Im folgenden werden einige einfache Beispiele kalorimetrischer Rechnung gegeben:

1. Man kühlt 100 l Alkohol (Dichte 0·79, $c = 0{\cdot}58$) von 25° indem man darauf eine Pfanne mit 4 kg Eis schwimmen läßt. Welche Temperatur wird bestenfalls erreicht?

Es ist zu beachten, daß das Schmelzwasser von 0° auf die Endtemperatur erwärmt werden muß; also:

$$4 \,.\, 80{\cdot}0 + 4\,\vartheta = 79 \,.\, 0{\cdot}58\,(25 - \vartheta) \qquad \text{und} \qquad \vartheta = 16{\cdot}6^{0}.$$

2. Dieterici erhält für die wahre sp. W. des Wassers bei der Temperatur ϑ die Reihe $c = \alpha + \beta\,\vartheta + \gamma\,\vartheta^2 = 0{\cdot}9983 - 0{\cdot}0001037\,\vartheta + 0{\cdot}000002073\,\vartheta^2$, gültig für 40° C aufwärts. Wie groß ist die mittlere sp. W. zwischen 40 und 300°?

Es ist $\bar{c}_{\vartheta'}^{\vartheta} = \frac{1}{\vartheta - \vartheta'}\int_{\vartheta'}^{\vartheta} c\,d\,\vartheta = \frac{1}{\vartheta - \vartheta'}\left[\alpha(\vartheta - \vartheta') + \frac{\beta}{2}(\vartheta^2 - \vartheta'^2) + \frac{\gamma}{3}(\vartheta^3 - \vartheta'^3)\right] = \alpha + \frac{\beta}{2}(\vartheta + \vartheta') + \frac{\gamma}{3}[\vartheta^2 + \vartheta'(\vartheta + \vartheta')]$ und nach Einsetzen der Werte $\bar{c}_{40}^{300} = 1{\cdot}0523$.

3. Ein 50 gr schwerer Draht aus Manganin (84% Kupfer, 12% Mangan, 4% Nickel) wird 5 sec lang von einem Strom von 100 Watt durchflossen; um wieviel erwärmt er sich, wenn der Wärmeaustausch mit der Umgebung vernachlässigt werden kann?

Da sich in einer Legierung die Wasserwerte der Bestandteile einfach addieren, so berechnet man zunächst die sp. W. des Manganin zu $c = {}^1/_{100}(84 \,.\, 0{\cdot}091 + 12 \,.\, 0{\cdot}12 + 4 \,.\, 0{\cdot}106) = 0{\cdot}095$, also den Wasserwert des Drahtes zu 4·75 cal. Die Stromwärme ist $5 \,.\, 100 \,.\, 0{\cdot}239 = 119{\cdot}5$ cal und die Erwärmung $\frac{119{\cdot}5}{4{\cdot}75} = 25{\cdot}2^{0}$.

Fünftes Kapitel.

Die Arbeit.

§ 26. Umkehrbare und nicht umkehrbare Vorgänge.

Umkehrbare Arbeitsleistung. Wir wissen, daß jede mechanische Arbeit in der Überwindung einer Kraft, eines Gegendrucks, besteht. Dehnt sich ein Körper aus, so überwindet er den Gegendruck und leistet Arbeit. Hierbei wird dieser Gegendruck im allgemeinen dreierlei Art sein; erstens ein statischer Außendruck, wie er etwa durch Gewichte erzeugt wird oder als hydrostatischer Druck (Luftdruck) vorhanden ist, zweitens ein dynamischer Gegendruck, wie ihn jede träge Masse, z. B. der mit dem Schwungrad einer Maschine verbundene Kolben der Beschleunigung durch den Innendruck entgegensetzt und drittens Reibungswiderstände, wie sie z. B. die Bewegung des Kolbens im Arbeitszylinder einer Maschine hemmen. Nach dem mechanischen Grundprinzip der Gleichheit von Aktion und Reaktion sind Druck und Gegendruck stets gleich groß, wenn wir nur unter Gegendruck die Summe aus statischem Außendruck, dynamischem Gegendruck und Reibungswiderständen, kurz die Summe aller vorhandenen Gegenkräfte verstehen.

Diese Gegenkräfte verhalten sich nun aber insoweit verschieden, als sowohl die zur Überwindung eines statischen Druckes, wie auch die zur Überwindung der Trägheitswiderstände geleistete Arbeit in Form von mechanischer, also potentieller und kinetischer Energie gewonnen wird; wir können sie in gehobenen Gewichten oder in gespannten elastischen Federn aufspeichern. Demgegenüber verschwindet die gegen die Reibungswiderstände geleistete Arbeit als mechanische Energie und erscheint statt dessen in Form von Reibungswärme.

Nachdem es streng genommen in der Natur keine reibungslosen Bewegungen gibt, so wird die Folge dieses Verhaltens sein, daß die gewonnene mechanische Arbeit stets hinter der geleisteten zurückbleibt und daher auch nicht hinreicht, um den arbeitenden Körper wieder ganz in den Ausgangszustand zurückzubringen. Jede mechanische Arbeitsleistung ist daher genau genommen aus sich selbst, d. h. ohne Nachhilfe von außen nicht umkehrbar (irreversibel).

Trotzdem sind wir ebenso wie in der reinen Mechanik auch in der Wärmelehre in der Regel vollauf berechtigt von aller Reibung abzusehen, die „Reibungsverluste“ zu vernachlässigen und die Arbeitsleistung als umkehrbar (reversibel) aufzufassen. Die Grenze bis zu welcher das gestattet ist, hängt vornehmlich von der Geschwindigkeit ab, mit der der arbeitende Körper sich ausdehnt. Nicht nur wächst mit zunehmender Geschwindigkeit bei Verwendung von Schmiermitteln die Reibung der beweglichen Massen, die der arbeitende Körper in Bewegung setzt (Kolben usw.), er selbst kommt hierbei ebenfalls in Bewegung und da es sich fast immer um gasförmige oder flüssige arbeitende Körper handelt, ins Strömen oder Wirbeln. An sich wären diese Bewegungen als rein mechanische umkehrbar; da jedoch ihre Energie im arbeitenden Körper bald durch innere Reibung gebremst und in Wärme umgesetzt wird, bedingen auch sie einen Verlust an mechanischer Energie, der die Umkehrbarkeit des Vorganges aufhebt.

Absolut genommen ist also eine Arbeitsleistung nur dann umkehrbar, wenn sie reibungslos und unendlich langsam geleistet wird, ein idealer, nicht zu verwirklichender Grenzfall! Tatsächlich kann jedoch die Geschwindigkeit eine sehr große sein, und die Annahme der Umkehrbarkeit immer noch eine sehr gute Annäherung an die Wirklichkeit geben.

So ist z. B. auch bei einer schnell laufenden Wärmekraftmaschine die am Kolben und Schwungrad geleistete Beschleunigungsarbeit groß genug, daß die Energieverluste durch äußere und innere Reibung demgegenüber klein bleiben; ja selbst im Geschütz kann die Arbeitsleistung als umkehrbar aufgefaßt werden, wenn man die lebendige Kraft der dem Geschosse nachströmenden Pulvergase zu der des Geschosses addiert. Der Reibungswiderstand des Geschosses im Rohr und die Energie der Wirbel, die sich in Wärme umsetzen, also die nicht umkehrbaren Energiebeträge sind gegenüber den umkehrbaren klein. Hier beträgt der Druck im arbeitenden Gase bis 3000 At, der statische Außendruck nur 1 At und man erkennt, daß verschiedener Innen- und Außendruck keineswegs ein Kennzeichen für Nichtumkehrbarkeit ist. Wenn man trotzdem bisweilen, in allerdings leicht irreführender Weise, für die umkehrbare Arbeitsleistung Gleichheit von Innen- und Außendruck verlangt, so hat man hierbei nur den praktisch unmöglichen Idealfall unendlich langsamer, reibungsloser Ausdehnung im Auge, wo die kinetische Energie gleich Null ist und die ganze Arbeit gegen den Außendruck geleistet wird, der dann hier dem Innendruck gleich sein muß.

Den Gipfel der Nichtumkehrbarkeit haben wir nach dem Gesagten natürlich in Vorgängen zu erblicken, bei denen die geleistete Arbeit restlos in Wärme verwandelt wird. Dahin gehört z. B. auch das Ausströmen eines Gases in einen leeren oder gasverdünnten Raum. Hier wird überhaupt keine äußere Arbeit gewonnen und die geleistete Ausdehnungsarbeit zur Beschleunigung des Gases verwendet. Solange das Gas strömt bleibt die Energie der Strömung, wie jede mechanische Energie umkehrbar. Da aber der Gasstrahl mit der Zeit beim Stoß auf die Wände des Raumes und durch Wirbelbildung gebremst wird, seine mechanische Energie verschwindet und in Form von Wärme erscheint, welche, wie wir hören werden, beim idealen Gas die infolge der Ausdehnung auftretende Abkühlung gerade ausgleicht, so ist hier die Arbeitsleistung eine nicht umkehrbare.

Umkehrbarer Wärmeübergang. Arbeit kann ohne weiteres vollkommen in Wärme umgewandelt werden, z. B. in Reibungswärme oder in Stromwärme, hingegen ist es, wie wir später (§ 53) ausführlich besprechen werden, durch keine erdenkbare mechanische Vorrichtung möglich, umgekehrt Wärme vollständig restlos in Arbeit umzuwandeln. Außerdem hängt die Verwandelbarkeit einer Wärmemenge in Arbeit vermittels mechanischer Vorrichtungen von der Temperatur ab, auf der sie sich befindet. Wir vermögen einen um so größeren Teilbetrag der Wärmemenge in Arbeit zu verwandeln, je höher ihre Temperatur über der tiefsten liegt, die uns jeweils zur Verfügung steht. Soll daher die Arbeitsfähigkeit einer Wärmemenge, d. h. ihre Verwandelbarkeit in Arbeit möglichst erhalten bleiben, so sind alle Wärmeleitungsvorgänge auszuschalten, bei denen ja stets Wärme von höherer auf tiefere Temperatur absinkt.

Dehnt sich also ein Körper infolge Wärmezufuhr aus und leistet er hierbei selbst ideal umkehrbare Arbeit, so wird trotzdem der Vorgang in der Regel sehr unökonomisch sein, da die Wärmezufuhr fast immer aus einer Wärmequelle erfolgt, deren Temperatur beträchtlich über der des arbeitenden Körpers liegt. Da der Arbeitsvorgang umkehrbar ist, so reicht wohl die gewonnene Arbeit aus, um den arbeitenden Körper in den Anfangszustand zurückzubringen, nicht aber können wir ohne Zuhilfenahme anderweitiger, Energie verbrauchender Vorgänge, z. B. durch Zusammendrücken des Körpers in den die Wärme übergegangen ist, die übergegangene Wärme auf die höhere Temperatur zurückbringen; denn Wärme fließt von selbst nur in der Richtung vom warmen zum kalten Körper. Wollten wir auch in dieser Beziehung streng ökonomisch vorgehen, d. h. die Wärme durch Verringerung ihrer Umwandelbarkeit in Arbeit nicht entwerten, so müßten wir während des ganzen Erwärmungsvorganges die Temperatur der Wärmequelle der jeweiligen Temperatur des arbeitenden Körpers möglichst gleichhalten. Nur dann können wir im idealen Grenzfall auch den Wärmeübergang rückgängig machen. Beim Hingang, also bei der Wärmeaufnahme ist der arbeitende Körper jeweils ein ganz klein wenig kühler zu halten als der Körper aus dem er die Wärme entnimmt und bei der Umkehr, also bei der Wärmeabgabe ein ganz klein wenig wärmer. Freilich wird dann der Wärmeübergang nur sehr langsam vor sich gehen und es wird ein derartiger Vorgang nur sehr genähert zu verwirklichen sein. Doch erkennen wir die grundsätzliche Möglichkeit einen thermischen Prozeß so zu führen, daß nach seiner Umkehr sich nicht nur der arbeitende Körper, sondern auch die Körper mit denen er in Wärmeaustausch getreten ist, also das ganze in Mitleidenschaft gezogene System, sich im ursprünglichen Zustande befinden.

Man nennt darum einen Wärmeübergang umkehrbar, wenn er unter zu vernachlässigendem Temperaturunterschied zwischen abgebendem und aufnehmendem Körper stattfindet. Strenge genommen sind also alle wirklichen Wärmeübergänge nicht umkehrbar.

§ 27. Berechnung der Arbeit.

Im umkehrbaren Arbeitsprozeß wird die geleistete Arbeit auch ganz in Form mechanischer Energie gewonnen. Können wir also die vom arbeitenden Körper geleistete Arbeit berechnen, so ist damit zugleich die Frage nach der bestenfalls zu gewinnenden Arbeit erledigt.

Ein Zylinder enthalte unter dem ohne Reibung beweglichen Kolben AB vom Querschnitt q die arbeitende Substanz, etwa gepreßtes Gas. Bewegt sich der Kolben, so ist in jedem Augenblick der von innen auf ihn wirkende Druck $P = pq$ gleich dem ausgeübten Gegendruck $\mathfrak{P}$, der aus dem außen vorhandenen statischen Druck, z. B. dem Luftdruck und dem Trägheitswiderstand des Kolbens besteht. Wir wollen der Einfachheit halber voraussetzen, daß der Kolben keine so hohen Geschwindigkeiten erhält, daß die Energie der Bewegungen im arbeitenden Gas berücksichtigt werden müßte. Der Druck im Gas, der sich mit Schallgeschwindigkeit ausgleicht, sei jederzeit im ganzen Gas der gleiche. Auf dem Wegstückchen ds wird dann die Arbeit $dL = \mathfrak{P} ds = pq ds = p dV$ geleistet und auch gewonnen, wo $q ds = dV$ den kleinen Volumenzuwachs bezeichnet, den der arbeitende Körper erfährt und auf dem endlichen Wege von AB nach $A'B'$ die Arbeit

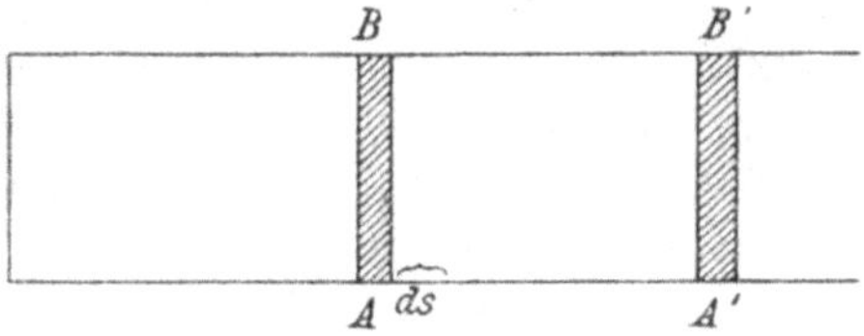

Fig. 23.

$$L = \int_{V_1}^{V_2} p\, dV,$$

worin natürlich p als Funktion von V aufzufassen ist und V_1 und V_2 die der Anfangs- und Endlage des Kolbens entsprechenden Volumina der arbeitenden Substanz bedeuten. Man sieht sofort, daß die Arbeit durch die Anfangs- und Endlage nicht eindeutig bestimmt ist; denn in irgendeiner Zwischenlage wird der Druck p ganz verschieden sein können, je nachdem und in welchem Maß dem Gas während der Ausdehnung von der Umgebung Wärme zugeführt oder entzogen wird.

Dieselbe einfache Berechnung gilt für eine beliebige Gestalt des arbeitenden Körpers und für eine beliebige Ausdehnung, falls nur der senkrecht zur Oberfläche wirkende Innendruck überall gleich groß ist, was z. B. stets der Fall ist, wenn im Innern hydrostatische Druckverhältnisse bestehen.

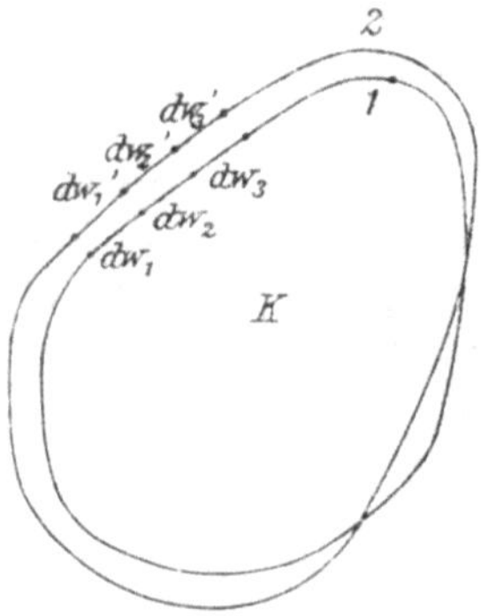

Fig. 24.

Setzen wir das für den Augenblick noch nicht voraus.

Der Körper K verändere sein Volumen um ein Weniges von 1 auf 2. Die Flächenelemente $d\omega_1$, $d\omega_2$ usw. gelangen hierbei durch bis auf unendlich Kleines höherer Ordnung zur Fläche senkrechte Verschiebungen in die Lagen $d\omega_1'$, $d\omega_2'$ usw. Hierbei werde $d\omega_1$ von einem Druck p_1 um dh_1, $d\omega_2$ von einem Druck p_2 um dh_2 usw. in der Richtung der Flächennormalen verschoben; dh ist positiv oder negativ zu rechnen, je nachdem die Verschiebung nach außen oder nach innen erfolgt. Es ist dann die geleistete Arbeit:

$$dL = p_1\, d\omega_1\, dh_1 + p_2\, d\omega_2\, dh_2 + \ldots = \sum p\, d\omega\, dh,$$

wobei die Summe über die ganze Oberfläche zu erstrecken ist. Führen wir nun die Annahme ein, daß der Druck im arbeitenden Körper senkrecht zur Oberfläche überall der gleiche, daß also $p_1 = p_2 = p_3 = \ldots = p$ ist, so wird $dL = p\sum d\omega\, dh = p\, dV$, also auch wieder

$$L = \int_{V_1}^{V_2} p\, d\, V. \tag{3}$$

Doch hat man natürlich festzuhalten, daß, wo im folgenden dieser Ausdruck Verwendung findet, die zur Oberfläche des Körpers senkrechte Druckkomponente überall die gleiche sein muß. Das ist aber bei allen Stoffen die als arbeitende Körper in Frage kommen, nämlich bei Gasen, Dämpfen und Flüssigkeiten der Fall, da in ihnen hydrostatischer Druck herrscht. Die Annahme schränkt also die Anwendbarkeit der zu entwickelnden Theorie keineswegs ernstlich ein. Wo wir sie gelegentlich auch einmal auf feste Körper anwenden (§ 64), wird sie dort ebenfalls auf den Fall gleichen Oberflächendrucks beschränkt sein. Fälle, wo diese Bedingung nicht erfüllt ist, gehören in die Wärmelehre mehr als zweier Variabler, mit der wir uns aber hier nicht beschäftigen werden.

§ 28. Darstellung der Zustände und Zustandsänderungen in der *vp*-, *Tv*- und *Tp*-Fläche.

Da eine der drei thermischen Variablen aus der Zustandsgleichung durch die beiden anderen bestimmt ist, erscheint der Zustand eines homogenen Körpers unter hydrostatischen Druckverhältnissen durch

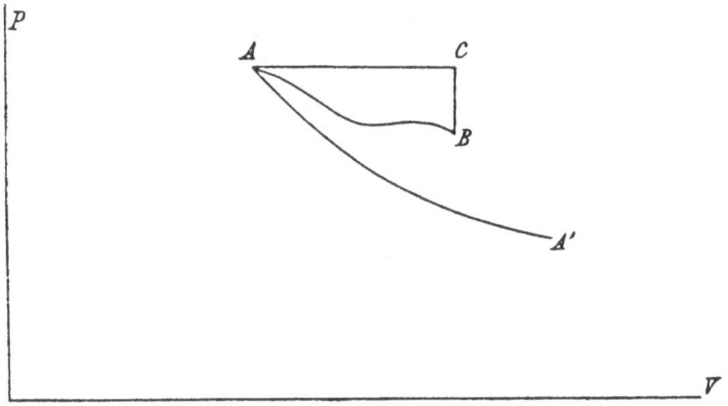

Fig. 25.

Angabe von v und p, oder von T und v, oder von T und p bereits festgelegt. Statt des spezifischen Volumens v kann auch das Gesamtvolumen V Verwendung finden, wenn noch die Menge des betreffenden Körpers gegeben ist. Tragen wir z. B. V als Abszisse, p als Ordinate auf, so bestimmt jeder Punkt in der Vp-Fläche einen ganz bestimmten Zustand des gegebenen Körpers.

Haben wir zwei Zustände A und B, so gibt jede Verbindungskurve eine kontinuierliche Folge von Zuständen, längs welcher der Körper vom Zustand A in den Zustand B übergeht. Da es unendlich viele solche Verbindungskurven gibt, so gibt es auch unendlich viele Arten, oder „Wege“, auf welchen dieser Übergang ausgeführt werden kann.

Wir könnten z. B. zunächst den Druck konstant halten und nur das Volumen verändern, wodurch auch schon die Änderung der Temperatur mitbestimmt ist. Die Zustandsfolge, der Weg, ist dann eine zur Abszissenachse Parallele. Sie ist eine Linie konstanten Druckes, eine Isobare (Isopieste).

In C angekommen, denken wir uns das Volumen festgehalten und nur den Druck und damit die Temperatur solange verändert, bis der Zustand B erreicht ist. Der Weg ist dann eine zur Ordinatenachse Parallele. Da auf ihm das Volumen gleich bleibt, nennt man eine solche Zustandsfolge eine Isochore (Isopykne, isometrische Linie).

Endlich kann man sich auch die dritte Variable, die Temperatur, festgehalten denken. Die Zustandsfolge wird dann durch eine für den Stoff kennzeichnende Kurve ($A A'$) dargestellt, die man seine Isotherme nennt.

Während Isobare und Isochore in der Vp-Fläche für alle Stoffe gleich sind, wenn auch natürlich die Temperatur an der gleichen Stelle von Stoff zu Stoff verschieden ist, hängt die Form der Isotherme von der Zustandsgleichung des Stoffes ab und ist nur bekannt, wenn diese Zustandsgleichung bekannt ist.

So ist für ein ideales Gas bei bestimmter Temperatur $pV = nRT =$ const, also die Isotherme des idealen Gases eine gleichseitige Hyperbel, welche die beiden Achsen zu Asymptoten hat.

Neben der Darstellung der Zustandsänderungen in der Vp-Fläche verwendet man auch die in der Tv- und Tp-Fläche. In der Tv-Fläche sind Isochore und Isotherme, in der Tp-Fläche Isobare und Isotherme achsenparallele Gerade und zwar für alle Stoffe. Hingegen sind in der ersten Fläche die Isobare, in der zweiten die Isochore nur bestimmt, wenn die Zustandsgleichung bekannt ist. Für das ideale Gas sind Isobare und Isochore durch die Gleichungen $V = \frac{nR}{p} T$ und $p = \frac{nR}{V} T$ gegeben, wo in der ersten Gleichung $\frac{nR}{p}$, in der zweiten $\frac{nR}{V}$ feste Werte darstellen. Sie sind also durch den Ursprung gehende Gerade.

Bei der thermischen Ausdehnung erfolgt die Zustandsänderung längs einer Isobare, bei der Untersuchung der reinen Kompressibilität längs einer Isotherme und bei der thermischen Spannung längs einer Isochore.

§ 29. Darstellung der Arbeit. Offene Prozesse und Kreisprozesse.

Von diesen Darstellungen wird die in der Vp-Fläche, oder wenn man sich auf die Mengeneinheit bezieht, die in der vp-Fläche am häufigsten benützt, da sie in einfachster Weise die bei einer Expansion vom arbeitenden Körper zu leistende oder bei einer Kompression an dem Körper zu leistende Arbeit durch eine Fläche mißt. In der Tat ist

$$L = \int_{V_1}^{V_2} p\, d\, V = \int_{A}^{B} p\, d\, V,$$

worin $p = f(V)$ etwa die Kurve I darstellt, also für $V = V_1$, $p = p_1$ und für $V = V_2$, $p = p_2$ wird, nichts anderes als die unter der Kurve I bis herab zur Abszissenachse gelegene, senkrecht gestrichelte Fläche. Die Größe dieser Fläche, also auch der Wert von L hängt offenbar ganz vom Weg, also von $f(V)$ ab. Auf der Kurve II wird eine andere Arbeit geleistet, die durch die horizontal gestrichelte Fläche gegeben ist. Hierbei gibt ein Weg auf dem V wächst eine Arbeit, die der Körper leistet, ein Weg auf dem V abnimmt eine Arbeit, die der Körper erleidet. Im ersten Fall ist die außen wirklich zu gewinnende Arbeit bestenfalls, nämlich bei umkehrbarer Arbeitsleistung, gleich der vom Körper geleisteten, wie sie durch die Fläche dargestellt wird; im zweiten Fall ist die wirklich verbrauchte Arbeit mindestens, nämlich wieder im umkehrbaren Prozeß, gleich der vom Körper erlittenen. Geht der Körper auf dem umkehrbaren Weg, d. h. unter umkehrbarer Arbeitsleistung von A nach B, so wird genau dieselbe Arbeit gewonnen, die verbraucht wird, um ihn auf dem gleichen Weg von B nach A zurückzubringen.

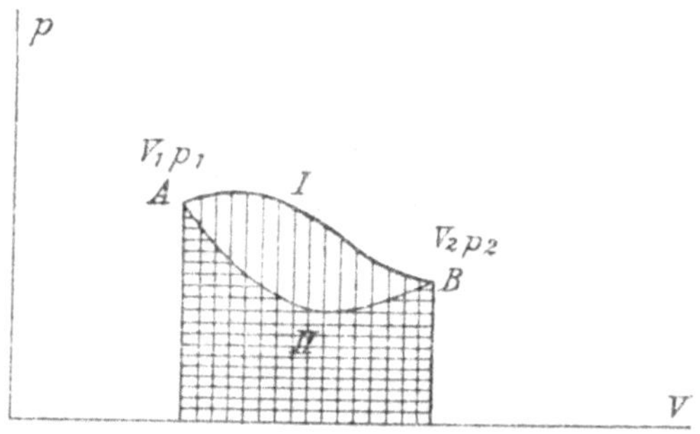

Fig. 26.

Von besonderer Bedeutung ist der Fall, daß der Körper einen Weg beschreibt, der ihn in den Ausgangszustand zurückführt, der also nicht, wie die bisher betrachteten Wege offen, sondern geschlossen ist. Führen wir z. B. zuerst den Weg I aus und dann den Weg II in entgegengesetzter Richtung, so ist dies ein solcher geschlossener Weg; man sagt, der arbeitende Körper habe einen Kreisprozeß durchlaufen. Diese zuerst von Carnot in die Wärmelehre eingeführten Kreisprozesse sind ein mächtiges Werkzeug der Theorie. Bedenkt man, daß bei jeder Wärmekraftmaschine die Druck- und Volumsverhältnisse des arbeitenden Stoffes sich periodisch wiederholen, so erkennt man zugleich die praktische Bedeutung, welche gerade die Untersuchung von Kreisprozessen besitzt.

Im eben betrachteten Falle wurde auf I Arbeit gewonnen und auf II Arbeit verbraucht. Verläuft der ganze Weg umkehrbar, so sind diese beiden Arbeiten durch die senkrecht, bzw. wagerecht gestrichelten Flächen gegeben. Ihre Differenz, d. h. die im Kreisprozeß im ganzen gewonnene Arbeit ist also einfach gleich der umrandeten Fläche. Würden wir den Körper zuerst auf II von A nach B und dann auf I nach A zurückführen, so würde jetzt im ganzen Arbeit verbraucht worden sein und zwar in einem Betrag, der durch die umlaufene Fläche gegeben ist.

Wird also ein Kreisprozeß im Sinne des Uhrzeigers durchlaufen, so wird Arbeit gewonnen, wird er entgegen dem Sinne des Uhrzeigers durchlaufen, so wird Arbeit verbraucht und zwar ist, wenn wir den

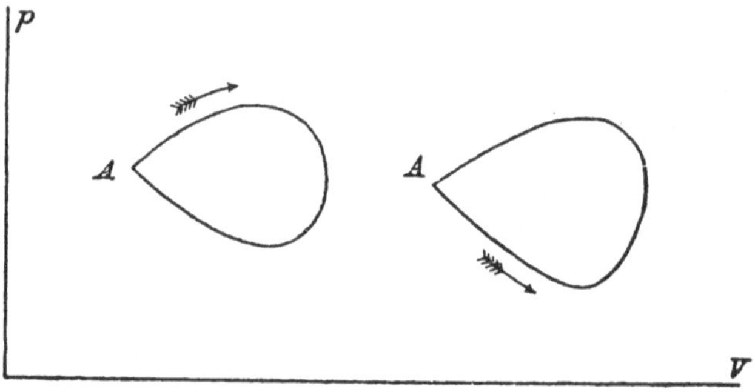

Fig. 27.

Prozeß als hinlänglich umkehrbar ansehen dürfen, der Arbeitsbetrag gleich der umrandeten Fläche. Nach dem I. Hauptsatz wird im ersten Fall Wärme in Arbeit verwandelt, im zweiten Arbeit in Wärme. Der arbeitende Stoff selbst spielt bei diesen Verwandlungen nur die Rolle eines Hilfskörpers; er ist am Ende im selben Zustand, wie zu Beginn.

Wegen der einfachen Darstellung der Arbeit in der Vp-Fläche nennt man die auf sie bezügliche Darstellung der Zustandsänderungen das **Arbeitsdiagramm**. Es wurde zuerst von Clapeyron angewendet.

§ 30. Berechnung der Arbeit für die Isobare und längs der Isotherme eines idealen Gases. Die „Literatmosphäre“.

Für die Isochore ist $dV = 0$, also auch die Arbeit gleich Null. Längs der Isobare erhalten wir:

$$L = \int_{V_1}^{V_2} p\,dV = p\int_{V_1}^{V_2} dV = p(V_2 - V_1).$$

Die Arbeit ist also gleich dem unter dem betreffenden Stück der Isobare bis herab zur Abszissenachse gelegenen Rechteck. Ist der konstante Druck $p = 1$ at $= 10000$ kg/m^2 und die Volumsvergrößerung gleich 1 Liter $= \frac{1}{1000}$ m^3, so ist $L = 10$ kgm. Man führt bisweilen diese Arbeit als Arbeitseinheit ein und nennt sie eine **Literatmosphäre**. Eine Literatmosphäre ist also einfach gleich 10 kgm. Wird in der Vp-Fläche V in Litern und p in at aufgetragen, so ergibt die planimetrische Ausmessung der Arbeitsfläche die Arbeit in Literatmosphären.

Längs der Isotherme läßt sich die Arbeit berechnen, wenn die Zustandsgleichung bekannt ist. Wir wollen das für den wichtigen Fall durchführen, daß der arbeitende Stoff der Gasgleichung entspricht. Dann ist auf der Isotherme $p\,V = n\,R\,T$ ein konstanter Wert, also:

$$L = \int_{V_1}^{V_2} p\,d\,V = n\,R\,T \int_{V_1}^{V_2} \frac{d\,V}{V} = n\,R\,T \ln \frac{V_2}{V_1}, \tag{4}$$

wo T eben die auf der betreffenden Isotherme konstante Temperatur bezeichnet. $\frac{V_2}{V_1}$ heißt das Expansionsverhältnis. Da $p_1\,V_1 = p_2\,V_2 = n\,R\,T$ ist, können wir auch schreiben

$$L = p_1\,V_1 \ln \frac{V_2}{V_1} = p_2\,V_2 \ln \frac{V_2}{V_1} \quad \text{oder auch} \quad L = p_1\,V_1 \ln \frac{p_1}{p_2} = p_2\,V_2 \ln \frac{p_1}{p_2}.$$

Unter p_1 ist die höhere Spannung, unter V_2 das größere Volumen zu verstehen, wenn L eine positive, d. h. zu gewinnende Arbeit bezeichnen soll. Bezieht man sich auf die Mengeneinheit (l), so ist natürlich $n = 1$ und $V = v$ zu schreiben, also

$$l = R\,T \ln \frac{v_2}{v_1} = R\,T \ln \frac{p_1}{p_2}. \tag{4'}$$

---

1. Einstufiger Kompressor.

Von zwei großen Behältern soll der eine mit Luft vom niederen Druck p_2, der andere mit Luft vom hohen Druck p_1 gefüllt sein. Die Behälter wollen wir etwa so groß annehmen, daß durch Entnahme von 1 kg Luft der Druck im ersten Behälter weder merklich sinkt, noch durch Einpressen in den zweiten dort merklich steigt. Der erste Behälter kann aber auch die freie Atmosphäre sein und die Druckkonstanz im zweiten Behälter auch bei kleiner Dimensionierung durch entsprechende gleichzeitige Entnahme von Druckluft erzielt werden.

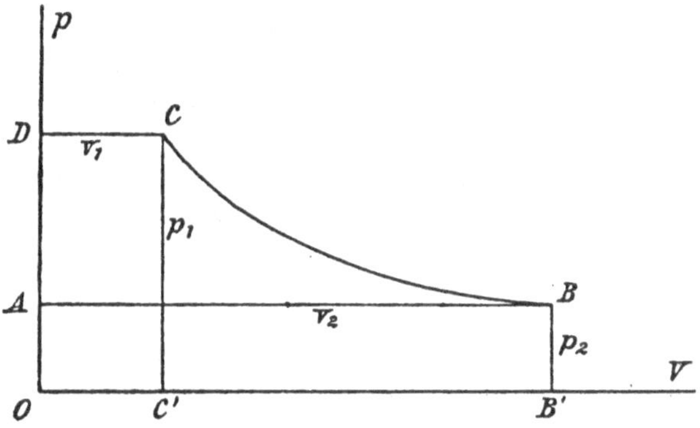

Fig. 28.

Eine Pumpe stehe nun durch Saug- und Auslaßventil mit beiden Behältern in Verbindung. Bewegt sich der Kolben von A, d. h. vom Boden des Zylinders der Pumpe aus bis B, so soll gerade 1 kg Luft in die Pumpe eingetreten sein. Es hat sich hierbei das Volumen der im ersten Behälter eingeschlossenen Luft um das Volumen eines kg Luft bei dem konstanten Druck p_2 vergrößert und es wurde eine Expansionsarbeit gewonnen, die durch die Fläche des Rechtecks $ABB'O$ gegeben ist. [Ist p_2 gleich dem Luftdruck so reicht diese Arbeit eben zur Zurückschiebung des auch von der anderen Seite auf den Kolben wirkenden Luftdruckes, also zur Füllung der Pumpe aus. Ist p_2 größer als der Luftdruck, so wird außerdem an Kolben, Kolbenstange und Schwungrad Beschleunigungsarbeit geleistet. Daß im ersten Fall bei der praktischen Ausführung infolge der Reibung des Kolbens an der Zylinderwand und der Luft im Saugventil noch Arbeit verbraucht wird, darf nicht beirren.]

Nachdem der Kolben in B angekommen ist, wird nun das Saugventil geschlossen und die unter dem Kolben befindliche Luft unter Arbeitsverbrauch solange zusammengedrückt, bis der Druck auf p_1 gestiegen ist (C), wo sich dann das Auslaßventil in den zweiten Behälter (Kessel) zu öffnen vermag. Wir nehmen an, daß die durch die Kompression sonst eintretende Erwärmung der Luft durch Kühlung eben ausgeglichen wird, so daß die Zusammendrückung isotherm verläuft. Die Kurve BC ist dann das Stück einer gleichseitigen Hyperbel und es ist $p_1 v_1 = p_2 v_2$, wo v_1 und v_2 die Kilogrammvolumina der Luft bei den Drucken p_1 und p_2, also die Abszissen der Punkte C und B bezeichnen. Die durch die Fläche $CBB'C'$ dargestellte verbrauchte Arbeit (Kompressionsarbeit) ist die längs der Isotherme eines Gases geleistete Arbeit, also durch $p_1 v_1 \ln \frac{p_1}{p_2}$ gegeben. Schließlich wird der Kolben unter Arbeitsverbrauch wieder in die Stellung D = Stellung A geschoben, womit der Kreisprozeß $ABCD$ geschlossen ist und das ganze Spiel von neuem beginnen kann. Auf diesem letzten Weg CD wird das kg Luft in den zweiten Behälter geschafft und hiebei zur Überwindung des konstanten Drucks p_1 eine Arbeit verbraucht, die durch das Rechteck $DCC'O$ gegeben ist.

Die im ganzen Prozeß verbrauchte Arbeit (Betriebsarbeit) ist $L = CBB'C' + DCC'O - ABB'O$ oder, da wegen $p_1 v_1 = p_2 v_2$ auch $DCC'O = ABB'O$ ist, auch einfach gleich $CBB'C'$, d. h. gleich der längs BC verbrauchten Arbeit. Es ist somit $l = p_1 v_1 \ln \frac{p_1}{p_2}$.

Wir hätten dasselbe Ergebnis auch aus der Bemerkung erhalten können, daß die zum Durchlaufen des Kreisprozesses $ABCD$ zu verbrauchende Arbeit dieser umrandeten Fläche gleich sein muß. In der Tat ist $ABCD = \int\limits_{p_2}^{p_1} v\,dp$ und da längs BC $v = \frac{RT}{p} = \frac{p_1 v_1}{p}$ ist, auch wieder $l = p_1 v_1 \ln \frac{p_1}{p_2}$. Bei einer gleichseitigen Hyperbel sind eben die Flächen $CBB'C'$ und $BCDA$ gleich groß: es sind beim isotherm wirkenden Kompressor Kompressionsarbeit und Betriebsarbeit einander gleich. Natürlich ist die Arbeit, die verbraucht werden muß, um statt eines kg n kg vom Druck p_2 isotherm auf den Druck p_1 zu bringen, n-mal so groß, also $L = n p_1 v_1 \ln \frac{p_1}{p_2}$. Aus $p_1 v_1 = RT$ folgt, daß diese an einer bestimmt vorgegebenen Luftmasse aufzuwendende Arbeit der absolut gemessenen Temperatur proportional ist, bei der die Zusammendrückung erfolgt. Fragen wir hingegen nach der Arbeit die aufzuwenden ist, um ein bestimmtes Luftvolumen, z. B. νm^3 von p_2 auf p_1 zusammenzudrücken, so ergibt sich, da die Masse in νm^3 Luft vom Druck p_1 gleich $\frac{\nu}{v_1}$ kg ist, $L = \frac{\nu}{v_1} p_1 v_1 \ln \frac{p_1}{p_2} = \nu p_1 \ln \frac{p_1}{p_2}$, also unabhängig von der Temperatur und auch von der Gasart.

Ist z. B. $p_2 = 1$ at. $= 10000$ kg/m², $p_1 = 3$ at, so ist die Arbeit pro m³ Gas $L = 10000 \ln \frac{3}{1} = 10990$ kgm. Praktisch wird der Arbeitsverbrauch noch etwas größer sein, da die Reibung vernachlässigt wurde.

Läßt man unter entsprechender Betätigung (Steuerung) der Ventile den Prozeß in umgekehrter Richtung, also im Sinne des Uhrzeigers vor sich gehen, so wird Arbeit gewonnen und die Pumpe wirkt als Druckluftmotor (Kraftübertragung durch Druckluft, z. B. bei Bohrmaschinen). Längs CB muß jetzt, damit die Ausdehnung isotherm erfolgt, Wärme zugeführt werden.

2. Mehrstufiger Kompressor.

Die isotherme Zusammendrückung ist, wie wir später zeigen werden, die vorteilhafteste. Ihre Verwirklichung durch Kühlung des Pumpenzylinders ist aber um so unvollkommener, je stärker das Gas zusammengedrückt wird. Deshalb werden Hochdruckkompressoren zwei- und mehrstufig ausgeführt. Bei zweistufiger Verdichtung wird in der ersten Pumpe die Luft vom Druck p_2 auf den Druck p' gebracht und in einen Kessel gepreßt, aus dem die zweite Pumpe die Luft ansaugt und auf den gewünschten Enddruck p_1 verdichtet.

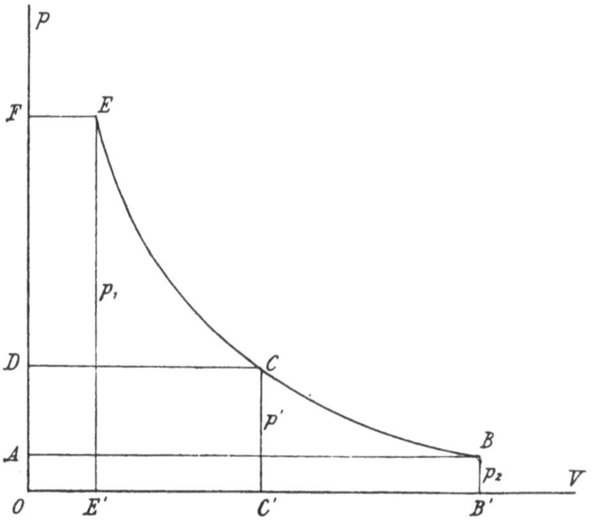

Fig. 29.

Durch Kühlung beider Zylinder und des dazwischen geschalteten Kessels sucht man die Anfangstemperatur der Luft möglichst zu erhalten. Auch Druckluftmotore werden aus demselben Grunde zweistufig gebaut.

Es empfiehlt sich den Zwischendruck p' so zu wählen, daß die Arbeit in beiden Pumpen ungefähr gleich ist, so daß beide Kolbenstangen an der Achse eines und desselben Motors angesetzt werden können, der dann doppelseitig wirkt. Es soll also die Fläche $BCC'B' = p'v' \ln \frac{p'}{p_2}$ gleich sein der Fläche $CEE'C' = p'v' \ln \frac{p_1}{p'}$. Daraus folgt $\frac{p'}{p_2} = \frac{p_1}{p'}$ und $p' = \sqrt{p_1 p_2}$. Als Zwischendruck wird man also das geometrische Mittel aus Anfangs- und Enddruck wählen, z. B. für $p_2 = 1$ at und $p_1 = 100$ at, $p' = 10$ at.

§ 31. Watts Indikator. Indizierte und effektive Leistung. Mechanischer Wirkungsgrad.

Auf der Bemerkung, daß in einem Kreisprozeß die geleistete, also bestenfalls zu gewinnende Arbeit in der Vp-Fläche durch die umfahrene Fläche gegeben ist, beruht der schon von Watt angewendete Indikator. Die Aufzeichnung besorgt die Maschine selbsttätig in folgender

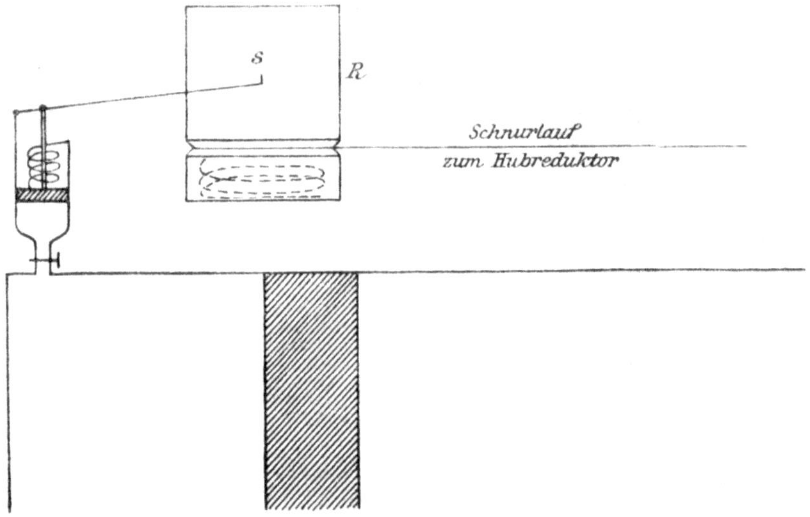

Fig. 30.

Weise: An dem „schädlichen Raum" des Arbeitszylinders, also an einer Stelle, die der Kolben der Maschine beim Rückgang (in dem der tiefsten Lage des Kolbens entsprechenden Totpunkte) nicht erreicht, kann seitlich ein kleiner Zylinder angeschraubt werden, in welchem ein Stempel entgegen dem Druck einer Feder um so mehr zurückweicht, je höher der Druck der arbeitenden Substanz im Arbeitszylinder ist. Die Feder wird auf at geeicht. Dann kann der mit der Kolbenstange des kleinen Zylinders verbundene Schreibstift s, der zwecks Vergrößerung am Ende eines geradführenden (nicht gezeichnet!) Hebels befestigt ist, auf der

Papierrolle R den Druck als Ordinate aufschreiben. Die gleichzeitige Aufzeichnung des jeweiligen Volumens des arbeitenden Körpers als Abszisse erfolgt in der Weise, daß eine um die Rolle gewickelte Schnur entweder mit der Kolbenstange der Maschine selbst, oder wenn der Hub zu groß ist, mit einer einfachen Hebelvorrichtung, dem Hubreduktor, verbunden ist, welcher die Bewegung des Kolbens in bestimmtem Maß verkleinert. Eine in der Rolle angebrachte Feder bewirkt, daß beim Rückgang des Kolbens, also beim Nachlassen der Schnur, sich die Rolle dem Rückgang entsprechend zurückdreht. Diese Abszisse wird auf Liter geeicht. Das Ausmessen der vom Schreibstift umfahrenen Fläche mit dem Planimeter gibt die vom arbeitenden Körper in einer Periode der Maschine geleistete Arbeit, die „indizierte Arbeit" in Literatmosphären. Nach Division mit 7·5 und auf die Sekunde bezogen gibt das die Leistung in „indizierten" PS (Pferdestärken). Würden keine Reibungsverluste bestehen, so wäre das auch die zu gewinnende „effektive Leistung", wie man sie mit dem Bremsdynamometer an der Welle mißt. Tatsächlich ist die indizierte Leistung stets größer als die effektive. Doch läßt sich bei sorgfältigster Herstellung der Maschine, durch genaues Einschleifen des Kolbens in den Zylinder und durch Vermeiden von Stauungen und Wirbelbildungen in den Ventilen die Differenz bis auf etwa 5% herabdrücken; der Arbeitsvorgang ist bis auf etwa 5% umkehrbar. Das Verhältnis zwischen effektiver und indizierter Leistung heißt der „mechanische Wirkungsgrad" der Maschine.

Sechstes Kapitel.

Die innere Energie

§ 32. Exakte und nicht exakte Differentiale, Kurvenintegrale.

Wir fanden das Differential der Arbeit $dL = p\,dV$, die auf dem Wege von A bis B geleistete Arbeit $L = \int_A^B p\,dV$, weiter, daß der Wert dieses Integrals zwischen bestimmten Grenzen nicht eindeutig bestimmt ist, sondern vom Weg, d. h. von dem zwischen p und V bestehenden Zusammenhang abhängt und daß für den Fall, daß der Weg ein geschlossener ist, also obere und untere Grenze des Integrals gleich werden, das Integral durch die umfahrene Fläche gegeben, also von Null verschieden ist.

Es könnte den Anschein haben, daß dieses Verhalten mit den Lehren der Mathematik im Widerspruch steht; denn dort hat in der Regel ein bestimmtes Integral auch mehrerer Variabeln einen ganz bestimmten Wert und es ist dieser Wert gleich Null, wenn die beiden Grenzen gleich sind.

Der Unterschied ist darin begründet, daß in der Mathematik gewöhnlich **exakte** oder **vollständige** Differentiale behandelt werden, während beim Arbeitsdifferential $dL = p\,dV$ ein sogenanntes **inexaktes** oder **unvollständiges** Differential integriert wird; denn man müßte noch $V dp$ addieren, um ein vollständiges Differential der beiden Variabeln V und p, nämlich $d(V.p)$ zu erhalten.

Es läßt sich leicht allgemein die Bedingung finden, unter welcher ein Ausdruck, der Funktionen und Differentiale zweier Variabler x und y enthält, ein exaktes Differential ist. Wäre das dann ermittelte Integral $z = f(x, y)$, so ist das exakte Differential

$$dz = \frac{\partial f}{\partial x} dx + \frac{\partial f}{\partial y} dy = X dx + Y dy\,,$$

wo X und Y Funktionen von x und y sind und somit

$$\frac{\partial}{\partial x}\left(\frac{\partial f}{\partial y}\right) = \frac{\partial}{\partial y}\left(\frac{\partial f}{\partial x}\right) = \frac{\partial^2 f}{\partial x \partial y} \quad \text{oder} \quad \frac{\partial Y}{\partial x} - \frac{\partial X}{\partial y} = 0\,.$$

Die Reihenfolge in der nach beiden Variablen differentiiert wird, ist hier bekanntlich gleichgültig. Für ein exaktes Differential zweier Variabler $dz = X dx + Y dy$ verschwindet also jedenfalls die **Diskriminante** $\frac{\partial Y}{\partial x} - \frac{\partial X}{\partial y}$. Das ist eine notwendige aber auch hinreichende Bedingung; denn es läßt sich leicht umgekehrt zeigen, daß wenn $\frac{\partial Y}{\partial x} - \frac{\partial X}{\partial y} = 0$ ist, der Ausdruck $X dx + Y dy$ das exakte Differential einer Funktion $z = f(x, y)$ darstellt.

Es folgt nämlich daraus zunächst

$$Y = \int \frac{\partial X}{\partial y} dx + K'(y)\,,$$

wo die Integrationskonstante K' noch eine beliebige Funktion von y sein kann; denn welches immer diese Funktion sein mag, so erhält man nach rückwärts wieder $\frac{\partial Y}{\partial x} = \frac{\partial X}{\partial y}$. Setzen wir jetzt

$$K'(y) = \frac{dK(y)}{dy}\,, \quad \text{d. h.} \quad K(y) = \int K'(y) dy\,,$$

so ist auch

$$Y = \frac{\partial}{\partial y}\left[\int X dx + K(y)\right]$$

oder wenn wir $\int X dx + K(y) = f(x, y)$ schreiben

$$X = \frac{\partial f(x, y)}{\partial x} \quad \text{und} \quad Y = \frac{\partial f(x, y)}{\partial y}\,,$$

also $dz = X dx + Y dy$ das exakte Differential einer Funktion $f(x, y)$.

So sind

$$dz = y^2 dx + 2xy\,dy$$

oder

$$dz = (2ax + by + c)dx + (bx + 2ey + f)dy$$

exakte Differentiale und ihre Integrale ohne weiteres berechenbar, nämlich:

$$z = xy^2 + \text{const.}$$

und

$$z = ax^2 + bxy + cx + ey^2 + fy + \text{const.}$$

Die Diskriminante verschwindet in beiden Fällen. Integriert man zwischen bestimmten Grenzen, so ist der erhaltene Wert ein ganz bestimmter und im besonderen ganz unabhängig davon, ob zwischen y und x noch irgendein Zusammenhang besteht, und sind die Grenzen gleich, so ergibt die Integration den Wert 0.

Viel häufiger wird aber natürlich $\frac{\partial Y}{\partial x} - \frac{\partial X}{\partial y} \neq 0$ sein. Dann ist dz ein nicht exaktes Differential und allgemein überhaupt nicht integrierbar. Das wird es erst, wenn noch zwischen den Variabeln x und y eine Abhängigkeit $\varphi(x, y) = 0$ vorgegeben ist, wenn, wie man sagt, der **Weg** bestimmt ist, auf dem die Integration vorgenommen werden soll. In der Tat kann man dann eine der Variabeln und ihr Differential eliminieren, etwa y und dy und erhält ein Differential mit nur einer Variabeln, das sich unter allen Umständen eindeutig integrieren läßt. Ist das Integral des so auf eine Variable zurückgeführten Differentials $F(x) + \text{const}$, so geben die Gleichungen

$$z = F(x) + \text{const},$$

$$\varphi(x, y) = 0$$

eine Lösung, deren es natürlich unendlich viele gibt, da die Bedingung $\varphi(x, y) = 0$, welche die Anweisung zur Ausführung der Integration liefert, vollkommen willkürlich ist. Soll die Integration zwischen bestimmten Grenzen (x_1, y_1 und x_2, y_2) ausgeführt werden, so ist es nur nötig, daß diese Bedingung mit den Grenzen verträglich ist, d. h. daß für $x = x_1$, $y = y_1$ und für $x = x_2$, $y = y_2$ wird. Es muß die die Gleichung $\varphi(x, y) = 0$ darstellende Kurve durch die Grenzpunkte x_1, y_1 und x_2, y_2 hindurchgehen. Solche Kurven gibt es aber unendlich viele und für jede hat das bestimmte Integral einen anderen Wert. Diese Abhängigkeit des bestimmten Integrals vom Weg hat dann zur Folge, daß das Integral über eine geschlossene Kurve genommen einen im Allgemeinen von Null verschiedenen positiven oder negativen Wert besitzt.

Behandeln wir als Beispiel das Arbeitsdifferential $dz = p\,dV = y\,dx$. Es ist nicht exakt; $dz = y\,dx + x\,dy$ wäre exakt. Das allgemeine Integral des letzteren Ausdruckes lautet $z = xy + \text{const}$ und das bestimmte Integral $\int_{x_1 y_1}^{x_2 y_2} dz = x_2 y_2 - x_1 y_1$ ist durch die gestrichelte Fläche gegeben. Es setzt sich zusammen aus der Summe $\int_{x_1}^{x_2} y\,dx + \int_{y_1}^{y_2} x\,dy = I_1 + I_2$. Jedes der beiden Integrale ist für sich nicht ausführbar, weil die Integranden nicht exakte Differentialausdrücke sind. Ziehen wir aber eine Kurve von der sonst beliebigen Gleichung $\varphi(x, y) = 0$ so, daß sie durch A und B geht, d. h. daß für $x = x_1$, $y = y_1$ und für $x = x_2$, $y = y_2$ wird, so ist hierdurch die Anweisung zur Ausführung der Integrale gegeben. Es ist dann I_1 gleich der oben von der Kurve begrenzten Fläche $A'ABB'$ und I_2 ebenso gleich der Fläche $A''ABB''$. Während der Wert von I_1 oder I_2 von der Kurve $\varphi(x, y) = 0$ abhängt, wie man ohne weiteres sieht, und erst bestimmt ist, wenn wir für die Integration einen bestimmten Weg vorschreiben, ist die Summe $I_1 + I_2$, also der Wert des zwischen bestimmten Grenzen integrierten exakten Differentials von diesem Weg, also von einer zwischen y und x noch etwa vorgegebenen Bedingung unabhängig.

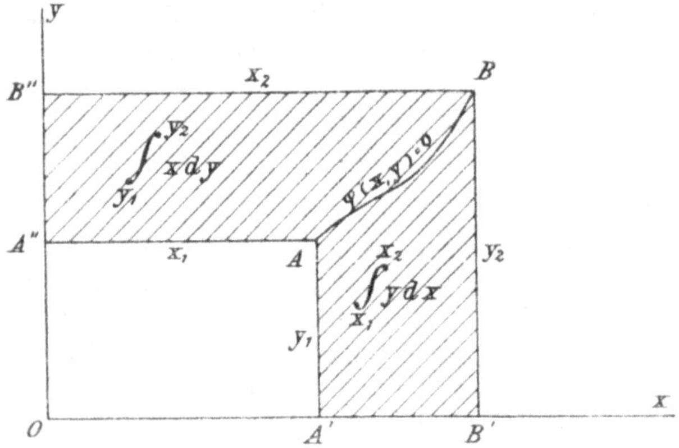

Fig. 31.

Mit Rücksicht auf das später anläßlich des zweiten Hauptsatzes zu besprechende Verhalten des Wärmedifferentials dQ ist schließlich noch folgendes zu bemerken: es gibt, wie in der Mathematik bewiesen wird, für ein jedes nicht exakte Differential Funktionen von x und y oder einer der beiden Variabeln allein, die mit dem Differential multipliziert, es zu einem exakten machen. So ist $dz = -y\,dx + x\,dy$ ein nicht exaktes, hingegen $-\frac{y\,dx}{x^2} + \frac{dy}{x} = d\left(\frac{y}{x} + \text{const}\right)$ ein exaktes Differential. Man nennt $\frac{1}{x^2}$ einen **integrierenden Faktor** oder x^2 einen **integrierenden Divisor** dieses nicht exakten Differentials. Ebenso wird das nicht exakte Differential $dz = ay\,dx + bx\,dy$ durch Division mit xy exakt, nämlich zum Differential des Ausdruckes $a \ln x + b \ln y +$ const. Ein integrierender Divisor wäre hier xy.

Man pflegt mitunter die exakten und nicht exakten Differentiale auch äußerlich zu unterscheiden, indem man jene wie gewöhnlich bezeichnet, für diese hingegen ein anderes Diminutivzeichen anwendet. Es kommt aber außer dem Arbeitsdifferential dL nur noch das, wie wir gleich zeigen werden, ebenfalls nicht exakte Wärmedifferential dQ in Betracht, so daß es genügt sich ein für allemal einzuprägen, daß diese beiden Differentiale nicht exakt, also **L und Q keine bestimmten Funktionen der Zustandsvariabeln** sind. Es kann dann, hoffentlich ohne Gefahr für das weitere Verständnis, eine eigene Bezeichnung, die doch immer etwas schleppendes hat, entbehrt werden. Was aber die partielle Differentiation eines nicht exakten Differentials $dz = X dx + Y dy$ nach x oder y anlangt, so wollen wir dafür doch nicht einfach $\frac{\partial z}{\partial x}$ oder $\frac{\partial z}{\partial y}$ schreiben, da dieses Zeichen in der Mathematik immer bedeutet, daß an einer bestimmten Funktion $z = f(x, y)$ die Differentiation nach der einen Variabeln ausgeführt werden soll. Beim nicht exakten Differential existiert eine solche Funktion gar nicht. Trotzdem hat auch hier das Verhältnis $\frac{dz}{dx}$ bei konstant gehaltenem y einen ganz bestimmten Wert; denn bleibt y konstant und wächst x um dx, so wächst z um $X dx$, d. h. es ist $\frac{dz}{dx} = X$ und ebenso $\frac{dz}{dy} = Y$. Das sind ganz bestimmte Funktionen von x und y. Wir werden dafür $\left(\frac{dz}{dx}\right)_y$ und $\left(\frac{dz}{dy}\right)_x$ schreiben, wenden also totale Differentialzeichen an unter gleichzeitiger Bezeichnung der bei Bildung dieser Quotienten aus dem Ausdruck für dz festgehaltenen zweiten Variablen, um schon äußerlich anzudeuten, daß hierbei z selbst nicht als bestimmte Funktion der beiden Variablen aufzufassen ist. Wir schreiben also wohl $\left(\frac{\partial v}{\partial T}\right)_p$, da v aus der Zustandsgleichung als bestimmte Funktion von p und T ausgedrückt werden kann, hingegen $c_p = \left(\frac{dq}{dT}\right)_p$, da q keine bestimmte Funktion von p und T ist.

Für das nicht exakte Differential gilt auch nicht mehr der Satz, daß es für das Ergebnis gleich ist, in welcher Reihenfolge Differentiationen nach verschiedenen Variablen ausgeführt werden. Bilden wir $\frac{\partial}{\partial y}\left(\frac{dz}{dx}\right)_y$ bei festgehaltenem x, so ist das gleich $\frac{\partial X}{\partial y}$, bilden wir hingegen $\frac{\partial}{\partial x}\left(\frac{dz}{dy}\right)_x$ bei festgehaltenem y, so ist das gleich $\frac{\partial Y}{\partial x}$. Das sind aber verschiedene Ausdrücke, weil beim nicht exakten Differential die Diskriminante von Null verschieden ist.

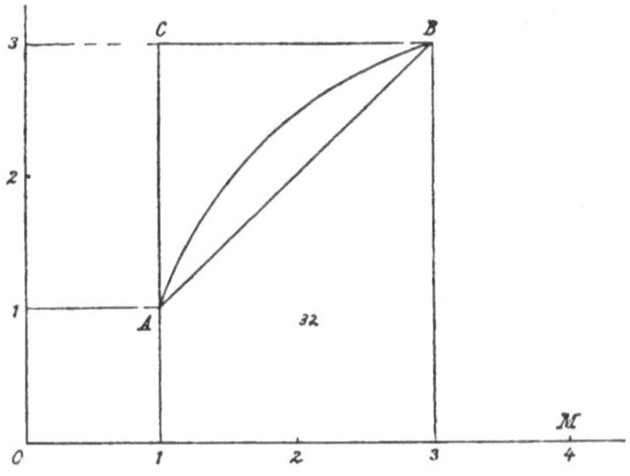

Fig. 32.

Es werde noch ein zweites Beispiel gegeben:

Der schon erwähnte Ausdruck $dz = y^2 dx + 2xy\,dy$ ist ein exaktes Differential; denn es ist $\frac{\partial (y^2)}{\partial y} = \frac{\partial (2xy)}{\partial x} = 2y$. Bilden wir $\int dz = xy^2$ zwischen den Grenzen $x_1 = y_1 = 1$ und $x_2 = y_2 = 3$, so erhalten wir $27 - 1 = 26$. Das Ergebnis bleibt dasselbe, wenn wir irgendeine mit den Grenzbedingungen verträgliche Abhängigkeit zwischen y und x einführen. Wir wählen:

1. $y = x$, d. h. die die Grenzpunkte A und B verbindende Gerade. Dann ist $dz = 3x^2 dx$ und $\int\limits_A^B dz = |x^3|_1^3 = 26$.

2. den durch A und B gehenden Kreis, dessen Mittelpunkt bei $M(x = 4)$ liegt, also: $(x - 4)^2 + y^2 = 10$ und somit $y^2 = -x^2 + 8x - 6$ und $2y\,dy = -2x\,dx + 8\,dx$. Dann ist

$$\int\limits_A^B dz = \int\limits_1^3 (-3x^2 + 16x - 6)\,dx = \left| -x^3 + 8x^2 - 6x \right|_1^3 = 26\,.$$

3. Wir gehen von A nach B längs der beiden Strecken AC und CB. Längs AC ist $x = 1$ und $dx = 0$, während y von 1 auf 3 wächst. Also $\int\limits_A^C dz = \int\limits_1^3 2y\,dy = |y^2|_1^3 = 8$. Längs CB ist $y = 3$, $dy = 0$, während x von 1 auf 3 wächst. Also $\int\limits_C^B dz = \int\limits_1^3 9\,dx = |9x|_1^3 = 18$. Somit wieder

$$\int\limits_A^B dz = \int\limits_A^C dz + \int\limits_C^B dz = 8 + 18 = 26.$$

Hingegen ist $dz = y^2 dx + xy\,dy$ ein nicht exaktes Differential, da $\frac{\partial (y^2)}{\partial y} - \frac{\partial (xy)}{\partial x} = y \neq 0$ ist. Führen wir die Integration zwischen denselben Grenzen und auf denselben drei Wegen aus, wie früher, so ergibt sich jetzt:

1. für $y = x$:

$$\int\limits_A^B dz = \int\limits_1^3 2x^2\,dx = \left| {}^2/_3\, x^3 \right|_1^3 = {}^{52}/_3\,.$$

2. für $(x - 4)^2 + y^2 = 10$:

$$\int\limits_A^B dz = \int\limits_1^3 (-2x^2 + 12x - 6)\,dx = \left| -{}^2/_3\, x^3 + 6x^2 - 6x \right|_1^3 = {}^{56}/_3\,.$$

3. $\int\limits_A^C dz = \int\limits_1^3 y\,dy = \left|\frac{y^2}{2}\right|_1^3 = 4\,; \qquad \int\limits_C^B dz = \int\limits_1^3 9\,dx = |9x|_1^3 = 18\,;$

$$\int\limits_A^B dz = 4 + 18 = 22$$

§ 33. Die Differentiale der Wärmelehre.

Auf Grund der Auffassung, daß die Wärme eine Erscheinungsform der Energie ist, müssen wir jedem Körper einen bestimmten Energieinhalt, eine bestimmte innere Energie U zuschreiben. Im besonderen verstehen wir unter der spezifischen Energie u eines überall gleich temperierten, homogenen Körpers, die in der Mengeneinheit vorhandene innere Energie.

Es ist in der allgemeinen Wärmelehre ganz und gar nicht nötig, sich eine bestimmte Vorstellung darüber zu bilden, in welcher Weise diese Energie im Innern des Körpers enthalten ist. Doch haben andere physikalische Untersuchungen, vor allem die Anwendung der Atomistik auf die Gase, dann das Studium der Wärme- und optischen Strahlung (Spektralanalyse) und endlich das der elektrischen Strahlenarten und der Erscheinungen der Radioaktivität bereits einen gewissen Einblick in den Aufbau der Materie ermöglicht, so daß man mit dem Begriff der inneren Energie schon recht bestimmte Vorstellungen verbindet.

Hiernach sind die Molekeln, aus denen die Körper zusammengesetzt sind, in lebhafter Bewegung; im festen Körper in Pendelschwingungen um eine Ruhelage, in Gasen in geradliniger Bewegung, die nur immer wieder durch die Zusammenstöße der Molekeln untereinander in ihrer Richtung geändert wird. Eine bestimmte Molekel verändert bei diesen Schwingungen oder durch diese Kollisionen fortwährend ihre Geschwindigkeit. Im Mittel über viele Molekeln oder im längeren Zeitmittel über eine einzelne hat sie aber einen ganz bestimmten Wert, also auch jede Molekel im Mittel eine bestimmte kinetische Energie. Diesen Mittelwert der kinetischen Energie haben wir als der Temperatur und zwar der absoluten Temperatur proportional anzunehmen. Im elementaren einatomigen Stoff tritt das Atom an die Stelle der Molekel.

Aber diese kinetische Energie der Molekelbewegung macht bei weitem nicht den gesamten Energieinhalt des Körpers aus. Zunächst ist zu bedenken, daß zumal in festen Körpern und Flüssigkeiten, spurenweise auch in den Gasen, die Molekeln durch Kohäsionskräfte wie durch Federn aneinander gebunden sind. Um den Körper vom Nullpunktsvolumen, d. h. vom Volumen, das er in nächster Nähe des absoluten Nullpunkts hätte, auf das größere Volumen zu bringen, das er bei höherer Temperatur hat, mußten diese Kohäsionskräfte überwunden, mußte also in ihm potentielle Energie aufgespeichert werden, die zunächst zur kinetischen der Molekelbewegung zu addieren ist. Besonders groß wird diese Aufspeicherung von potentieller Energie bei Aggregatsänderungen, wo ein großer Teil der Umwandlungswärme zur Überwindung der Kohäsionskräfte verbraucht wird, während die kinetische Energie der Molekelbewegung hierbei ungeändert bleibt.

Doch weder Molekel noch Atom sind die letzten Bausteine der Materie.

Die Molekel ist zunächst aus Atomen bestehend zu denken und so wie die Molekeln im festen Körper schwingen, müssen wir auch annehmen, daß die Atome innerhalb der Molekel Schwingungen ausführen und hierbei durch innere Kräfte (chemische Affinität) zusammengehalten werden, so daß auch hier wieder eine kinetische und eine potentielle Komponente der Energie vorhanden ist. Endlich ist aber auch noch das Atom zweifellos ein zusammengesetztes Gebilde. Radioaktivität und Spektralanalyse haben die Vorstellung entwickelt, daß es aus elektrisch negativen Ladungen besteht, die um den positiv geladenen Atomkern nach den Gesetzen der Planetenbewegungen kreisen.

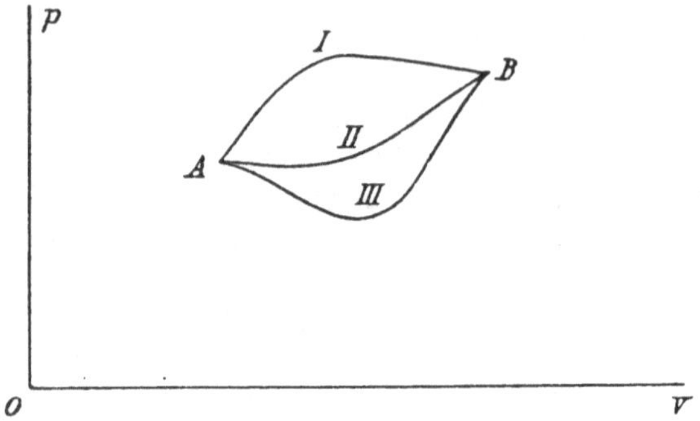

Fig. 33.

Die Gesamtheit aller dieser kinetischen und potentiellen Energien ist die innere Energie des Körpers. Ist hierbei auch der Energieinhalt einer einzelnen Molekel oder eines Atoms großen Schwankungen unterworfen, so ist doch der Mittelwert über eine genügend große Zahl ein ganz bestimmter, also auch der Energieinhalt des Körpers, wenn wir von Teilchen mikroskopischer Größe absehen[1], ein bestimmt gegebener, der nur vom Zustand des Körpers abhängt. Es ist somit U oder u eine bestimmte Funktion der Zustandsvariabeln. Denken wir uns eine von ihnen mittels der Zustandsgleichung eliminiert, so ist u Funktion von v und T, oder von p und T, oder von v und p. Bilden wir das Differential dieser Funktion, so führt dessen Integration auf die Funktion zurück, d. h. es ist das Differential der inneren Energie ein exaktes Differential. Hat die innere Energie der

[1] Die scheinbar regellosen Bewegungen (Brownsche Bewegung), welche kleine feste Körperchen zeigen, die in einer Flüssigkeit schweben, z. B. Gummiguttkörner in Wasser, beweisen, daß obwohl die Flüssigkeit im großen sich überall im gleichen Zustand befindet, zwischen den das suspendierte Körperchen unmittelbar umgebenden Raumelementen der Flüssigkeit sich beständig Druck-, Dichte-, Temperatur- und Energiedifferenzen bilden und ausgleichen. Es sind die hierbei entstehenden Strömungen mikroskopischer Größe und beständig wechselnder Richtung, die das Körperchen ergreifen und scheinbar regellos, in Wirklichkeit nach den Gesetzen der Statistik bewegen.

In der allgemeinen Wärmelehre hat man es aber nur mit makroskopischen Verhältnissen zu tun. Ebenso und mit der gleichen Berechtigung, wie wir bisher für einen bestimmten Zustand v, p und T als im ganzen Körper gleich voraussetzten, darf dies auch bezüglich der inneren Energie geschehen, solange wir eben nicht allzu kleine Teile des Körpers betrachten.

Natürlich ist die Brownsche Bewegung, wenn sie auch ohne äußere Ursache andauert, keineswegs im Widerspruch mit dem Prinzip von der Erhaltung der Energie oder dem I. Hauptsatz. Es muß jede Geschwindigkeitszunahme des bewegten Teilchens von einer Abkühlung, jede Geschwindigkeitsabnahme von einer entsprechenden Erwärmung benachbarter Flüssigkeitsteilchen begleitet sein, damit eben keine Energie verloren geht. Dagegen ist die Brownsche Bewegung mit der Fassung, welche der II. Hauptsatz für makroskopische Verhältnisse erfahren hat, nicht im Einklang, worauf noch hingewiesen werden wird (§ 60).

Mengeneinheit in A den Wert u_A, so ist ihr Wert in B, $u_B = u_A + \int_A^B du$ ein ganz bestimmter und es ist gleich ob wir bei Berechnung des bestimmten Integrals den Weg I, II oder III wählen. Jedem Punkt der vp-Fläche, also jedem bestimmten Zustand des Körpers, entspricht ein ganz bestimmter Wert der inneren Energie.

Die innere Energie verhält sich also ganz so, wie die thermischen Grundvariabeln v, p und T, die ebenfalls in jedem Punkt der Fläche einen bestimmten Wert besitzen und deren Differentiale

$$dv = \frac{\partial v}{\partial p} dp + \frac{\partial v}{\partial T} dT$$

$$dp = \frac{\partial p}{\partial v} dv + \frac{\partial p}{\partial T} dT$$

$$dT = \frac{\partial T}{\partial v} dv + \frac{\partial T}{\partial p} dp$$

ebenfalls exakt sind; die Integration dieser Ausdrücke liefert die Zustandsgleichung. Der einzige Unterschied besteht darin, daß v, p und T der absoluten Messung zugänglich sind, während wir anderseits nur Energiedifferenzen messen oder berechnen können, so daß der Wert für die Energie eines Stoffes noch eine unbestimmte Konstante enthält. Sie würde verschwinden, wenn wir die Energie für irgendeinen bestimmten Zustand, z. B. beim absoluten Nullpunkt (die sogenannte Nullpunktsenergie) ihrem absoluten Betrage nach kennen würden. Für die meisten Berechnungen handelt es sich aber nur um Energiedifferenzen und da genügt es, wenn man die Energie in irgendeinem Normalzustand des Stoffes, z. B. bei 0° C unter dem Druck einer Atmosphäre willkürlich gleich Null setzt, d. h. die Energien von der Energie in diesem Zustand als Nullpunkt zählt.

Ganz anders wie v, p, T und u verhalten sich aber Arbeit und Wärmemenge. Fragen wir nach der Arbeit die geleistet wird oder nach der Wärmemenge, die zuzuführen ist, wenn der Körper, und zwar wieder etwa die Mengeneinheit, vom Zustand A in den Zustand B gelangen soll, so ist die Antwort auf diese Frage nicht zu geben, solange nicht der Weg vorgezeichnet wird, auf dem die Überführung stattfinden soll und sie ist für jeden Weg eine andere. Daß das Arbeitsdifferential ein nicht exaktes ist, wurde bereits eingehend besprochen; für das Wärmedifferential muß das Gleiche erst bewiesen werden.

Zu diesem Zwecke denken wir uns der Mengeneinheit eines homogenen Körpers eine kleine Wärmemenge dq zugeführt und fragen nach den Wirkungen. Es wird hierdurch erstens die innere Energie einen gewissen Zuwachs du erfahren, was durch die in der Regel eintretende Temperatursteigerung am auffälligsten wird und es wird zweitens infolge der eintretenden Volumsänderung eine gewisse Arbeit geleistet, die, da sie von der Mengeneinheit geleistet wird, mit dl bezeichnet werden soll. Geschieht weiter nichts, so ist nach dem I. Hauptsatz allgemein:

$$dq = du + A\,dl.$$

Setzt man voraus, daß im Innern des Körpers hydrostatisches Druckgleichgewicht herrscht, oder mindestens die senkrecht zur Oberfläche wirkende Druckkomponente überall die gleiche ist, so läßt sich $dl = p\,dv$ schreiben und es wird:

$$dq = du + Ap\,dv.$$

Das Arbeitsdifferential multiplizieren wir hierbei mit A, d. h. wir denken uns die Arbeit durch Division mit dem Wärmeäquivalent auf Kalorien umgerechnet. Nötig ist das natürlich nicht. Man könnte sich auch statt dessen ein für allemal Wärmemenge und innere Energie im Arbeitsmaß gemessen denken; es fällt dann der Umrechnungsfaktor weg. Da man aber doch noch gewohnt und es im größeren Teil der einschlägigen Literatur üblich ist, Wärme und Energiegehalt in Kalorien auszudrücken, soll die an sich entbehrliche Umrechnungskonstante A im folgenden durchaus beibehalten werden.

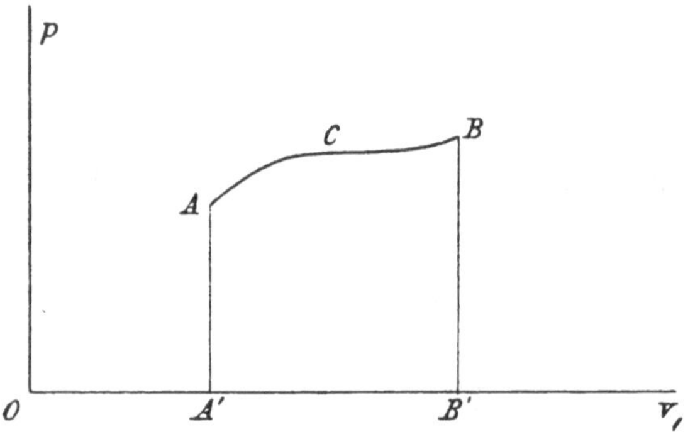

Fig. 34.

Wenden wir die letzte Gleichung auf einen offenen Prozeß ACB an, so ergibt die Integration für die hierbei zuzuführende Wärmemenge

$$q = \int_A^B dq = u_B - u_A + A\int_A^B p\,dv.$$

Das heißt zunächst wieder nichts anderes, als daß die zugeführte Wärme teils zur Änderung der inneren Energie, nämlich von u_A auf u_B, teils zur Leistung von Arbeit verwendet wird. Während $u_B - u_A$ ein ganz bestimmter Betrag ist, der nur vom Anfangs- und Endzustand abhängt, ist die durch die Fläche $A'ABB'$ gegebene Arbeit auch noch vom Weg, d. h. von der Form der Begrenzungskurve C abhängig. Dann hängt aber auch die Summe, d. h. die bei Änderung des Zustandes von A nach B zuzuführende Wärmemenge vom Weg ab und es ist dq ein nicht exaktes Differential, q selbst keine bestimmte Funktion der Zustandsveränderlichen.

Natürlich ist im offenen Prozeß im allgemeinen q keineswegs der vom Körper geleisteten Arbeit proportional, da eben nur ein Teil der

Wärme in Arbeit verwandelt wird. Nur in dem besonderen Fall, den wir später gelegentlich vorfinden werden, daß $u_B = u_A$ ist, daß also A und B auf einer Linie gleicher innerer Energie (Isodyname) liegen, wird $q = A\int_A^B p\,dv = Al$. Immer ist jedoch diese einfache Proportionalität für einen geschlossenen Prozeß, für einen Kreisprozeß erfüllt, wenn wir unter q die Differenz der hierbei im Ganzen zu- und abgeführten Wärmemengen und unter l die Differenz zwischen der vom Körper geleisteten und der am Körper geleisteten Arbeit verstehen, wie sie durch die umrandete Fläche gegeben ist; denn hier ist die Energie am Anfang und am Ende die gleiche. Die umrandete Fläche ist ein Maß des Arbeitsüberschusses, wie er im umkehrbaren Kreisprozeß auch tatsächlich gewonnen werden kann und zugleich der verbrauchten Wärmemenge proportional.

Ist der Weg eine Isochore, so ist dv also auch dl gleich Null und $dq = du$. Hier wird die Wärme nur zur Änderung der inneren Energie verwendet. Es ist dann auch

$$c_v = \left(\frac{dq}{dT}\right)_v = \left(\frac{\partial u}{\partial T}\right)_v, \tag{5}$$

oder in Worten ausgedrückt, es ist die sp. W. eines jeden Stoffes, bei konstantem Volumen genommen, gleich der Zunahme, welche die innere Energie auf der Isochore pro Grad erfährt. Hierdurch erscheint c_v vor jeder anderen sp. W. ausgezeichnet und die Bestimmung dieser Größe in ihrer Abhängigkeit von Temperatur und Druck als das geeignetste Mittel zur Bestimmung der inneren Energie als Funktion der Zustandsvariabeln. Wenn z. B. Nernst findet, daß c_v sich für alle festen Körper bei Annäherung an den absoluten Nullpunkt asymptotisch der Null nähert, so folgt daraus, daß dort u einen konstanten Wert annimmt. Dieser konstante Wert könnte auch Null sein. Es wäre das in Übereinstimmung mit der älteren atomistischen Vorstellung, die im Atom den kleinsten Baustein der Materie erblickte und annahm, daß beim absoluten Nullpunkt die Atome bewegungslos aneinander liegen. Es gibt aber Erscheinungen, wie die des radioaktiven Zerfalls und des Diamagnetismus, die als Bewegungsvorgänge innerhalb des Atoms aufgefaßt werden und sich durch eine, soweit die Beobachtungen reichen, vollkommene Unabhängigkeit von der Temperatur auszeichnen. Dieses Verhalten und gewisse theoretische Erwägungen lassen es doch als wahrscheinlich erscheinen, daß die Nullpunktsenergie der verschiedenen Stoffe bestimmte endliche Werte besitzt, die auch noch von der Aggregation abhängen können, in der sich der Stoff beim absoluten Nullpunkt befindet.

Zweiter Abschnitt.

Die Hauptsätze und ihre Anwendung auf homogene Körper und auf die Wärmestrahlung.

Siebentes Kapitel.

Verschiedene Ausdrücke des I. Hauptsatzes für homogene Körper und Anwendung auf ideale Gase.

§ 34. Gleichungen für den I. Hauptsatz.

Die eben entwickelten Gleichungen

$$\left.\begin{aligned} dq &= du + A\,dl \\ \text{und}\qquad dq &= du + A\,p\,dv \end{aligned}\right\} \qquad \text{(I)}$$

sind Ausdrücke für den I. Hauptsatz. Es sei hierbei nur nochmals daran erinnert, daß die zweite Fassung bereits hydrostatischen Gleichgewichtsdruck oder mindestens überall gleichen Oberflächendruck voraussetzt. Ebenso werde nochmals bemerkt, daß wir den Zustand durch v, p und T allein bestimmt auffassen. Es kann vorkommen, daß dies nicht genügt, daß im betrachteten Problem auch elastische Parameter, elektrische Ladung, Magnetisierung, Kapillarität u. dgl. eine Rolle spielen. Dann enthalten Zustandsgleichung und Energie mehr als drei Variable und die im folgenden entwickelte Theorie wäre auf mehr Variable zu erweitern, was auch ohne prinzipielle Schwierigkeit in voller Allgemeinheit geschehen kann.

Endlich werde zunächst auch noch vorausgesetzt, daß es sich um einen homogenen Körper handelt, indem wir die Anwendung der Gleichung I auf den Fall, daß ein Teil des Körpers sich in einem anderen Aggregatzustand befindet als der Rest oder daß gar mehr als zwei Aggregatsformen nebeneinander bestehen, der gesonderten Untersuchung im dritten Abschnitt vorbehalten.

Denken wir uns dann in Gleichung (I) eine der drei Variabeln aus der Zustandsgleichung durch die beiden anderen ausgedrückt, so können wir diese Gleichung in drei Formen schreiben, je nachdem wir T und v, T und p oder p und v als die unabhängigen Veränderlichen beibehalten. Es ist für

T und v: $\quad dq = \left(\frac{\partial u}{\partial T}\right)_v dT + \left(\frac{\partial u}{\partial v}\right)_T dv + Ap\,dv = c_v\,dT + \left[\left(\frac{\partial u}{\partial v}\right)_T + Ap\right] dv.$

T und p: $\quad dq = \left(\frac{\partial u}{\partial T}\right)_p dT + \left(\frac{\partial u}{\partial p}\right)_T dp + Ap\left(\frac{\partial v}{\partial T}\right)_p dT + Ap\left(\frac{\partial v}{\partial p}\right)_T dp =$

$$\left[\left(\frac{\partial u}{\partial T}\right)_p + Ap\left(\frac{\partial v}{\partial T}\right)_p\right] dT + \left[\left(\frac{\partial u}{\partial p}\right)_T + Ap\left(\frac{\partial v}{\partial p}\right)_T\right] dp,$$

oder da

$$c_p = \left(\frac{dq}{dT}\right)_p = \left(\frac{\partial u}{\partial T}\right)_p + Ap\left(\frac{\partial v}{\partial T}\right)_p \quad \text{ist},$$

$$dq = c_p\,dT + \left[\left(\frac{\partial u}{\partial p}\right)_T + Ap\left(\frac{\partial v}{\partial p}\right)_T\right] dp.$$

p und v:

$$dq = \left(\frac{\partial u}{\partial p}\right)_v dp + \left(\frac{\partial u}{\partial v}\right)_p dv + Ap\,dv = \left(\frac{\partial u}{\partial p}\right)_v dp + \left[\left(\frac{\partial u}{\partial v}\right)_p + Ap\right] dv.$$

Wir schreiben

$$\left.\begin{aligned} \left(\frac{\partial u}{\partial v}\right)_T + Ap &= M; & \left(\frac{\partial u}{\partial p}\right)_T + Ap\left(\frac{\partial v}{\partial p}\right)_T &= N \\ \left(\frac{\partial u}{\partial p}\right)_v &= X; & \left(\frac{\partial u}{\partial v}\right)_p + Ap &= Y \end{aligned}\right\} \qquad (6)$$

und nennen die Ausdrücke M, N, X und Y die **thermodynamischen Koeffizienten** des betreffenden Stoffes. Hierbei sind M als Funktion von T und v, N als Funktion von T und p, X und Y als Funktionen von p und v aufzufassen. Dann wird

$$dq = c_v\,dT + M\,dv \qquad \text{(Ia)}$$

$$dq = c_p\,dT + N\,dp \qquad \text{(Ib)}$$

$$dq = X\,dp + Y\,dv. \qquad \text{(Ic)}$$

Die physikalische Bedeutung dieser thermodynamischen Koeffizienten erhellt aus der Bemerkung, daß

$$M = \left(\frac{dq}{dv}\right)_T, \qquad N = \left(\frac{dq}{dp}\right)_T, \qquad X = \left(\frac{dq}{dp}\right)_v \quad \text{und} \quad Y = \left(\frac{dq}{dv}\right)_p$$

ist. Es sind also M und N die Wärmebeträge, die dem betreffenden Stoff auf der Isotherme zuzuführen sind, um das Volumen, bzw. den Druck um die Einheit zu vergrößern. Ähnlich ist X der Wärmebetrag, der auf der Isochore eine Drucksteigerung um die Einheit des Drucks, und Y der Wärmebetrag, der auf der Isobare eine Volumsvergrößerung um die Einheit des Volumens hervorruft.

Wir wollen nun zunächst zeigen, daß die thermodynamischen Koeffizienten durch die Größen c_p und c_v und durch die thermischen Koeffizienten des Körpers ausgedrückt werden können. Zunächst ist

$$c_v = \left(\frac{dq}{dT}\right)_v = \left(\frac{dq}{dp}\right)_v \left(\frac{\partial p}{\partial T}\right)_v = X\left(\frac{\partial p}{\partial T}\right)_v$$

und $$c_p = \left(\frac{dq}{dT}\right)_p = \left(\frac{dq}{dv}\right)_p \left(\frac{\partial v}{\partial T}\right)_p = Y\left(\frac{\partial v}{\partial T}\right)_p.$$

Weiters

$$dq = c_v\,dT + M\,dv = c_v\,dT + M\left(\frac{\partial v}{\partial T}\right)_p dT + M\left(\frac{\partial v}{\partial p}\right)_T dp = c_p\,dT + N\,dp$$

und somit

$$\left.\begin{aligned} c_p &= c_v + M\left(\frac{\partial v}{\partial T}\right)_p \\ N &= M\left(\frac{\partial v}{\partial p}\right)_T . \end{aligned}\right\} \tag{7}$$

Daraus folgt:

$$\left.\begin{aligned} M &= (c_p - c_v)\left(\frac{\partial T}{\partial v}\right)_p, & N &= (c_v - c_p)\left(\frac{\partial T}{\partial p}\right)_v^{1} \\ X &= c_v\left(\frac{\partial T}{\partial p}\right)_v, & Y &= c_p\left(\frac{\partial T}{\partial v}\right)_p \end{aligned}\right\} \tag{8}$$

wobei die Beziehungen $\left(\frac{\partial p}{\partial T}\right)_v = \sigma = \frac{\alpha}{\varepsilon}$ und $\left(\frac{\partial v}{\partial T}\right)_p = v_0\,\alpha$ den Zusammenhang geben zwischen diesen thermischen Koeffizienten und den durch den Versuch bestimmten Ausdehnungs- und Kompressibilitätskoeffizienten des betreffenden Stoffes.

Setzt man diese Werte in die Gleichungen I a b c ein, so ergibt sich

$$dq = c_v\,dT + (c_p - c_v)\left(\frac{\partial T}{\partial v}\right)_p dv \tag{I a'}$$

$$dq = c_p\,dT + (c_v - c_p)\left(\frac{\partial T}{\partial p}\right)_v dp \tag{I b'}$$

$$dq = c_v\left(\frac{\partial T}{\partial p}\right)_v dp + c_p\left(\frac{\partial T}{\partial v}\right)_p dv . \tag{I c'}$$

Ein zweites Gleichungssystem für den I. Hauptsatz erhält man aus der Bemerkung, daß während dq ein nicht exaktes Differential ist, $dq + Av\,dp$ oder $dq - Ap\,dv$ exakte Differentialausdrücke sind. In der Tat ist $dq + Av\,dp = du + Ap\,dv + Av\,dp = d(u + Apv)$ und $dq - Ap\,dv = du$, also der erste Ausdruck das exakte Differential von $u + Apv$, der zweite von u.

Es ist somit $c_v\,dT + M\,dv - Ap\,dv = c_v\,dT + (M - Ap)\,dv$ ein exaktes Differential einer Funktion von T und v, dessen Diskriminante verschwinden muß, d. h.

$$\frac{\partial}{\partial T}(M - Ap)_v - \left(\frac{\partial c_v}{\partial v}\right)_T = 0 \quad \text{oder} \quad \left(\frac{\partial M}{\partial T}\right)_v - \left(\frac{\partial c_v}{\partial v}\right)_T = A\left(\frac{\partial p}{\partial T}\right)_v . \tag{II a}$$

Weiter ist $c_p\,dT + N\,dp + Av\,dp = c_p\,dT + (N + Av)\,dp$ exakt, also:

$$\frac{\partial}{\partial T}(N + Av)_p - \left(\frac{\partial c_p}{\partial p}\right)_T = 0 \quad \text{oder} \quad \left(\frac{\partial N}{\partial T}\right)_p - \left(\frac{\partial c_p}{\partial p}\right)_T = -A\left(\frac{\partial v}{\partial T}\right)_p . \tag{II b}$$

---

[1] Da nach Gleichung (1): $\left(\frac{\partial T}{\partial v}\right)_p \left(\frac{\partial v}{\partial p}\right)_T = -\left(\frac{\partial T}{\partial p}\right)_v$.

Endlich ist $Xdp + Ydv - Ap\,dv = X\,dp + (Y - Ap)\,dv$ exakt und somit

$$\frac{\partial}{\partial p}(Y - Ap)_v - \left(\frac{\partial X}{\partial v}\right)_p = 0 \quad \text{oder} \quad \left(\frac{\partial Y}{\partial p}\right)_v - \left(\frac{\partial X}{\partial v}\right)_p = A. \qquad \text{(II c)}$$

Die Gleichungstripel (I) oder (II) liefern Ausdrücke für den I. Hauptsatz in den betreffenden Koordinaten.

§ 35. Gay-Lussacs Versuch.

Aus der Zustandsgleichung des idealen Gases $pv = RT$ folgt durch Differentiation

$$p\,dv + v\,dp = R\,dT$$

und somit

$$\left(\frac{\partial v}{\partial T}\right)_p = \frac{R}{p}, \quad \left(\frac{\partial v}{\partial p}\right)_T = -\frac{v}{p} \quad \text{und} \quad \left(\frac{\partial p}{\partial T}\right)_v = \frac{R}{v}. \qquad (9)$$

Durch Einsetzen dieser Werte für die thermischen Koeffizienten in die Gleichungen (II) ergeben sich alle Zusammenhänge, die nach dem I. Hauptsatz **allein** für die sp. W. c_p und c_v des idealen Gases bestehen.

Doch wollen wir hier schon eine weitere Folgerung aus der Gleichung $pv = RT$ vorwegnehmen, die zwar erst auf Grund des II. Hauptsatzes gezogen werden kann, deren für die schwer verflüssigbaren Gase genäherte Gültigkeit aber schon vorher auf dem Wege des Versuches nachgewiesen worden war. Sie möge daher auch hier zunächst nicht als zwingende Folgerung aus der Gasgleichung (vgl. § 63), sondern als Erfahrungstatsache eingeführt werden.

Der betreffende Versuch von Gay-Lussac (1809) zeigt nämlich, daß ein Gas bei Ausdehnung in ein leeres Gefäß seine Temperatur im ganzen nicht ändert.

Wir denken uns zunächst eine mit Luft gefüllte Glaskugel, die im Zentrum eines großen, luftleeren, etwa gleichfalls kugelförmigen Raumes plötzlich platzt. Die Luft wird sich dann radial mit einer Geschwindigkeit von der Größenordnung des Schalles ausbreiten und da hierbei von außen keine Wärme zugeführt wird, muß der zu dieser Beschleunigungsarbeit nötige Energiebetrag der Luft selbst entzogen werden. Die Beschleunigung erfolgt also auf Kosten der inneren Energie der Gasmasse; die Luft wird sich abkühlen. Dieser Vorgang ist soweit noch umkehrbar, als die von dem sich ausdehnenden Gas geleistete Arbeit[1] als kinetische Energie der bewegten Gasmasse zum Vorschein kommt.

Nicht umkehrbar ist hingegen der weitere Vorgang. Trifft nämlich jetzt die expandierende Luft gegen die Wand des Raums, so wird ihre

[1] Natürlich ist aber diese Arbeit nicht einfach als $\int p\,dv$ berechenbar, weil p zu einer bestimmten Zeit im Gas die verschiedensten Werte hat. Da nämlich die Ausdehnung mit Schallgeschwindigkeit erfolgt, herrscht im Innern des Gases durchaus nicht mehr hydrostatisches Gleichgewicht. Es sind Druck, Dichte und Temperatur zur selben Zeit an verschiedenen Stellen verschieden. Es ist dann wohl für ein einzelnes bestimmtes Element der Gasmasse die Zustandsänderung während der Ausdehnung in einer der Flächen, z. B. der vp-Fläche darstellbar, nicht mehr aber für die Gesamtheit des Gases.

kinetische Energie durch Stoß und innere Reibung zwischen den durcheinander wirbelnden Gasmassen rasch wieder vollständig verzehrt und wenn wir annehmen, daß an die Wand keine Wärme abgegeben wird, der inneren Energie der Luft wieder einverleibt.

Dieser zweite Teil des Vorgangs ist beendet, wenn die Luft in allen Teilen zur Ruhe gekommen ist. Dann sind aber noch Temperaturunterschiede vorhanden; in den mittleren Partien, denen im ersten Teil des Prozesses die Beschleunigungsarbeit hauptsächlich entnommen wurde, wird die Abkühlung überwiegen, in den der Wand benachbarten Schichten, wo im zweiten Teil diese Arbeit als Reibungswärme der Luft wieder zugeführt wurde, die Erwärmung. Doch werden sich nach einiger Zeit, während der wieder jeder Wärmeaustausch mit der Umgebung ausgeschlossen sein soll, diese Temperaturunterschiede im Gas ausgeglichen haben. Die Luft ist dann schließlich aus dem homogenen Anfangszustand A, in dem sie sich ursprünglich in der Glaskugel befand, in einen gleichfalls homogenen Endzustand B gelangt, in welchem sie gleichmäßig den ganzen Raum erfüllt.

Was nun Gay-Lussac bemerkt und uns zu einer bedeutsamen Folgerung führen wird, ist die Gleichheit der Temperatur in den Zuständen A und B.

Bemerken wir zunächst, daß während des ganzen Vorgangs der Luft weder Wärme zugeführt noch entzogen wurde und daß sie in der Summe auch Arbeit weder geleistet noch empfangen hat; denn Druck wurde keiner überwunden, da die Ausdehnung ins Vakuum erfolgt ist und die im ersten Teil des Prozesses geleistete Beschleunigungsarbeit hat die Luft im zweiten Teil wieder empfangen. Da nun aber nach dem Äquivalenzprinzip eine Änderung der inneren Energie eines Körpers notwendigerweise durch Zufuhr oder Abfuhr von Wärme oder Arbeit erzeugt werden muß, so folgt daraus, daß sich hier die innere Energie der Luft überhaupt nicht geändert hat, daß $U_B = U_A$ ist. Da die Luft in den Zuständen A und B homogen ist, ist ihr Zustand, also auch ihre innere Energie, durch Angabe zweier Variabeln festgelegt und sind U_B und U_A durch Angabe zweier Wertepaare von T und V oder von T und p bestimmt. Volumen und Druck sind in den beiden Zuständen ganz verschieden, die Temperatur erfahrungsgemäß gleich. Wenn die Energie trotzdem denselben Wert haben soll, so kann sie vom Volumen und Druck überhaupt nicht abhängen; denn $U = f(T, V)$ kann für ein bestimmtes T nur dann für verschiedenes V den gleichen Wert liefern, wenn die Funktion V gar nicht enthält. Soweit also die Temperatur vor und nach der Expansion in den luftleeren, geschlossenen Raum sich tatsächlich als gleich erweist, ist die innere Energie des betreffenden Gases eine reine Temperaturfunktion und unabhängig vom Volumen oder vom Druck.[1]

[1] Natürlich nicht von Volumen und Druck; denn T ist dem Produkt pV proportional.

Gay-Lussac selbst hat das Experiment in folgender Form wirklich ausgeführt. Die zwei großen Glaskugeln I und II von gleichem Rauminhalt lassen sich durch einen weitgebohrten Hahn trennen und verbinden. Jede Kugel enthält noch ein empfindliches Thermometer. I ist zunächst mit Luft von höherem Druck gefüllt, II ist ausgepumpt. Wird durch Drehen des Hahnes die Verbindung hergestellt, also die Expansion der Luft aus I in den luftleeren Raum II bewerkstelligt, so sinkt das Thermometer in I um ebensoviel, als das Thermometer in II steigt; die Temperatur der Luftmenge als Ganzes bleibt also ungeändert. Da der Vorgang sehr rasch abläuft und die Kugeln groß sind, kann angenommen werden, daß kein nennenswerter Wärmeaustausch mit den Glaswänden stattgefunden hat und da der Hahn weit gebohrt ist, ist die dort erzeugte Reibungswärme, die zum Teil an den Hahn abgegeben wird, gering.

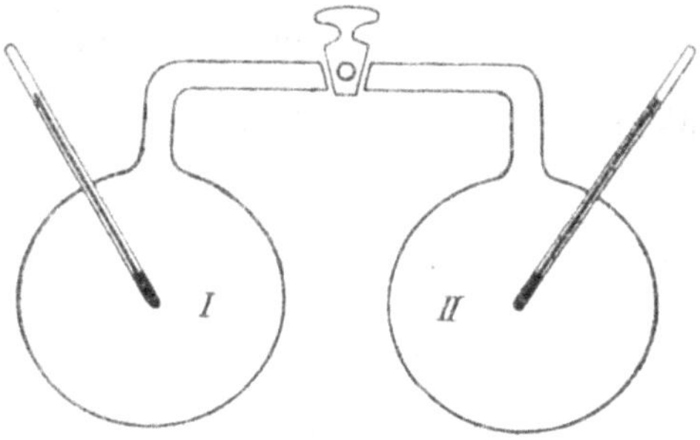

Fig. 35.

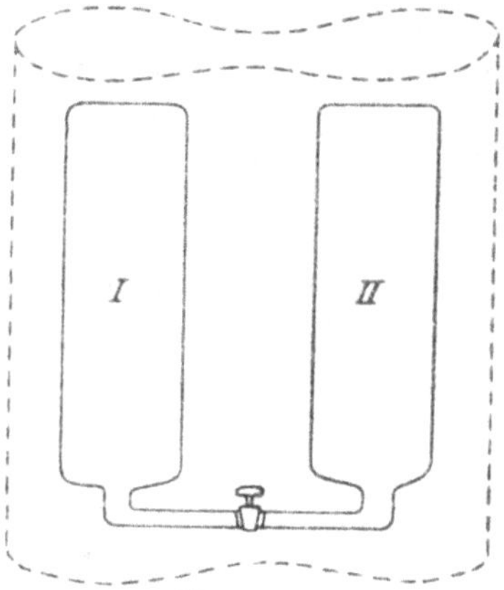

Fig. 36.

Diesbezüglich einwandfreier ist die folgende von Joule getroffene Abänderung des Versuches. Zwei Eisenzylinder I und II, die abermals durch eine mittels Hahn absperrbare Rohrleitung verbunden sind, stehen in einem Wasserkalorimeter, das zur Erreichung genügender Empfindlichkeit nicht größer ist, als unbedingt nötig. In I ist das Gas auf 20 At verdichtet, II ist leergepumpt. Nach Öffnen des Hahnes und Überströmen des Gases, zeigt sich keine merkliche Änderung der mit empfindlichem Thermometer gemessenen Temperatur des Kalorimeters. Bei einem anderen Versuch wurde jeder der beiden Zylinder gesondert in je ein Kalorimeter gebracht und der Hahn in ein kleines drittes. Jetzt zeigte dieses dritte und das den Zylinder II enthaltende zweite Kalorimeter Erwärmung, das erste hingegen Abkühlung und die Wärmesumme war wieder Null. Die Empfindlichkeit dieser Methode ist aber natürlich keine große, da der Wasserwert des Gases gegen den der Zylinder und des Kalorimeters recht klein ist, so daß nur beträchtliche Temperaturänderungen des Gases beobachtet werden könnten.

Später hat Joule gemeinsam mit W. Thomson die Frage, ob Gase bei Expansion ohne Wärme- und Arbeitszufuhr ihre Temperatur ändern, nach einem ganz anderen, weit größerer Genauigkeit fähigen Verfahren untersucht und es hat sich hierbei gezeigt, daß bei allen Gasen Temperaturänderungen auftreten, die zumal bei tiefen Temperaturen so groß werden, daß Linde darauf seine Methode zur Verflüssigung der Luft gründen konnte. Wir werden später (Kapitel XVII) darauf noch zurückkommen, wenn von den Abweichungen der Gase vom Gasgesetz die Rede sein wird. Wenn aber ein Gas der Gleichung $pv = RT$ genügt, ruft eine derartige Expansion keine Temperaturänderung hervor.

Man pflegt diese Tatsache vom Standpunkt der Atomistik auch noch anders auszusprechen. Es ist nämlich zunächst nicht anzunehmen, daß die innerhalb der Molekeln und Atome vorhandenen kinetischen und potentiellen Energien durch Volums- und Druckänderungen des Gases beeinflußt werden. Ändern könnte sich nur die kinetische Energie der Molekelbewegung, die wir der Temperatur proportional setzen, sowie die potentielle Energie, die infolge der zwischen den Molekeln vorhandenen Kohäsionskräfte im Körper enthalten ist und die jedenfalls vom Volumen abhängen muß, da eine Vergrößerung des Volumens eine Vergrößerung der Entfernung der Molekeln voneinander und damit eine Überwindung dieser Kohäsionskräfte bedingt. Wenn also bei der im Gay-Lussacschen Versuche eintretenden großen Volumsvermehrung sich einerseits die Temperatur und damit auch die kinetische Energie der Molekelbewegung nicht ändert, anderseits aber auch die gesamte innere Energie konstant bleibt, so müssen wir schließen, daß keine derartige Arbeit zur Überwindung von Kohäsionskräften zu leisten war und daß es somit in einem idealen Gas keine Kohäsion gibt. In der Tat müßte die Leistung einer Kohäsionsarbeit eine äquivalente Abkühlung des Gases zur Folge haben.

Doch folgt umgekehrt aus dem Fehlen aller Kohäsion noch nicht, daß das Gas ideal ist, d. h. daß es der Gleichung $pv = RT$ genügt; vielmehr hat, wie später (§ 63) gezeigt wird, jeder Stoff von der Zustandsgleichung $p\,\varphi(v) = RT$ eine innere Energie, die eine reine Temperaturfunktion ist.

§ 36. Folgerungen für die idealen Gase.

Ist für ein ideales Gas die innere Energie eine reine Temperaturfunktion, so wird

$$\left(\frac{\partial u}{\partial v}\right)_T = 0 \quad \text{und} \quad \left(\frac{\partial u}{\partial p}\right)_T = 0 .$$

Weiters ergibt sich aus $u = f(T)$ und der am Schluß von § 33 gewonnenen Beziehung (Gleichung 5)

$$c_v = \left(\frac{\partial u}{\partial T}\right)_v = \frac{du}{dT} = f'(T) ,$$

d. h. es ist auch die sp. W. bei konstantem Volumen für ein ideales Gas eine reine Temperaturfunktion.

Ferner folgt aus der Bemerkung, daß die innere Energie auf der Isotherme eines idealen Gases sich nicht ändert, sondern den festen Wert hat, den $f(T)$ bei Einsetzen der betreffenden Temperatur annimmt, daß hier der besondere, schon früher erwähnte Fall vorliegt, daß die längs eines offenen Prozesses zugeführte Wärmemenge vollständig zur Leistung von Arbeit verbraucht wird; denn ist $u_B = u_A$, so wird $q = A\int_A^B p\,dv$, oder wenn wir aus Gleichung (4) den Wert für die von der Mengeneinheit auf der Isotherme geleistete Arbeit einsetzen

$$q = A R T \ln \frac{v_2}{v_1}. \tag{10}$$

Die Arbeitsfläche $A'ABB'$ ist also hier zugleich ein Maß für die zuzuführende Wärmemenge.[1]

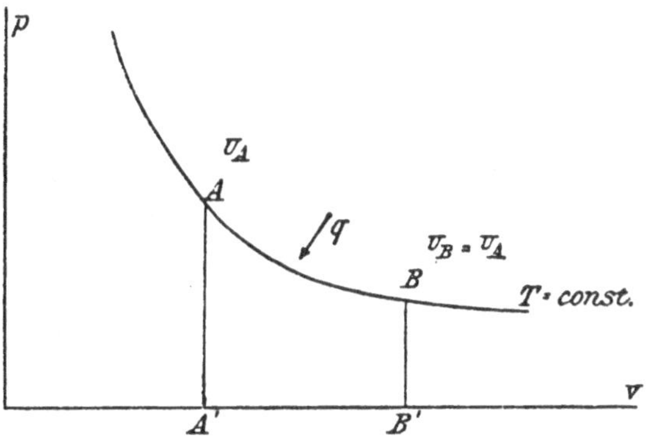

Fig. 37.

Eine weitere für das Folgende sehr wichtige Folgerung betrifft die Differenz $c_p - c_v$. Es war nämlich nach Gleichung (6) und (8)

$$M = \left(\frac{\partial u}{\partial v}\right)_T + A p$$
$$= (c_p - c_v)\left(\frac{\partial T}{\partial v}\right)_p,$$

und da für einen Stoff, welcher der Gasgleichung gehorcht $\left(\frac{\partial u}{\partial v}\right)_T = 0$ und $\left(\frac{\partial v}{\partial T}\right)_p = \frac{R}{p}$ wird, ergibt sich

$$c_p - c_v = A R. \tag{11}$$

Es ist also für ideale Gase die Differenz der sp. W. bei konstantem Druck und bei konstantem Volumen gleich der im Wärmemaß ausgedrückten Gaskonstanten des betreffenden Gases. Da c_v eine reine Temperaturfunktion ist und c_p sich von c_v nur durch eine Konstante unterscheidet, so hängen c_p und c_v für Gase bis auf eine Konstante in gleicher Weise von der Temperatur ab. Man kann die Gleichung (11) noch in anderer Weise aussprechen, wenn man die allgemeine Gaskonstante $\mathfrak{R}$ einführt. Da nämlich $R = \frac{\mathfrak{R}}{\mu}$ ist, so folgt auch

$$\mu c_p - \mu c_v = C_p - C_v = A\mathfrak{R}$$

[1] Dasselbe gilt übrigens auch für einen jeden beliebigen zwei Punkte A und B der Isotherme verbindenden Weg. Natürlich existiert auch für jeden anderen Stoff eine Kurve $u =$ const, eine Isodyname, aber für ein ideales Gas deckt sich die Isodyname mit der Isotherme.

oder wenn man die Werte für das Wärmeäquivalent $\frac{1}{A} = 419.10^5$ und für die allgemeine Gaskonstante 832.10^5 einsetzt

$$C_p - C_v = 1{\cdot}985 \text{ cal}.$$

Es ist also die Differenz der Molekularwärme bei konstantem Druck und bei konstantem Volumen unabhängig von der Natur des Gases und zwar rund gleich 2 Kalorien.

Berücksichtigt man schließlich die Beziehung (11) in dem Gleichungstripel I' und ersetzt auch noch die thermischen Koeffizienten durch die aus der Gasgleichung abgeleiteten Werte (Gleichung 9), so ergibt sich als Ausdruck des I. Hauptsatzes für ein ideales Gas, wieder in den drei Koordinatenpaaren:

$$T \text{ und } v: \quad dq = c_v\, dT + A p\, dv \qquad \text{(I a'')}$$

$$T \text{ und } p: \quad dq = c_p\, dT - A v\, dp \qquad \text{(I b'')}$$

$$p \text{ und } v: \quad dq = \frac{c_v\, v\, dp}{R} + \frac{c_p\, p\, dv}{R}. \qquad \text{(I c'')}$$

§ 37. Verfahren zur Bestimmung der spezifischen Wärme von Gasen.

Unter den verschiedenen Erwärmungsarten ist die bei konstantem Druck am leichtesten durchzuführen und so beschränken sich auch die kalorimetrischen Messungen über die sp. W. der Gase hauptsächlich auf die Ermittlung der sp. W. bei konstantem Druck. Bei den meisten Versuchen ist dieser konstante Druck einfach der Druck der Atmosphäre.

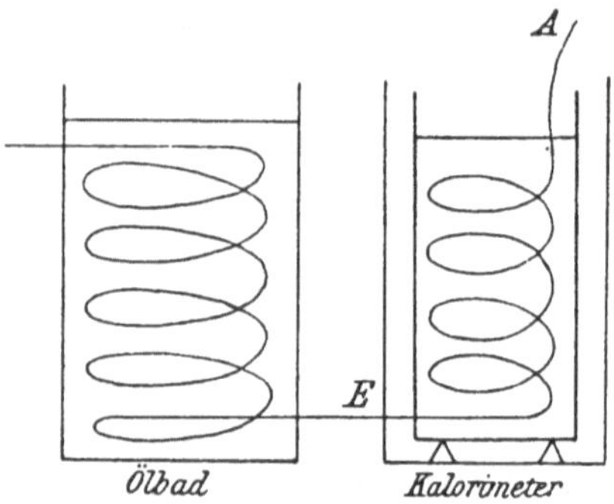

Fig. 38.

Das hier geeignete Verfahren wurde zuerst von Regnault ausgearbeitet und später mit gewissen Verbesserungen vor allem von Wiedemann und neuerdings von Holborn und Henning angewendet. Die Schwierigkeit besteht in der geringen Dichte der Gase und der hierdurch bedingten Notwendigkeit mit großem Gasvolumen zu arbeiten; sie wird durch Anwendung eines Strömungsverfahrens überwunden.

Das in einer Vorratsflasche gesammelte Gas strömt durch einen Regulierhahn und weiterhin sehr langsam durch zwei vorteilhaft mit Kupfer- oder Silberdrehspänen gefüllte Schlangenrohre aus dem gleichen Metall, deren eines in ein Ölbad, das andere in ein Wasserkalorimeter eingelegt wird. Im Ölbad wird das Gas auf eine bestimmte Temperatur erhitzt, im Kalorimeter wird es von dieser Temperatur bis auf die Temperatur des Kalorimeterwassers abgekühlt. Die Strömungsgeschwindigkeit ist gering genug, daß einerseits das Gas beim Austritt aus dem

Ölbad die Temperatur des Ölbades, beim Austritt aus dem Kalorimeter, die des Kalorimeters angenommen hat und daß andererseits von der geringen Druckdifferenz zwischen Eintritts- und Austrittsstelle (E und A) abgesehen werden kann. Die Wärmeabgabe des Gases erfolgt also so gut wie genau unter dem konstanten außen herrschenden Druck. Aus dem Wasserwert und der gering zu haltenden, aber möglichst genau zu messenden Temperatursteigerung des Kalorimeters nach Hindurchströmen einer gemessenen Gasmenge, läßt sich der Mittelwert von c_p zwischen Eintritts- und Kalorimetertemperatur ermitteln.

Die Regnaultschen Messungen erstrecken sich nur bis 200° C. Durch Anwendung von Platin konnten Holborn und Henning den Meßbereich bis 1400° C erweitern. Sie fanden die mittlere sp. W. $\bar{c}_p$ zwischen 0 und ϑ^0 für einige Gase durch die folgenden Formeln gegeben:

Stickstoff und Kohlenoxyd	$\bar{c}_p = 0{\cdot}2350 + 19\,.\,10^{-6}\,\vartheta$
Sauerstoff	$0{\cdot}2056 + 16{\cdot}6\,.\,10^{-6}\,\vartheta$
Wasserstoff	$3{\cdot}2900 + 266\,.\,10^{-6}\,\vartheta$
Kohlensäure	$0{\cdot}2010 + 74{\cdot}2\,.\,10^{-6}\,\vartheta - 18\,.\,10^{-9}\,\vartheta^2.$

Es ergibt sich daraus, daß die mittlere Molekularwärme $\bar{C}_p$ in ihrer Abhängigkeit von der Temperatur für die zweiatomigen Gase N_2 ($\mu = 28$), CO (28), O_2 (32), H_2 (2) durch ein- und dieselbe Formel

$$\bar{C}_p = 6{\cdot}58 + 532\,.\,10^{-6}\,\vartheta$$

dargestellt werden kann.

Für CO_2 ($\mu = 44$) wird

$$\bar{C}_p = 8{\cdot}844 + 3265\,.\,10^{-6}\,\vartheta - 792\,.\,10^{-9}\,\vartheta^2.$$

Auch die sp. W. von Wasserdampf bei Atmosphärendruck und Temperaturen von über 100°, also von überhitztem Wasserdampf, wurde von Holborn und Henning gemessen. Um nicht die Beobachtungsgenauigkeit durch die große sonst bei der Kondensation des Wasserdampfes im Kalorimeter freiwerdende und abzuziehende Verdampfungswärme zu beeinträchtigen, wurde statt des mit Wasser gefüllten Kalorimeters ein mit Paraffinöl gefülltes verwendet, das auf etwas über 100° erwärmt war. Hiernach ergab sich für die mittlere sp. W. des bei Atmosphärendruck überhitzten Wasserdampfes zwischen 0 und ϑ^0 und zwar wieder bis 1400° gültig, die Formel

$$\bar{c}_p = 0{\cdot}4669 - 16{\cdot}8\,.\,10^{-6}\,\vartheta + 44\,.\,10^{-9}\,\vartheta^2,$$

oder da $\mu = 18$ ist,

$$\bar{C}_p = 8{\cdot}404 - 302\,.\,10^{-6}\,\vartheta + 792\,.\,10^{-9}\,\vartheta^2.$$

Auf die Abhängigkeit der sp. W. überhitzten Wasserdampfes vom Druck, die übrigens bei Temperaturen über 600° verschwindet, wird noch zurückzukommen sein (§ 95).

Soweit die Gase und überhitzten Dämpfe der Gasgleichung genügen, ergeben sich aus den Formeln für $\bar{C}_p$ auch die für $\bar{C}_v$ einfach durch Subtraktion von 1·985.

Für die Bestimmung der sp. W. der Gase bei noch höheren Temperaturen hat sich ein indirektes Verfahren als sehr brauchbar erwiesen, das von Mallard und Le-Chatelier herrührt. Es beruht auf der Möglichkeit die Verbrennungstemperatur eines explosiven Gasgemisches in konstantem Volumen, also in einer Bombe, durch Druckmessungen zu ermitteln. Es genügt sowohl den Höchstwert des Explosionsdruckes p_m zu messen wie denjenigen Druck p_a zu kennen, den das verbrannte Gemisch nach Rückkühlung auf Anfangstemperatur besitzt und der natürlich wegen der erfolgten chemischen Verbindung (Änderung der Zahl der Molekeln) im allgemeinen ein anderer sein wird, als der bei dem die Bombe gefüllt wurde. Da das Volumen des brennenden und des gekühlten Gasgemisches das gleiche ist, folgt aus der Gasgleichung einfach $\frac{p_m}{p_a} = \frac{T_m}{T_a}$, wo T_m die Verbrennungstemperatur, T_a die Anfangstemperatur bedeuten, beide auf der absoluten Skala gemessen. Da man aber aus der bekannten Verbrennungswärme der verbindungsfähigen Bestandteile des Gasgemisches die ganze im Gemisch bei der Verbrennung freigewordene Wärmemenge kennt und die Verbrennungstemperatur nichts anderes ist als die durch die Zufuhr dieser Wärmemenge zu erzielende Erhitzung des durch die Verbrennung entstandenen Gemisches (Verbrennungsproduktes), läßt sich die mittlere sp. W. bei konstantem Volumen für das Verbrennungsprodukt zwischen Anfangs- und Verbrennungstemperatur finden und durch Änderung des Mischungsverhältnisses auch die der einzelnen Bestandteile. Natürlich kann das Gemisch auch neutrale, d. h. am chemischen Umsatz gar nicht beteiligte Gase enthalten.

Wegen der Schwierigkeit der Druckmessung (der man durch Anwendung steifer Blattfedern bei gleichzeitiger starker Vergrößerung des Ausschlages auf optischem Wege wirksam begegnet), des Einflußes der bei diesen hohen Temperaturen auftretenden Dissoziation (so daß das brennende Gemisch eine etwas andere Zusammensetzung hat, als das rückgekühlte und die Berechnung von T_m fehlerhaft wird) und wegen des Druckverlustes durch Wärmeabgabe an die Wand der Bombe noch vor Erreichung des Höchstdruckes, ist die Genauigkeit des Verfahrens eine beschränkte. Immerhin schließen sich die nach dieser Methode als $\bar{C}_v + 1{\cdot}985$ ermittelten Werte von $\bar{C}_p$ in sehr guter Weise an die Reihen von Holborn und Henning an und beweisen die Brauchbarkeit dieser Formeln bis zu Temperaturen von 2500° C.

Von besonderem Interesse ist der durch Pier nach dem Explosionsverfahren erbrachte Nachweis, daß für einatomige Gase (Argon) die sp. W. als von der Temperatur überhaupt ganz unabhängig angesehen werden kann. Für ein solches Gas ergibt sich dann aus $c_v = \frac{du}{dT} = \text{const}$ die innere Energie

$$u = c_v T + \text{const}, \tag{12}$$

also als lineare Funktion der Temperatur.

Doch sieht man, daß besonders bei den so verbreiteten zweiatomigen Gasen, die Temperaturabhängigkeit der sp. W. in nicht allzugroßen Bereichen ebenfalls eine verhältnismäßig geringfügige ist, so daß wir im folgenden in der Regel die Annahme der Konstanz der sp. W. der Gase als für die praktischen Rechnungen zulässige Näherung einführen werden. Man wird gegebenenfalls mit einem entsprechenden Mittelwert zu rechnen haben. Natürlich steht aber diese Annahme einer konstanten sp. W. zu der Gültigkeit der Gasgleichung in gar keiner Beziehung. Es kann ein Gas ideal sein und doch seine sp. W. in beliebiger Weise von der Temperatur abhängen; nur mit Druck oder Dichte darf sie sich nicht ändern.

Hat man c_p oder c_v bestimmt, so kann man nach Gleichung (11) auch das Verhältnis $\frac{c_p}{c_v}$ finden; denn es ist

$$\frac{c_p}{c_v} = 1 + \frac{AR}{c_v} = \frac{1}{1 - \frac{AR}{c_p}}.$$

Doch ist das nur eine genäherte Berechnung, da sie die vollkommene Gültigkeit der Gasgleichung voraussetzt. Es ist darum mit Rücksicht auf die Bedeutung, welche gerade dieser Quotient in theoretischer und praktischer Hinsicht besitzt, nicht zu umgehen für die wirklichen Gase sowohl c_p als c_v zu kennen, oder, da die experimentelle Bestimmung von c_v mit hinreichender Genauigkeit nur schwer erfolgen kann, das Verhältnis $\frac{c_p}{c_v}$ durch Versuche zu bestimmen, von denen im nächsten Abschnitt die Rede sein wird. Auf die Berechnung von $\frac{c_p}{c_v}$ aus den beobachteten thermischen Koeffizienten ohne Annahme irgendeiner Zustandsgleichung, ein Verfahren, dessen Genauigkeit an die besten direkten Bestimmungen heranreicht, wird erst nach Kenntnis des II. Hauptsatzes einzugehen sein (§ 62).

Ein Gemenge von 7·366 gr = 3·683 Mol H_2, 16 gr = 0·5 Mol O_2, 53·565 gr = 1·913 Mol N_2 und 1·548 gr = 0·086 Mol H_2O-Dampf wird bei einer Temperatur $\vartheta_a = 17^0$ in einem festen Gefäß verbrannt, wodurch ein Gemenge von 2·683 Mol H_2, 1·913 Mol N_2 und 1·086 Mol H_2O-Dampf entsteht. Wie groß ist unter Zugrundelegung der Holborn-Henningschen Formeln die Verbrennungstemperatur ϑ_m und der zu erwartende Explosionsdruck, wenn der Füllungsdruck 1 At beträgt. Die Verbrennungswärme (unterer Heizwert) von Wasserstoff bei Verbrennung mit Sauerstoff innerhalb eines geschlossenen Raumes (bei konstantem Volumen) ist hierbei erfahrungsgemäß für das gr entstehenden Wasserdampfes mit 3183 cal, also für ein Mol mit 18.3183 = 57290 cal anzunehmen.

Es is zunächst zu beachten, daß es sich hier nicht um $\bar{C}$ zwischen 0 und ϑ handelt, sondern um $\bar{C}$ zwischen ϑ_a und dem zu berechnenden ϑ_m. Das Intervall geht nicht von Null aus. Nach den Ausführungen in § 22 ist also

$$\bar{C}_{\vartheta_a}^{\vartheta_m} = \frac{1}{\vartheta_m - \vartheta_a} \int_{\vartheta_a}^{\vartheta_m} C \, d\vartheta$$

zu bilden, wo sich die Molekularwärme C bei der bestimmten Temperatur ϑ aus dem Mittelwert $\bar{C}_0^{\vartheta} = a + b\vartheta + c\vartheta^2$ als $C = a + 2b\vartheta + 3c\vartheta^2$ berechnet. Das gibt

$$\bar{C}_{\vartheta_a}^{\vartheta_m} = \frac{1}{\vartheta_m - \vartheta_a} [a(\vartheta_m - \vartheta_a) + b(\vartheta_m^2 - \vartheta_a^2) + c(\vartheta_m - \vartheta_a^3)].$$

Weiter ist zu beachten, daß hier die Molekularwärme bei konstantem Volumen in Betracht kommt, daß also in den oben gegebenen Formeln für die Molekularwärme bei konstantem Druck vom ersten Glied 1·985 abzuziehen ist. Für den mittleren Wasserwert zwischen ϑ_a und ϑ_m des verbrannten Gemisches, das aus 4·596 Mol zweiatomigen Gasen und 1·086 Mol Wasserdampf besteht, ergibt sich dann:

$$\frac{1}{\vartheta_m - \vartheta_a} \{4 \cdot 596 [4 \cdot 595 (\vartheta_m - \vartheta_a) + 532 . 10^{-6} (\vartheta_m^2 - \vartheta_a^2)] +$$

$$1 \cdot 086 [6 \cdot 419 (\vartheta_m - \vartheta_a) - 302 . 10^{-6} (\vartheta_m^2 - \vartheta_a^2) + 792 . 10^{-9} (\vartheta_m^3 - \vartheta_a^3)]\} .$$

Multiplizieren wir diesen Wasserwert mit der Temperaturerhöhung $\vartheta_m - \vartheta_a$, so muß das Produkt gleich der zugeführten Wärmemenge sein, also in unserem Fall, wo gerade 1 Mol Wasserdampf gebildet wurde, gleich 57290. Setzt man für ϑ_a seinen Wert ein, so erhält man die folgende Bestimmungsgleichung für ϑ_m:

$$57290 = 28 \cdot 090 (\vartheta_m - 17) + 2117 . 10^{-6} (\vartheta_m^2 - 17^2) + 860 . 10^{-9} (\vartheta_m^3 - 17^3) .$$

Man kann hier und überhaupt in der Regel die Potenzen von ϑ_a gegen die des um viel größeren ϑ_m vernachlässigen und findet, am bequemsten durch Probieren, $\vartheta_m = 1692^0$ C. Um den Explosionsdruck zu berechnen, bemerken wir, daß ein Mol eines jeden Gases unter gleichen Verhältnissen von Druck und Temperatur das gleiche Volumen einnimmt. Da hier durch die Verbrennung die Summe der Molzahlen von 6·182 auf 5·682 sinkt, also bei konstantem Druck eine Raumverminderung auf das $\frac{5 \cdot 682}{6 \cdot 182} = 0 \cdot 919$fache erfolgen würde, wird bei konstantem Volumen eine ebenso große Druckverminderung eintreten. Hierbei ist vorausgesetzt, daß der Wasserdampf nicht kondensiert. War also der Füllungsdruck 1 At, so würde unter dieser Voraussetzung nach Rückkühlung des

Verbrennungsproduktes auf Anfangstemperatur der Druck $p_a = 0 \cdot 919$ At sein. Man erhält dann aus $\frac{p_m}{p_a} = \frac{T_m}{T_a} = \frac{1692 + 273}{17 + 273} = 6 \cdot 776$ den zu erwartenden Explosionsdruck $p_m = 6 \cdot 23$ At.

§ 38. Die Gasadiabate.

Wir wollen die Zahl der bisher behandelten besonderen Zustandsfolgen, die wir als Isochore, Isobare und Isotherme bezeichnet haben, um eine weitere, sehr wichtige vermehren, indem wir den Fall behandeln, daß der Körper unter Arbeitsleistung oder Arbeitszufuhr sein Volumen verändert, ohne daß er hierbei durch Leitung oder Strahlung Wärme empfängt oder abgibt. Es ist dann in Gleichung (I) $dq = 0$ zu setzen, woraus $u_A - u_B = A\int_A^B dl$ folgt, d. h. bei einer solchen Zustandsänderung wird die geleistete Arbeit ausschließlich aus der äquivalenten Abnahme der inneren Energie bestritten, oder umgekehrt die zugeführte Arbeit vollständig zur Erhöhung der inneren Energie verwendet.

Man wird eine derartige Zustandsänderung erhalten, wenn man sich den Körper in eine Hülle eingeschlossen denkt, die für Wärme einen vollkommenen Isolator darstellt, d. h. sich weder selbst erwärmt oder abkühlt, noch Wärme in irgendeiner Form hindurchläßt.

Eine Hülle, durch die Wärme „nicht hindurchgehen" kann, bezeichnet man als eine „adiabatische" und nennt darum auch Zustandsänderungen, die in einer derartigen Hülle vor sich gehen, adiabatische. Doch wird auch in einer wärmedurchlässigen Hülle eine solche Zustandsänderung eintreten können, wenn sie schnell genug verläuft, daß die Aufnahme oder Abgabe von Wärme während dieser Zeit zu vernachlässigen ist. Da es keinen vollkommenen Wärmeisolator gibt, so ist das sogar die einzig mögliche Art einen adiabatischen Prozeß zu verwirklichen.

In diesem allgemeinen Sinn kann die Zustandsänderung des Gases im Gay-Lussacschen Versuch als adiabatisch bezeichnet werden. Wir werden aber im folgenden diese Bezeichnung nur auf Prozesse anwenden, bei denen der Körper hinlänglich im Druck- und Temperaturgleichgewicht bleibt. Vorgänge, wie dort, wo das Gas Geschwindigkeiten von der Größenordnung der Schallgeschwindigkeit erhält, die somit auch nicht genähert unter Wahrung des hydrostatischen Gleichgewichtes verlaufen, müssen wir ausschließen, da wir bei der Berechnung der Arbeit dieses Gleichgewicht vorausgesetzt haben.

Daß die Untersuchung der Adiabate praktisch wichtig ist, ergibt sich aus der Bemerkung, daß bei allen Wärmekraftmaschinen der größte Teil der Arbeitsleistung genähert adiabatisch erfolgt. Das im Arbeitszylinder der Gasmaschine durch die Verbrennung auf hohe Temperatur und hohen Druck gebrachte Gasgemisch, der aus dem Kessel der Dampfmaschine eingefüllte hochgespannte Dampf, dehnen sich weiterhin selbsttätig unter Arbeitsleistung und unter gleichzeitigem Druck- und Temperaturverlust aus und man kann, wenn man zunächst vom Wärmeaustausch mit der Zylinderwand absieht, diese Zustandsänderung als eine adiabatische behandeln. Sie erfolgt auch in der schnellaufenden Maschine unter fast vollkommenem Druckgleichgewicht, da Druckunterschiede im arbeitenden Körper mit Schallgeschwindigkeit ausgeglichen werden und diese im heißen Wasserdampf oder gar in den hocherhitzten Verbrennungsgasen noch größer ist als in Luft.

Wir wollen im folgenden die Gleichung der adiabatischen Zustandsänderung für ein ideales Gas berechnen. Indem wir im Gleichungstripel (I'') $dq = 0$ setzen, erhalten wir sofort die Differentialgleichung der Gasadiabate in den drei Koordinatenpaaren. Um sie geschlossen integrieren zu können, wollen wir auf die Bemerkung im vorhergehenden Paragraphen gestützt außerdem annehmen, daß die sp. W. des betreffenden Gases eine auch von der Temperatur unabhängige konstante Größe ist. Man erhält für die Tv-Fläche aus (Ia''):

$$c_v\, T d + A p\, d v = 0$$

oder nach Elimination von p aus der Gasgleichung

$$c_v\, d T + A R T \frac{d v}{v} = c_v\, d T + (c_p - c_v) T \frac{d v}{v} = 0$$

oder

$$c_v \frac{d T}{T} + (c_p - c_v) \frac{d v}{v} = 0 .$$

Schreibt man, wie allgemein üblich, für $\frac{c_p}{c_v}$ den Buchstaben $\varkappa$, so wird weiter

$$\frac{d T}{T} + (\varkappa - 1) \frac{d v}{v} = 0 ,$$

oder

$$T v^{\varkappa - 1} = \text{const.} \tag{13a}$$

Sind also etwa durch T_1 und T_2 zwei Zustände auf einer bestimmten durch den Wert der Konstanten gekennzeichneten Adiabate festgelegt, so sind die zugehörigen Volumina v_1 und v_2 durch die Beziehung verknüpft:

$$T_1 v_1^{\varkappa - 1} = T_2 v_2^{\varkappa - 1} .$$

Ebenso erhält man für die Tp-Fläche aus (Ib''):

$$c_p\, d T - A v\, d p = c_p\, d T - A R T \frac{d p}{p} = 0$$

oder

$$c_p \frac{d T}{T} - (c_p - c_v) \frac{d p}{p} = 0 .$$

Somit $$\frac{d T}{T} + \left(\frac{1}{\varkappa} - 1\right) \frac{d p}{p} = 0 \quad \text{und}$$

$$T p^{\frac{1 - \varkappa}{\varkappa}} = \text{const.} \tag{13b}$$

Für zwei auf derselben Adiabate gelegene Zustände $T_1 p_1$ und $T_2 p_2$ gilt also:

$$T_1 p_1^{\frac{1-\varkappa}{\varkappa}} = T_2 p_2^{\frac{1-\varkappa}{\varkappa}}.$$

Endlich für die vp-Fläche aus (Ic''):

$$c_v v\,dp + c_p p\,dv = 0$$

oder nach Division mit $c_v v p$

$$\frac{dp}{v} + \varkappa \frac{dv}{v} = 0$$

und

$$p v^{\varkappa} = \text{const}, \tag{13c}$$

oder für zwei auf derselben Adiabate gelegene Zustände $p_1 v_1$ und $p_2 v_2$

$$p_1 v_1^{\varkappa} = p_2 v_2^{\varkappa}.$$

Man kann die Gleichungen (13b und c) auch ohne weiteres aus Gleichung (13a) erhalten, indem man v bzw. T aus ihr vermittels der Gasgleichung eliminiert.

Die letzte der drei Gleichungen gibt die Gasadiabate im Arbeitsdiagramm und ist darum die wichtigste. Sie stellt eine höhere Hyperbel vor, die, weil $\varkappa$ stets größer als Eins ist, steiler gegen die Abzissenachse abfällt als die Isotherme pv = konst (vgl. Fig. 53). Das ist ohne weiteres verständlich. Auf der Isotherme sinkt der Druck nur, weil das Volumen größer wird, auf der Adiabate auch noch weil die Temperatur infolge der Arbeitsleistung absinkt, die hier nicht durch Wärmezufuhr kompensiert wird. Doch ist der Winkel, unter dem Isotherme und Adiabate eines Gases in der vp-Fläche sich schneiden, allgemein ein recht spitzer. Für Luft ($\varkappa = 1{\cdot}41$), wofür die Fig. 53 gilt, z. B. nirgends über 10^0 und für alle anderen Stoffe mit Ausnahme der einatomigen Gase noch kleiner. Auf der Isotherme ist nämlich $\frac{dp}{dv} = -\frac{p}{v}$, auf der Adiabate

$$p\varkappa v^{\varkappa-1}\,dv + v^{\varkappa}\,dp = 0, \qquad \text{also } \frac{dp}{dv} = -\varkappa\frac{p}{v}.$$

In jedem Schnittpunkt zwischen einer Isotherme und Adiabate stehen somit die Richtungstangenten im Verhältnis $\varkappa$. Das ist übrigens, wie wir später erkennen werden, ein nicht nur für das ideale Gas, sondern für jeden beliebigen Körper gültiger Satz. Soweit die Gleichungen der Gasadiabate gelten, ist aber $\varkappa$ ein in der ganzen Fläche konstanter Wert.

Wir wollen noch die längs einer Gasadiabate geleistete Arbeit berechnen, was auf zweierlei Art geschehen kann. Entweder auf Grund der Bemerkung, daß für einen Stoff, der, wie wir das bei Ableitung obiger Gleichungen angenommen haben, konstante sp. W. besitzt, die innere Energie nach Gleichung (12) durch $c_v T$ + const gegeben ist. Da auf der Adiabate die Arbeit auf Kosten der inneren Energie geleistet wird, so ist dann die beim Sinken der Temperatur von T_1 auf T_2 von der Mengeneinheit des Gases geleistete Arbeit

$$l = J c_v (T_1 - T_2) = J c_v (\vartheta_1 - \vartheta_2). \tag{14}$$

Oder man berechnet die Arbeit aus dem Arbeitsintegral, indem man darin p aus der Adiabatengleichung $p v^{\varkappa} = C = p_1 v_1^{\varkappa} = p_2 v_2^{\varkappa}$ einsetzt. Das gibt $l = \int_{v_1}^{v_2} p\,dv = C \int_{v_1}^{v_2} \frac{dv}{v^{\varkappa}} = \frac{C}{1-\varkappa}(v_2^{1-\varkappa} - v_1^{1-\varkappa})$. Multipliziert man mit C hinein und denkt es sich einmal durch $p_2 v_2^{\varkappa}$, das andere Mal durch $p_1 v_1^{\varkappa}$ ausgedrückt, so wird

$$l = \frac{1}{1-\varkappa}(p_2 v_2 - p_1 v_1). \tag{14'}$$

Natürlich sind beide Ausdrücke identisch; denn es ist

$$\frac{1}{1-\varkappa}(p_2 v_2 - p_1 v_1) = -\frac{c_v}{AR}(R T_2 - R T_1) = J c_v (T_1 - T_2).$$

Man sieht auch ohne weiteres, daß man in den Gleichungen (13a und c) statt v das Volumen V einer beliebigen Menge n schreiben kann. Geschieht dies auch in Gleichung (14'), so erhält sie die Form

$$L = \frac{n}{1-\varkappa}(p_2 v_2 - p_1 v_1) = \frac{1}{1-\varkappa}(p_2 V_2 - p_1 V_1). \tag{14''}$$

---

1. Luft von 0° werde adiabatisch auf das halbe Volumen verdichtet. Wie groß ist die Temperatursteigerung, wenn $\varkappa = 1{\cdot}41$ ist? (Gleichung 13a): $T_1 V_1^{0\cdot41} = T_2 \left(\frac{V_1}{2}\right)^{0\cdot41}$; $T_2 = T_1 2^{0\cdot41} = 273 \cdot 2^{0\cdot41} = 363$. Die Temperatursteigerung beträgt 90°.

Wir fragen weiter nach dem Druck, der hierbei erreicht wird, wenn der Anfangsdruck 1 At beträgt (Gleichung 13c):

$$p_1 V_1^{1\cdot41} = p_2 \left(\frac{V_1}{2}\right)^{1\cdot41}; \; p_2 = 2^{1\cdot41} = 2{\cdot}66 \text{ At}.$$

Bei isothermer Zusammendrückung wäre der Druck nur auf 2 At gestiegen.

Fragen wir endlich, welche Temperatur wir erreichen, wenn wir so lange adiabatisch verdichten, bis der Druck auf das Doppelte gestiegen ist (Gleichung 13b):

$$273 p_1^{-\frac{0\cdot41}{1\cdot41}} = T_2 (2 p_1)^{-\frac{0\cdot41}{1\cdot41}}; \qquad T_2 = 273 \cdot 2^{\frac{0\cdot41}{1\cdot41}} = 333.$$

Die Temperatursteigerung beträgt 60°.

2. In einem Stahlzylinder von 100 cm³ Volumen befindet sich im äquivalenten Verhältnis gemischtes Knallgas ($2H_2 + O_2$) bei 20° C unter

einem leicht beweglichen Stempel. Die Dichte von Knallgas beträgt bei 20° C 0·00578, c_p ist gleich 0·57, $\varkappa = 1\cdot 40$ zu setzen, woraus man $c_v = \frac{0\cdot 57}{1\cdot 40} = 0\cdot 41$ berechnet. Wie hoch muß man ein 5 kg-Gewicht auf den Stempel herabfallen lassen, um das Knallgas zu zünden, wenn dessen Entzündungstemperatur bei 500° C liegt?

Um 1 kg Knallgas durch adiabatische Kompression von 20 auf 500° zu erhitzen, ist nach Gleichung (14) die Arbeit 427.0·41.480 = 8400 kgm zu leisten. Da der Inhalt des Stahlzylinders nur 100.0·00578 = 0·578 gr beträgt, ist die in unserem Falle aufzuwendende Arbeit 4·8 kgm. Das Gewicht muß also aus einer Höhe von 0·96 m fallen.

3. Ein Luftgewehr schießt ein Geschoß im Gewicht $G = 2$ gr. Das Volumen der Windkammer beträgt 10 cm³ und das des Laufes 6 cm³. Wie hoch ist die Mündungsgeschwindigkeit (u) des Geschosses, wenn die Luft in der Windkammer auf 10 at gepreßt wird?

Der Druck im Augenblick, wo das Geschoß den Lauf verläßt (Mündungsdruck) ist $p_2 = p_1 \left(\frac{V_1}{V_2}\right)^{1\cdot 41} = 10 \left(\frac{10}{16}\right)^{1\cdot 41} = 5\cdot 16$ at. Somit ist die von der Luft geleistete Arbeit nach Gleichung (14″)

$$L = \frac{1}{\varkappa - 1}(p_1 V_1 - p_2 V_2) = \frac{1}{0\cdot 41}(100000.0\cdot 000010 - 51600.0\cdot 000016)$$
$$= 0\cdot 424 \text{ kgm}.$$

Zur Überwindung des Luftdruckes $b = 1$ At $= 10333 \frac{\text{kg}}{\text{m}^2}$ ist der Betrag $b(V_2 - V_1) = 10333.0\cdot 000006 = 0\cdot 062$ kgm aufzuwenden. Der Rest 0·362 kgm verbleibt, wenn wir von der Reibung des Geschosses im Lauf absehen, für die Beschleunigungsarbeit. Die träge Masse $\frac{G}{g}$ des Geschosses ist $\frac{0\cdot 002}{9\cdot 806} = 0\cdot 000204$; somit aus $\frac{G}{g}\frac{u^2}{2} = 0\cdot 362$, $u^2 = 3550$ und $u = 59 \frac{\text{m}}{\text{sec}}$.

4. Ein Kompressor, dessen Hubhöhe 1 m beträgt, preßt Luft einmal isotherm, das andere Mal adiabatisch von 1 auf 5 at. Bei welcher Hubhöhe ist der Druck von 5 at in beiden Fällen erreicht und in welchem Verhältnis stehen die dabei aufzuwendenden Arbeiten?

Isotherm:

$$p_2 V_2 = p_1 V_1, \qquad V_1 = \frac{p_2}{p_1} V_2 = \frac{1}{5} V_2.$$

Da die Volumina der Hubhöhe proportional sind, ist die Hubhöhe 0·2 m oder der Kolbenrückgang 0·8 m.

Adiabatisch:

$$p_2 V_2^{\varkappa} = p_1 V_1'^{\varkappa} \qquad \text{oder} \qquad V_1' = \left(\frac{p_2}{p_1}\right)^{\frac{1}{\varkappa}} V_2 = \left(\frac{1}{5}\right)^{\frac{1}{1\cdot 41}} V_2 = 0\cdot 32\, V_2.$$

Hier ist also die Hubhöhe 0·32 m, der Kolbenrückgang 0·68 m.

Die längs AB bzw. längs AC verbrauchten Arbeiten verhalten sich wie:

$$\frac{p_2 V_2 \ln \frac{V_2}{V_1}}{\frac{1}{\varkappa - 1}(p_1 V_1' - p_2 V_2)} = \frac{\ln \frac{V_2}{V_1}}{\frac{1}{\varkappa - 1}\left(\frac{p_1 V_1'}{p_2 V_2} - 1\right)} = \frac{\ln 5}{\frac{1}{0\cdot 41}(1\cdot 60 - 1)} = \frac{1\cdot 61}{1\cdot 46}.$$

Die auf der Isotherme aufzuwendende Arbeit ist also im vorliegenden Fall die größere und bleibt es auch bis zu Drucken von rund 10 at. Es könnte somit den Anschein haben, als ob es, wenigstens für niedere Drucke, vorteilhafter wäre einen Kompressor adiabatisch arbeiten zu lassen

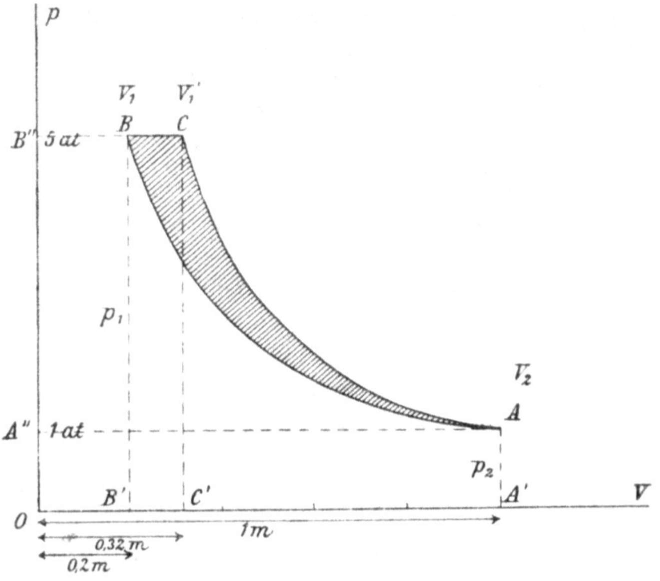

Fig. 39:

als isotherm. Das ist aber unrichtig, da es hierbei nicht auf die Kompressionsarbeit, sondern auf die ganze in beiden Fällen zu leistende Betriebsarbeit ankommt. Diese ist nach dem auf Seite 64 Gesagten bei einem Umlauf des Kompressors im ersten Fall durch die Fläche

$$A'' A B B' = p_1 V_1 \ln \frac{p_1}{p_2} = p_2 V_2 \ln \frac{V_2}{V_1}$$

gegeben, somit hier ebenso groß wie die reine Kompressionsarbeit; im zweiten Falle aber gleich der Fläche

$$A'' A C B' = C' A' A C + O C' C B'' - O A' A A'' = \frac{1}{\varkappa - 1}(p_1 V_1' - p_2 V_2) + p_1 V_1' - p_2 V_2 = \frac{\varkappa}{\varkappa - 1}(p_1 V_1' - p_2 V_2),$$

also $\varkappa$-mal größer.[1] Das Verhältnis der aufzuwendenden Betriebsarbeiten ergibt sich also zu

$$\frac{\ln \frac{V_2}{V_1}}{\frac{\varkappa}{\varkappa - 1}\left(\frac{p_1 V_1'}{p_2 V_2} - 1\right)}$$

und im vorliegenden Fall zu $\frac{1 \cdot 61}{2 \cdot 06}$. Man sieht aus Fig. 39 ohne weiteres, daß die Betriebsarbeit bei adiabatischer Zusammendrückung stets größer sein muß als die bei isothermer und zwar um die gestrichelt gezeichnete Fläche. Man wird daher, um Arbeit zu sparen, den Kompressor möglichst isotherm arbeiten lassen, d. h. mit Hilfe von Wasserkühlung ein Steigen der Temperatur während der Luftverdichtung hintanhalten, was freilich nie ganz, am besten noch bei mehrstufiger Kompression gelingt.

Achtes Kapitel.

Das Verhältnis $\frac{c_p}{c_v}$ für Gase.

§ 39. Verfahren zur Bestimmung von $\frac{c_p}{c_v}$ nach Clément und Desormes.

Ein großes (70 l) am besten kugelförmiges Gefäß mit angeschlossenem, empfindlichen Manometer enthält das betreffende Gas unter einem nicht großen Überdruck δp gegen die Atmosphäre, der genau bestimmt wird. Zustand I.

Durch Öffnen eines am Gefäß angebrachten, weit gebohrten Hahnes stellt sich dann fast augenblicklich, unter Ausströmen von etwas Gas, im Innern Atmosphärendruck ein. Hierbei kühlt sich das Gas durch die bei der Ausdehnung geleistete Arbeit adiabatisch ab und kommt in den Zustand II.

Nach sofortigem Schließen des Hahnes steigt die Temperatur langsam infolge Wärmeaufnahme von außen wieder auf die Ausgangstemperatur und hierdurch der Druck wieder etwas über Atmosphärendruck ($\delta' p$). Zustand III.

Es ist dann mit in der Regel genügender Annäherung $\frac{c_p}{c_v} = \varkappa = \frac{\delta p}{\delta p - \delta' p}$.

---

[1] Allgemein ist für jeden Kompressor

$$\frac{\text{Betriebsarbeit}}{\text{Kompressionsarbeit}} = \frac{\int_{p_2}^{p_1} V\,dp}{\int_{V_1}^{V_2} p\,dV}.$$

Das ist, wie in § 46 gezeigt wird, für jede „polytropische“ Kompression gleich n, d. h. gleich der „Ordnung“ der Polytrope.

Es seien nämlich p_1 und v_1 Druck und spezifisches Volumen im Anfangszustand I, $p_2 = b =$ Atmosphärendruck und v_2 die entsprechenden Größen am Ende des Ausdehnungsprozesses, also im Zustand II, endlich p_3 und v_3 Druck und spezifisches Volumen im Endzustand III. Hierbei ist aber $v_3 = v_2$, da das Gefäß im Zustand III genau dieselbe Gasmenge enthält, wie am Ende des Ausdehnungsprozesses. Das Volumen der Mengeneinheit ist also im Zustand II und III das gleiche.

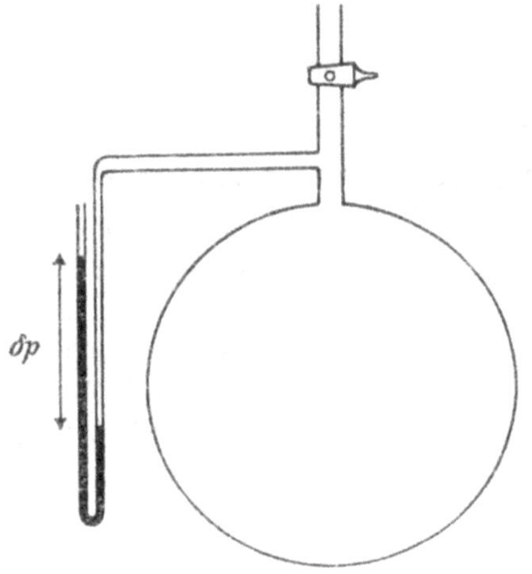

Fig. 40.

Da das Gas im Gefäß anfänglich und schließlich dieselbe Temperatur (Temperatur des Versuchsraumes) hat, so gilt für die Zustände I und III die Isothermengleichung $p_1 v_1 = p_3 v_2$.

Da sich das Gas vom Zustand I in den Zustand II adiabatisch ausdehnt, so gilt für I und II die Adiabatengleichung

$$p_1 v_1^{\varkappa} = p_2 v_2^{\varkappa}.$$

Schreiben wir die erste Gleichung

$$p_1^{\varkappa} v_1^{\varkappa} = p_3^{\varkappa} v_2^{\varkappa},$$

so gibt die Division

$$\frac{p_1}{p_1^{\varkappa}} = \frac{p_2}{p_3^{\varkappa}} \qquad \text{oder} \qquad \frac{p_1}{p_2} = \left(\frac{p_1}{p_3}\right)^{\varkappa}$$

und

$$\varkappa = \frac{\ln p_1 - \ln p_2}{\ln p_1 - \ln p_3}.$$

Statt dieser logarithmischen Formel läßt sich aber mit genügender Näherung die oben gegebene einfachere verwenden, wenn δp und somit auch $\delta' p$ gegen den Luftdruck b sehr klein sind. Das muß aber sein, damit sich nicht beim Öffnen des Hahns länger dauernde Vibrationen im Gase ausbilden.

Es ist $p_1 = b + \delta p$, $p_2 = b$ und $p_3 = b + \delta' p$. Also, wenn man die Regeln für das Rechnen mit kleinen Zahlen anwendet, aus

$$\frac{b + \delta p}{b} = \left(\frac{b + \delta p}{b + \delta' p}\right)^{\varkappa}, \qquad 1 + \frac{\delta p}{b} = \left(1 + \frac{\delta p}{b} - \frac{\delta' p}{b}\right)^{\varkappa} = 1 + \varkappa \frac{\delta p - \delta' p}{b},$$

$$\varkappa = \frac{\delta p}{\delta p - \delta' p}.$$

Die genauesten Messungen nach diesem Verfahren hat Röntgen ausgeführt und zwar unter Verwendung eines Membranmanometers und Berücksichtigung der während des Ausdehnungsprozesses vor Schließen des Hahnes von den Wänden des Gefäßes an das Gas abgegebenen Wärme (durch Beobachtung des zeitlichen Verlaufs des allmählichen Druckanstiegs nach Schließen des Hahnes). Für Luft ergab sich bei 18° C $\varkappa = 1{\cdot}4053$.

§ 40. Bestimmung von $\frac{c_p}{c_v}$ aus der Schallgeschwindigkeit.

In einem Rohr vom Querschnitt q befinde sich Gas. Es seien Druckdifferenzen im Rohr vorhanden und infolgedessen auch Bewegungen im Gas, beide aber nur in der Richtung des Rohrs, die wir als X-Achse wählen. Die Geschwindigkeit u in dem einer bestimmten Abszisse x zugehörigen Raumelement $q\,dx$ ist dann in einem bestimmten Augenblick eine ganz bestimmte; sie ändert sich aber auch noch mit der Zeit. Allgemein ist also $u = f(x, t)$. Ebenso sind auch der Druck p und die Dichte ϱ des Gases Funktionen von x und t.

Die Änderung der Geschwindigkeit während des Zeitelementes dt ist für die Stelle x durch $\frac{\partial u}{\partial t} dt$ gegeben. Bei der Aufstellung der Bewegungsgleichung handelt es sich aber um die Beschleunigung, welche das zur Zeit t im Raumelement enthaltene Gas im ganzen erfährt. Die Geschwindigkeit ein und derselben Gasmenge ändert sich sowohl deshalb, weil sie sich an der bestimmten Stelle also im Raumelement $q\,dx$ mit der Zeit ändert, als auch deshalb, weil das Gas im Zeitelement dt durch die kleine Verschiebung $u\,dt$ an eine andere Stelle rückt. Diese Änderung von u mit x ist durch $\frac{\partial u}{\partial x}$ gegeben und bei einer Verschiebung um $u\,dt$ durch $\frac{\partial u}{\partial x} u\,dt$.

Die gesamte Änderung der Geschwindigkeit ist also

$$du = \frac{\partial u}{\partial t} dt + u \frac{\partial u}{\partial x} dt$$

und die Beschleunigung

$$\frac{du}{dt} = \frac{\partial u}{\partial t} + u \frac{\partial u}{\partial x}.$$

Es ist weiter $\varrho\, q\, dx$ die im Raumelement enthaltene Gasmenge und das Produkt in die Beschleunigung $\varrho\, q\, dx \frac{du}{dt}$ muß nach den Grundlehren der Mechanik der wirkenden Kraft gleich sein. Während wir aber in unseren sonstigen Erörterungen unter Mengeneinheit sowohl die Massen- wie auch die Gewichtseinheit, unter ϱ sowohl die Dichte, wie auch das spezifische Gewicht verstehen, müssen wir in der Bewegungsgleichung zwischen Dichte und spezifischem Gewicht streng unterscheiden. Würde ϱ nicht die Dichte, wie wir das voraussetzen wollen, sondern das spezifische Gewicht des Gases bezeichnen, so wäre in den folgenden Gleichungen für ϱ überall $\frac{\varrho}{g}$ zu schreiben, wo g die Schwerebeschleunigung bedeutet.

Herrscht nun an der linken Grenzfläche des Elementes der Druck p_x und an der rechten der Druck p_{x+dx}, so ist die in der positiven X-Richtung als wirkende Kraft vorhandene Druckdifferenz gleich $q(p_x - p_{x+dx})$, oder wenn man p an der Stelle $x + dx$ entwickelt und unendlich Kleines höherer Ordnung vernachlässigt gleich $q\,[p_x - p_x - \frac{\partial p}{\partial x}\,dx] = -\,q\,\frac{\partial p}{\partial x}\,dx$. Das gibt:

$$\varrho\,q\,dx\left(\frac{\partial u}{\partial t} + u\,\frac{\partial u}{\partial x}\right) = -\,q\,\frac{\partial p}{\partial x}\,dx$$

oder

$$\varrho\left(\frac{\partial u}{\partial t} + u\,\frac{\partial u}{\partial x}\right) = -\,\frac{\partial p}{\partial x}. \tag{15}$$

Eine zweite Beziehung liefert die sogenannte Kontinuitätsbedingung. In dem bestimmten Raumelement $q\,dx$ wird sich die Dichte mit der Zeit ändern. Wenn infolge der Bewegung des Gases durch die linke Grenzfläche in das Element Gas eintritt und durch die rechte austritt, so muß die Differenz zwischen ein- und austretender Masse, etwa während der Zeit dt, ebensogroß sein, wie der Massenzuwachs im Raumelement während der gleichen Zeit.

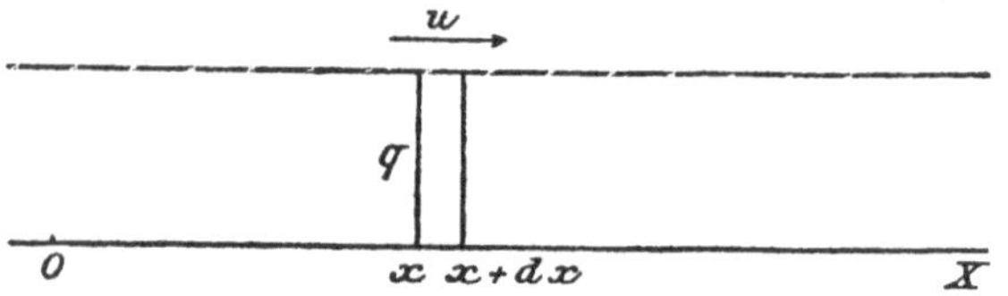

Fig. 41.

Es tritt nun links ein $q\varrho u\,dt$ und rechts aus $q[\varrho u + \frac{\partial(\varrho u)}{\partial x}\,dx]\,dt$, da sich ja u und ϱ mit x ändern. Die Differenz $-\,q\,\frac{\partial(\varrho u)}{\partial x}\,dx\,dt$ muß gleich sein der Änderung der Masse $q\varrho\,dx$ während der Zeit dt, d. h. es ist

$$q\,dx\,\frac{\partial \varrho}{\partial t}\,dt = -\,q\,\frac{\partial(\varrho u)}{\partial x}\,dx\,dt$$

oder

$$\frac{\partial \varrho}{\partial t} + \frac{\partial(\varrho u)}{\partial x} = 0. \tag{16}$$

Wir hätten die Beziehungen (15) und (16) auch sofort aus den Eulerschen Grundgleichungen der Hydrodynamik gewinnen können. Sie ergeben sich aus ihnen, wenn man die Bewegung nur in einer Richtung zuläßt und äußere Kräfte ausschließt.

Der Druck p ist eine Funktion der Dichte des Gases. Erfolgen z. B. die Druckänderungen isotherm, so ist $pv = \frac{p}{\varrho} = \text{const}$, erfolgen sie adiabatisch, so ist $pv^\varkappa = \frac{p}{\varrho^\varkappa} = \text{const}$. Der Druck ist im ersten Falle ϱ, im zweiten $\varrho^\varkappa$ proportional. Wir können aber dieses Abhängigkeitsverhältnis vorderhand noch unbestimmt lassen und $p = \varphi(\varrho)$ schreiben. Es ist dann $\frac{\partial p}{\partial x} = \frac{d\varphi(\varrho)}{d\varrho}\,\frac{\partial \varrho}{\partial x} = \varphi'(\varrho)\,\frac{\partial \varrho}{\partial x}$ und die beiden Gleichungen erhalten auch die Form

$$\varrho\,\frac{\partial u}{\partial t} + \varrho\,u\,\frac{\partial u}{\partial x} = -\,\varphi'(\varrho)\,\frac{\partial \varrho}{\partial x},$$

$$\frac{\partial \varrho}{\partial t} = -\,\varrho\,\frac{\partial u}{\partial x} - u\,\frac{\partial \varrho}{\partial x}.$$

Bei den nächsten Betrachtungen, die sich nur auf die Schalleitung beziehen, schließen wir nun den Fall heftiger Bewegungen, d. h. großer örtlicher und zeitlicher Druck- und Dichtenunterschiede aus, wie sie z. B. beim Knall in der Nähe der Erregungsstelle auftreten. Solche heftige Störungen pflanzen sich mit Geschwindigkeiten fort, die von der Amplitude abhängen und das mehrfache der Schallgeschwindigkeit erreichen können. Für geringere Gleichgewichtsstörungen und vor allem für die gewöhnliche Schalleitung mit konstanter Geschwindigkeit kann man hingegen annehmen, daß u und die zeitlichen und örtlichen Änderungen von u und ϱ, also $\frac{\partial u}{\partial t}$, $\frac{\partial u}{\partial x}$, $\frac{\partial \varrho}{\partial t}$ und $\frac{\partial \varrho}{\partial x}$ so klein sind, daß das Produkt zweier solcher kleiner Größen ohne merklichen Fehler vernachlässigt werden kann. Die beiden Gleichungen lauten dann:

$$\varrho \frac{\partial u}{\partial t} = -\varphi'(\varrho) \frac{\partial \varrho}{\partial x},$$

$$\frac{\partial \varrho}{\partial t} = -\varrho \frac{\partial u}{\partial x}.$$

Die Differentiation der ersten Gleichung nach x liefert:

$$\varrho \frac{\partial^2 u}{\partial t \, \partial x} + \frac{\partial u}{\partial t} \frac{\partial \varrho}{\partial x} = -\varphi'(\varrho) \frac{\partial^2 \varrho}{\partial x^2} - \varphi''(\varrho) \left(\frac{\partial \varrho}{\partial x}\right)^2$$

oder

$$\varrho \frac{\partial^2 u}{\partial t \, \partial x} = -\varphi'(\varrho) \frac{\partial^2 \varrho}{\partial x^2},$$

die der zweiten nach t:

$$\frac{\partial^2 \varrho}{\partial t^2} = -\varrho \frac{\partial^2 u}{\partial x \, \partial t} - \frac{\partial u}{\partial x} \frac{\partial \varrho}{\partial t}$$

oder

$$\varrho \frac{\partial^2 u}{\partial x \, \partial t} = -\frac{\partial^2 \varrho}{\partial t^2}.$$

Aus der Vereinigung beider Beziehungen folgt:

$$\frac{\partial^2 \varrho}{\partial t^2} = \varphi'(\varrho) \frac{\partial^2 \varrho}{\partial x^2}. \tag{17}$$

Es ist dies die Differentialgleichung für die Fortleitung einer beliebigen, wenn nur nicht zu heftigen Störung in einem einseitig ausgedehnten elastischen Mittel. Ist für eine bestimmte Zeit $t = 0$ die Dichte ϱ in bestimmter Weise als $f(x)$ vorgegeben, so liefert die Integration der Gleichung die Dichtenverteilung für eine beliebige spätere Zeit.

Es wäre übrigens ein Leichtes durch Erweiterung der vorstehenden Betrachtung auf drei Dimensionen den Fall zu behandeln, daß die Störung sich allseitig ausbreitet. Es treten dann einfach noch die beiden anderen Koordinatenrichtungen hinzu und es handelt sich um die Lösung der partiellen Differentialgleichung

$$\frac{\partial^2 \varrho}{\partial^2 t} = \varphi'(\varrho) \left\{\frac{\partial^2 \varrho}{\partial x^2} + \frac{\partial^2 \varrho}{\partial y^2} + \frac{\partial^2 \varrho}{\partial z^2}\right\}.$$

Wir wollen zunächst zeigen, daß $\varphi'(\varrho)$ nichts anderes darstellt, als das Quadrat der Geschwindigkeit a mit der sich eine Störung des Druck- und Dichtengleichgewichtes im elastischen Mittel fortpflanzt. Da über die Form der Störung nichts vorausgesetzt wird, als daß sie nicht zu heftig sei, so ist $\varphi'(\varrho)$ auch das Quadrat der Schallgeschwindigkeit, also der Geschwindigkeit, mit der sich eine periodische Druck- und Dichtenänderung ausbreitet. Man sieht nämlich durch Zurückdifferentiieren sofort ein, daß sowohl $f(x - at)$ wie auch $F(x + at)$ partikuläre Lösungen der Differentialgleichung $\frac{\partial^2 \varrho}{\partial t^2} = a^2 \frac{\partial^2 \varrho}{\partial x^2}$ darstellen, wobei die Funktionen f und F ganz willkürlich sind und erst bestimmte Form annehmen, wenn die Dichtenverteilung im Rohr für eine bestimmte Zeit, z. B. für $t = 0$ bestimmt vorgegeben ist. Die allgemeine Lösung ist also

$$\varrho = f(x - at) + F(x + at).$$

Der erste Summand stellt die Gleichung der Störung vor, die sich in der Richtung der positiven x fortpflanzt, da für negative x sich $f(x - at)$ in eine Funktion von $x + at$ verwandelt. Desgleichen gibt der zweite Summand die Störung in der Richtung der negativen x.

Ist nun an der Stelle x und zur Zeit t eine bestimmte Dichte $\varrho = f(x - at)$ vorhanden, so findet sich die gleiche Dichte an der Stelle $x + \xi$ nach Ablauf einer Zeit τ, die sich aus der Gleichung

$$x + \xi - a(t + \tau) = x - at$$

ergibt. Es ist $\xi = a\tau$ oder $a = \frac{\xi}{\tau}$ und somit tatsächlich a die Geschwindigkeit mit der sich eine Störung fortpflanzt.

Newton nahm an, daß die periodische Verdichtung und Verdünnung des schalleitenden Gases isotherm erfolgt, setzte also $p = \varphi(\varrho) = k\varrho$, $\varphi'(\varrho) = k$ und $a = \sqrt{\frac{p}{\varrho}} = \sqrt{pv} = \sqrt{RT}$. Die auf diese Weise für Luft berechnete Schallgeschwindigkeit $\left(280 \frac{\text{m}}{\text{sec}}\right)$ erwies sich aber als wesentlich zu klein. Laplace bemerkte, daß diese raschen Dichtenänderungen als adiabatisch vor sich gehend aufzufassen sind, daß also $p = \varphi(\varrho) = k\varrho^{\varkappa}$, $\varphi'(\varrho) = k\varkappa\varrho^{\varkappa - 1} = \varkappa\frac{p}{\varrho}$ zu setzen ist. Das gibt

$$a = \sqrt{\varkappa\frac{p}{\varrho}} = \sqrt{\varkappa pv} = \sqrt{\varkappa RT}.$$

Diese einfache Formel stimmt nach Einsetzen des anderweitig für das betreffende Gas bestimmten Wertes von $\varkappa$ mit der Erfahrung ausgezeichnet überein. Nur in engen Röhren, wo der Vorgang wegen des Wärmeaustausches mit der Rohrwandung nicht mehr genügend adiabatisch verläuft, ergibt die Rechnung zu hohe Werte. Sie lehrt, daß die Schallgeschwindigkeit, soweit die Gasgleichung gilt, vom Druck und der Dichte des betreffenden Gases nicht abhängt und der Quadratwurzel aus der absoluten Temperatur proportional ist. Für Luft bei 0^0 ist

$$a^2 = \varkappa \frac{p}{\varrho} = 1{\cdot}41 \frac{1013200}{0{\cdot}001293} = 11{\cdot}05 \,.\, 10^8 \left(\frac{\text{cm}}{\text{sec}}\right)^2$$

und

$$a = 332 \frac{\text{m}}{\text{sec}}.$$

Umgekehrt kann man also auch $\varkappa$ berechnen, wenn die Schallgeschwindigkeit bekannt ist.

Schon zu Beginn des vorigen Jahrhunderts hat Chladni die Schallgeschwindigkeit aus der Tonhöhe einer mit dem betreffenden Gas gefüllten Pfeife bestimmter Länge ermittelt, die im Grundton tönt. Ist nämlich λ die Wellenlänge des Grundtons im Gas, so ist die Länge der gedeckten Pfeife gleich $\frac{\lambda}{4}$ und die der offenen gleich $\frac{\lambda}{2}$. (Bei Obertönen im ersten Fall gleich einem ungeraden Vielfachen einer Viertel-, im zweiten Fall gleich einem beliebigen Vielfachen einer halben Wellenlänge.) Ist ferner n die Tonhöhe, d. h. die Zahl der Schwingungen in

Fig. 42.

der Sekunde, die mittels Sirene gemessen werden kann, so gilt bekanntlich $a = n\lambda$.

Zur genauen Messung bedient man sich derzeit hauptsächlich eines von Kundt angegebenen Verfahrens.

Ein Glas- oder Messingstab wird in der Mitte festgeklemmt und längs des einen Endes mit einem feuchten Lappen gerieben. Er gerät in Longitudinalschwingungen und gibt einen ganz bestimmten hohen Ton. Auf das andere Ende des Stabes ist ein rundes Kartonscheibchen gekittet. Es schwingt dann das Scheibchen im Rhythmus des erregten Tones hin und her. Über dieses Ende wird ein Glasrohr geschoben, das durch die Röhrchen R mit dem betreffenden Gas gefüllt werden kann. Die Stöße, die das schwingende Scheibchen K auf das Gas ausübt, werden von einem ebenfalls fast den ganzen Querschnitt ausfüllenden zweiten Kartonscheibchen K' reflektiert und setzen sich mit den neu ankommenden Schwingungen zu stehenden Wellen zusammen, die scharf ausgeprägt sind, wenn die Gassäule zwischen den Scheibchen K und K' die geeignete Länge hat, was durch Verschieben von K' leicht erreicht wird. Die Gassäule gibt dann denselben Ton wie der Stab.

In das Rohr bringt man vorher etwas feines, trockenes Korkpulver und verteilt es durch Klopfen, bis es in einem feinen, überall gleich dicken Strich längs des Rohres liegt. Indem man das Rohr ein wenig dreht, rückt man diesen Strich etwas in die Höhe. Erregt man jetzt den Ton, so fällt das Pulver an den Orten starker Luftbewegung, d. h. an den Schwingungsbäuchen von der Wand herunter, bleibt hingegen an den Knoten liegen. Der Abstand zweier solcher benachbarter Stellen, der durch Mittelbildung über viele gemessen wird, ist gleich der halben Wellenlänge des vom Stab erzeugten Tones in dem betreffenden Gas. Da sich bei gleicher Tonhöhe die Wellenlängen in zwei verschiedenen Gasen wie die Schallgeschwindigkeiten verhalten, genügt es den Versuch zuerst mit Luft auszuführen, um die Schallgeschwindigkeit in einem andern Gas durch die anderweit bereits genau bekannte in Luft ausgedrückt zu erhalten.

Das Verfahren eignet sich übrigens auch zur Bestimmung der Schallgeschwindigkeit in festen Körpern, indem man den Stab aus dem betreffenden Stoff herstellt und den Versuch mit Luftfüllung ausführt. Der Abstand zweier Knoten im Rohr entspricht der halben Wellenlänge des betreffenden Tones in Luft. Nun schwingt aber ein in der Mitte geklemmter, an den Enden freier Stab, bei longitudinaler Erregung offenbar wie eine offene Pfeife, d. h. seine Länge ist gleich der halben Wellenlänge desselben Tons in dem betreffenden Material. Es verhält sich dann gemäß der Beziehung $a = n\lambda$, nachdem n das gleiche ist, die Schallgeschwindigkeit im Stab zu der in Luft, wie die Länge des Stabes zum Abstand zweier Knoten im Rohr.

Die Größe für die Schallgeschwindigkeit in festen Körpern ist rund das zehnfache der in Luft, in Flüssigkeiten rund das fünffache. Unter den Gasen hat Wasserstoff wegen seiner geringen Dichte die größte Schallgeschwindigkeit ($1270\ \frac{\text{m}}{\text{sec}}$ bei 0° C).

§ 41. Versuchsergebnisse.

Was die Versuchsergebnisse anlangt, so ist zunächst zu bemerken, daß die Werte von $\varkappa$ von verschiedenen Beobachtern um viele Prozente voneinander abweichend angegeben werden und nur bei den oft untersuchten Gasen und Dämpfen niedriger Atomzahl hinreichend genau bestimmt erscheinen. Für die unten angeführten mehr als dreiatomigen Gase und Dämpfe wurden daher neben den für $\varkappa$ beobachteten Werten die aus $\varkappa = \frac{C_p}{C_p - 1{\cdot}985}$ berechneten gegeben, die als genauer gelten können. Die Angaben über c_p stimmen besser überein, doch stört hier der Umstand, daß es sich in der Regel um Mittelwerte über große Temperaturbereiche handelt, um so mehr, als $\varkappa$ nach den im vorhergehenden geschilderten Methoden bei einer bestimmten und in der Regel niedrigeren Temperatur erhalten wird. Doch erkennt man die Gültigkeit der folgenden Gesetzmäßigkeiten:

Einatomige Gase (Edelgase) und Metalldämpfe liefern für die Atomwärme bei konstantem Druck nahezu 5, für $\varkappa$ sehr nahe $\frac{5}{3}$, also für die Atomwärme bei konstantem Volumen nahezu 3. Für zweiatomige Gase ist C_p nahe gleich 7, $\varkappa$ nahe $\frac{7}{5}$ und C_v nahe gleich 5. Ausgenommen sind nur die zweiatomigen Dämpfe der Halogengruppe.

Einatomig.

	$\varkappa$	c_p	Atomgewicht	C_p	C_v
Argon . . .	1·67	0·123	39·9	4·91	2·94
Helium .	1·63	1·250	4·0	5·00	3·07

Quecksilber-Dampf	. .	$\varkappa$ = 1·67
Kalium- „	. .	1·64
Natrium- „	. .	1·68
Cadmium- „	.	1·67

Zweiatomig.

	$\varkappa$	c_v	μ	C_p	C_v	$C_p - C_v$
Wasserstoff .	1·41	3·410 (21—100°)	2	6·82	4·84	1·98
Sauerstoff .	1·40	0·219 (20°)	32	7·01	5·01	2·00
Stickstoff	1·41	0·249 (20°)	28	6·97	4·95	2·02
Kohlenoxyd . . .	1·41	0·242 (23— 99°)	28	6·78	4·81	1·97
Stickoxyd	1·40	0·231 (13—172°)	30	6·93	4·95	1·98
Chlorwasserstoff . . .	1·405	0·194 (13—100°)	36·5	7·08	5·04	2·04
Bromwasserstoff . .	1·42	0·082 (11—100°)	81	6·64	4·68	1·96
Jodwasserstoff . . .	1·40	0·055 (21—100°)	128	7·04	5·03	2·01
Chlor	1·32	0·116 (16—343°)	70·9	8·22	6·23	1·99
Brom .	1·29	0·055 (19—388°)	159·8	8·79	6·81	1·98
Jod . .	1·30	0·034 (206—377°)	253·8	8·63	6·64	1·99

Dreiatomig.

	$\varkappa$	c_p	μ	C_p	C_v	$C_p - C_v$
Kohlensäure . . .	1·305	0·201 (0°)	44	8·84	6·78	2·06
Schwefelwasserstoff .	1·33	0·245 (20—206°)	34·1	8·36	6·28	2·08
Stickoxydul . . .	1·27	0·225 (27—206°)	44	9·90	7·80	2·10
Schweflige Säure . .	1·26	0·154 (16—202°)	64·1	9·87	7·83	2·04
Wasserdampf	1·30	0·467 (0°)	18	8·41	6·47	1·94

Mehratomig.

	$\varkappa$ beob.	$\varkappa$ ber.	c_p	μ	C_p
Ammoniak (NH_3)	1·30	1·29	0·520 (23—100°)	17	8·84
Äthylen (C_2H_4)	1·26	1·21	0·406 (10—202°)	28	11·37
Alkoholdampf (C_2H_6O) . .	1·13	1·11	0·453 (108—220°)	46	20·84
Benzoldampf (C_6H_6)	1·11	1·08	0·332 (35—180°)	78	25·90
Ätherdampf ($C_4H_{10}O$) .	1·08	1·06	0·462 (27—189°)	74	34·19

Für dreiatomige Gase gilt in nur ganz grober Annäherung $C_p = 8$, $\varkappa = \frac{4}{3}$, $C_v = 6$ und für höhere Atomzahlen hören alle einfachen Gesetzmäßigkeiten auf. Man kann nur sagen, daß für vielatomige Gase und Dämpfe C_p groß wird und da $C_p - C_v$ sehr nahe gleich 2 bleibt, so wird $\varkappa$ nahe gleich 1. Doch kann es die Eins nie erreichen, da das voraussetzen würde, daß C_p unendlich groß ist. Der Wert von $\varkappa$ liegt also allgemein zwischen $\frac{5}{3}$ und 1.

Daß $C_p - C_v$ in der Tat nahe gleich $A\mathfrak{R} = 1{\cdot}985$ ist, wie das die vorstehenden Beobachtungen an 2- und 3-atomigen Gasen zeigen, findet natürlich seine Begründung nicht in diesen Beobachtungen, sondern in der Gasgleichung, als deren notwendige Folge diese Beziehung zu betrachten ist. Sie wird um so besser erfüllt sein, je weiter der betreffende Körper von der Verflüssigung entfernt ist, d. h. je höher die Temperatur oder je geringer der Druck ist, bei dem man c_p und $\varkappa$ bestimmt; desto genauer gilt ja auch die Gasgleichung.

Die Gesetzmäßigkeiten, welche die sp. W. der einfacher gebauten Gase aufweisen, sind von hohem theoretischem Interesse. Es ist be-

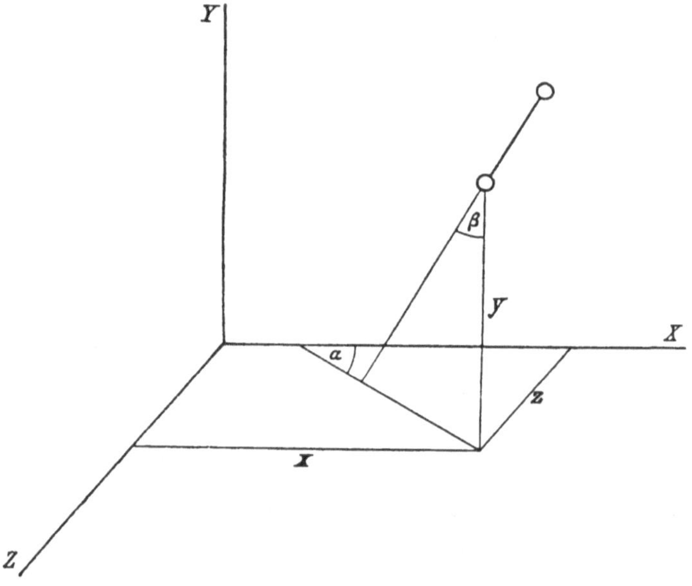

Fig. 43.

sonders zu bemerken, daß für einatomige Gase oder Dämpfe der Wert $\varkappa = \frac{5}{3}$ auf Grund atomistischer Vorstellungen vorhergesagt wurde (Clausius).

Wenn die Molekel nur aus einem kugelförmigen Atom besteht, so wird ihre Lage durch die Angabe der drei Koordinaten des Zentrums bestimmt sein. Haben wir eine zweiatomige Molekel vor uns, deren Atome hantelförmig starr miteinander verbunden sind, so müssen zur Bestimmung der Lage der Molekel außer den drei Zentrumskoordinaten einer der beiden Atome noch die zwei Winkel α und β gegeben sein, welche die Verbindungslinie der beiden Atomzentren mit zwei der Koordinatenachsen einschließt. Kommt ein drittes, ebenfalls wieder starr verbunden gedachtes Atom hinzu, so ist ein weiterer Winkel nötig, der die Ebene, in der die drei Atomzentren liegen, in bezug auf eine der Koordinatenebenen festlegt.

Eine weitere Erhöhung der Zahl der Atome erhöht aber, starre Verbindung vorausgesetzt, nicht mehr die Zahl der zur Feststellung der Lage nötigen Bestimmungsstücke; denn die Lage eines ganz beliebigen starren Körpers ist durch die Angabe seiner Schwerpunktskoordinaten und dreier Winkel bestimmt. Durch die Veränderung der Schwerpunktskoordinaten ist die fortschreitende Bewegung des Systems gegeben, durch die der Winkelkoordinaten seine Drehung. Man nennt die Längen- oder Winkelkoordinaten, welche zur Feststellung der Lage eines mechanischen Systems nötig sind, die Freiheitsgrade des Systems, da wir sie uns beliebig verändert denken können. Es hat also, Starrheit vorausgesetzt, die einatomige Molekel 3, die zweiatomige 5, die drei- und mehratomige 6 Freiheitsgrade. Es mußte nun auffallen, daß die sp. W. der einfachst gebauten Gase bei konstantem Volumen genommen und auf das Mol, d. h. auf gleiche Molekelzahl bezogen, sich wie die Zahl der Freiheitsgrade verhalten, um so mehr als zufällig in Kalorien ausgedrückt, diese Molekularwärmen für die ein-, zwei- und dreiatomigen Gase gerade 3, 5 und 6 sind; weiter mußte auffallen, daß die Atomwärme der festen elementaren Körper, die nach der Dulong-Petitschen Regel bei 6 liegt, den doppelten Wert des einatomigen Gases aufweist.

Die „statistische Mechanik“, von Boltzmann und Gibbs begründet, konnte diese Zusammenhänge insofern aufdecken, als sie nachwies, daß die kinetische Energie beliebiger mechanischer Systeme bei bestimmter Temperatur im Mittel über viele der Zahl der Freiheitsgrade proportional ist (Satz der gleichen Energieverteilung oder Äquipartitionstheorem), und zwar entfällt nach dieser Theorie auf das Mol Gas pro Freiheitsgrad der Energiebetrag $\frac{1}{2}\mathfrak{R}\,T$, was pro C^0 einem Energiezuwachs von $\frac{1}{2}\mathfrak{R}$ entspricht. Da in einem Gas die Kohäsionskräfte fehlen, ist, wenn man die Energie innerhalb des Atoms als konstant betrachtet, der gesamte Zuwachs an kinetischer Energie zugleich der gesamte Zuwachs an innerer Energie überhaupt. Ist also z die Zahl der Freiheitsgrade der Molekel, so ist in mechanischem Maß $C_v = \frac{z}{2}\mathfrak{R}$ und im kalorischen Maß $\frac{z}{2} A\,\mathfrak{R} = \frac{z}{2} . 1\cdot985$ oder rund z, in Übereinstimmung mit der Erfahrung an Gasen niedriger Atomzahl. Was die festen elementaren Körper betrifft, so ist in ihnen die Kohäsion sehr groß; die Atome werden durch die Kräfte, welche sie aufeinander ausüben, in Ruhelagen gehalten, um die sie infolge der Wärmebewegung schwingen. Da nach dem Gesetz von Hooke die elastischen Deformationen den wirkenden Kräften proportional sind, kann man annehmen, daß die

Atome des festen Körpers um ihre Ruhelagen harmonisch schwingen, d. h. unter dem Einfluß von Kräften, die der Entfernung aus der Ruhelage proportional sind. Dann ist aber, natürlich wieder im Mittel über viele, die potentielle Energie der Atome gleich ihrer kinetischen, also die Atomwärme des festen Elementes gleich der doppelten des einatomigen Gases, d. h. rund 6.

Doch ergaben sich bei Fortführung dieser Theorie gewisse Schwierigkeiten. Daß schon zweiatomige Gase, nämlich die der Halogengruppe, vor allem aber mehratomige Gase Molekularwärmen über 6 zeigen, läßt sich noch durch die Annahme erklären, daß bei ihnen die Atome nicht mehr starr verbunden sind, sondern gegeneinander Schwingungen ausführen können, so daß die Zahl der Freiheitsgrade und damit die sp. W. wächst. Ein $\varkappa = 1 \cdot 1$ verlangt bereits $C_v = 20$, also 20 Freiheitsgrade. Auch die Abhängigkeit der sp. W. der Gase von der Temperatur läßt sich durch Änderung in der Zahl der Freiheitsgrade deuten.

Nur die sp. W. der einatomigen Gase ist, soweit die Beobachtungen reichen (-255 bis $+2000^0$), konstant. Vom Anstieg der sp. W. zwei- und dreiatomiger Gase bei höheren Temperaturen wurde bereits im § 37 berichtet. Noch ausgesprochener wird dieser Gang bei tiefen Temperaturen, wie die folgende von Eucken an Wasserstoff erhaltene Beobachtungsreihe beweist:

ϑ^0	-238	-223	-193	-173	0
T^0	35	50	80	100	273
C_v	2·98	3·01	3·14	3·42	4·84

Es zeigt sich also für tiefe Temperaturen allmähliche Näherung an den für einatomige Gase geltenden Wert $C_v = \frac{3}{2} A \mathfrak{R} = 2 \cdot 98$ und man ist geneigt mit Nernst anzunehmen, daß dieses Verhalten allgemein sei, d. h. daß bei allen Gasen und Dämpfen bei hinreichend tiefen Temperaturen der Wert $\frac{3}{2} A \mathfrak{R}$ erreicht wird. Aber bei den allertiefsten Temperaturen, in unmittelbarer Nähe des Nullpunkts soll nach Nernst auch die sp. W. der Gase, soweit sie dort als solche überhaupt existenzfähig sind, wie die der festen Körper rasch der Null zustreben. Die innere Energie ändert sich dort mit der Temperatur überhaupt nicht mehr, ohne daß sie deswegen selbst gleich Null werden muß, da, wie schon am Schluß von § 33 erwähnt wurde, manche Erscheinungen dafür sprechen, daß innerhalb des Atoms Energien vorhanden sind, die durch Temperaturveränderung nicht beeinflußt werden.

Um dieses Verhalten zu deuten ist man, wie schon gesagt, genötigt die Zahl der wirkenden Freiheitsgrade als mit der Temperatur veränderlich zu betrachten. Beim absoluten Nullpunkt liegen die vollkommen starren Molekel starr aneinander. Mit steigender Temperatur werden zuerst die drei Freiheitsgrade der Progressivbewegung wirksam ($C_v = 2 \cdot 98$), dann auch noch die 2 oder 3 Freiheitsgrade der Drehbewegung und schließlich weitere Freiheitsgrade, die infolge des Unstarrwerdens der Molekel auftreten.

Schwer sind aber vom Standpunkte dieser im vorhergehenden kurz erörterten „klassischen" Theorie Einwände zu entkräften, die darauf hinweisen, daß die einatomige Molekel sich nicht nur progressiv bewegen, sondern auch rotieren kann und daß ebenso bei der zweiatomigen Molekel auch noch eine Rotation um die Verbindungslinie der beiden Atome als Achse möglich ist. Hierdurch würde, im Widerspruch mit der Erfahrung das einatomige Gas einen vierten, das zweiatomige einen sechsten Freiheitsgrad erhalten. Man kann zwar, um die Vernachlässigung dieser Rotationsenergien zu rechtfertigen, auf das ungeheuer kleine Trägheitsmoment der Molekel hinweisen, müßte aber dann zugleich die Rotationsgeschwindigkeit begrenzen und jedenfalls in Widerspruch mit dem Satz der gleichen Energieverteilung geraten. Diese Schwierigkeit, zu der sich überhaupt Zweifel an der Berechtigung gewisser diesem Satz zugrunde liegender Annahmen gesellten, hat neuerdings wie in der Theorie der sp. W. fester Körper auch hier die Einführung der quantentheoretischen Betrachtung veranlaßt. Nach der Quantentheorie ist der Satz der gleichen Energieverteilung ein Grenzgesetz, das erst von einer gewissen Temperatur aufwärts gilt, wobei aber diese Grenztemperatur nicht nur vom Stoff, sondern auch vom Freiheitsgrad abhängt. Bei den ungeheuer raschen Schwingungen der Atome von Körpern, die sich durch große Härte und kleines Atomgewicht auszeichnen (Diamant, Bor, Silizium), bei den enorm raschen Rotationen der Molekel einatomiger Gase, ist auch bei hoher Temperatur bezüglich dieser Bewegungen die Energie nicht gleichmäßig verteilt.

§ 42. Berechnung des mechanischen Wärmeäquivalents durch R. Mayer.

Die Gleichung $c_p - c_v = AR$ besagt, daß c_p für das ideale Gas um die im Wärmemaß ausgedrückte Gaskonstante größer ist als c_v. Die Gaskonstante $R = \frac{p_0 v_0}{273}$, d. h. der Quotient aus dem Wert, den das Produkt pv für 0^0 C besitzt und 273, ist aber nichts anderes, als die bei isobarer Erwärmung um 1^0 von dem vorhandenen beliebigen aber konstanten Druck p und von der Mengeneinheit des Gases geleistete Arbeit; denn ist v_0 das bei diesem Druck p und bei 0^0 gemessene spezifische Volumen des Gases, so beträgt beim Erwärmen unter eben diesem Druck der Volumszuwachs pro Grad $\frac{v_0}{273}$ und die hierbei geleistete isobare Ausdehnungsarbeit $\frac{p v_0}{273}$. Dafür können wir aber auch $\frac{p_0 v_0}{273}$ schreiben, wenn wir, wie üblich, unter p_0 den Druck einer Atmosphäre verstehen, gleichzeitig aber unter v_0 das jetzt dem Druck einer Atmosphäre zugehörige spezifische Volumen bei 0^0.

Die Gültigkeit der obigen Gleichung läßt sich unmittelbar aus dem Äquivalenzsatz herleiten, wenn man einmal weiß, daß die innere Energie eines idealen Gases vom Volumen nicht abhängt; denn dann kann ja die Differenz $c_p - c_v$ nur zur Leistung von äußerer Arbeit verwendet worden sein, als welche bei der langsamen Strömung, wie sie bei der kalorimetrischen Bestimmung von c_p besteht, nur die Überwindung des äußeren Druckes in Frage kommt. Indem R. Mayer auf Grund des Gay-Lussacschen Versuches für Luft das gleiche Verhalten voraussetzte, wie für ein ideales Gas, konnte er umgekehrt aus der obigen Beziehung zum ersten Mal das mechanische Wärmeäquivalent als $J = \frac{R}{c_p - c_v}$ ermitteln. Er fand mit den damals vorliegenden, ungenauen Zahlen von c_p und $\varkappa$ für J den Wert 367 kgm/Cal. Setzt man mit den Ergebnissen neuerer Messungen für Luft $R = 29\cdot 3$, $c_p = 0\cdot 241$, $\varkappa = 1\cdot 405$, so erhält man $J = 421\cdot 7$. Doch würde $\varkappa = 1\cdot 40$ den um 1% höheren Wert 425·5 ergeben. Da die Messungen von $\varkappa$ nur mäßig genau sind, erscheint dieses historisch grundlegende Verfahren zur zahlenmäßigen Ermittlung des mechanischen Wärmeäquivalentes wenig geeignet.

§ 43. Berechnung von $\frac{c_p}{c_v}$ für Gasgemische.

Es ist von praktischer Wichtigkeit den Wert von $\varkappa$ für ein Gasgemisch aus den Werten zu berechnen, welche $\varkappa$ für die einzelnen Bestandteile besitzt.

Die Gesamtmenge von n gr des Gemisches bestehe aus n_1 gr eines ersten Gases mit dem Molekulargewicht μ_1, also der Molzahl $\frac{n_1}{\mu_1} = \nu_1$, der sp. W. $c_v^{(1)}$, der entsprechenden Molekularwärme $C_v^{(1)}$ und dem Verhältnis der sp. W. $\frac{c_p^{(1)}}{c_v^{(1)}} = \frac{C_p^{(1)}}{C_v^{(1)}} = \varkappa_1$. Für einen zweiten Bestandteil seien n_2, μ_2, ν_2, $c_v^{(2)}$, $C_v^{(2)}$ und $\varkappa_2$ die betreffenden Werte und für den beliebigen h-ten n_h, μ_h, ν_h, $c_v^{(h)}$, $C_v^{(h)}$ und $\varkappa_h$. Da ein Mol eines jeden Gases das gleiche Volumen einnimmt, geben die Molzahlen ν zugleich auch die Zusammensetzung des Gemisches nach Volumsteilen der Einzelgase, wie sie die chemische Analyse liefert.

Soweit die Gasgleichung für das Gemisch gilt, ist nun für dieses $C_p - C_v = A\mathfrak{R}$, also seine Molekularwärme (Produkt aus c_v und dem scheinbaren Molekulargewicht $\mu = \frac{n}{\nu_1 + \nu_2 + \ldots}$) $C_v = \frac{A\mathfrak{R}}{\varkappa - 1}$ und die für jeden Bestandteil, z. B. den h-ten $C_v^{(h)} = \frac{A\mathfrak{R}}{\varkappa_h - 1}$. Anderseits ist auch nach der Mischungsregel $c_v = \frac{n_1 c_v^{(1)} + n_2 c_v^{(2)} + \ldots}{n}$ oder $C_v = \frac{n\, c_v}{\nu_1 + \nu_2 + \ldots} = \frac{\nu_1 C_v^{(1)} + \nu_2 C_v^{(2)} + \ldots}{\nu_1 + \nu_2 + \ldots}$. Das gibt aus $\frac{A\mathfrak{R}}{\varkappa - 1} = \frac{A\mathfrak{R}\left[\frac{\nu_1}{\varkappa_1 - 1} + \frac{\nu_2}{\varkappa_2 - 1} + \ldots\right]}{\nu_1 + \nu_2 + \ldots}$ oder $\frac{\sum \nu_h}{\varkappa - 1} = \sum \frac{\nu_h}{\varkappa_h - 1}$ den Wert von $\varkappa$ für das Gemisch:

$$\varkappa = 1 + \frac{\sum \nu_h}{\sum \frac{\nu_h}{\varkappa_h - 1}}.$$

Man sieht aus dieser Formel, daß es unrichtig wäre zur Berechnung von $\varkappa$ etwa die einfache Mischungsregel anzuwenden; die Anwesenheit eines einzigen Bestandteils, dessen $\varkappa$ nahe gleich 1 ist, nähert den Wert für das Gemisch der 1 mehr, als sich das nach der Mischungsregel ergeben würde.

Es bestehe z. B. die Hälfte des Volumens aus Luft, die andere aus Benzoldampf. Dann ist $\varkappa = 1 + \frac{2}{\frac{1}{0\cdot41} + \frac{1}{0\cdot08}} = 1\cdot13$. Nach der Mischungsregel wäre für dieses (in 100 gr 27 gr Luft und 73 gr Benzoldampf enthaltende) Gemisch $\varkappa = \frac{27.1\cdot41 + 73.1\cdot08}{100} = 1\cdot17$.

§ 44. Ausströmung idealer Gase.

Anschließend an die mechanischen Betrachtungen, die oben zur Berechnung der Schallgeschwindigkeit angestellt wurden, soll der Ausfluß

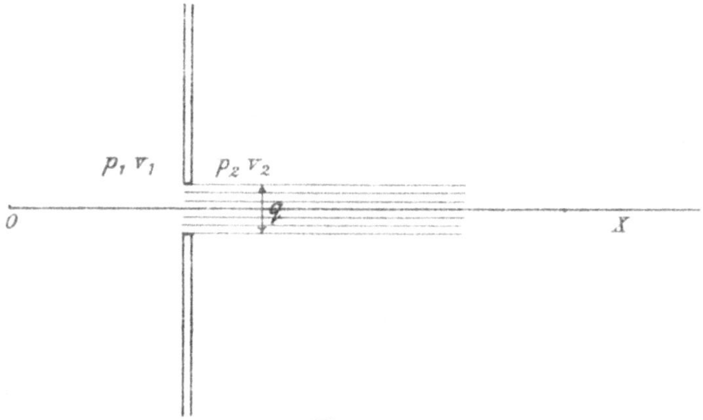

Fig. 44.

eines idealen Gases aus einer Öffnung unter den allereinfachsten Voraussetzungen behandelt werden.

In einem großen Gefäß sei ein Gas unter höherem Druck p_1 enthalten und ströme durch eine in der Wand des Gefäßes befindliche Öffnung vom Querschnitt q in einen Raum von niedrigerem Gasdruck p_2, z. B. in die freie Atmosphäre. Sieht man von der Reibung ganz ab, welche das zur Öffnung und durch die Öffnung drängende Gas sowohl durch die innere Reibung verschieden rasch bewegter Gasschichten aneinander, wie durch die äußere an der Wand des Gefäßes erfährt und bedenkt, daß das Gas in allen Teilen, in denen es beträchtliche Geschwindigkeit hat, in der Richtung der zur Öffnung errichteten Normalen, die wir als X-Richtung wählen, wie in einem Rohr vom Querschnitt q strömt, so können wir die oben in § 40 abgeleitete Gleichung (15)

$$\frac{\partial u}{\partial t} + u\frac{\partial u}{\partial x} = -\frac{1}{\varrho}\frac{\partial p}{\partial x}$$

auch auf diesen Fall anwenden; denn bei ihrer Ableitung wurden über die Größe des Druckgefälles und der Geschwindigkeit noch nicht die einschränkenden Annahmen gemacht, die dann bei der Untersuchung der Schallbewegung eingeführt wurden. Ist die Öffnung zunächst verschlossen und wird sie plötzlich geöffnet, so stellt sich die Strömung mit großer Geschwindigkeit her und ist dann weiterhin, sofern sich der Gasvorrat nicht erschöpft, stationär. An bestimmter Stelle x hat u einen bestimmten von t unabhängigen Wert, d. h. es ist $\frac{\partial u}{\partial t} = 0$. Ebenso ist p nur Funktion von x und nicht von t. Für diesen stationären Zustand gilt somit:

$$u \frac{du}{dx} = -\frac{1}{\varrho} \frac{dp}{dx}$$

oder

$$u\,du = -v\,dp\,.$$

Setzen wir die Geschwindigkeit auf der linken Seite der Öffnung, wo der Druck p_1 herrscht gleich Null und rechts von der Öffnung, wo wenigstens genähert der Druck p_2 herrscht, gleich U, so können wir die letzte Gleichung links von Null bis U, rechts von p_1 bis p_2 integrieren und erhalten:

$$\tfrac{1}{2} U^2 = -\int_{p_1}^{p_2} v\,dp\,. \tag{18}$$

Hieraus ist die Ausströmungsgeschwindigkeit U berechenbar. Ihr Wert wird wieder davon abhängen, welches Gesetz wir für den Zusammenhang zwischen Druck und Dichte annehmen, d. h. für den Weg auf welchem die Entspannung erfolgt.

Wir betrachten zunächst den Fall, daß die Öffnung sehr eng, also der Gasstrahl sehr dünn ist. Dann wird die Abkühlung bei der Expansion von der Wandung aus durch Wärmezufuhr ausgeglichen werden und der Vorgang isotherm verlaufen, also $pv = k$, $p\,dv + v\,dp = 0$ und $v\,dp = -p\,dv$ sein. Sind v_1 und v_2 die spezifischen Volumina des Gases innerhalb und außerhalb des Gefäßes, so wird in diesem Fall:

$$\tfrac{1}{2} U^2 = \int_{v_1}^{v_2} p\,dv = k \ln \frac{v_2}{v_1} = R\,T \ln \frac{v_2}{v_1} = p_2 v_2 \ln \frac{p_1}{p_2}\,. \tag{18'}$$

Der Vergleich mit Gleichung (4) lehrt, daß hier die lebendige Kraft der Strömung einfach gleich ist der bei der isothermen Ausdehnung geleisteten Arbeit.

Ist übrigens die Druckdifferenz $p_1 - p_2 = \Delta p$ klein, so daß $\frac{\Delta p}{p_2}$ als kleiner Bruch behandelt werden kann, dessen höhere Potenzen vernachlässigt werden dürfen, so ist $\ln \frac{p_1}{p_2} = \ln\left(1 + \frac{\Delta p}{p_2}\right)$ nach der bekannten

Formel für $\ln(1+x)$ auch genähert gleich $\frac{\Delta p}{p_2}$ und es wird $\frac{1}{2} U^2 = v_2 \Delta p$ und $U = \sqrt{2 \frac{\Delta p}{\varrho_2}}$ (Grahams Gesetz).

Das sekundlich ausfließende Gasvolumen ist

$$V = q\,U = q \sqrt{2 \frac{p_2}{\varrho_2} \ln \frac{p_1}{p_2}}$$

oder wieder genähert $q \sqrt{\frac{2 \Delta p}{\varrho_2}}$. Es ist also unter gleichen Druckverhältnissen für verschiedene Gase der Quadratwurzel aus ihren Dichten verkehrt proportional, außerdem für das gleiche Gas genähert proportional der Quadratwurzel aus dem herrschenden Überdruck.

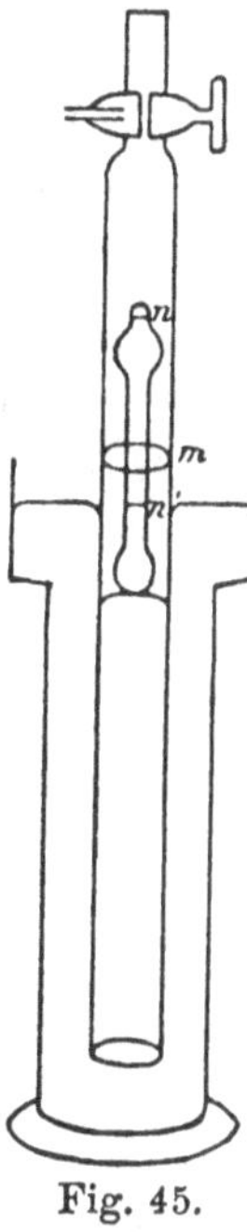

Fig. 45.

Die erste dieser beiden Gesetzmäßigkeiten hat Bunsen für ein Verfahren angewendet, das in zwar nicht sehr genauer aber bequemer Weise ohne alle Wägung die Dichte zweier Gase miteinander zu vergleichen gestattet. Die nebenstehende Figur gibt den in Gasanstalten, Kokereien usw. verwendeten Apparat beiläufig wieder.

In einem eisernen Standzylinder, der mit Quecksilber gefüllt ist, läßt sich eine mit dem betreffenden Gase gefüllte Glasröhre bis zu einer mit dem Diamant eingeritzten Marke m eintauchen. Zur genauen Einstellung sind am erweiterten Ende des Zylinders vorn und hinten je eine Glasplatte aufgekittet. Die Röhre ist (zwecks bequemer Füllung) mit einem Zweiweghahn versehen und am oberen Ende mit einem dünnen Platinblech verschlossen, in das mittels einer Nadel ein sehr feines Loch gestochen wurde. Das Steigen des Quecksilberspiegels im Rohr wird an einem Glasschwimmer beobachtet, der mit zwei Marken n und n' versehen ist. Man beobachtet, am besten mit einer „Stoppuhr" mit Sekundenspringzeiger, die Zeit, die zwischen dem Passieren der Marken n und n' an der Marke m verstreicht. Der Versuch wird zuerst mit Luft, dann mit dem betreffenden Gas ausgeführt. Im ersten Fall werde die Zeit t', im zweiten die Zeit t'' gemessen. Beidesmal ist unter genau den gleichen Druckverhältnissen das gleiche Gasvolumen durch das Loch ausgeströmt. Da die in gleichen Zeiten ausströmenden Volumina verschiedener Gase der Wurzel aus ihren Dichten verkehrt proportional sind, so müssen die zum Ausströmen gleichen Volumens nötigen Zeiten der Wurzel aus den Dichten direkt proportional sein, oder es ist, wenn ϱ' die Dichte der Luft, ϱ'' die gesuchte Dichte des zweiten Gases bezeichnet $\varrho'' = \varrho' \frac{t''^2}{t'^2}$.

Als zweiten Grenzfall nehmen wir an, daß die Öffnung weit ist, so daß die Abkühlung bei der Expansion nicht durch Wärmezufuhr von der Wand ausgeglichen wird. Der Ausströmungsvorgang verläuft dann adiabatisch. Es ist jetzt $p v^{\varkappa} = k$, $p \varkappa v^{\varkappa - 1} dv + v^{\varkappa} dp = 0$ und $v\,dp = -\varkappa p\,dv$. Das gibt

$$\tfrac{1}{2} U^2 = \varkappa \int_{v_1}^{v_2} p\,dv = \frac{\varkappa}{\varkappa - 1}(p_1 v_1 - p_2 v_2) = J c_p (\vartheta_1 - \vartheta_2), \qquad (18'')$$

wenn man für die längs der Adiabate geleistete Arbeit $\int_{v_1}^{v_2} p\,dv$ die Ausdrücke (14') bzw. (14) einsetzt.[1] Es ist nun $c_p = c_v + AR$ und man erkennt, daß sich die Strömungsenergie aus $J c_v (\vartheta_1 - \vartheta_2)$ und $J A R(\vartheta_1 - \vartheta_2) = R(T_1 - T_2)$ zusammensetzt, wo der erste Summand die auf der Adiabate geleistete Ausdehnungsarbeit bedeutet, während der zweite die Differenz $p_1 v_1 - p_2 v_2 = R(T_1 - T_2)$ darstellt und ebenfalls eine Arbeitsleistung beinhaltet, die hier eine weitere Steigerung der Strömungsenergie bewirkt, aber bei der isothermen Ausströmung, wo $p_1 v_1 = p_2 v_2$ ist, nicht in Erscheinung tritt.

Um das ganz zu verstehen denken wir uns in einem durch eine mit einer Öffnung versehene Scheidewand getrenntem Rohr von überall

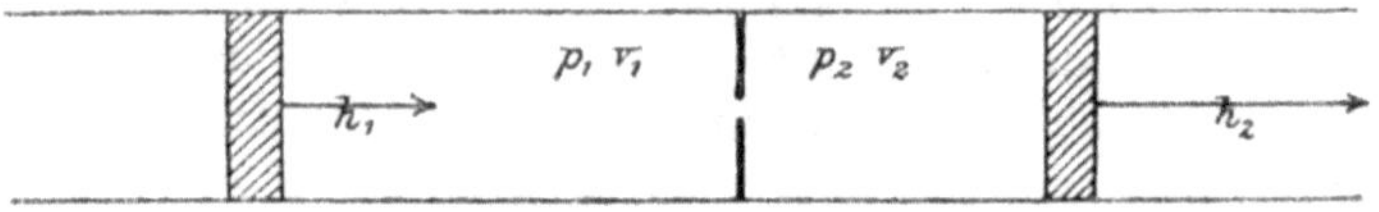

Fig. 46.

gleichem Querschnitt q zwei bewegliche Kolben. Der linke treibt das Gas mit dem konstanten Druck p_1 durch die Öffnung, der rechte weiche gleichzeitig so zurück, daß dort ständig der niedrigere Druck p_2 herrscht. Das läßt sich durch entsprechende Belastung der Kolben automatisch erreichen. Der Vorgang ist dann der gleiche, wie wir ihn bisher betrachtet haben, nur daß die beiderseitige Konstanz der Drucke nicht durch Anwendung großer Gefäße, sondern durch die Verschiebung der Kolben erzielt wird. Verschiebt sich der linke Kolben um die Strecke h_1, so ist ein Gasvolumen $V_1 = q h_1$ durch die Öffnung ausgetreten und es mußte hierzu links die Arbeit (Kraft × Weg) $q p_1 \times h_1 = p_1 V_1$ aufgewendet werden. Da das rechts eingetretene Gas unter dem dort herrschenden

[1] Vergleicht man die Ausdrücke (18') und (18'') mit den auf Seite 96 für die Betriebsarbeit eines isotherm und eines adiabatisch wirkenden Kompressors abgeleiteten, so sieht man, daß die kinetische Energie der im Gasstrahl bewegten Masseneinheit $^1/_2\, U^2$ gleich derjenigen Arbeit ist, welcher man umgekehrt bedarf, um diese ausgeströmte Masseneinheit mittels eines Kompressors in das Gefäß, d. h. vom Druck p_2 auf den Druck p_1 zurückzubringen. Man braucht dort nur V durch v zu ersetzen. Man könnte also diese Ausdrücke auch ohne alle aerodynamische Betrachtungen auf Grund des Energiesatzes unmittelbar hinschreiben.

kleineren Druck ein größeres Volumen einnimmt, so mußte sich gleichzeitig der rechte Kolben um eine größere Strecke h_2 hinausbewegen, so daß $V_2 = q h_2$ ist, wobei die Arbeit $q p_2 \times h_2 = p_2 V_2$ gewonnen wurde. Die Differenz $p_1 V_1 - p_2 V_2$ oder pro Mengeneinheit gerechnet $p_1 v_1 - p_2 v_2$ ist der Überschuß an Druckarbeit, der sich noch in Strömungsenergie umsetzt.

Es ist bei dieser Gelegenheit zu bemerken, daß durch adiabatische Ausströmung eines idealen Gases nur eine zeitweise (dynamische) keineswegs eine dauernde (statische) Abkühlung erreicht wird. Die Temperatur ist nur innerhalb des im Gasstrahl mit der Geschwindigkeit U bewegten Gases von ϑ_1 auf ϑ_2 erniedrigt. Im selben Maß in dem diese Geschwindigkeit durch Reibung am Mittel, in das der Strahl einströmt, vernichtet wird, erwärmt sich das Gas auch wieder und ist es völlig zur Ruhe gekommen, so hat es die ursprüngliche Temperatur. Das ist offenbar für das ideale Gas genau richtig, da einerseits c_v von Druck und Dichte nicht abhängt und anderseits für zwei auf einer Isotherme liegende Zustände $p_1 v_1 = p_2 v_2$ ist. Es wird dann die Strömungsenergie, völlig in Wärme zurückverwandelt, auch genau die ursprüngliche Temperatur wieder herstellen. Denken wir uns also in einem Rohr einen porösen Pfropfen aus die Wärme sehr schlecht leitendem Material (Wattepfropfen) befestigt, durch den das Gas wegen der starken „Drosselung" trotz des Druckunterschieds auf beiden Seiten nur langsam hindurchdringt. In den Poren findet eine heftige Strömung und wegen der geringen Wärmeableitung trotz der kleinen Porenquerschnitte adiabatische Expansion statt, aber in kurzer Entfernung hinter dem Pfropfen wird, von einer gelinden Strömung abgesehen, das Gas wieder in Ruhe sein. Soweit die Gasgleichung gilt, muß dann ein dort befindliches Thermometer dieselbe Temperatur zeigen, wie sie vor dem Pfropfen gemessen wird. Ein doch vorhandener Temperaturunterschied läßt auf Abweichungen vom Gasgesetz schließen, ja kann, wenn in seiner Abhängigkeit von Druckdifferenz und Versuchstemperatur genau untersucht, zur Verbesserung der Gasgleichung führen. Derartige Messungen wurden von Joule und W. Thomson an verschiedenen Gasen ausgeführt, und wir haben sie schon bei Besprechung des Gay-Lussacschen Versuches (§ 35) erwähnt. Auf ihre Ergebnisse wird noch zurückzukommen sein (§ 84). Es ist aber wohl zu beachten, daß der Versuch von Gay-Lussac sich nicht etwa einfach mit dem von Joule-Thomson deckt. Bei der Expansion in ein evakuiertes Gefäß ist nach erfolgter Beruhigung im ganzen weder Arbeit

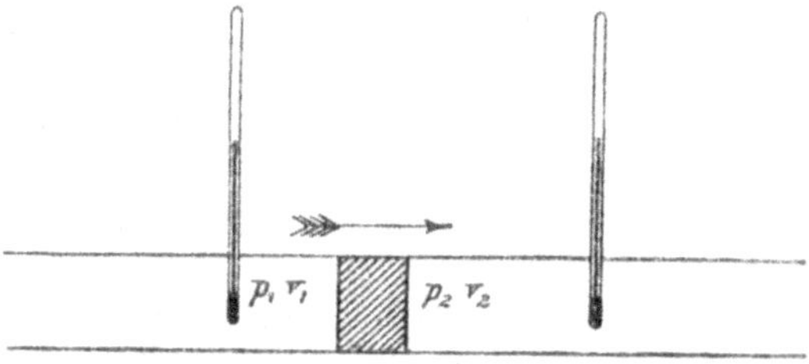

Fig. 47.

verbraucht noch geleistet worden und da der Vorgang auch ohne Wärmezu- oder -abfuhr verläuft, so ist die Energie konstant geblieben, da nach dem I. Hauptsatz (Gleichung I) die innere Energie eines Körpers nur durch Wärme- oder Arbeitszufuhr (-entzug) geändert wird. Beim Drosselungsversuch ist zwar auch kein Wärmeaustausch erfolgt und auch die Strömungsenergie wieder als Reibungswärme zugeführt worden; aber es wurde außerdem noch bei der Expansion die Arbeit $p_1 v_1 - p_2 v_2$ in die Mengeneinheit des Gases hineingesteckt und um das Wärmeäquivalent dieses Arbeitsbetrages muß die Energie u_2 größer sein als u_1; d. h. es ist $u_2 - u_1 = A(p_1 v_1 - p_2 v_2)$ oder

$$u_1 + A p_1 v_1 = u_2 + A p_2 v_2 \,. \tag{19}$$

In Gay-Lussacs Versuch bleibt also u, im Joule-Thomson Versuch bleibt $u + Apv$ konstant. Wenn an einem idealen Gas in beiden Fällen keine Änderung der Temperatur beobachtet wird, so beweist es, daß bei ihm sowohl u, wie auch $u + Apv$ reine Temperaturfunktionen sind.

Natürlich kann man nicht erwarten, daß die unter vereinfachenden Voraussetzungen für die beiden thermischen Grenzfälle abgeleiteten Formeln (18′) und (18″) ohne weiteres mit der Erfahrung übereinstimmen. Die Ausflußmengen, die man beobachtet, weichen von den nach ihnen berechneten erheblich ab. Erstens ist nämlich, wenn man von langsamer Ausströmung aus enger Öffnung absieht, der Vorgang in der Regel weder genau isotherm, noch genau adiabatisch. Zweitens haben die Gasteilchen in der Öffnung auch seitliche Geschwindigkeiten, nicht nur Geschwindigkeiten in der X-Richtung, da sie sich dort von allen Seiten her zusammendrängen; das hat zur Folge, daß der Strahl in einiger Entfernung von der Ausflußöffnung sich noch zusammenzieht („contractio venae“, wie sie aus dem gleichen Grund auch an Flüssigkeitsstrahlen beobachtet wird) und man diesen „kontrahierten Querschnitt“ in Rechnung stellen müßte. Drittens und vor allem aber ist die Annahme, daß auf der rechten Seite der Öffnung, oder richtiger im kontrahierten Querschnitt schon der Außendruck p_2 herrscht, nicht immer erfüllt. Hugoniot hat nachgewiesen, daß nur, wenn $p_2 > \beta p_1$ ist, dieser Druck $p' = p_2$ gesetzt werden darf, hingegen für $p_2 < \beta p_1$ immer $p' = \beta p_1$ zu setzen ist, wobei für isothermische Ausströmung $\beta = \frac{1}{\sqrt{e}} = 0{\cdot}607$, für adiabatische Ausströmung $\beta = \left(\frac{2}{\varkappa + 1}\right)^{\frac{\varkappa}{\varkappa - 1}}$ ist, was z. B. mit $\varkappa = 1{\cdot}4$ den Zahlenwert $0{\cdot}528$ liefert. Schreibt man die Gleichung (18′) in der Form $\frac{1}{2} U^2 = RT \ln \frac{p_1}{p'}$ und (18″) in der Form $\frac{1}{2} U^2 = \frac{\varkappa}{1-\varkappa} p_1 v_1 \left\{\left(\frac{p'}{p_1}\right)^{\frac{\varkappa-1}{\varkappa}} - 1\right\}$, so erkennt man, daß für jeden Außendruck $p_2 < \beta p_1$ die Ausflußgeschwindigkeit und somit auch die Ausflußmenge nur von p_1 abhängt, also vom Außendruck ganz unabhängig wird. Für einen bestimmten Innendruck p_1 läßt sich also die Ausströmungsgeschwindigkeit durch Verminderung des Außendrucks nur auf eine bestimmte Höhe steigern und bleibt von da ab von einer weiteren Verminderung des Außendrucks unberührt. Diese Höchstgeschwindigkeit ist von der Größenordnung der Schallgeschwindigkeit in dem betreffenden Gas; dem Zahlenwert nach im allgemeinen größer, da infolge des hohen Druckgefälles die bei Ableitung der normalen Schallgeschwindigkeit gemachten Vernachlässigungen hier nicht mehr statthaft sind.

Weiter kann auf diese im Hinblick auf den Turbinenbau auch praktisch wichtigen aerodynamischen Untersuchungen hier nicht eingegangen werden.

Neuntes Kapitel.

Polytropische Zustandsänderungen.

§ 45. Die Polytrope des idealen Gases.

Die Verschiedenheit von $\varkappa$ für verschiedene Gase führte Zeuner auf die Untersuchung von Zustandsänderungen von der Adiabatengleichung nachgebildeter Form:

$$T v^{n-1} = \text{const}, \qquad T p^{\frac{1-n}{n}} = \text{const} \qquad \text{und} \qquad p v^n = \text{const}, \tag{20}$$

wo n nicht das Verhältnis der sp. W., sondern einen beliebigen positiven oder negativen festen Wert bedeutet. Er nennt eine derartige Zustandsfolge eines Gases eine „Polytrope" und n deren „Ordnung". Ihre Untersuchung empfiehlt sich schon deshalb, weil die unter Arbeitsleistung vor sich gehende Entspannung eines Gases meistens weder isotherm noch adiabatisch erfolgt, so daß ein zwischen 1 und $\varkappa$ gelegener Wert, statt $\varkappa$ in die Gleichungen der Gasadiabate eingesetzt, eine rationelle Darstellung des wirklichen Verlaufs bieten kann.

Je nach dem Werte, den wir n erteilen, erhalten wir die bisher behandelten Zustandsänderungen eines Gases, nämlich die Isochore, Isobare, Isotherme und Adiabate als Sonderfälle der Polytrope, wie dies die folgende Zusammenstellung veranschaulicht:

	n	T und v	T und p	v und p
Isochore . .	∞	$v = \text{const}$	$T p^{-1} = \text{const}$	$v = \text{const}$
Isobare . . .	0	$T v^{-1} = \text{const}$	$p = \text{const}$	$p = \text{const}$
Isotherme . .	1	$T = \text{const}$	$T = \text{const}$	$p v = \text{const}$
Adiabate . .	$\varkappa$	$T v^{\varkappa - 1} = \text{const}$	$T p^{\frac{1-\varkappa}{\varkappa}} = \text{const}$	$p v^{\varkappa} = \text{const}$

Es soll nun zunächst bewiesen werden, daß die Gaspolytrope dadurch ausgezeichnet erscheint, daß auf ihr die sp. W. einen ganz bestimmten

Wert hat, durch den sie dann ebenso festgelegt erscheint, wie durch die Angabe von n. Es soll dies geschehen, indem wir umgekehrt zeigen, daß für Gase die Annahme $c = \frac{dq}{dT} = \text{const}$ oder $dq = c\,dT$ notwendig zur Gleichung der Polytrope, etwa zur Gleichung $pv^n = \text{const}$ führt. Es ist nach (I c''):

$$dq = \frac{c_v v\,dp + c_p p\,dv}{R} = c\,dT$$

und da $R\,dT = v\,dp + p\,dv$ ist

$$(c - c_v)v\,dp + (c - c_p)p\,dv = 0\,,$$

$$\frac{dp}{p} + \frac{c - c_p}{c - c_v}\frac{dv}{v} = 0\,.$$

Setzen wir wie in der Adiabatengleichung voraus, daß c_v und somit auch c_p konstant sind, so können wir die bei vorgegebenem c ebenfalls konstante Größe

$$\frac{c - c_p}{c - c_v} = n \tag{21}$$

schreiben, wobei n, da c_p und c_v für Gase nie einander gleich sind, mit c alle möglichen Werte annehmen kann und erhalten durch Integration die Gleichung $pv^n = \text{const}$. Die entsprechende Betrachtung läßt sich leicht auch für die beiden anderen Variablenpaare durchführen.

Zwischen dem c, das auf der Polytrope konstant ist und der Ordnung n besteht die Beziehung

$$c = \frac{c_p - n\,c_v}{1 - n} = c_v + \frac{AR}{1 - n}\,. \tag{22}$$

Es ist also für die Isochore $(n = \infty)$ $c = c_v$
Isobare $(n = 0)$ $c = c_v + AR = c_p$
Isotherme $(n = 1)$ $c = \infty$
Adiabate $\left(n = \frac{c_p}{c_v}\right)$ $c = 0\,.$

In der Tat können wir die Isotherme als eine Zustandsänderung auffassen, bei der die sp. W. unendlich groß ist, da eine noch so große Wärmezufuhr keine Temperatursteigerung hervorruft, wenn durch gleichzeitige Expansion die Temperatur konstant gehalten wird; längs der Adiabate ist aber die sp. W. gleich Null, da auf ihr überhaupt keine Wärme zugeführt wird, sondern die Steigerung der Temperatur lediglich durch Arbeitszufuhr erfolgt. Die auf der Gaspolytrope geleistete Arbeit berechnen wir ganz wie die auf der Gasadiabate (Gleichung 14') zu

$$l = \frac{1}{1 - n}(p_2 v_2 - p_1 v_1)\,, \tag{23'}$$

oder mittels der Beziehungen $p_1 v_1 = R\,T_1$, $p_2 v_2 = R\,T_2$, $c_p - c_v = AR$ und $n = \frac{c - c_p}{c - c_v}$ zu

$$l = \frac{R}{1 - n}(T_2 - T_1) = J(c - c_v)(\vartheta_2 - \vartheta_1)\,. \tag{23}$$

Da bei der Temperaturerhöhung von ϑ_1 auf ϑ_2 auf der Polytrope die Wärmemenge $c\,(\vartheta_2 - \vartheta_1)$ zugeführt wird, so ist das Verhältnis zwischen geleisteter Arbeit und zugeführter Wärmemenge durch $J\frac{c - c_v}{c}$ gegeben, d. h. von der zugeführten Wärmemenge wird der Bruchteil $\frac{c - c_v}{c}$ in Arbeit verwandelt. Da c_v stets von Null verschieden ist, wird dieser Bruch nur für $c = \infty$ gleich Eins. Beim idealen Gas wird also, wie das schon mehrmals erwähnt wurde, auf der Isotherme die ganze zugeführte Wärme in Arbeit verwandelt.

§ 46. Konstruktion der Gaspolytrope.

Die Gleichung $pv^n = \text{const}$ ist sehr schmiegsam, was ja auch der Name Polytrope zum Ausdruck zu bringen sucht. Sie wird daher in der Wärmelehre mitunter mit Vorteil zur genäherten analytischen Darstellung gewisser Kurven im Arbeitsdiagramm verwendet, auch wenn es sich nicht um die Zustandsänderung eines Gases handelt.[1] Es liegt dann die Aufgabe vor, für ein Kurvenstück AB den Exponenten n der Gleichung $p\,v^n = \text{const}$ so zu finden, daß die Gleichung der Kurve sich anschmiegt. Die Differentiation gibt $np\,dv + v\,dp = 0$, woraus man, soweit n konstant ist, d. h. die Kurve überhaupt durch die Gaspolytrope dargestellt werden kann, durch Integration von A bis B die Beziehung gewinnt:

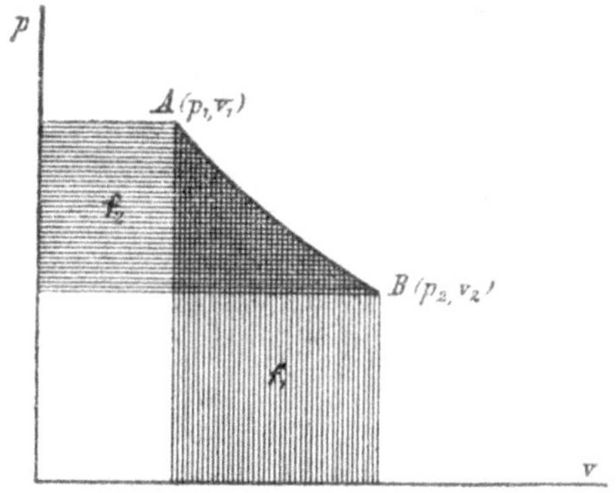

Fig. 48.

$$n\int_{v_1}^{v_2} p\,dv + \int_{p_1}^{p_2} v\,dp = 0 \qquad \text{oder} \qquad n = \frac{\int_{p_2}^{p_1} v\,dp}{\int_{v_1}^{v_2} p\,dv} = \frac{f_2}{f_1}.$$

Es ist also n gleich dem Quotienten aus den beiden Flächen, welche unter der Kurve gegen die p und v-Achse gelegen sind und deren planimetrische Ausmessung leicht erfolgen kann.

[1] Auch außerhalb der Wärmelehre macht man, besonders in den technischen Wissenschaften, zur Darstellung des etwa graphisch gegebenen Zusammenhanges zwischen zwei Größen von ihr vielfach Gebrauch, was sich aber wegen ihres in der Regel transzendenten Charakters nur empfiehlt, wenn nicht integriert werden soll. Im letzteren Fall ist eine Entwicklung nach Potenzen meistens vorzuziehen.

Ist umgekehrt das n gegeben und soll durch einen bestimmten Punkt die entsprechende Polytrope gelegt werden, so kann man sich der folgenden Konstruktion bedienen:

A sei der Punkt, durch den die Polytrope gehen soll. Wir legen an die Abszissenachse den beliebigen Winkel α und an die Ordinaten-

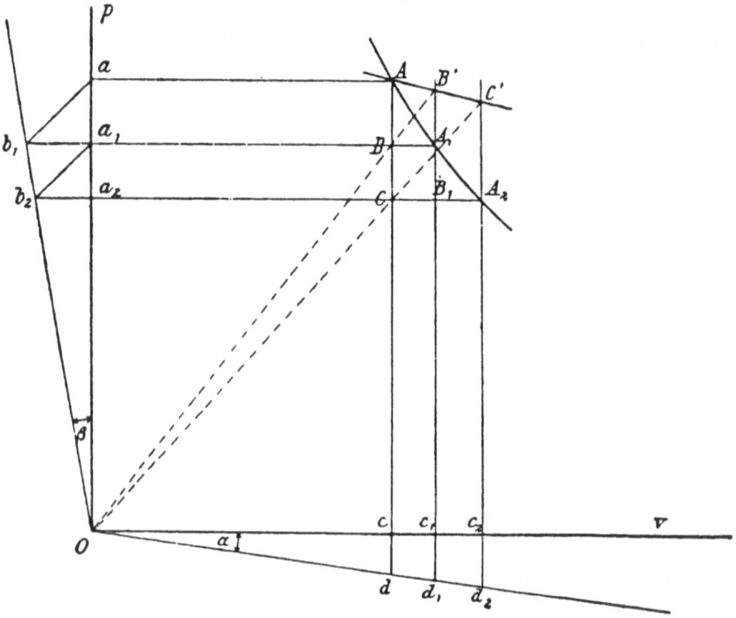

Fig. 49.

achse einen Winkel β, der so gewählt ist, daß die Beziehung $1 + \operatorname{tg}\beta = (1 + \operatorname{tg}\alpha)^n$ besteht. Wir machen also

$$\beta = \operatorname{arc\,tg}\left[(1 + \operatorname{tg}\alpha)^n - 1\right].$$

Es seien a und c die Fußpunkte der Koordinaten von A, also

$$Aa = Oc = v \quad \text{und} \quad Ac = Oa = p.$$

Wir verlängern Ac bis d und machen $cc_1 = cd$, analog $c_1c_2 = c_1d_1$ usw. Anderseits legen wir in a einen Winkel von 45^0 an, der den anderen Schenkel des Winkels β in b_1 trifft, ziehen b_1a_1 parallel zur Abszissenachse, legen in a_1 wieder einen Winkel von 45^0 an, kommen zum Punkt b_2 ziehen b_2a_2 parallel zur Abszissenachse und setzen dieses Verfahren fort. Legen wir durch a_1, a_2 usw. Parallele zur Abszissenachse und durch c_1, c_2 usw. Parallele zur Ordinatenachse, so sind die Schnittpunkte A_1, A_2 usw. Punkte der durch A gehenden Polytrope von der Ordnung n.

Es seien p_1 und v_1 die Koordinaten von A_1. Es genügt dann zu zeigen, daß $pv^n = p_1v_1^n$ ist, da sich weiterhin die Konstruktion immer wiederholt.

Nun ist $v_1 = v + cc_1 = v + cd = v + v \operatorname{tg} \alpha = v(1 + \operatorname{tg} \alpha)$,

$$p_1 = p - aa_1 = p - a_1 b_1 = p - p_1 \operatorname{tg} \beta, \quad \text{also} \quad p_1 = \frac{p}{1 + \operatorname{tg} \beta}$$

und somit

$$p_1 v_1^n = p v^n \frac{(1 + \operatorname{tg} \alpha)^n}{1 + \operatorname{tg} \beta} = p v^n .$$

Man erhält übrigens durch die Konstruktion ersichtlich, ein ganzes Netz von Polytropen der gleichen Ordnung, da auch die Punkte B, B_1 usw. auf einer Polytrope liegen. Für die Genauigkeit der erhaltenen Kurven ist die Wahl des Winkels α von Bedeutung. Je kleiner der Winkel, desto größer ist natürlich die Zahl der Kurvenpunkte, die man erhält. Doch darf man ihn auch nicht allzu klein wählen, da sich sonst die Zeichenfehler häufen.

Die Konstruktion bietet auch den Vorteil, aus ihr in einfachster Weise die Temperaturen entnehmen zu können, die in jedem Punkt der Polytrope herrschen. Zu diesem Zwecke verbinden wir die Punkte B, C usw. mit O und verlängern diese Strahlen bis zum Schnitt mit den Ordinaten der einzelnen Polytropenpunkte. Bezeichnen wir diese Schnittpunkte mit B', C' usw., so sind die in den Punkten A, A_1, A_2 ... der Polytrope im Gas herrschenden Temperaturen T, T_1, T_2 ... den Strecken Ac, $B'c_1$, $C'c_2$ ... proportional. Man nennt die Kurve $AB'C'$ ... die „Charakteristik" der Polytrope. Ihre Ordinate ist also der im zugehörigen Punkt der Polytrope herrschenden Temperatur proportional.

Es wird wieder genügen nachzuweisen, daß $\frac{Ac}{B'c_1} = \frac{T}{T_1}$ ist. Man hat $Ac = p$, ferner $\frac{B'c_1}{Bc} = \frac{B'c_1}{A_1 c_1} = \frac{Oc_1}{Oc}$ oder $\frac{B'c_1}{p_1} = \frac{v_1}{v}$ also $B'c_1 = \frac{p_1 v_1}{v}$ und somit $\frac{Ac}{B'c_1} = \frac{pv}{p_1 v_1}$, was nach der Gasgleichung auch gleich $\frac{T}{T_1}$ ist.

Die Charakteristik der Isotherme ist offenbar eine zur Abszissenachse Parallele. Die folgende auf dieser Bemerkung fußende Konstruktion der gleichseitigen Hyperbel ist ohne weiteres einleuchtend. Fassen wir AM als die Charakteristik der durch A gehenden Isotherme auf, so erhalten wir den dem Punkt B' der Charakteristik entsprechenden Punkt der Isotherme, indem wir B' mit O verbinden und die durch den Schnittpunkt B zur Abszissenachse gezogene Parallele bis zum Schnitt mit der Ordinate von B' verlängern.

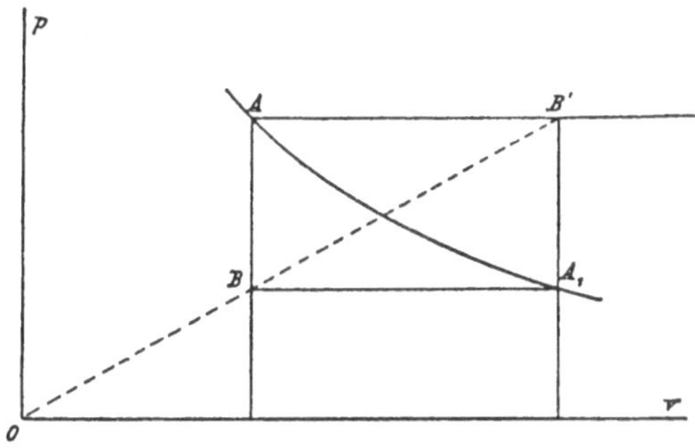

Fig. 50.

§ 47. Die Polytrope eines beliebigen Körpers. Allgemeines über spezifische Wärmen.

Man kann den Begriff der polytropischen Zustandsänderung von den idealen Gasen auf jeden beliebigen Körper übertragen, indem man unter ihr eine Zustandsfolge versteht, bei der die sp. W. einen bestimmten Wert besitzt. Ihre Gleichung ist aber selbstverständlich dann nicht mehr durch die Ausdrücke (20) gegeben, die nur für ein ideales Gas mit konstantem c_v gelten. Allgemein läßt sich nur die Differentialgleichung der Polytrope aufstellen, wie dies im folgenden geschehen soll.

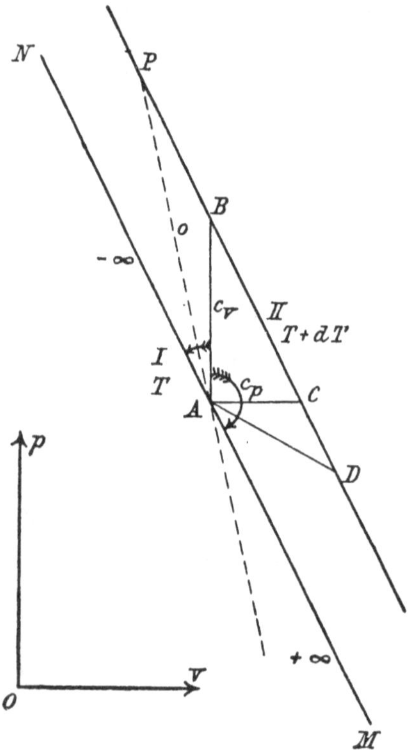

Fig. 51.

Betrachten wir die Mengeneinheit eines beliebigen Stoffes. *I* und *II* seien kurze Stücke zweier unendlich benachbarter Isothermen in der *vp*-Fläche, auf denen die Temperaturen T und $T + dT$ herrschen sollen. Befindet sich der Stoff in einem Zustand *A* auf der Isotherme *I*, so können wir von *A* ausgehend in unendlich vielen Richtungen zur Isotherme *II* gelangen und auf jedem dieser Wege wird der verschiedenen zu leistenden äußeren und inneren Arbeit entsprechend, die zuzuführende Wärmemenge dq, also auch die sp. W. $c = \frac{dq}{dT}$ eine andere sein. Wir können, da die Isothermen einander unendlich nahe liegen, von der Veränderlichkeit der sp. W. längs dieser Wegstrecken absehen, d. h. jede als Tangente oder Stück einer durch *A* gehenden Polytrope auffassen.

Am kennzeichnendsten wird für den Stoff die längs *AB* zuzuführende Wärme $c_v\,dT$ sein; denn sie ist gleich dem Zuwachs der inneren Energie bei festgehaltenem Volumen, also bei Vermeidung aller Arbeitsleistung. In der Richtung *AB* gilt also die sp. W. c_v. Doch auch dem Weg *AC* wird eine bestimmte sp. W., nämlich c_p entsprechen und ebenso jeder anderen gegen die höhere Isotherme führenden Richtung, z. B. der Richtung *AD*. Hierbei werden alle rechts von *AB* zwischen *AB* und *AM* gelegene Richtungen, wie *AC* und *AD* der wachsenden Arbeit, die zu leisten ist, entsprechend, immer größere sp. W. aufweisen, bis sie in der Richtung der von *A* nach unten gehenden Isotherme, also in der

Richtung AM den Wert $+\infty$ erreicht. In den Richtungen links von AB zwischen AB und AN erfolgt hingegen der Übergang zur höheren Isotherme unter immer stärker werdender Volumsverminderung. Zunächst wird ein Teil der Erhitzung durch die Kompressionswärme gedeckt und die außerdem zuzuführende Wärmemenge $c\,dT$ wird kleiner als $c_v\,dT$, bis sie in der Richtung der durch A gehenden Adiabate AP den Wert 0 erreicht. Hier erfolgt die Erwärmung ausschließlich durch Arbeitsverbrauch. Gehen wir noch weiter nach links und betrachten Richtungen, die in den Winkel zwischen Adiabate und Isotherme, also zwischen AP und AN führen, so wird c negativ. Es würde nämlich hier die durch den großen Arbeitsverbrauch erzeugte Wärmemenge den Stoff auf höhere Temperatur erhitzen, als es dem gewählten Weg entspricht, so daß, um ihn zu erzwingen, sogar Wärme entzogen werden muß. In der Richtung AN der nach oben gehenden Isotherme wird schließlich dieser abzuführende Wärmebetrag unendlich groß, da auf ihr die Isotherme II erst im Unendlichen erreicht wird, also der Arbeitsverbrauch unendlich groß ist; es ist $c = -\infty$.

Die Betrachtung lehrt, was schon früher behauptet wurde, daß allgemein aufgefaßt, die sp. W. eines jeden Körpers je nach dem Weg alle Werte zwischen $-\infty$ und $+\infty$ haben kann. Sind diese Wege auch für feste Körper und Flüssigkeiten zum großen Teil bedeutungslos, weil praktisch schwer oder nicht herstellbar, so sind hingegen die Gase und Dämpfe aller dieser Wege fähig und wir werden später bei der Untersuchung der Dämpfe einen Fall kennen lernen, in dem eine in der Regel negative sp. W. von praktischer Bedeutung ist.

Wir können das Vorhergehende auch quantitativ untersuchen. Aus dem Gleichungstripel (I') ergibt sich allgemein für einen jeden Körper:

$$c = \frac{dq}{dT} = c_v + (c_p - c_v)\left(\frac{\partial T}{\partial v}\right)_p \frac{dv}{dT} \tag{24a}$$

$$= c_p + (c_v - c_p)\left(\frac{\partial T}{\partial p}\right)_v \frac{dp}{dT} \tag{24b}$$

$$= \frac{c_v\left(\frac{\partial T}{\partial p}\right)_v dp + c_p\left(\frac{\partial T}{\partial v}\right)_p dv}{dT} = \frac{c_v\left(\frac{\partial T}{\partial p}\right)_v dp + c_p\left(\frac{\partial T}{\partial v}\right)_p dv}{\left(\frac{\partial T}{\partial p}\right)_v dp + \left(\frac{\partial T}{\partial v}\right)_p dv} =$$

$$= \frac{c_v\left(\frac{\partial T}{\partial p}\right)_v dp + c_v\left(\frac{\partial T}{\partial v}\right)_p dv + c_p\left(\frac{\partial T}{\partial v}\right)_p dv - c_v\left(\frac{\partial T}{\partial v}\right)_p dv}{\left(\frac{\partial T}{\partial p}\right)_v dp + \left(\frac{\partial T}{\partial v}\right)_p dv} =$$

$$= c_v + \frac{c_p - c_v}{1 + \left(\frac{\partial T}{\partial p}\right)_v \left(\frac{\partial v}{\partial T}\right)_p \frac{dp}{dv}} = c_v + \frac{c_p - c_v}{1 - \left(\frac{\partial v}{\partial p}\right)_T \frac{dp}{dv}}, \tag{24c}$$

wenn man die nach Gleichung (1) zwischen den thermischen Koeffizienten bestehende Beziehung berücksichtigt.

Die Ausdrücke (24) geben die sp. W. eines beliebigen Körpers für jede gewünschte Richtung, falls man c_v und $c_p - c_v$ kennt. Man hat in ihnen nur für $\frac{dv}{dT}$, $\frac{dp}{dT}$ oder $\frac{dp}{dv}$ den Wert einzusetzen, welcher in der Tv, Tp oder vp-Fläche der betreffenden Richtung entspricht. Zugleich sind offenbar diese Ausdrücke die Differentialgleichungen der Polytrope eines beliebigen Körpers. Wären uns c_v, c_p sowie die betreffenden thermischen Koeffizienten as Funktionen von T und v, bzw. von T und p oder von v und p gegeben, so würde uns die Integration die Gleichung der Polytrope des Körpers in der dem Variablenpaar entsprechenden Fläche liefern.

Schreiben wir wieder $\frac{c - c_p}{c - c_v} = n$, wo aber jetzt n nicht mehr einen festen Wert hat, wie bei den Gasen, da c_v und c_p Funktionen der Variablen sind, so lautet die Differentialgleichung der allgemeinen Polytrope im Arbeitsdiagramm auch

$$1 - \left(\frac{\partial v}{\partial p}\right)_T \frac{dp}{dv} = \frac{c_p - c_v}{c - c_v} \quad \text{oder} \quad \left(\frac{\partial v}{\partial p}\right)_T \frac{dp}{dv} = \frac{c - c_p}{c - c_v} = n,$$

also schließlich:

$$\frac{dp}{dv} = n \left(\frac{\partial p}{\partial v}\right)_T. \tag{24c'}$$

$\frac{dp}{dv}$ ist die Richtungstangente der Polytrope und $\left(\frac{\partial p}{\partial v}\right)_T$ die der Isotherme. Die letzte Gleichung lehrt somit, daß in der vp-Fläche die Richtungstangenten von Polytrope und Isotherme in jedem Schnittpunkt in einem Verhältnis stehen, das gleich ist dem in diesem Punkte geltenden Wert von n. Im besonderen ist für die allgemeine Adiabate ($c = 0$) der Wert dieses Verhältnisses gleich $\frac{c_p}{c_v} = \varkappa$. Auch dieser Wert wird für einen beliebigen Körper im allgemeinen von Punkt zu Punkt verschieden sein. Nur für die idealen Gase und auch da nur soweit, als wir c_v als konstant betrachten dürfen, ist das Verhältnis dieser beiden Richtungstangenten in der ganzen Fläche das gleiche, wie das schon oben (S. 93) bemerkt wurde.

§ 48. Berechnung der spezifischen Wärme eines idealen Gases in irgendeiner Richtung, wenn c_v gegeben ist.

Wir wollen die allgemeinen Formeln (24) auf ein ideales Gas anwenden. Es ist dann $c_p - c_v = AR$ und $\left(\frac{\partial v}{\partial p}\right)_T = -\frac{v}{p}$ und die Gleichung (24c) erhält die Form

$$c = c_v + \frac{AR}{1 + \frac{v}{p}\frac{dp}{dv}},$$

oder wenn wir mit dem Molekulargewicht multiplizieren,

$$C = C_v + \frac{A\mathfrak{R}}{1 + \frac{v}{p}\frac{dp}{dv}}.$$

Sie ermöglicht die Berechnung der sp. W., bzw. der Molekularwärme in jeder beliebigen Richtung $\frac{dp}{dv}$, wenn sie in einer Richtung gegeben ist. Um mit bestimmten Größenverhältnissen zu rechnen, wollen wir annehmen, daß es sich um ein zweiatomiges Gas handelt, so daß

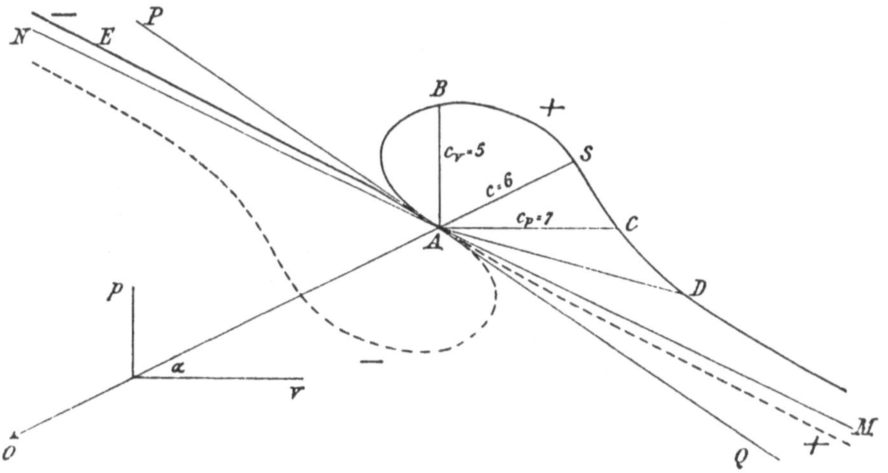

Fig. 52.

$C_p = 7$ und $C_v = 5$ ist, oder, was auf dasselbe hinauskommt, daß $c_p = 7$ ist, wenn wir c_v willkürlich gleich 5 setzen.

Zunächst folgt aus der obigen Gleichung, daß für $\frac{dp}{dv} = \frac{p}{v}$ die sp. W. $c = c_v + \frac{AR}{2} = c_v + \frac{c_p - c_v}{2}$ wird. In der Richtung einer jeden durch den Ursprung gehenden Geraden (Polytrope $pv^{-1} = \text{const}$) hat also das Gas eine sp. W. gleich dem Mittelwert aus c_p und c_v, in unserem Falle gleich 6.

Wählen wir einen beliebigen Punkt in der vp-Fläche, z. B. den Punkt A ($v/p = 2$, $\operatorname{tg}\alpha = \frac{1}{2}$), tragen von A aus die betreffenden sp. W. in den entsprechenden Richtungen auf und verbinden die Endpunkte, so erhalten wir offenbar eine Kurve, welche geeignet ist die Abhängigkeit der sp. W. von der Richtung in übersichtlicher Weise darzustellen. Zu diesem Zwecke sollen noch die Tangenten an die durch den Punkt A hindurchgehende Isotherme und Adiabate gezogen werden (NM und PQ).

Gehen wir nun von AB aus zunächst nach rechts im Sinne des Uhrzeigers weiter, so wächst c von $c_v = 5$ $\left(\frac{dp}{dv} = \infty\right)$ über $c = 6$ $\left(\frac{dp}{dv} = \frac{1}{2}\right)$ bis $c_p = 7$ $\left(\frac{dp}{dv} = 0\right)$. Weiterhin hat $\frac{dp}{dv}$ negative, zunächst kleine Werte, so daß der zweite Summand auf der rechten Seite der Gleichung größer als AR wird. Die sp. W. wächst also noch weiter an, zuerst langsam, später sehr rasch, bis sie für $\frac{dp}{dv} = -\frac{p}{v} = -\frac{1}{2}$ den Wert $+\infty$ erreicht. $\frac{dp}{dv} = -\frac{p}{v}$ oder $p\,dv + v\,dp = 0$ bestimmt aber die Richtung der Isotherme.

Gehen wir von AB nach links entgegen dem Sinne des Uhrzeigers, so nimmt c ab, zunächst langsam, solange $\frac{dp}{dv}$ noch sehr große negative Werte hat, später schneller. Schließlich wird der Wert 0 erreicht wenn

$$\frac{AR}{1+\frac{v}{p}\frac{dp}{dv}} = -c_v \quad \text{oder} \quad \frac{dp}{dv} = -\varkappa\frac{p}{v}$$

ist, d. h. in der Richtung der Adiabate. Gehen wir in gleichem Sinne noch weiter, so daß die Richtung in den oberen Winkel zwischen Adiabate und Isotherme fällt, so wächst der absolute Betrag des zweiten Summanden über c_v hinaus; die sp. W. wird negativ, und zwar sehr rasch anwachsend, bis in der Richtung der nach oben gehenden Isotherme der Wert $-\infty$ erreicht wird.

Die Kurve $EABSCD$ gibt durch den von A aus gezogenen Radiusvektor die sp. W. in jeder Richtung. Unsere Gleichung ist nichts anderes als die Polargleichung dieser Kurve.

Andere Richtungen als die betrachteten können nicht in Frage kommen, solange es sich um die Erwärmung des Gases handelt, da es Richtungen sein müssen, in denen höhere Isothermen erreicht werden. Fragen wir aber auch nach den Wärmemengen, die entzogen werden müssen, um eine Abkühlung des Gases um 1° zu bewirken, so ist es klar, daß diese Wärmemengen in jeder Richtung ebenso groß sein müssen, wie die in entgegengesetzter Richtung zuzuführenden, so daß wir durch die symmetrische Ergänzung der Kurve (gestrichelt!) in der unterhalb der Isotherme gelegenen Hälfte des Zeichenblattes zu einem vollständigen Bild der Wärmemengen kommen, die in irgendeiner Richtung zuzuführen oder zu entziehen sind und zwar oberhalb der Isotherme, um die Temperatur um 1° zu erhöhen, unterhalb der Isotherme, um sie um 1° zu erniedrigen.

Zehntes Kapitel.

Der Carnotsche Kreisprozeß und einige andere von idealen Gasen beschriebene Prozesse.

§ 49. Der Carnotsche Kreisprozeß für ein ideales Gas.

Die Betrachtung von Kreisprozessen ist von großer Bedeutung; denn die Vorgänge, die sich in einer Wärmekraftmaschine abspielen, gehören zu dieser Art von Prozessen, da bei jedem Umlauf der Maschine der arbeitende Stoff immer wieder in denselben Zustand kommt. Die

Kreisprozesse sind aber auch ein wichtiges Instrument der Theorie. Das letztere gilt ganz besonders von einem bestimmten, allen anderen gegenüber ausgezeichneten Kreisprozeß, den schon Carnot behandelt hat und den wir zunächst an einem Gas studieren wollen, welches vollkommen der Gasgleichung entspricht.

Wir denken uns zwei Körper K' und K oder Wärmebehälter, wie wir sie auch nennen können, die konstant auf den Temperaturen Θ'

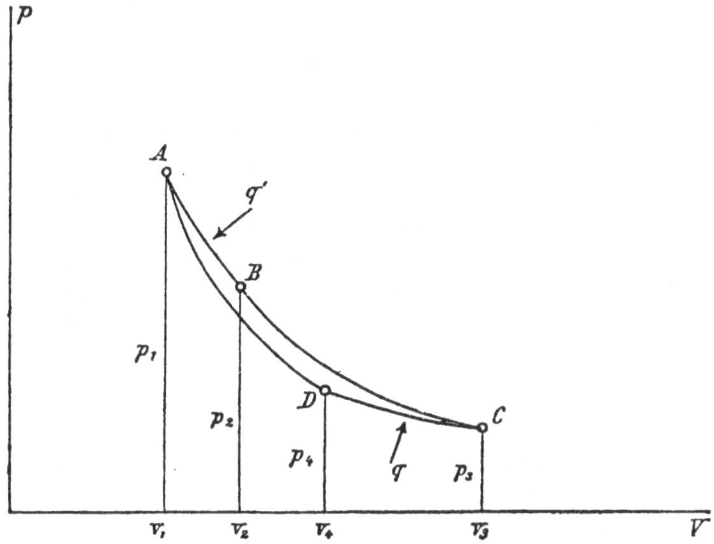

Fig. 53.

und Θ ($\Theta' > \Theta$) sind.[1] Die Mengeneinheit Gas, die wir betrachten, befinde sich zu Beginn im Zustand A auf der Temperatur $T' < \Theta'$, wobei v_1 und p_1 das zugehörige Volumen und Druck seien. Von dort ausgehend dehne sich das Gas unter Arbeitsleistung aus und zwar längs einer Isotherme (Prozeß I), was wir uns dadurch erreicht denken, daß wir es mit dem Behälter K' derart in wärmeleitende Verbindung setzen, daß aus ihm immer gerade die Wärmemenge zugeführt wird, die das Gas konstant auf der Temperatur T' erhält. Ist das Gas auf der Isotherme nach B (v_2, p_2) gekommen, so soll q' die ihm so im Ganzen zugeführte Wärmemenge sein.

In B werde die Verbindung mit K' gelöst, aber vom Gas noch weiter Ausdehnungsarbeit geleistet, was jetzt, nachdem wir uns das Gas in bezug auf Wärmeaustausch ganz isoliert denken, längs einer Adiabate geschieht (Prozeß II). Diese Arbeit wird auf Kosten der inneren Energie geleistet und die Temperatur des Gases sinkt infolgedessen, bis sie in C (v_3, p_3) einen bestimmten Wert $T > \Theta$ erreicht hat.

[1] Bei der Dampfmaschine wäre K' das Feuergas und K das Kühlwasser des Kondensators.

Bis dahin wird aus dem Gas fortwährend Arbeit gewonnen, und zwar in umkehrbarer Weise, wenn man von allen äußeren und inneren Reibungsverlusten absehen kann. Dieser gewonnene Arbeitsvorrat, den wir uns etwa als lebendige Kraft in Kolben und Schwungrad aufgespeichert denken können, würde eben genügen, um das Gas auf dem gleichen Weg nach A zurückzubringen. Es soll aber ein anderer Rückweg gewählt werden, auf dem weniger Arbeit verbraucht wird, so daß nach dem Durchlaufen des ganzen Kreises in Summe ein Arbeitsüberschuß verbleibt.

Es werde nämlich das Gas zunächst von C aus nicht adiabatisch, sondern isotherm zusammengedrückt, wobei es mit dem Wärmebehälter K derart in wärmeleitende Verbindung gesetzt sei, daß die ganze Kompressionswärme in ihn abfließt und die Temperatur T somit erhalten bleibt. Diese isotherme Kompression (Prozeß III) denken wir uns solange fortgesetzt, bis wir zum Zustand $D\,(v_4, p_4)$ gekommen sind und die hierbei an K abgegebene Wärmemenge bezeichnen wir mit q. Der Punkt D ist so gewählt, daß er auf der durch A hindurchgehenden Adiabate liegt. Seine Abszisse v_4 bestimmt sich aus der Bemerkung, daß gemäß der Adiabatengleichung $T' v_1^{\varkappa-1} = T v_4^{\varkappa-1}$ sein muß. Da aber auch B und C auf einer Adiabate liegen und somit weiter $T' v_2^{\varkappa-1} = T v_3^{\varkappa-1}$ gilt, so erhält man durch Division beider Gleichungen $\frac{v_2}{v_1} = \frac{v_3}{v_4}$, womit v_4 in einfacher Weise durch die Abszissen der Punkte A, B und C bestimmt ist.

Wird also schließlich im so bestimmten Punkt D die Verbindung mit K unterbrochen, das Gas wieder isoliert, so führt weitere Kompression in den Ausgangszustand A zurück (Prozeß IV). Der Kreisprozeß ist hiermit geschlossen und kann von neuem beginnen. Er ist oben für den Fall eines zweiatomigen Gases ($\varkappa = 1{\cdot}40$) im Arbeitsdiagramm dargestellt.

Das Gas hat längs AB und BC mehr Arbeit geleistet, als an dem Gas längs CD und DA verbraucht wurde und zwar ist der Unterschied gleich der umrandeten Fläche und nach dem I. Hauptsatz äquivalent der verbrauchten Wärme $q' - q$. Die beim einmaligen Durchlaufen des Kreisprozesses mehr geleistete als verbrauchte, also für den Fall der Umkehrbarkeit auch ganz zu gewinnende Arbeit ist somit $J(q' - q)$.

Nun ist nach § 36 (Gleichung 10) die auf der Gasisotherme von A nach B zuzuführende Wärmemenge $q' = A R T' \ln \frac{v_2}{v_1}$ und gleicherweise die von C nach D abzuführende $q = A R T \ln \frac{v_3}{v_4}$. Da weiter $\frac{v_2}{v_1} = \frac{v_3}{v_4}$ ist, so ergibt sich die im Carnotschen Kreisprozeß von der Mengeneinheit Gas zu gewinnende Arbeit

$$l = J(q' - q) = R(T' - T) \ln \frac{v_2}{v_1}, \qquad (25$$

also proportional dem Temperaturunterschied auf den Isothermen, zwischen denen der Kreisprozeß verläuft.

Weiter erhält man aber auch

$$\frac{q'}{q} = \frac{T'}{T}$$

oder

$$\frac{q'}{T'} = \frac{q}{T}, \tag{III}$$

eine sehr bedeutungsvolle und, wie wir sehen werden, großer Verallgemeinerung fähige Beziehung. Es ist also wohl die zugeführte Wärme ungleich der abgegebenen, doch sind die Quotienten aus übergegangener Wärmemenge und der absolut gemessenen Temperatur, bei welcher der Übergang im arbeitenden Gas erfolgt, einander gleich. Es besteht also immerhin eine gewisse Ähnlichkeit mit einer von fallendem Wasser betriebenen Maschine, wenn wir nicht die Wärmemengen selbst, sondern die Quotienten aus Wärmemenge und absoluter Temperatur mit dem herabfallenden Wasser in Parallele stellen. So wie am Wasserrad das Gewicht des zuströmenden Wassers gleich ist dem des abströmenden, so ist im betrachteten Kreisprozeß der Quotient $\frac{q}{T}$ oben und unten gleich. Zeuner, der zuerst die Ergebnisse der Wärmetheorie in weiterem Umfang der Technik nutzbar machte, nennt darum den Ausdruck $\frac{q}{T}$ das „Gewicht der Wärme" oder das „Wärmegewicht". Zählt man aufgenommene Wärme positiv, abgegebene negativ, so sagt Gleichung (III) aus, daß in einem von einem idealen Gas ausgeführten Carnotschen Kreisprozeß die algebraische Summe aus den vom Gas erhaltenen und abgegebenen Wärmegewichten gleich Null ist. Gleichung (III) erhält bei dieser Zählweise die Form

$$\frac{q'}{T'} + \frac{q}{T} = 0. \tag{III'}$$

Da nach dem obigen die in Arbeit verwandelte Wärmemenge der Differenz der längs der beiden Isothermen zu gewinnenden Arbeiten äquivalent ist und nach dem ersten Hauptsatz die in Arbeit verwandelte Wärmemenge der längs des ganzen Kreisprozesses mehr geleisteten als verbrauchten Arbeit äquivalent sein muß, so folgt daraus, daß sich die Arbeiten längs der beiden Adiabaten aufheben. Das läßt sich auch gesondert zeigen. Es ist

$$l_{BC} = \frac{1}{1-\varkappa}(p_3 v_3 - p_2 v_2),$$

$$l_{AD} = \frac{1}{1-\varkappa}(p_4 v_4 - p_1 v_1)$$

und somit $l_{BC} - l_{AD} = \frac{1}{1-\varkappa}(p_3 v_3 - p_2 v_2 - p_4 v_4 + p_1 v_1) = 0$, da A und B, wie C und D auf Isothermen liegen und daher $p_1 v_1 = p_2 v_2$ und $p_4 v_4 = p_3 v_3$ ist.

Wir müssen nur noch eine Bemerkung über die Umkehrbarkeit des Carnotschen Kreises anschließen, die an die Betrachtungen in § 26 anknüpft. Dort wurde der Begriff der Umkehrbarkeit eines Prozesses erläutert und dieser Begriff sowohl auf die Arbeit, wie auch auf die Wärmeübergänge angewendet. Hier haben wir bis jetzt nur angenommen, daß der Kreisprozeß in bezug auf die Arbeit umkehrbar ist. Der beim Durchlaufen im Sinne des Uhrzeigers ($ABCDA$) gewonnene Arbeitsüberschuß ist eben hinreichend um das Gas entgegen dem Sinne des Uhrzeigers, also auf dem Weg $ADCBA$, nach A zurückzubringen. Es liegt aber auf der Hand, daß wir uns bei diesem Rücklauf im allgemeinen anderer Wärmebehälter bedienen müssen, als beim Hinlauf. Beim Hinlauf wird im Prozeß I dem Gas Wärme aus einem höher temperierten Wärmebehälter zugeführt und im Prozeß III an einen tiefer temperierten Wärmebehälter abgegeben. Beim Rücklauf muß hingegen der untere Behälter eine höhere Temperatur als T und der obere eine tiefere Temperatur als T' besitzen, damit unten Wärme zufließt und oben abfließt. Ist also auch zum Schluß das Gas wieder im Ausgangszustand und die gewonnene Arbeit wieder völlig verbraucht, so sind doch nach Umkehrung des Prozesses Veränderungen im Wärmeinhalt der verwendeten Behälter zurückgeblieben, die, wie man leicht einsieht, durch einfache Wärmeleitungsprozesse zwischen den Behältern nur verstärkt, aber nicht ausgeglichen werden können. Doch lassen sich diese Veränderungen beliebig klein machen und im Grenzfall ganz vernachlässigen, wenn man Θ' sehr nahe gleich T' und Θ sehr nahe gleich T macht. Dann kann man ein- und dieselben Wärmebehälter auch für den Rücklauf beibehalten. Man muß nur die Temperatur der oberen (unteren) Isotherme beim Hinlauf ein klein wenig niedriger (höher), beim Rücklauf ein klein wenig höher (niedriger) wählen als die des oberen (unteren) Wärmebehälters, um den Wärmeübergang in der gewünschten Richtung zu erzielen. Freilich wird jetzt infolge der kleinen Temperaturdifferenz dieser Wärmeübergang sehr langsam vor sich gehen und es muß infolgedessen auch die Ausdehnung bzw. Verdichtung des Gases sehr langsam geschehen, damit sie isotherm verläuft. Doch erkennen wir, daß grundsätzlich die Möglichkeit besteht, den Kreisprozeß auch in bezug auf den Wärmeaustausch mit beliebiger Annäherung umkehrbar zu gestalten. In diesem Grenzfall sind dann auch die beiden Wärmebehälter nach vollendetem Rücklauf im ursprünglichen Zustand, es ist also dann nirgends eine Veränderung zurückgeblieben; das ganze durch den Kreisprozeß in Mitleidenschaft gezogene System von Körpern ist in den anfänglichen Zustand zurückgebracht.

Bei Einbeziehung der Wärmebehälter erhält also der Satz (III) eine andere Form, je nachdem ob der Kreisprozeß nicht umkehrbar oder umkehrbar geführt wird. Im ersten Fall ist $\Theta' > T'$, also $\frac{q'}{T'} > \frac{q'}{\Theta'}$ und $\Theta < T$, also $\frac{q}{\Theta} > \frac{q}{T}$. Hierbei entsprechen $\frac{q'}{T'}$ und $\frac{q}{\Theta}$ aufgenommenen und $\frac{q'}{\Theta'}$ und $\frac{q}{T}$ abgegebenen Wärmegewichten. Bilden wir also die algebraische Summe der Wärmegewichte unter Einbeziehung der Wärmebehälter, so ist für den nicht umkehrbaren Prozeß diese Summe positiv, also größer als Null. Für den umkehrbaren Kreisprozeß hingegen, wo $\Theta' = T'$ und $\Theta = T$ ist, bleibt auch bei Einbeziehung der Wärmebehälter in die Rechnung die Summe der Wärmegewichte gleich Null.

§ 50. Der thermische Wirkungsgrad und seine Berechnung für einfache nicht Carnotsche Kreisprozesse idealer Gase.

Man versteht unter dem „thermischen Wirkungsgrad" (η) eines Kreisprozesses das Verhältnis der in Arbeit verwandelten Wärme zur zugeführten.

Für den Carnotschen Kreis ist $\frac{q}{q'} = \frac{T}{T'}$ und somit

$$\eta = \frac{A\,l}{q'} = \frac{q' - q}{q'} = 1 - \frac{q}{q'} = 1 - \frac{T}{T'} = \frac{T' - T}{T'}. \qquad (26)$$

Es wird also ein um so größerer Teil der zugeführten Wärmemenge q' in Arbeit verwandelt, es sinkt ein um so kleinerer Teil dieser Wärme ungenützt in den niedriger temperierten Wärmebehälter, je größer die Temperaturdifferenz der beiden Isothermen ist, zwischen denen der Carnotsche Kreis verläuft. Besonders muß aber bemerkt werden, daß in diesem Ausdruck keine Materialkonstante, wie die Gaskonstante oder die sp. W. des Gases enthalten ist. In der Tat werden wir im folgenden Paragraphen zeigen, daß die für den Carnotprozeß bisher nur am idealen Gas gewonnenen Ergebnisse von der Natur des arbeitenden Körpers ganz unabhängig sind.

Die Gasmaschinen, die praktisch verwendet werden, benützen andere Kreisprozesse als den Carnotschen und die Natur der arbeitenden Substanz ist hier nicht mehr ohne Einfluß. Es soll deren Arbeitsleistung und thermischer Wirkungsgrad für den Idealfall berechnet werden, daß der der Maschine zugrundeliegende theoretische Prozeß auch vollkommen verwirklicht ist. Tatsächlich ist der Quotient zwischen der an der Maschine indizierten und der für den idealen Prozeß berechneten Arbeit, das sogenannte „Güteverhältnis" der Maschine, stets wesentlich kleiner als eins.

Diese Gasmaschinen zerfallen in zwei Gruppen; in solche, wo das arbeitende Gas chemisch unverändert bleibt, also unverändert in den Ausgangszustand zurückkehrt (Heißluft- und Kaltluftmaschinen) — nur für diese ist streng genommen der Kreis ein Kreisprozeß im bisherigen Sinn — und in solche, wo während des Umlaufes sich das arbeitende Gasgemisch durch Verbrennung verändert (Verbrennungsmotoren). Auch hier ist im theoretischen Prozeß der Kreis zwar als geometrisch geschlossen gedacht;

das verbrannte Gasgemisch kommt auf das Volumen und den Druck des unverbrannten Gemisches zurück. Während aber im ersten Fall die in Arbeit verwandelte Wärme sich einfach als der Unterschied der im ganzen Kreis zu- und abgeführten Wärmemengen berechnet und die geleistete Arbeit durch Multiplikation dieses Wertes mit dem Wärmeäquivalent erhalten werden kann, ist im zweiten Fall der Energieinhalt des arbeitenden Körpers zum Schlusse ein anderer als zu Beginn, so daß, wenn man die Verbrennungswärme nicht kennt, hier die Arbeit durch algebraische Addition der Arbeitsflächen der Teilprozesse gesondert berechnet werden muß.

1. Selten im Gebrauch, und nur für sehr kleine Leistungen ausgeführt, sind die Heißluftmaschinen, die entweder dem geschlossenem

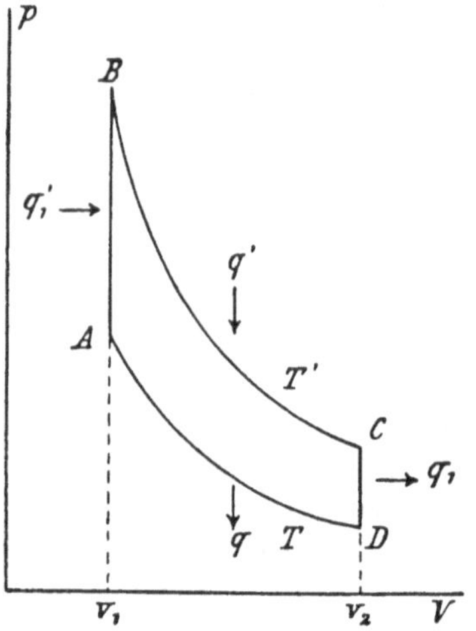

Fig. 54.

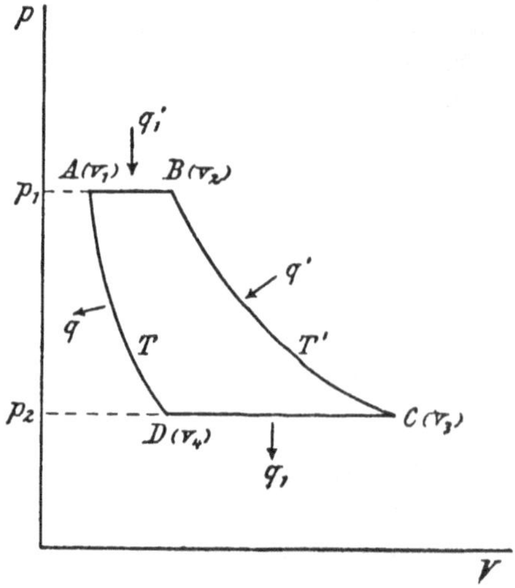

Fig. 55.

(Stirling) oder dem offenen Typ (Ericson) angehören. In der geschlossenen Maschine wird immer dieselbe Luftmenge abwechselnd erwärmt und gekühlt, in der offenen wird die Luft nach einmaligem Gebrauch abgeführt und durch frische ersetzt. Die Erwärmung und Kühlung erfolgt gewöhnlich vermittelst eines entsprechend gesteuerten Verdrängungskörpers, der die Luft abwechselnd in den von Heizgasen bestrichenen unteren, oder in den vom Kühlwasser umspülten oberen Teil des Arbeitszylinders schafft.

Der theoretische Kreisprozeß der geschlossenen Heißluftmaschine besteht aus zwei Isochoren (v_1 und v_2) und zwei Isothermen (T' und T). Es wird zunächst von A ausgehend die Luft bei konstantem Volumen von T auf T' erhitzt, wozu pro kg die Wärmemenge $q_1' = \bar{c}_v/_T^{T'}(T' - T)$ aufzuwenden ist, wenn $\bar{c}_v/_T^{T'}$ die mittlere sp. W. der Luft zwischen T und T' bedeutet. Von B aus dehnt sich die Luft isotherm von v_1 auf v_2 aus, wobei die Arbeit $RT'\ln\frac{v_2}{v_1}$ geleistet und eine weitere Wärmemenge $q' = ART'\ln\frac{v_2}{v_1}$ zugeführt wird. In C setzt die Kühlung ein, welche die Luft unter Entziehung der Wärmemenge $q_1 = \bar{c}_v\big/_T^{T'}(T' - T)$ auf die Temperatur T zurückbringt. Schließlich wird durch die Wucht des Schwungrades die Luft isotherm verdichtet, bis der Anfangszustand A wieder erreicht ist, was einen Arbeitsverbrauch $RT\ln\frac{v_2}{v_1}$ und eine weitere Wärmeabgabe $q = ART\ln\frac{v_2}{v_1}$ bedingt.

Die bei einmaligem Umlauf geleistete Arbeit ist

$$l = R(T' - T)\ln\frac{v_2}{v_1}$$

und

$$\eta = \frac{Al}{q_1' + q'} = \frac{q_1' + q' - q_1 - q}{q_1' + q'} = \frac{AR(T' - T)\ln\frac{v_2}{v_1}}{\bar{c}_v(T' - T) + ART'\ln\frac{v_2}{v_1}} = \frac{T' - T}{T' + \frac{\bar{c}_v(T' - T)}{AR\ln\frac{v_2}{v_1}}}\,.$$

Beim offenen Typ soll der Umlauf längs zweier Isobaren (p_1 und p_2) und zweier Isothermen (T' und T) erfolgen.

Von A aus wird die Luft bei konstantem Druck erhitzt, bis ihre Temperatur von T auf T' gestiegen ist, wozu die Wärmemenge $q_1' = \bar{c}_p\big/_T^{T'}(T' - T)$ benötigt wird und bei der anschließenden isothermen Expansion BC wird weiter noch die Wärmemenge $q' = ART'\ln\frac{v_3}{v_2}$ zugeführt. Hingegen muß bei der isobaren Rückkühlung längs CD der Betrag $q_1 = \bar{c}_p\big/_T^{T'}(T' - T)$ und bei der isothermen Verdichtung längs DA der Betrag $q = ART\ln\frac{v_4}{v_1}$ der Luft entzogen werden.

Die in Arbeit verwandelte Wärme ist somit

$$q_1' + q' - q_1 - q = AR\left[T'\ln\frac{v_3}{v_2} - T\ln\frac{v_4}{v_1}\right]$$

und die Arbeit

$$l = R\left[T'\ln\frac{v_3}{v_2} - T\ln\frac{v_4}{v_1}\right];$$

oder auch, da $p_1 v_1 = p_2 v_4$ und $p_1 v_2 = p_2 v_3$ und somit $\frac{v_3}{v_2} = \frac{v_4}{v_1} = \frac{p_1}{p_2}$ ist,

$$l = R(T' - T)\ln\frac{p_1}{p_2}.$$

Für den thermischen Wirkungsgrad findet man

$$\eta = \frac{AR(T' - T)\ln\frac{p_1}{p_2}}{\bar{c}_p(T' - T) + ART'\ln\frac{p_1}{p_2}} = \frac{T' - T}{T' + \frac{\bar{c}_p(T' - T)}{AR\ln\frac{p_1}{p_2}}}.$$

Man sieht, daß in beiden Fällen der thermische Wirkungsgrad kleiner ist, als im Carnotschen Kreis, denn es kommt im Nenner noch ein positives Glied hinzu.

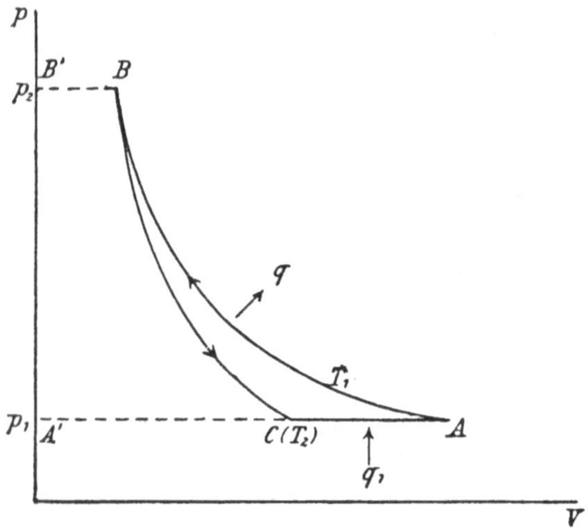

Fig. 56.

2. In der Kaltluftmaschine wird verdichtete Luft durch adiabatische Entspannung auf niedrige Temperatur gebracht und entweder zur Kühlung einer Kältekammer oder einer Salzlösung (Sole) verwendet, in der man Wasser ausfrieren läßt (künstliche Eisgewinnung). Der theoretische Kreis setzt sich aus Isotherme, Adiabate und Isobare zusammen. Da es sich hierbei darum handelt, dem unteren Wärmebehälter Wärme zu entziehen, muß dieser Kreis unter Arbeitsverbrauch, also entgegen dem Sinne des Uhrzeigers durchlaufen werden.

Zunächst verdichtet ein Kompressor die Luft längs der Isotherme AB wobei die Wärmemenge $q = A R T_1 \ln \frac{p_2}{p_1}$ an das Kühlwasser abgegeben wird. Dann wird die Luft arbeitslos und ohne Änderung ihres Zustandes aus dem möglichst wärmedurchlässigen Zylinder des Kompressors in einen zweiten möglichst wärmeundurchlässigen Zylinder (Expansionszylinder) geschoben und dort längs BC adiabatisch entspannt, wobei ihre Temperatur weit unter T_1 sinkt (T_2). Schließlich läßt man die so gekühlte Luft in die Kältekammer oder durch ein in die Sole gelegtes Spiralrohr strömen, wobei sie sich unter konstantem Druck unter Aufnahme der Wärmemenge $q_1 = \bar{c}_p/_{T_2}^{T_1}(T_1 - T_2)$ wieder auf T_1 erwärmt, worauf sie neuerdings dem Kompressor zugeführt wird. Die verbrauchte Arbeit ist ebensogroß, wie die beim Durchlaufen des Kreises im Sinne des Uhrzeigers zu gewinnende, also

$$l = \frac{1}{A}(q - q_1) = R T_1 \ln \frac{p_2}{p_1} - \frac{\bar{c}_p}{A}(T_1 - T_2).$$

Es ist das auch nichts anderes, als die Differenz der Betriebsarbeit des isothermen Kompressors (Fläche $ABB'A'$) und der Arbeit, die zum Betrieb des adiabatisch wirkenden Expansionszylinders nötig wäre (Fläche $CBB'A'$), wie sich aus dem auf S. 64 Gesagten ergibt.

Die Maschine liefert um so mehr Kälte, je größer q_1 ist und das um so wirtschaftlicher, je kleiner l bleibt. Für die Beurteilung ihrer

Leistung ist also der Wert des Verhältnisses $\frac{q_1}{A\,l}$ maßgebend. Übrigens ist die Kaltluftmaschine durch die weit leistungsfähigeren „Kaltdampfmaschinen" nahezu ganz verdrängt worden. In diesen wird Ammoniak (auch Kohlensäure oder schweflige Säure) durch einen Kompressor verflüssigt und das flüssige Ammoniak durch ein Drosselventil in das in der Sole liegende Spiralrohr abgelassen, wo es bei dem dort herrschenden niedrigeren Druck rasch verdampft und die zum Verdampfen nötige Wärme der Sole entzieht; der Dampf wird dann dem Kompressor neuerdings zugeführt.

Würden wir die Kaltluftmaschine im Sinne des Uhrzeigers unter Arbeitsgewinn, d. h. als Motor laufen lassen, so wäre der thermische Wirkungsgrad

$$\eta = \frac{A\,R\,T_1 \ln \frac{p_2}{p_1} - \bar{c}_p (T_1 - T_2)}{A\,R\,T_1 \ln \frac{p_2}{p_1}}.$$

$R\,T_2 \ln \frac{p_2}{p_1}$ ist die Betriebsarbeit eines Kompressors, der die Luft isotherm bei der Temperatur T_2 vom Druck p_1 auf den Druck p_2 verdichtet und $\frac{\bar{c}_p}{A}(T_1 - T_2)$ die Betriebsarbeit eines Kompressors, der das Gleiche auf adiabatischem Wege bewerkstelligt. Da nun, wie wir S. 96 gesehen haben $\frac{\bar{c}_p}{A}(T_1 - T_2) > R\,T_2 \ln \frac{p_2}{p_1}$ ist, so folgt, daß auch für den hier betrachteten Kreis der thermische Wirkungsgrad kleiner bleibt als $\frac{T_1 - T_2}{T_1}$, d. h. als der Wirkungsgrad eines zwischen den Extremtemperaturen T_1 und T_2 verlaufenden Carnotprozesses.

3. Von der größten praktischen Bedeutung sind die Verbrennungsmotoren, die von einem explosiven Gasgemisch betrieben werden. Findet die Verbrennung sehr rasch bei nahezu konstantem Volumen statt, während der Kolben im inneren Totpunkt steht (Otto 1878), so nennt man die Maschine einen Explosions- oder Gasmotor. Dagegen heißt sie Gleichdruck-, Diesel- oder Ölmotor, wenn die Verbrennung langsam durch Einführen des flüssigen Brennstoffes in die durch adiabatische Verdichtung erhitzte Luft erfolgt, während sich der Kolben über ein längeres Stück bewegt (Diesel 1893).

Der Kreisprozeß des Explosionsmotors besteht im Idealfall aus zwei Adiabaten und zwei Isochoren. Bei konstantem Druck (p_1) strömt zunächst längs $A'A$ das explosive Gasgemisch (Luft gemischt mit Leuchtgas, Benzindampf, Gichtgas u. dgl.) unter den zurückgehenden Kolben, bis in A etwa die Mengeneinheit eingeströmt ist, um dann längs AB adiabatisch verdichtet zu werden, wobei der Druck von p_1 auf p_2, die Temperatur von T_1 auf T_2 steigt. Die Verdichtungsarbeit $\frac{1}{A}\bar{c}_v/_{T_1}^{T_2}(T_2 - T_1)$ geschieht hierbei auf Kosten der kinetischen Energie des Schwungrades.

In B wird gezündet. Die Verbrennung erfolgt in dem verdichteten explosiven Gemisch sehr rasch, so daß sich der Kolben währenddem so gut wie nicht bewegt, also bei konstantem Volumen (v_2). Hierbei wird das Verbrennungsprodukt durch die in der Mengeneinheit des Gemisches freiwerdende Verbrennungswärme q_1' von T_2 auf T_3 erhitzt und zugleich steigt der Druck von p_2 auf den Explosionsdruck p_3. Bedeutet $\bar{\gamma}_v\Big/_{T_2}^{T_3}$ die mittlere sp. W. des Verbrennungsproduktes zwischen T_2 und T_3, so ist $q_1' = \bar{\gamma}_v\Big/_{T_2}^{T_3}(T_3 - T_2)$. Weiterhin entspannt sich das verbrannte Gasgemisch längs einer Adiabate, bis in D (äußerer Totpunkt) das gleiche Volumen v_1 wie in A erreicht ist; der Druck sei auf p_4, die Temperatur auf T_4 gesunken. Die hierbei geleistete Arbeit ist $\frac{1}{A}\bar{\gamma}_v\Big/_{T_4}^{T_3}(T_3 - T_4)$.

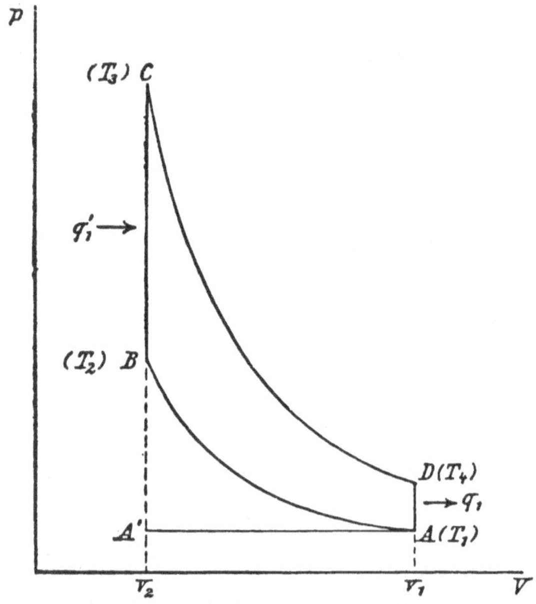

Fig. 57.

In D tritt jetzt Kühlung bei festem Volumen ein, und, wenn das auch nicht dem wirklichen Vorgang entspricht, wollen wir uns die Kühlung solange fortgesetzt denken, bis wieder der Ausgangsdruck p_1 erzielt ist. Der Kreis erscheint dann im Arbeitsdiagramm geschlossen, obwohl natürlich wegen der durch die Verbrennung im allgemeinen geänderten Gaskonstanten dem durch den Punkt A dargestellten Zustand des Verbrennungsproduktes eine etwas andere Temperatur (T_0) zukommen wird, als dem durch den gleichen Punkt dargestellten Zustand des noch unverbrannten Gasgemisches (T_1). Die bei der Kühlung abgegebene Wärmemenge ist dann $q_1 = \bar{\gamma}_v\Big/_{T_0}^{T_4}(T_4 - T_0)$.

Schließlich schiebt der Kolben das Verbrennungsprodukt längs AA' hinaus, worauf der Kreisprozeß mit dem Zuströmen von frischem Gasgemisch abermals beginnt. Die Maschine arbeitet im „Viertakt", d. h. ein ganzer Umlauf einschließlich Zuströmung und Auspuff erfordert vier Kolbenhübe.

Die Arbeit ist:

$$l = \frac{1}{A}\left[\bar{\gamma}_v\Big/_{T_4}^{T_3}(T_3 - T_4) - \bar{c}_v\Big/_{T_1}^{T_2}(T_2 - T_1)\right]$$

und

$$\eta = \frac{A\,l}{q_1'} = \frac{\bar{\gamma}_v\Big/_{T_4}^{T_3}(T_3 - T_4) - \bar{c}_v\Big/_{T_1}^{T_2}(T_2 - T_1)}{\bar{\gamma}_v\Big/_{T_2}^{T_3}(T_3 - T_2)}\,.$$

Da der Hauptteil des explosiven Gemenges aus Luft besteht, so kann man in erster Näherung von der Veränderlichkeit der sp. W. mit der Temperatur absehen und den Unterschied zwischen c und γ vernachlässigen. Es gilt also beiläufig:

$$\eta = \frac{T_3 - T_4 - (T_2 - T_1)}{T_3 - T_2} = \frac{T_3 - T_2 - (T_4 - T_1)}{T_3 - T_2} = 1 - \frac{T_4 - T_1}{T_3 - T_2}.$$

Da man dann weiter auch das Verhältnis $\varkappa$ auf der Adiabate des unverbrannten und des verbrannten Gemisches gleichsetzen darf, so folgt aus

$$T_1 v_1^{\varkappa - 1} = T_2 v_2^{\varkappa - 1} \qquad \text{und} \qquad T_4 v_1^{\varkappa - 1} = T_3 v_2^{\varkappa - 1}$$

$$\frac{T_4}{T_1} = \frac{T_3}{T_2} \qquad \text{oder} \qquad \frac{T_4 - T_1}{T_1} = \frac{T_3 - T_2}{T_2}$$

die Beziehung

$$\frac{T_4 - T_1}{T_3 - T_2} = \frac{T_1}{T_2},$$

und somit

$$\eta = 1 - \frac{T_1}{T_2} = \frac{T_2 - T_1}{T_2},$$

also derselbe Wirkungsgrad, wie für einen zwischen den Temperaturen T_2 und T_1 verlaufenden Carnotprozeß. Ist diese letzte Beziehung auch nur genähert richtig, so erkennt man aus ihr doch zweierlei. Erstens, daß die im vorliegenden Prozeß zur Verfügung stehende maximale Temperaturdifferenz $T_3 - T_1$ gar nicht ausgenützt wird, zweitens daß für den Wirkungsgrad des Gasmotors die Verdichtung des unverbrannten Gasgemenges auf der unteren Adiabate von entscheidender Bedeutung ist. Schreibt man

$$\eta = 1 - \frac{T_1}{T_2} = 1 - \left(\frac{v_2}{v_1}\right)^{\varkappa - 1} = 1 - \left(\frac{p_1}{p_2}\right)^{\frac{\varkappa - 1}{\varkappa}},$$

so sieht man, daß der Wirkungsgrad um so größer wird, je höher man das Gasgemisch vor der Zündung verdichtet.

Bei der zahlenmäßigen Berechnung muß die Veränderlichkeit der sp. W. mit der Temperatur berücksichtigt, also nach der zuerst gegebenen Formel gerechnet werden, wobei T_3 aus der Verbrennungswärme der sich verbindenden Bestandteile und der chemischen Zusammensetzung des Verbrennungsproduktes in der auf S. 90 erläuterten Weise zu ermitteln wäre. Aber auch dann ist der für η oder l errechnete Wert stets beträchtlich größer als der mit dem Indikator gefundene. In Wirklichkeit weicht nämlich der vom Gasmotor beschriebene Kreisprozeß von dem hier betrachteten Idealfall erheblich ab, indem wegen der Wärmeverluste CD keine reine Adiabate ist, die Isochore DA fast verschwindet und auch der Druck des Verbrennungsproduktes beim Hinausschieben höher ist als der des zuströmenden Gasgemisches.

Der theoretische Kreisprozeß des Dieselmotors besteht vom Einströmen und Auspuff abgesehen aus zwei Adiabaten und je einer Isobare und Isochore. Längs $A'A$ strömt zunächst Luft unter den Kolben, die dann längs AB unter dem Arbeitsaufwand $\frac{1}{A}\bar{c}_v\Big/_{T_1}^{T_2}(T_2 - T_1)$ adiabatisch soweit verdichtet wird (30—40 at), daß die Temperatur T_2 über dem Wert liegt, der zur Zündung des nun mittels einer kleinen Preßpumpe in die heiße Luft eingespritzten flüssigen Brennstoffes (Petroleum, Rohöl u. dgl.) ausreicht. Diese Ölzufuhr und gleichzeitige Verbrennung dauert längs BC an, während sich der Kolben hinausbewegt und wird so geleitet, daß sich der Druck (p_2) währenddem möglichst wenig ändert. Die Verbrennung soll also unter konstantem Druck erfolgen. Wird in das kg Luft die Ölmenge x (höchstens 50 g) eingespritzt und ist die bei der Verbrennung dieser Ölmenge erzeugte Wärme (vermindert um den Wärmebetrag, der zur Erhitzung des Öls auf Entzündungstemperatur benötigt wird) gleich q_1', so werden durch sie die $1 + x$ kg Verbrennungsprodukt von T_2 auf T_3 erhitzt und bedeutet $\bar{\gamma}_p\Big/_{T_2}^{T_3}$ die mittlere sp. W. des Verbrennungsproduktes zwischen T_2 und T_3, so ist $q_1' = (1 + x)\bar{\gamma}_p\Big/_{T_2}^{T_3}(T_3 - T_2)$. Die hierbei geleistete isobare Arbeit berechnet sich zu

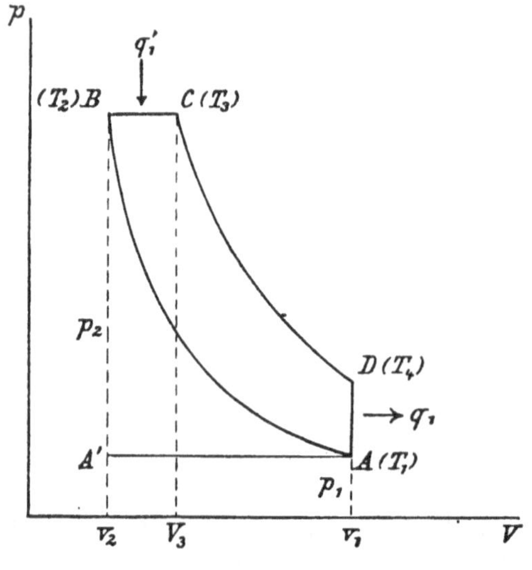

Fig. 58.

$$p_2(V_3 - v_2) = p_2[(1 + x)v_3 - v_2].$$

Der restliche Teil des Kreisprozesses verläuft wie beim Explosionsmotor. Längs der Adiabate CD wird die Arbeit $\frac{1}{A}(1 + x)\bar{\gamma}_v\Big/_{T_4}^{T_3}(T_3 - T_4)$ geleistet und längs der Isochore DA die Wärmemenge $q_1 = (1 + x)\bar{\gamma}_v\Big/_{T_0}^{T_4}(T_4 - T_0)$ abgegeben, wo T_0 wieder die Temperatur bedeutet, die das verbrannte Gasgemisch bei Kühlung bis zum Druck p_1 erhält. Somit ist

$$l = p_2[(1 + x)v_3 - v_2] + \frac{1}{A}(1 + x)\bar{\gamma}_v\Big/_{T_4}^{T_3}(T_3 - T_4) - \frac{1}{A}\bar{c}_v\Big/_{T_1}^{T_2}(T_2 - T_1)$$

und

$$\eta = \frac{A\,l}{q_1'} = \frac{A\,p_2[(1 + x)v_3 - v_2] + (1 + x)\bar{\gamma}_v\Big/_{T_4}^{T_3}(T_3 - T_4) - \bar{c}_v\Big/_{T_1}^{T_2}(T_2 - T_1)}{(1 + x)\bar{\gamma}_p\Big/_{T_2}^{T_3}(T_3 - T_2)}.$$

Wie beim Gasmotor wollen wir uns auch hier mit einer ersten Näherung begnügen. Es soll x gegen 1 vernachlässigt werden können, weiter wieder c und γ von der Temperatur unabhängig und einander gleich gesetzt werden, ebenso R, die Gaskonstante der Luft und des Verbrennungsproduktes. Es folgt dann aus $p_2 v_2 = RT_2$ und $p_2 v_3 = RT_3$ auch $p_2(v_3 - v_2) = R(T_3 - T_2)$ und $Ap_2(v_3 - v_2) = (c_p - c_v)(T_3 - T_2)$, also

$$\eta = \frac{(c_p - c_v)(T_3 - T_2) + c_v(T_3 - T_4) - c_v(T_2 - T_1)}{c_p(T_3 - T_2)} = 1 - \frac{1}{\varkappa}\frac{T_4 - T_1}{T_3 - T_2}.$$

Da $\varkappa$ stets größer als 1 ist, stellt sich somit, gleiche Temperaturen in den vier Eckpunkten vorausgesetzt, der Wirkungsgrad im Dieselprozeß höher als der des Explosionsmotors. Was das Güteverhältnis betrifft, so gilt das hierüber beim Explosionsmotor Gesagte auch hier.

---

1. In einem Explosionsmotor wird das explosive Gemisch vor der Zündung adiabatisch auf das 6-fache verdichtet. Wie groß ist der thermische Wirkungsgrad, wenn $\varkappa = 1{\cdot}4$ gesetzt wird?

Genähert ist

$$\eta = 1 - \left(\frac{v_2}{v_1}\right)^{\varkappa - 1} = 1 - \left(\frac{1}{6}\right)^{0{\cdot}4} = 0{\cdot}51 \quad \text{oder} \quad 51\,\%.$$

2. In einem Dieselmotor beträgt die Höchsttemperatur 2000° C ($T_3 = 2273$). Die Luft habe ursprünglich (wegen Erwärmung von der heißen Zylinderwand aus und der Zumischung von Verbrennungsgasen aus dem vorhergegangenen Umlauf) eine Temperatur von 100° C ($T_1 = 373$) und werde vor Zuführung des Brennstoffs auf das 15-fache verdichtet; $\varkappa$ sei wieder gleich $1{\cdot}4$.

Zunächst berechnet man aus $T_2 v_2^{\varkappa - 1} = T_1 v_1^{\varkappa - 1}$ die Temperatur

$$T_2 = T_1 \left(\frac{v_1}{v_2}\right)^{\varkappa - 1} = 373 \,.\, 15^{0{\cdot}4} = 1102 \quad (829^\circ \text{ C}).$$

Bei der isobaren Erhitzung von dieser Temperatur auf T_3 wächst das Volumen von

$$v_2 = \frac{1}{15} = 0{\cdot}0\dot{6} \quad \text{auf} \quad v_3 = v_2 \frac{T_3}{T_2} = 0{\cdot}0\dot{6}\,\frac{2273}{1102} = 0{\cdot}1375$$

und bei der folgenden adiabatischen Entspannung auf das Volumen v_1 sinkt somit die Temperatur von T_3 auf

$$T_4 = T_3 \left(\frac{v_3}{v_1}\right)^{\varkappa - 1} = 2273 \,.\, 0{\cdot}1375^{0{\cdot}4} = 1028 \quad (755^\circ \text{ C}).$$

Genähert ist also

$$\eta = 1 - \frac{1}{\varkappa}\frac{T_4 - T_1}{T_3 - T_2} = 1 - \frac{1}{1{\cdot}4} \cdot \frac{655}{1171} = 0{\cdot}60 \quad \text{oder} \quad 60\,\%.$$

Bei genauerer, die Veränderung der sp. W. berücksichtigender Rechnung, würde man in beiden Fällen um etwa 10 % niedrigere Werte erhalten.

§ 51. Die Verbrennungswärme, die Wärmetönung und deren Abhängigkeit von den thermischen Veränderlichen.

Eine Verbrennung kann entweder bei konstantem Volumen (z. B. in der kalorimetrischen Bombe oder im Explosionsmotor), oder bei konstantem Druck (z. B. an freier Luft, im Junkersschen Kalorimeter oder im Dieselmotor) vorgenommen werden. Die hierbei als Verbrennungswärme freiwerdende Energie ist in beiden Fällen nicht ganz die gleiche. Außerdem hängt sie auch noch von der Anfangstemperatur des brennbaren Gasgemisches ab. Beides soll hier näher untersucht werden.

Zur Messung der Verbrennungswärme wird das explosive Gemisch, das die Anfangstemperatur T haben möge, verbrannt und dann das entstandene heiße Verbrennungsprodukt durch Wärmeabgabe an das Kalorimeter auf die Anfangstemperatur T zurückgekühlt (vgl. S. 46). Die abgegebene Wärmemenge, in der Regel auf das Mol oder das Gramm des durch die Reaktion neugebildeten Produktes bezogen, heißt die Verbrennungswärme und ist, wenn die Verbrennung bei konstantem Volumen geschieht, nichts anderes als die Differenz zwischen der Energie der sich verbindenden Bestandteile und des entstandenen Produktes, beides bei der Temperatur T. Wenn z. B. bei 18^0 Ausgangstemperatur die Verbrennung von Kohlenoxyd mit Sauerstoff zu Kohlensäure bei konstantem Volumen für das Mol entstehende Kohlensäure eine Verbrennungswärme von 67 800 cal liefert, so heißt das, daß die Energie von 28 gr CO und 16 gr O um 67 800 cal ($284 . 10^{10}$ Erg) größer ist, als die von 44 gr CO_2; desgleichen ist die von 2 gr H_2 und 16 gr O um 57 290 cal ($240 \cdot 10^{10}$ Erg) größer als die von 18 gr H_2O-Dampf.[1] Das gibt pro gr CO_2 1541 und pro gr H_2O-Dampf 3183 cal. Ist noch ein neutrales, am chemischen Umsatz unbeteiligtes Gas im Gemisch enthalten oder ist der eine Bestandteil im Überschuß vorhanden, so hat das auf die so definierte Verbrennungswärme erfahrungsgemäß keinen Einfluß, wohl aber auf die Verbrennungstemperatur, da jetzt das neutrale oder überschüssige Gas durch die freiwerdende Verbrennungswärme mit erhitzt werden muß.

Daß das ganze Gasgemenge während der Verbrennung zeitweise auf die hohe Verbrennungstemperatur kommt, ist für die Wärmeabgabe bedeutungslos, da diese als eine Energiedifferenz nur vom Anfangs- und Endzustand abhängt. Wir müssen nun mit Nernst annehmen, daß die Reaktion zwischen den verbindungsfähigen Bestandteilen des Gemenges bei allen Temperaturen vor sich geht, wenn sie auch erst von einer gewissen Temperatur (Entzündungstemperatur) ab so rasch und stürmisch verläuft, daß sich eine mehr oder weniger sichtbare Flamme bildet. Doch wäre es bei genügendem Zeitaufwand grundsätzlich möglich, die Reaktion bei jeder bestimmten Temperatur isotherm zu vollziehen und die zur Erzielung des isothermen Verlaufes zu entziehende Wärmemenge

---

[1] Man schreibt $CO + \frac{1}{2}O_2 = CO_2 + 67\,800$ cal,

oder $H_2 + \frac{1}{2}O_2 = H_2O\text{-Dampf} + 57\,290$ cal.

würde genau so groß sein, wie die Wärmemenge, die bei stürmischer Reaktion und zeitweiser Erreichung hoher Temperaturen frei wird, wenn wir nur wieder auf die Anfangstemperatur zurückkühlen. Man kann also kurz von der Verbrennung bei einer bestimmten Temperatur sprechen und hat die zu dieser Temperatur gehörige Verbrennungswärme als eine bestimmte Größe aufzufassen, die vom Temperaturverlauf während der Verbrennung ganz unabhängig ist. Insoweit das Gasgemisch der Gasgleichung gehorcht, die innere Energie also reine Temperaturfunktion ist, muß auch die Verbrennungswärme nur Funktion der Temperatur sein und unabhängig vom Wert des konstant gehaltenen Volumens und somit auch der Dichte, bei der die Verbrennung vorgenommen wird.

Ganz ähnlich liegen die Verhältnisse bei der Verbrennung unter konstantem Druck. Zwar ist in diesem Fall die Verbrennungswärme nicht mehr einfach gleich der Energiedifferenz im Anfangs- und Endzustand, da jetzt das Volumen des Gemisches nach der Verbrennung im allgemeinen ein anderes sein wird als vorher, also eine Volumsänderungsarbeit mit in Frage kommt. Doch entspricht auch hier jeder Temperatur ein bestimmter Wert der Verbrennungswärme und da, wenn die Gasgleichung gilt, die isobare Arbeit ebenfalls nur von der Temperatur abhängt, ist auch die Verbrennungswärme bei konstantem Druck eine reine Temperaturfunktion und unabhängig von der Größe des Drucks, unter dem die Verbrennung erfolgt.

Wir denken uns nun irgendeine Verbrennung von der Temperatur T_0 ausgehend und bei ihr endigend, aber auf zwei verschiedene Weisen ausgeführt. Die gewonnene Wärme muß in beiden Fällen die gleiche sein. Das erstemal verbrennen wir unmittelbar bei der Temperatur T_0 und gewinnen durch Rückkühlung auf diese Temperatur die Verbrennungswärme Q_{T_0}. Das zweitemal erhitzen wir das unverbrannte Gemisch zunächst von T_0 auf die Temperatur T, wozu die Wärmemenge $\int_{T_0}^{T} c\,d\,T$ aufzuwenden ist, wenn c die sp. W. des Gemisches vor der Verbrennung bedeutet und denken uns dann die Verbrennung bei dieser Temperatur ausgeführt, wobei die eben dieser Temperatur entsprechende Verbrennungswärme Q_T gewonnen wird. Schließlich kühlen wir das Verbrennungsprodukt noch auf T_0 zurück; was einen weiteren Wärmegewinn $\int_{T_0}^{T} \gamma\,d\,T$ ergibt, wo γ die sp. W. des Gemisches nach der Verbrennung bezeichnet. Es folgt dann

$$Q_{T_0} = Q_T + \int_{T_0}^{T} \gamma\,d\,T - \int_{T_0}^{T} c\,d\,T$$

und

$$Q_T = Q_{T_0} + \int_{T_0}^{T} (c - \gamma)\, d\, T,$$

oder soweit wir c und γ als von der Temperatur unabhängig betrachten dürfen

$$Q_T = Q_{T_0} + (c - \gamma)(T - T_0). \tag{27}$$

Diese zuerst von Kirchhoff abgeleitete Beziehung gestattet die Berechnung der Verbrennungswärme für jede beliebige Temperatur, wenn sie für eine Temperatur bestimmt worden ist, vorausgesetzt, daß man die sp. W. des Gemisches vor und nach der Verbrennung kennt. Es ist hiernach auch $\frac{dQ}{dT} = c - \gamma$, d. h. die Änderung der Verbrennungswärme pro Grad (der Temperaturkoeffizient der Verbrennungswärme) einfach gleich der Differenz der sp. W. des Gemisches vor und nach der Verbrennung. Die Formel gilt sowohl für die Verbrennungswärme bei konstantem Volumen, wie für die bei konstantem Druck, wenn man nur unter c und γ das eine Mal c_v und γ_v, das andre Mal c_p und γ_p versteht. In der Tat läßt sich die obige Ableitung in ganz gleicher Weise auf beide Fälle anwenden.

Hingegen ist, wie schon erwähnt wurde, die Verbrennungswärme bei konstantem Volumen (Q_v) von der bei konstantem Druck (Q_p) um die Ausdehnungsarbeit verschieden. Bezeichnen v und v', sowie R und R' Volumen und Gaskonstante des Gemisches vor und nach der Verbrennung, ferner p den konstanten Druck, bei dem die Verbrennung erfolgt, so ist Q_v um das Wärmeäquivalent der Ausdehnungsarbeit, also um $Ap(v' - v)$ größer als Q_p oder, da auch $pv' = R'T$ und $pv = RT$ ist

$$Q_p = Q_v - A(R' - R)T. \tag{28}$$

Hiernach kann man die eine Verbrennungswärme aus der andern berechnen. So wird für aus CO gebildetes CO_2 der Wert der Verbrennungswärme bei konstantem Druck pro gr gleich 1548 und für H_2O gleich 3199 cal (gegen 1541 bzw. 3183 cal für die Verbrennung bei konstantem Volumen). Es ist ist also $Q_p > Q_v$, d. h. R' und v' kleiner als R und v; es findet infolge Verminderung der Molekelzahl bei der Bildung des neuen Körpers Volumskontraktion (in beiden Fällen auf $^2/_3$) statt und die Ausdehnungsarbeit ist negativ. Es kann aber auch der Fall eintreten, z. B. bei der Bildung von HCl aus Cl und H, daß die Molekelzahl und damit R und v ungeändert bleiben. Dann ist $Q_p = Q_v$. Wegen der Größe von Q_v ist der Unterschied in keinem Falle bedeutend. Auch die Temperaturabhängigkeit der Verbrennungswärme ist übrigens zahlenmäßig eine sehr geringe, so daß in der Regel von ihr abgesehen werden kann. So unterscheidet sich die Verbrennungswärme von Knallgas zu Wasserdampf bei 300° von der bei 0° nur um etwa $1^1/_2$ Promille.

Es leuchtet ohne weiteres ein, daß die obigen Ausführungen über die Verbrennungswärme mit geringen Abänderungen auf jede Art chemischer Verbindung anwendbar sind. Im besonderen ist wieder die dann als „Wärmetönung“ bezeichnete, freiwerdende Energiedifferenz in ihrer Temperaturabhängigkeit durch $c - \gamma$ gegeben, wo c die sp. W. des aus den reagierenden Stoffen bestehenden Systems vor der Verbindung und γ die sp. W. des Reaktionsproduktes bezeichnet.

Auch ist wieder der Unterschied zwischen der Wärmetönung bei konstantem Druck und bei konstantem Volumen durch $Ap(v' - v)$ gegeben, nur daß hier, wo es sich in der Regel um feste oder flüssige Stoffe handelt, dieser Unterschied noch weniger ins Gewicht fällt. Dagegen wird die Wärmetönung theoretisch noch von Druck und Dichte abhängig sein, da die Energie nicht gasförmiger Körper von ihnen abhängt. Praktisch werden die Messungen der Wärmetönung wohl ausschließlich bei dem konstanten Druck der Atmosphäre ausgeführt.

Elftes Kapitel.

Die Prinzipe von Clausius und Thomson. Mechanische Temperaturmessung.

§ 52. Der II. Hauptsatz in der Fassung von Clausius.

Wir haben die Beziehung

$$\frac{q'}{T'} = \frac{q}{T} \quad \text{oder} \quad \sum \frac{q}{T} = 0$$

bisher nur für den Carnotschen Kreis und auch da nur für den Fall bewiesen, daß der die Umwandlung von Wärme in Arbeit vollziehende Körper ein Gas ist, welches der Gasgleichung gehorcht. Es läßt sich zeigen, daß die Art des arbeitenden Körpers völlig gleichgültig sein muß, daß also die obige Beziehung für jeden beliebigen Körper gilt, der einen Carnotschen Kreis beschreibt. Schon Carnot hatte erkannt, daß die Arbeitsleistung bei Abgabe einer bestimmten Wärmemenge q in den unteren Wärmebehälter (die er, auf dem Standpunkt der Wärmestofftheorie stehend, allerdings mit der oben aufgenommenen q' als gleich groß annahm) bei gegebener Temperaturdifferenz zwischen beiden Isothermen unveränderlich und unabhängig vom verwendeten Stoff ist. Um das nachzuweisen, müssen wir aber einen Grundsatz anerkennen, den erst Clausius (1850) ausgesprochen hat und in dem wir die dem zweiten Hauptsatz zugrunde liegende Erfahrungstatsache zu erblicken haben. Er gibt ihm die folgende, für den ersten Blick fast trivial anmutende Fassung:

„Wärme kann nicht von selbst aus einem kalten in einen warmen Körper übergehen.“

Der Nachdruck liegt auf „von selbst" und es muß erklärt werden, was darunter zu verstehen ist.

Zunächst sei darauf hingewiesen, daß wir nicht nur von der Temperatur eines Körpers, sondern auch von der Temperatur einer Wärmemenge sprechen können, übrigens in § 26 auch bereits gesprochen haben. Entziehen wir das eine Mal einem großen Wärmebehälter, z. B. einer großen Wassermenge von 100°, das andere Mal einer von 10° je eine Cal, so stellt diese Cal in beiden Fällen die gleiche Energiemenge von 427 kgm vor; trotzdem müssen wir, wie sich zeigen wird, zwischen ihnen unterscheiden. Für die Verwandelbarkeit einer bestimmten Wärmemenge in Arbeit vermittelst Kreisprozessen ist es nämlich nicht gleichgültig, ob sie einem heißen oder kalten Körper entnommen wird, kurz, auf welcher Temperatur sie sich befindet.

Dies vorausgeschickt, können wir nun mit Clausius zwei Klassen von Energieverwandlungen unterscheiden, positive und negative. Von positiven Energieverwandlungen kommen hier in Betracht:

a) Verwandlung von Arbeit in Wärme,

b) Verwandlung von Wärme höherer Temperatur in Wärme tieferer Temperatur.

Von negativen Energieverwandlungen:

a) Verwandlung von Wärme in Arbeit,

b) Verwandlung von Wärme tieferer Temperatur in Wärme höherer Temperatur.

Die positiven Verwandlungen gehen bei den Reibungs- und Wärmeleitungsvorgängen in der Natur beständig von selbst vor sich, während die negativen erfahrungsgemäß zu ihrer Ausführung besonderer Vorrichtungen bedürfen, und außerdem stets von positiven Verwandlungen begleitet sind. Wenn in einer Wärmekraftmaschine Wärme in Arbeit verwandelt wird, so muß gleichzeitig Wärme von höherer zu tieferer Temperatur abfließen. Wenn in einer Kältemaschine Wärme tieferer Temperatur in Wärme höherer Temperatur verwandelt wird, so muß gleichzeitig Arbeit verbraucht und in Wärme umgesetzt werden. In der Kaltluftmaschine (Fig. 56) oder einer Kaltdampfmaschine wird der Sole Wärme entzogen und bei höherer Temperatur an das Kühlwasser abgegeben. In einem umkehrbaren Carnotprozeß, den wir uns entgegen dem Sinne des Uhrzeigers durchlaufen denken, wird auf der unteren Isotherme dem Behälter K die Wärmemenge q von der Temperatur T entnommen und auf der oberen Isotherme dem Behälter K' die Wärmemenge q' von der höheren Temperatur T' zugeführt. Aber es muß gleichzeitig der Arbeitsbetrag $J(q'-q)$ verbraucht und in Wärme verwandelt werden.

Es läßt sich also der Satz von Clausius auch in der Weise aussprechen, daß wir sagen, daß eine (negative) Verwandlung von Wärme von tieferer auf höhere Temperatur oder von Wärme in Arbeit stets begleitet sein muß von einer (positiven) Verwandlung von Arbeit in

Wärme oder von Wärme höherer Temperatur in solche tieferer Temperatur; sie muß, wie Clausius sagt, durch eine entsprechende positive Verwandlung „kompensiert" sein.

Alle Einwendungen gegen diesen Satz, der teils als selbstverständlich hingenommen, teils lebhaft bestritten wurde, hat Clausius zu widerlegen vermocht. Es wäre z. B. möglich, daran zu denken, daß man durch große Linsen oder Spiegel die Wärmestrahlung eines heißen Körpers konzentrieren und so einen im Brennpunkt befindlichen schwarzen Körper, der die ganze Strahlung absorbiert, auf höhere Temperatur bringen könnte, als die des heißen Körpers. Das wäre tatsächlich ein unkompensierter Übergang von Wärme auf höhere Temperatur. Es läßt sich aber zeigen, daß die Temperatur nie über die des strahlenden Körpers steigen kann.

Eine andere, vielleicht noch einleuchtendere Gestaltung desselben Grundsatzes rührt von Thomson her und wird von Planck in die Worte gekleidet:

„Es ist unmöglich, eine periodisch funktionierende Maschine zu konstruieren, welche weiter nichts bewirkt, als Hebung einer Last und Abkühlung eines Wärmereservoirs."

Zunächst ist darauf hinzuweisen, daß dieser Satz nicht etwa die Möglichkeit leugnet, einem Wärmebehälter Wärme zu entziehen und restlos in Arbeit zu verwandeln. Das erfolgt ja in der Tat längs jeder Linie konstanter innerer Energie, z. B. bei der isothermen Ausdehnung eines idealen Gases. Aber dieser Vorgang wird in der räumlichen Begrenzung, welcher die Ausdehnung unterworfen ist, sein Ende finden. Er ist kein beliebig lange fortlaufender, wie in einer periodisch arbeitenden Maschine. Daß aber dieser Satz für den letzteren Fall gilt, erkennt man am besten aus den Folgen, die es hätte, wenn er nicht gültig wäre. Setzen wir nämlich eine solche Maschine als möglich voraus, so würde sie dadurch ausgezeichnet sein, daß sie mit einem einzigen Wärmebehälter auslangt. Diesem Wärmebehälter würde Wärme entzogen und, da weiter nichts geschieht, würde die Wärme restlos in Arbeit verwandelt werden. Man könnte dann als diesen Wärmebehälter z. B. den Erdkörper verwenden, dessen Wärmeinhalt für menschliche Verhältnisse geradezu unerschöpflich ist und hätte eine Maschine, die für uns ebenso wertvoll wäre, wie ein mechanisches Perpetuum mobile. Man hat sie darum als „Perpetuum mobile zweiter Art" oder als „thermisches Perpetuum mobile" bezeichnet. Mit dem Energiesatz, also dem I. Hauptsatz, stünde eine solche Maschine durchaus nicht im Widerspruch; denn für die geleistete Arbeit käme die dem Wärmebehälter entzogene Wärme auf. Trotzdem hätte, wie gesagt, eine solche mit nur einem Wärmebehälter arbeitende Maschine praktisch die Bedeutung einer unerschöpflichen und kostenlosen Quelle mechanischer Energie.

Es soll noch gezeigt werden, daß der Satz von Clausius und der von Thomson dasselbe bedeuten. Es läßt sich nachweisen, daß aus dem zweiten der erste folgt.

Gäbe es nämlich eine Maschine mit nur einem Wärmebehälter, so könnte man mit ihrer Hilfe dem Behälter eine gewisse Wärmemenge entziehen und restlos in Arbeit verwandeln. Da aber die positive Verwandlung von Arbeit in Wärme durch nichts beschränkt ist, ließe sich die gewonnene Arbeit ebenfalls restlos in Wärme beliebiger Temperatur zurückverwandeln. Man würde z. B. nur die Arbeit in Form von Reibungswärme einem Körper von entsprechend kleinem Wasserwert zuzuführen brauchen, um sie auf eine Temperatur zu bringen, höher als die des Wärmebehälters. Im ganzen wäre also das Ergebnis eine unkompensierte Verwandlung von Wärme tieferer in solche höherer Temperatur. Die Sätze von Thomson und von Clausius sind also gleichwertig.

Nehmen wir das aufgestellte allgemeine Prinzip an, so können wir jetzt für den Carnotschen Kreis nachweisen, daß nicht nur das ideale Gas, sondern jeder beliebige Stoff die zunächst nur für das ideale Gas gewonnenen Beziehungen über Wärmegewicht und Wirkungsgrad befolgt. Wäre das nämlich nicht der Fall, so gelänge die Herstellung eines thermischen Perpetuum mobile.

Wir betrachten zu diesem Zwecke zwei Carnotprozesse zwischen denselben Behältern und zwischen Isothermen derselben Temperatur, bei denen, wenn sie beide rechtsläufig sind, oben die gleiche Wärmemenge q' aufgenommen werde. Aber die arbeitenden Körper seien in den beiden Kreisen verschieden. Hinge der Wirkungsgrad von der Natur des arbeitenden Körpers ab, so würde dann trotz aller sonstigen Gleichheit die im ersten Prozeß an den unteren Behälter K abgegebene Wärmemenge von der im zweiten Prozeß abgegebenen verschieden sein. Nennen wir sie bzw. q und q_1, so könnte $q > q_1$ oder $q < q_1$ sein. Denken wir uns aber jetzt die beiden Prozesse gleichzeitig, jedoch in entgegengesetztem Sinne ausgeführt, so würde diese gedachte Doppelmaschine ein thermisches Perpetuum mobile liefern.

Setzen wir nämlich voraus, daß $q > q_1$ ist, so haben wir nur den ersten Kreis nach links ($BADCB$), den zweiten nach rechts ($ABCDA$) durchlaufen zu lassen. Es wird dann dem oberen Behälter K' gleichzeitig die Wärmemenge q' zugeführt und entzogen, wir brauchen ihn also überhaupt nicht, während dem unteren Behälter die positive Wärmemenge $q - q_1$ entzogen und, da weiter nichts geschieht, restlos in Arbeit verwandelt wird. Nehmen wir hingegen an, daß $q < q_1$ ist, so haben wir nur den Sinn, in dem wir uns eben die beiden Prozesse durchlaufen dachten, umzukehren, um in den gleichen Widerspruch mit dem Grundsatz zu geraten, der oben aufgestellt wurde. Es muß also $q = q_1$ sein, d. h. die unten abgegebene Wärmemenge unabhängig von der Art des arbeitenden Stoffes und nur abhängig von der oben aufgenommenen Wärmemenge q' und den Temperaturen T' und T, zwischen denen der Kreis verläuft, gemäß der Gleichung

$$\frac{q'}{T'} = \frac{q}{T} \quad \text{oder} \quad q = q' \frac{T}{T'}.$$

Die Unmöglichkeit eines thermischen Perpetuum mobile verlangt, daß es keinen Kreisprozeß gibt, in dem nur Wärme aufgenommen und keine abgegeben wird. Es folgt daraus sofort, daß zwei Adiabaten ein und desselben Stoffes sich im Endlichen nicht schneiden; denn wäre das der Fall, so könnte man die beiden Adiabaten oben durch eine Kurve, etwa eine Isotherme, verbinden, längs der Wärme nur zugeführt wird und hätte dann einen derartigen Kreisprozeß. Gleicherweise folgt, daß ein und dieselbe Adiabate von einer Isotherme nur einmal geschnitten werden kann; denn gäbe es zwei Schnittpunkte, so würden Isotherme und Adiabate zwischen diesen beiden Schnittpunkten abermals einen Kreisprozeß umschließen, in dem Wärme nur aufgenommen, also restlos in Arbeit verwandelt wird.

Nicht zwingend ist hingegen der folgende Schluß:

Für den thermischen Wirkungsgrad des Carnotschen Kreises ergab sich

$$\eta = \frac{T' - T}{T'}.$$

Könnte $T = 0$ sein, also ein arbeitender Körper durch (endliche) adiabatische Ausdehnung auf den absoluten Nullpunkt gekühlt werden, so würde $\eta = 1$ oder $100\,\%$, d. h. es würde die ganze bei der Temperatur T' aufgenommene Wärme in Arbeit verwandelt werden können und während der beim absoluten Nullpunkt vorgenommenen isothermen Kompression keine Wärme abzugeben sein. Man hätte wieder eine Maschine mit nur einem Wärmebehälter, ein thermisches Perpetuum mobile, im Widerspruch mit dem Prinzip von Clausius. Umgekehrt wäre also zu schließen, daß der absolute Nullpunkt nicht erreicht werden kann.

Aber abgesehen davon, daß das Prinzip von Clausius und die aus ihm zu ziehenden Folgerungen nur für endliche Temperaturen durch die Erfahrung bestätigt sind und seine Anwendung auf den absoluten Nullpunkt jedenfalls eine Extrapolation bedeutet, ist dieser Schluß nur dann richtig, wenn die sp. W. des abzukühlenden Körpers endlich bleibt. Konvergiert sie bei Annäherung an den absoluten Nullpunkt gegen Null, wie das die Nernstschen Beobachtungen an festen Körpern beweisen, so ist die Erreichbarkeit des absoluten Nullpunktes nicht mehr im Widerspruch mit dem II. Hauptsatz und kann somit auch nicht durch ihn widerlegt werden. Das zeigt die folgende Überlegung:

Denken wir uns einen verkehrt laufenden Carnotschen Prozeß. Er wirkt als Kältemaschine, indem er unter dem Arbeitsaufwand

$$\frac{1}{A}(q' - q)$$

dem unteren Behälter die Wärmemenge q entzieht. Wir können somit $A\,q/(q'-q)$ als Maß für die Leistung bei einem Umlauf betrachten. Aus Gleichung (III) folgt auch:

$$\frac{A\,q}{q'-q} = \frac{A\,T}{T'-T}.$$

Als unteren Wärmebehälter denken wir uns nun den zu kühlenden Körper; der obere habe hingegen die feste Temperatur T'. Der letzte Ausdruck zeigt dann, daß die Leistung eines Umlaufes mit sinkender Temperatur des zu kühlenden Körpers immer geringer wird[1] und mit Annäherung an den absoluten Nullpunkt gegen Null konvergiert. Es wird also auch die durch einen Umlauf dem Körper zu entziehende Wärmemenge immer kleiner und schließlich unendlich klein. Trotzdem darf daraus noch nicht ohne weiteres geschlossen werden, daß die Erreichung des absoluten Nullpunktes eines unendlich großen Arbeitsaufwandes bedürfe und somit unmöglich sei; denn konvergiert gleichzeitig die sp. W. des Körpers gegen Null, so kann auch durch einen unendlich kleinen Wärmeentzug die Temperatur um ein endliches erniedrigt und so möglicherweise der absolute Nullpunkt unter endlichem Arbeitsaufwand erreicht werden.

Die Nichterreichbarkeit des absoluten Nullpunktes für die bei den tiefsten Temperaturen gesammelte Erfahrungen und hieraus gezogene theoretische Folgerungen sprechen, ist demnach als ein eigener Grundsatz aufzustellen, was Nernst getan hat. Das Nernstsche Wärmetheorem, auch als III. Hauptsatz bezeichnet, hat, wie wir später (§ 65) sehen werden, die Richtigkeit dieses Grundsatzes zur Folge.

§ 53. Thomsons Satz von der Entwertung der Wärmeenergie.

Man kann dem Satz von Clausius in bezug auf die Energieverwandlungen zwischen Wärme und Arbeit noch eine andere Deutung geben.

Betrachten wir eine Reihe von Carnotschen Kreisprozessen, die von beliebigen Körpern durchlaufen werden, in denen aber die Temperatur der unteren Isotherme (T) und die auf den höheren Isothermen aufgenommenen Wärmemengen (q') gleich groß sein sollen. Die Temperatur auf der oberen Isotherme (T') sei in jedem Falle verschieden. Es gibt dann $\eta = 1 - T/T'$ an, wieviel von der jedesmal zugeführten Wärmemenge q' hierbei in Arbeit verwandelt wird. Z. B.:

[1] Damit der Wärmeentzug in jedem Umlauf bei bestimmter Temperatur T erfolge, kann man sich denken, daß der Körper hierbei immer gleichzeitig isotherm komprimiert wird, sich dann aber bis zum nächsten Wärmeentzug unter Leistung der empfangenen Kompressionsarbeit adiabatisch wieder ausdehnt, so daß seine Temperatur von Umlauf zu Umlauf stufenweise sinkt, der Kreisprozeß selbst aber ein rein Carnotscher bleibt.

T'	T	ϑ' C°	ϑ C°	η	η in %
400	300	127	27	$\frac{1}{4}$	25
500	300	227	27	$\frac{2}{5}$	40
600	300	327	27	$\frac{1}{2}$	50

Während also in einem Kreisprozeß zwischen 400 und 300° abs. nur $\frac{1}{4}$ der Wärme in Arbeit verwandelt wird, wird in einem zwischen 600 und 300 abs. verlaufenden die Hälfte der aufgenommenen Wärme in Arbeit umgesetzt. Die halbe Wärmemenge leistet zwischen 600 und 300° ebensoviel Arbeit, wie die ganze zwischen 400 und 300°. Die Arbeitsfähigkeit einer Wärmemenge hängt also nicht nur von ihrem absoluten Betrage, sondern auch von der Temperatur ab, auf der sie sich befindet. In bezug auf eine Umgebung von 20° C besitzt eine Tonne Wasser von 100° C eine größere Arbeitsfähigkeit als zwei Tonnen Wasser von 60° C, obwohl (wenn man von der geringen Veränderlichkeit der sp. W. des Wassers absieht) beiden Wassermengen die gleichen Wärmebeträge zuzuführen sind, um sie von 20° auf ihre Temperaturen zu bringen.

Es reicht nun im umkehrbaren Prozeß die gewonnene Arbeit eben hin, um den Vorgang sowohl an dem arbeitenden Körper wie an den Wärmebehältern rückgängig zu machen. Es ist der ursprüngliche Wärmeinhalt der Behälter wieder herstellbar.

Im nicht umkehrbaren Prozeß, wo ein Teil der gewonnenen Arbeit als Reibungswärme verloren geht und zwischen arbeitendem Körper und Wärmebehältern endliche Temperaturunterschiede vorhanden sind, läßt sich hingegen nur ein Teil der dem höher temperierten Behälter entnommenen Wärme in ihn zurückschaffen. Der Rest bleibt auf niedrigerer Temperatur und hat hierdurch an Arbeitsfähigkeit verloren. Strenge genommen, gibt es aber in der Natur nur nicht umkehrbare Prozesse. Da bei den Vorgängen der Wärmeleitung und Strahlung die ganze Wärmemenge auf tiefere Temperatur sinkt, ist dieser Verlust noch größer als im nicht umkehrbaren Kreisprozeß, wo wenigstens ein Teil der Wärme als Arbeit, somit in umkehrbarer Form gewonnen wird.

Man kann also sagen, daß bei allen Vorgängen, in denen Wärme sich bewegt, die Arbeitsfähigkeit der Wärmemenge, d. h. ihre Verwandelbarkeit in Arbeit sich vermindert. Thomson nennt das „Entwertung (dissipation) der Wärmeenergie“ und man bezeichnet im besonderen Vorgänge wie die der Wärmeleitung, wo die denkbar größte Entwertung eintritt, als rein „dissipative“ Prozesse.

Man bemerkt, daß hierdurch zugleich auch die Richtung bestimmt wird, in der alle mit Wärmebewegung verbundenen Prozesse verlaufen. Es muß hierbei die Wärme entwertet werden. Auf Grund des Energiesatzes allein könnte z. B. im Wärmeleitungsvorgang die Wärme ebensogut in der Richtung vom kalten zum warmen Körper fließen, als umgekehrt. Er und sein Sonderfall, der I. Hauptsatz, verlangt nur, daß die abgegebene und aufgenommene Wärmemenge gleich sind. Es besteht aber außerdem das Bestreben, alle Temperaturunterschiede im Sinne einer möglichst weitgehenden Entwertung der vorhandenen Wärmeenergien auszugleichen. Hierdurch wird erst bestimmt, wann, warum und in welcher Richtung die Energieverwandlungen vor sich gehen.

Wir werden das noch klarer aussprechen können, wenn wir durch die allgemeine mathematische Fassung des Satzes von Clausius in derjenigen Funktion der thermischen Veränderlichen, die man „Entropie“ nennt, ein Maß für dieses Bestreben kennen gelernt haben werden.

§ 54. Die Möglichkeit, Temperaturen mechanisch zu messen.

Der in § 52 erbrachte Nachweis, daß der Wirkungsgrad eines Carnotprozesses von der Natur des arbeitenden Körpers unabhängig ist, verhilft auch zu der grundsätzlich wichtigen Erkenntnis, daß Temperaturdifferenzen unabhängig von den Eigenschaften einer thermometrischen Substanz oder der Art des Thermometers rein mechanisch, also „absolut“, gemessen werden können, wie das ebenfalls Thomson zuerst ausgesprochen hat.

Wir denken uns zwei Carnotsche Kreisprozesse ausgeführt, und zwar den einen zwischen den Isothermen T' und T, den anderen zwischen den Isothermen T'' und gleichfalls T. Die arbeitenden Körper sind beliebig und können in beiden Kreisen auch verschieden sein. Hingegen soll in beiden auf der unteren Isotherme T genau die gleiche Wärmemenge q abgegeben werden. Um das festzustellen genügt ein Thermoskop oder man denke sich als unteren Wärmebehälter ein Eiswassergemisch gewählt und mittels Wage oder aus der Volumsänderung die Menge des geschmolzenen Eises bestimmt. Keineswegs ist hierzu eine Temperaturmessung nötig. Die auf den oberen Isothermen aufgenommenen Wärmemengen bezeichnen wir mit q' bzw. q'' und die in beiden Prozessen geleisteten Arbeiten mit l' bzw. l''. Es ist dann:

$$A\,l' = q' - q = \frac{q'}{T'}(T' - T) = \frac{q}{T}(T' - T)$$

und

$$A\,l'' = q'' - q = \frac{q''}{T''}(T'' - T) = \frac{q}{T}(T'' - T),$$

also:

$$\frac{l'}{l''} = \frac{T' - T}{T'' - T}.$$

Es verhalten sich demnach die Temperaturunterschiede der Isothermen, zwischen denen die beiden Kreisprozesse verlaufen, so wie die geleisteten (indizierten) Arbeiten und sie sind somit rein mechanisch mittels des Wattschen Indikators zu messen, wobei es gleich ist, von welcher Substanz die Kreisprozesse durchlaufen werden. Der Nullpunkt dieser absoluten Skala ist eindeutig bestimmt; denn wegen

$$\frac{q'}{T'} = \frac{q}{T} \quad \text{oder} \quad \frac{T'}{T} = \frac{q'}{q}$$

stehen die Temperaturen auf den beiden Isothermen eines Carnotschen Kreises im Verhältnis der Wärmemengen, die auf ihnen zugeführt oder abgegeben werden und da sich Wärmemengen ohne Thermometer vergleichen lassen, etwa, indem man sie schmelzendem Eis zuführt oder indem man die Wassermengen mißt, die durch sie um gleich viel erwärmt werden, wozu ein einfaches Thermoskop genügt, so ist auch der Nullpunkt der Skala bestimmbar. Willkürlich bleibt nur noch der Parswert. Man wird zweckmäßigerweise den hundertsten Teil der Differenz zwischen Eis- und Siedepunkt des Wassers als einen Grad bezeichnen.

Die so festgelegte Temperaturskala deckt sich offenbar ganz und gar mit derjenigen, die wir erhalten würden, wenn wir ein ideales Gas zur Füllung eines Gasthermometers verwenden könnten; denn in den Gleichungen über die Wärmegewichte und den thermischen Wirkungsgrad des Carnotprozesses bedeutet ja nach ihrer Ableitung T die aus der Zustandsgleichung $p v = R T$ definierte Temperatur. Dadurch rechtfertigt sich erst die schon bisher immer gebrauchte Bezeichnung von T als absoluter Temperatur. Auch ist damit gesagt, daß dieser absoluten Skala am nächsten die Angaben des mit Wasserstoff oder noch besser mit Helium gefüllten Gasthermometers kommen, Gase, die von den tiefsten erreichbaren Temperaturen abgesehen, und selbst da bei großer Verdünnung, der Gasgleichung nahezu vollkommen entsprechen. Um die Größe der noch bestehenden Abweichungen ihrer Angaben von der absoluten Skala zu bestimmen, braucht man nicht Messungen an Kreisprozessen vorzunehmen, wie sie der obigen Definition der absoluten Skala zugrunde liegen. Solche Messungen wären wegen der komplizierten Apparatur, wegen der Wärmeverluste an diese und die Umgebung und aus anderen Gründen keiner nennenswerten Genauigkeit fähig. Vielmehr liefert an sich ein jedes auf den beiden Hauptsätzen beruhendes Gesetz, in dem die Temperatur aus der Gleichung $p v = R T$ definiert ist, sich also mit der absoluten Skala deckt, auch ein Mittel, um die Skala des bei den Beobachtungen verwendeten Thermometers auf die absolute Skala zu reduzieren; denn das Gesetz gilt unter Zugrundelegung der absoluten Skala, während sich die Beobachtungen der betreffenden Gesetzmäßigkeit auf die Skala des verwendeten Thermometers beziehen, und die Abweichungen zwischen Gesetz und Beobachtungen geben, falls sie zuverlässig bestimmt wurden, die Möglichkeit, die beiden Skalen miteinander zu vergleichen. In der Regel ist die erzielbare Genauigkeit der Beobachtungen hierzu nicht ausreichend. Immerhin gibt es Fälle (vgl. § 85), in denen dieser Vergleich auch praktisch durchführbar scheint, was zugleich eine Bestimmung der Lage des absoluten Nullpunktes ermöglicht. Doch ist die genaueste Bestimmung des absoluten Nullpunktes unabhängig vom II. Hauptsatz aus der Kenntnis des Grenzwertes erfolgt, dem Ausdehnungs- und Spannungskoeffizient aller wirklichen Gase mit zunehmender Verdünnung unter immer genauerer Erfüllung der Gasgleichung zustreben. Er liegt bei 1/273.1. Danach ist die Temperatur des Eispunktes auf der absoluten Skala 273.1, während ihn das mit Wasserstoff von Atmosphärendruck gefüllte Gasthermometer zu 273.0 ergibt.

Bei der Kleinheit dieser Abweichungen von der Wasserstoffskala liegt, von den Beobachtungen bei tiefen Temperaturen abgesehen, die Bedeutung der Definition der absoluten Skala weniger in der durch sie ermöglichten Verfeinerung der praktischen Temperaturmessung, als in der wesentlichen Erkenntnis, daß die Temperatur eine vom Thermometer unabhängige Zustandsvariable ist, wie wir das zwar schon in § 3 betont haben, aber erst jetzt nachweisen konnten.

Zwölftes Kapitel.

Die Entropie und der Entropiesatz.

§ 55. Verallgemeinerung des Satzes von der Summe der Wärmegewichte auf beliebige Kreisprozesse.

Zunächst ist es einleuchtend, daß für einen beliebigen aus Isothermen und Adiabaten zusammengesetzten Kreisprozeß, z. B. den neben-

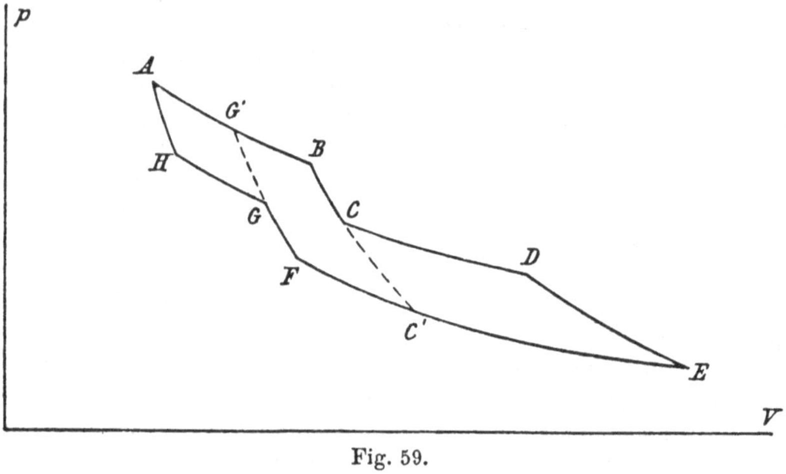

Fig. 59.

stehenden, die aufgenommenen Wärmegewichte gleich den abgegebenen sein müssen, so daß, wenn wir abgegebene Wärmemengen negativ zählen,

$$\sum \frac{q}{T} = 0$$

ist. Um dies einzusehen, braucht man nur den ganzen Prozeß durch Verlängerung der Adiabaten BC und FG bis C' bzw. G' in einzelne Carnotsche Kreise aufzulösen. Nach im Grunde gleichem Verfahren läßt sich aber auch für jeden Kreisprozeß beliebiger Form nachweisen, daß die Summe aller Wärmegewichte, über den ganzen Kreis gebildet, gleich Null ist.

Betrachten wir den beliebigen Kreisprozeß C. Es seien a und z die Punkte, in welchen die Adiabaten des den Kreis beschreibenden

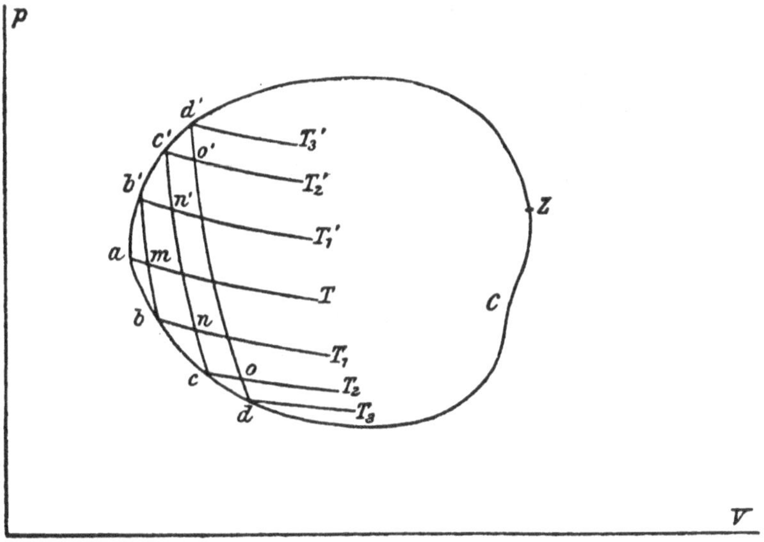

Fig. 60.

Körpers die geschlossene Kurve C tangieren. Längs der oberen Hälfte von a bis z werde Wärme aufgenommen, längs der unteren Hälfte von z bis a Wärme abgegeben.

Soll der Kreisprozeß überhaupt durch eine Kurve dargestellt werden können, so daß der Zustand des arbeitenden Körpers jeweils durch die Angabe von Druck und Volumen festgelegt ist und in seinem Innern weder Druck- noch Dichtenunterschiede vorhanden sind, so muß der Prozeß in bezug auf die Arbeitsleistung hinreichend umkehrbar sein. Erstrecken wir die Umkehrbarkeit auch auf die Wärmeübergänge, so müssen wir uns hier ein jedes Wärmemengenelement aus einem gleichtemperierten Behälter aufgenommen, bzw. an einen solchen abgegeben denken, so daß, da die Temperatur längs der Kurve sich kontinuierlich ändert, die Zahl der Wärmebehälter und die Anzahl der Wärmeaufnahme- und Abgabestellen eine unendlich große ist. Zunächst wollen wir sie uns aber endlich denken und erst später den Grenzübergang ausführen.

Durch einander nahe Isothermen und Adiabaten zerlegen wir die Fläche des Kreises in lauter schmale Carnotprozesse $b'n'nb$, $c'o'oc$ usw., sowie in Prozesse von der Form $d'o'c'$, $c'n'b'$, $b'ma$ usw.

Aufgenommen werden die Wärmemengen:

längs $ab':q'$ und längs $am:\mathfrak{q}$ bei der Temperatur T
„ $b'c':q_1'$ „ „ $b'n':\mathfrak{q}_1'$ „ „ „ T_1'
„ $c'd':q_2'$ „ „ $c'o':\mathfrak{q}_2'$ „ „ „ T_2'
usw.

Abgegeben werden die Wärmemengen:

längs $ba:q$ und längs $ma:\mathfrak{q}$ bei der Temperatur T
„ $cb:q_1$ „ „ $nb:\mathfrak{q}_1$ „ „ „ T_1
„ $dc:q_2$ „ „ $oc:\mathfrak{q}_2$ „ „ „ T_2
usw.

Es ist nämlich gleichgültig, ob wir auf den kleinen Wegstücken längs der Peripherie jeweils die untere oder die obere Temperatur einsetzen, da diese Temperaturen sich im Grenzfall nur unendlich wenig unterscheiden. Zu suchen ist für diesen Grenzfall, d. h. für den Fall, daß die Isothermen unendlich nahe zusammenrücken,

$$\lim \sum \frac{q}{T} = \lim \left\{ \frac{q'}{T} + \frac{q_1'}{T_1'} + \frac{q_2'}{T_2'} + \ldots - \left(\frac{q}{T} + \frac{q_1}{T_1} + \frac{q_2}{T_2} + \ldots \right) \right\}.$$

Es ist nun

$$\frac{\mathfrak{q}}{T} = \frac{\mathfrak{q}}{T}, \quad \frac{\mathfrak{q}_1'}{T_1'} = \frac{\mathfrak{q}_1}{T_1}, \quad \frac{\mathfrak{q}_2'}{T_2'} = \frac{\mathfrak{q}_2}{T_2} \text{ usw.}$$

Also auch:

$$\sum \frac{q}{T} = \frac{q' - \mathfrak{q}}{T} + \frac{q_1' - \mathfrak{q}_1'}{T_1'} + \frac{q_2' - \mathfrak{q}_2'}{T_2'} + \ldots$$
$$- \left(\frac{q - \mathfrak{q}}{T} + \frac{q_1 - \mathfrak{q}_1}{T_1} + \frac{q_2 - \mathfrak{q}_2}{T_2} + \ldots \right) =$$
$$\frac{q' - \mathfrak{q}}{T} + \frac{q_1' - \mathfrak{q}_1'}{T_1'} + \frac{q_2' - \mathfrak{q}_2'}{T_2'} + \ldots + \frac{\mathfrak{q} - q}{T} + \frac{\mathfrak{q}_1 - q_1}{T_1} + \frac{\mathfrak{q}_2 - q_2}{T_2} + \ldots$$

Nennen wir die Flächen der kleinen dreieckigen Kreisprozesse

$$b'ma = \varphi', \quad c'n'b' = \varphi_1', \quad d'o'c' = \varphi_2' \text{ usw.}$$

und ebenso

$$amb = \varphi, \quad bnc = \varphi_1, \quad cod = \varphi_2 \text{ usw.,}$$

so ist nach dem I. Hauptsatz:

$$q' - \mathfrak{q} = A\varphi', \quad q_1' - \mathfrak{q}_1' = A\varphi_1' \quad q_2' - \mathfrak{q}_2' = A\varphi_2' \text{ usw.,}$$

ebenso:

$$\mathfrak{q} - q = A\varphi, \quad \mathfrak{q}_1 - q_1 = A\varphi_1, \quad \mathfrak{q}_2 - q_2 = A\varphi_2 \text{ usw.,}$$

also:

$$\sum \frac{q}{T} = A \left(\frac{\varphi'}{T} + \frac{\varphi_1'}{T_1'} + \frac{\varphi_2'}{T_2'} + \ldots + \frac{\varphi}{T} + \frac{\varphi_1}{T_1} + \frac{\varphi_2}{T_2} + \ldots \right).$$

Man sieht jetzt leicht, daß durch Aneinanderrücken der Punkte a, b', c', d' usw., also auch der Isothermen, sich jede der Flächen φ'

und φ beliebig klein machen läßt und da sowohl die T' wie die T durchaus endliche Größen sind, so wird bei diesem Grenzübergang

$$\lim \sum \frac{q}{T} = 0 .$$

Natürlich sind jetzt auch die Wärmemengen q sehr klein, so daß für diese auf den Peripherieelementen des Kreisprozesses zu- oder abgeführten Wärmemengenelemente auch dq geschrieben werden kann. Ersetzt man schließlich im Grenzfall das Summen- durch das Integralzeichen, so erhält für einen Kreisprozeß beliebiger Gestalt der Satz von der Summe der Wärmegewichte die Form

$$\int \frac{dq}{T} = 0 . \tag{III$_1$}$$

Bezeichnet man also die im Kreis dem arbeitenden Körper zugeführten Wärmemengenelemente positiv, die von ihm abgegebenen negativ und dividiert jedes dieser Wärmeelemente durch die absolute Temperatur, welche der arbeitende Körper bei der Aufnahme oder Abgabe des betreffenden Wärmeelementes hat, so ist die Summe dieser Quotienten, über den ganzen Kreis gebildet, gleich Null.

Wie schon früher für den einfachen Carnotprozeß gezeigt wurde (S. 130), bleibt dieser Satz auch hier bestehen, wenn man bei Bildung der Summe der Quotienten alle Wärmebehälter mit einbezieht, woferne nur der Temperaturunterschied zwischen Behälter und arbeitendem Körper überall sehr klein, der Prozeß also auch bezüglich der Wärmeübergänge umkehrbar ist. Dann verliert eben jeder Behälter soviel an Wärmegewicht, als der arbeitende Körper gewinnt und umgekehrt. Ist also die über den ganzen Kreis in bezug auf den Körper gebildete Summe gleich Null, so ist es auch die über alle Behälter gebildete und somit auch beide zusammen genommen, d. h. die über Körper und Behälter, also über das ganze betroffene System erstreckte Summe. Ändert sich die Temperatur auf der Kurve kontinuierlich, so müssen wir uns, wie schon oben erwähnt wurde, die Zahl der Behälter allerdings sehr groß, im Grenzfall unendlich groß denken, damit für jedes Kurvenelement ein gleich temperierter Behälter vorhanden sei, aus welchem oder in welchen die Wärme fließt.

Anders liegt aber der Fall, wenn wir bei einem nicht umkehrbaren Kreisprozeß die Summe der aufgenommenen und abgegebenen Wärmegewichte unter Einbeziehung des ganzen von ihm betroffenen Systems bilden. Da die Temperatur der Wärme abgebenden Behälter jetzt höher ist als die des arbeitenden Körpers, haben sie weniger Wärmegewicht verloren als dieser empfängt und da die Temperatur der Wärme aufnehmenden Behälter niedriger ist als die des arbeitenden Körpers, haben sie mehr Wärmegewicht empfangen, als dieser abgibt. Die positiven Glieder in der Summe überwiegen also die negativen. In gleichem

Sinne wirkt aber auch eine Nichtumkehrbarkeit des Prozesses in bezug auf die Arbeitsleistung; denn da in diesem Fall ein Teil der vom Körper geleisteten Arbeit durch Reibung in Wärme umgesetzt wird, tritt deren Gewicht als positiver Betrag in die Wärmegewichtssumme ein und macht sie positiv. Wir können also sagen:

Betrachtet man in einem Kreisprozeß nicht nur den arbeitenden Körper, sondern alle hierbei in Mitleidenschaft gezogenen anderen Körper (Wärmebehälter, Kolben, Zylinder, Ventile usw.) und dividiert jedes bei einem Umlauf irgendwo aufgenommene oder abgegebene Wärmeelement durch die absolute Temperatur, bei der der betreffende Körper dieses Element aufnimmt oder abgibt, so ist die Summe aller dieser Quotienten, also

$$\int \frac{d\,q}{T} \geqq 0, \qquad (\mathrm{III}_2)$$

wobei das Gleichheitszeichen für den Idealfall des in bezug auf Arbeitsleistung und Wärmeübergänge vollkommen umkehrbaren Kreisprozesses gilt, während in Wirklichkeit der Wert des Integrals einen umso größeren positiven Betrag annimmt, je weiter der Prozeß vom Ideal der vollkommenen Umkehrbarkeit entfernt ist. Wir werden darauf noch zurückkommen.

§ 56. Definition der Entropie.

In bezug auf den arbeitenden Körper allein gilt für einen Kreisprozeß pro Gramm oder Kilogramm die Gleichung

$$\int \frac{d\,q}{T} = 0,$$

oder, wenn wir uns auf eine beliebige Menge des Körpers beziehen,

$$\int \frac{d\,Q}{T} = 0.$$

Eine Nichtumkehrbarkeit wegen Temperaturunterschieden zwischen den Wärmebehältern und dem arbeitenden Körper ändert hieran nicht das Geringste, solange wir uns bei der Bildung des Integrals auf den arbeitenden Körper allein beziehen. Vorausgesetzt ist nur, daß der Körper hierbei eine kontinuierliche Folge ganz bestimmter Zustände durchläuft, daß in seinem Innern keine Druckunterschiede, Strömungen, Wirbel und dergl. auftreten, durch deren Vernichtung Reibungswärme erzeugt wird. Es hat mit anderen Worten der Kreisprozeß in bezug auf die Arbeitsleistung umkehrbar zu sein.

Das Nullwerden des Integrals beweist dann nach den im § 32 vorgebrachten Erörterungen, daß dQ/T das exakte Differential einer bestimmten Funktion der Zustandsvariablen sein muß. Clausius hat sie die „Entropie“ (Verwandlungsfunktion) des betreffenden Körpers genannt und mit S bezeichnet. Unter s wollen wir wieder die Entropie der Mengeneinheit, die „spezifische Entropie" des Körpers verstehen. Es ist also

$$dS = \frac{dQ}{T}, \text{ bzw. } ds = \frac{dq}{T}$$

das exakte Differential einer Funktion der thermischen Variabeln (T und v, T und p oder v und p), die für einen bestimmten Zustand des Körpers einen ganz bestimmten Wert hat, also auch umgekehrt den Zustand des Körpers ebenso festlegt, wie dies durch Angabe der thermischen Veränderlichen oder der inneren Energie geschehen kann.

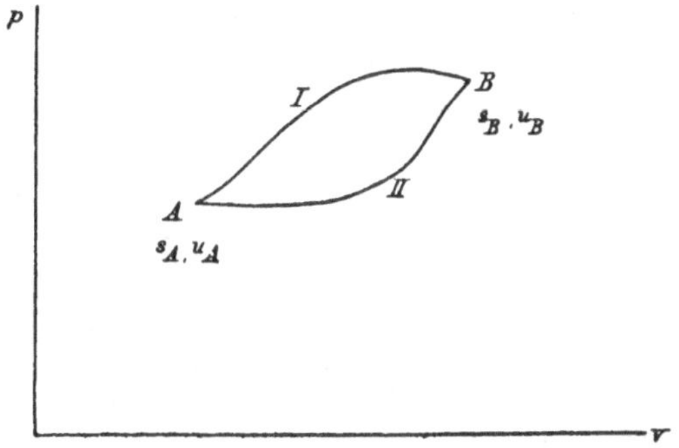

Fig. 61.

Aus der Bemerkung, daß ds ein exaktes Differential, also T ein integrierender Divisor (S. 70) des nicht exakten Wärmedifferentials ist, folgt, daß das Integral von einem Zustand A bis zu einem Zustand B gebildet, einen ganz bestimmten, vom Weg unabhängigen Wert besitzt. Hat die Mengeneinheit des Körpers im Zustand A die Energie u_A und die Entropie s_A, so hat sie in B die Energie u_B und die Entropie s_B, gleichgültig, ob der Körper auf dem Weg I oder auf dem Weg II nach B gelangt. Es ist

$$\int_A^B \frac{dq}{T} = s_B - s_A$$

und

$$s_B = s_A + \int_A^B \frac{dq}{T}. \qquad (III_3)$$

Hierdurch ist die Anweisung für die Berechnung der Entropie des Körpers für irgendeinen Zustand B gegeben, wenn die Entropie für einen anderen bestimmten Zustand A als Normalzustand (z. B. bei Atmosphärendruck und 0° C) gegeben ist. Man hat den Körper von A nach B zu bringen und den Zuwachs der Entropie durch das Integral

$$\int_A^B \frac{dq}{T}$$

zu berechnen, wobei man, da der Weg im übrigen gleichgültig ist, natürlich denjenigen wählen wird, für den die Berechnung sich am einfachsten gestaltet.

Über den absoluten Wert der Entropie eines Körpers läßt sich auf Grund der beiden Hauptsätze allein ebensowenig etwas sagen, wie über den seiner Energie. Erst die Untersuchung der Eigenschaften der Körper in nächster Umgebung des absoluten Nullpunktes kann über die sonst unbestimmte Integrationskonstante Aufschluß geben. Wenn Planck den bereits mehrmals erwähnten Nernstschen Wärmesatz in der Form ausspricht, daß die Entropie aller festen und flüssigen Körper[1] beim absoluten Nullpunkt konstant, etwa gleich Null ist, so ist hierdurch über diese Konstante verfügt. Es wird dann der absolute Wert der Entropie eines Körpers beim Druck p und der Temperatur T berechenbar, indem man den Körper vom absoluten Nullpunkt aus längs der Isobare p erwärmt denkt und das Integral

$$\int_0^T \frac{d\,q}{T} = \int_0^T \frac{c_p\,d\,T}{T}$$

bildet. Es läßt sich auswerten, wenn c_p über den ganzen Bereich als Funktion der Temperatur bekannt ist, und man sieht sofort, daß es nur für den Fall endlich bleibt, wenn c_p in der Richtung zum absoluten Nullpunkt gegen Null konvergiert. Gerade das bestätigen die Nernstschen Versuche.

Bei den meisten praktischen Anwendungen der Entropie handelt es sich aber nur um Entropiedifferenzen. Man kann die Entropie in irgendeinem Normalzustand willkürlich gleich Null setzen, d. h. sie von diesem Zustand als Nullpunkt aus zählen.

Es werde nur noch ein mögliches Mißverständnis bereinigt. Nachdem die Entropie eines Körpers in einem bestimmten Zustand derart berechnet wird, daß man den Körper vom Normalzustand aus auf irgendeinem in bezug auf Arbeitsleistung umkehrbaren Weg in den betreffenden Zustand bringt, könnte man meinen, daß die Berechnung der Entropie sich auf derart umkehrbare Prozesse beschränken müsse. Das ist strenge genommen auch richtig. Aber ebenso wie man die Arbeitsleistung in den meisten Fällen als hinreichend umkehrbar auffassen kann, wenn auch im arbeitenden Körper kein hydrostatisches Gleichgewicht vorhanden ist, kann man auch von der Entropie eines strömenden oder wirbelnden Gases oder Dampfes als einer thermodynamisch berechenbaren Größe sprechen, solange man nur noch jedes hinreichend kleine Volumelement als homogen und von bestimmter Temperatur annehmen kann. Indem man jedes Volumelement aus dem Normalzustand auf umkehrbarem Weg in diesen Zustand gebracht denkt, kann man seine

---

[1] Stabil kann ein Körper in unmittelbarer Nähe des absoluten Nullpunktes wohl nur in fester Aggregatform sein; doch ist es denkbar, daß er als unterkühlte Schmelze dort für manche Stoffe auch in flüssiger Aggregatform existieren kann, ja selbst in gasförmiger, wenn der Druck sehr niedrig ist.

Entropie berechnen und durch Summierung über alle Elemente auch die Entropie des ganzen Körpers. Bei dieser Berechnung sind die Aufnahme von Reibungswärme und der Wärmeausgleich durch Leitung im Innern des Körpers mit einbezogen, soweit sie umkehrbar sind, d. h. von Element zu Element unter unendlich kleiner Temperaturdifferenz erfolgen. Dieses Verfahren versagt aber, wenn die gemachten Voraussetzungen nicht zutreffen. Es ist dann die Entropie überhaupt nurmehr statistisch definierbar (vgl. § 60).

Die Rolle, welche die Reibungswärme im nicht umkehrbaren Prozeß spielt, werde noch durch die folgende Betrachtung erläutert:

Bei umkehrbarer Arbeitsleistung ändert sich längs eines kleinen Wegstückchens die Entropie des hier homogenen Körpers um einen Betrag ds, der durch dq/T gegeben ist, wo dq die von außen zu- oder abgeführte Wärmemenge und T die Körpertemperatur bezeichnet; bei nicht umkehrbarer Arbeitsleistung hingegen ändert sich die Entropie längs eines Wegstückchens nicht nur um den durch den äußeren Wärmeaustausch bestimmten Betrag dq/T, der hier wegen der Inhomogenität des Körpers als über alle Oberflächenelemente gebildete Summe aufzufassen ist, vielmehr wird außerdem noch im Innern des Körpers durch Strömungen, Wirbel, Stoß und dergl. Reibungswärme entwickelt, deren Wärmegewicht als **stets positiver** Summand in ds eingeht. Verstehen wir also, wie bisher, unter dq nur die von außen dem Körper zu- oder abgehenden Wärmeelemente, so ist bei umkehrbarer Arbeitsleistung

$$ds = \frac{dq}{T} \quad \text{und} \quad dq = T\,ds, \tag{III$_4$}$$

bei nicht umkehrbarer Arbeitsleistung hingegen

$$ds > \frac{dq}{T} \quad \text{und} \quad dq < T\,ds, \tag{III$_5$}$$

da jetzt das Gewicht der im Körper entwickelten Reibungswärme fehlt, durch dessen Hinzutreten erst die Gleichheit hergestellt würde.

Wir können diesen Unterschied auch folgendermaßen ausdrücken: Wird einem Körper bei umkehrbarer Arbeitsleistung Wärme zugeführt oder entzogen, so wird hierdurch notwendigerweise seine Entropie geändert und sie bleibt anderseits konstant, wenn ein solcher Wärmeaustausch mit der Umgebung nicht stattfindet. Die Adiabate ist also hier zugleich eine Linie konstanter Entropie, eine „**Isentrope**". Im Falle nicht umkehrbarer Arbeitsleistung hingegen, wo im arbeitenden Körper Reibungswärme entwickelt wird, ist der Wärmeaustausch mit der Umgebung für die Änderung der Entropie nicht allein bestimmend. Die Entropie kann gleich bleiben, wenn zufällig ebensoviel Wärmegewicht entzogen wird als durch Reibung entsteht, und sie nimmt sicher zu, wenn die Zustandsänderung unter Wärmeabschluß gegen die Umgebung, also adiabatisch nicht umkehrbar erfolgt.

§ 57. Die sT-Fläche oder das Wärmediagramm.

In der vp-Fläche oder dem Arbeitsdiagramm ist die von der Mengeneinheit des Körpers geleistete Arbeit

$$l = \int_A^B p\,dv$$

in einfacher Weise durch die Fläche gegeben, welche unter der die Zustandsänderung darstellenden Kurve bis herab zur Abszissenachse gelegen ist. Hingegen ist die bei einem offenen Prozeß zuzuführende Wärmemenge im allgemeinen graphisch nicht darstellbar, wenigstens nicht im Endlichen. Nur für den Fall, daß die innere Energie

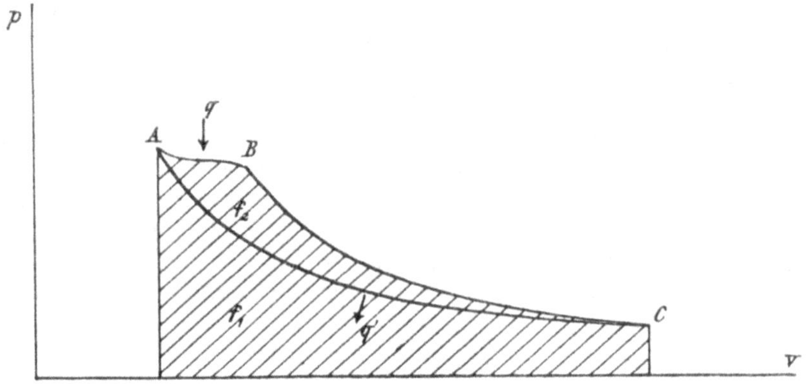

Fig. 62.

in A und B, d. h. im Anfangs- und Endpunkt der Zustandsänderung die gleiche ist, wie z. B. auf der Isotherme eines Gases, ist die die Arbeit darstellende Fläche zugleich ein Maß der Wärme, ebenso wie natürlich in jedem geschlossenen Prozeß, wo der Körper auch zum Schluß dieselbe Energie hat wie anfangs, die umrandete Fläche zugleich der im Ganzen verbrauchten Wärmemenge proportional ist. In jedem anderen offenen Prozeß gilt dies aber nicht, weil ein Teil der Wärme nicht zur Arbeitsleistung, sondern zur Änderung der inneren Energie verbraucht wird.

Für ein Gas läßt sich noch allgemein die Wärme durch eine im Endlichen bleibende Fläche darstellen, indem man durch B eine Adiabate legt, und sie bis zum Schnittpunkt C mit der durch A gelegten Isotherme verlängert, worauf die unter ABC gelegene, in Fig. 62 gestrichelte Fläche der längs AB zuzuführenden Wärmemenge q proportional ist.

Die auf dem Isothermenstück AC zuzuführende Wärmemenge q' ist nämlich durch Af_1 gegeben, wenn f_1 das unter AC gelegene Flächenstück bezeichnet. Anderseits bilden Kurve, Adiabate und Isotherme einen Kreisprozeß und es ist somit $q - q' = A f_2$, wo f_2 die umrandete Fläche bedeutet. Daraus folgt $q = q' + A f_2 = A(f_1 + f_2)$.

Um für einen beliebigen Körper eine die Wärmemenge darstellende Fläche zu erhalten, könnten wir durch A und B Adiabaten legen. Die Fläche des von der Kurve und den beiden Adiabaten gebildeten Kreisprozesses wäre offenbar der längs AB ausgetauschten Wärmemenge proportional. Da die Adiabaten sich aber erst im unendlich fernen Punkt ($v = \infty$, $p = 0$) schneiden, so ist diese Darstellung praktisch belanglos.

Die Bedeutung, welche gerade dem Wärmeumsatz bei thermischen Vorgängen im allgemeinen und den Maschinen im besonderen zukommt, läßt darum häufig die Benutzung einer anderen Fläche vorteilhaft erscheinen, in welcher die Entropie als Abszisse und die absolute Temperatur als Ordinate auftreten. Da nämlich für jeden in betreff der Arbeitsleistung hinreichend umkehrbaren Prozeß $dq = T ds$ ist, so wird

$$q = \int_A^B T\, ds$$

und es ist in dieser Darstellung die Wärme durch dieselbe Fläche gegeben, welche im Arbeitsdiagramm die Arbeit darstellt. Man nennt darum diese sT-Fläche auch das „Wärmediagramm". Praktisch am wichtigsten ist seine Anwendung auf die Verdampfungsvorgänge, die wir aber erst später behandeln. Hier sollen nur noch einige Bemerkungen allgemeinerer Natur vorgebracht werden.

Die Isotherme ist in dieser Darstellung für jede Substanz eine zur Abszissenachse, die Adiabate eine zur Ordinatenachse parallele Gerade; denn wenn $dq = 0$ ist, ist natürlich auch

$$ds = \frac{dq}{T} = 0,$$

d. h. die Entropie hat längs der Adiabate einen festen Wert, wie schon oben bemerkt wurde. Der Carnotsche Kreis erhält dann, unabhängig von der Natur des arbeitenden Körpers, die Form eines Rechteckes.

Die Gleichung der Polytrope, also einer Zustandsänderung, längs welcher die sp. W. einen bestimmten Wert c hat, ergibt sich aus $dq = c\,dT = T\,ds$ zu $s = c \ln T + \text{const}$, also als logarithmische Linie. Durch Parallelverschiebung in der Abszissenrichtung kann man für ein bestimmtes c die ganze Polytropenschar erhalten, wenn man eine einzige gezeichnet hat. Darf die sp. W. c_p oder c_v des Körpers als konstant angesehen werden, so gibt

$$s = c_p \ln T + \text{const}, \quad \text{bzw.} \quad s = c_v \ln T + \text{const}$$

die Gleichungen der Isobare und Isochore.

In sehr einfacher Weise läßt sich auch allgemein die sp. W. darstellen, die an irgendeiner bestimmten Stelle einer durch eine beliebige Kurve gegebenen Zustandsänderung herrscht.

Es ist nämlich:

$$c = \frac{dq}{dT} = T\,\frac{ds}{dT} = \frac{T}{\operatorname{tg}\alpha} = \text{Strecke } NP.$$

Sie ist also durch die Subtangente der Kurve an der betreffenden Stelle gegeben. Für die Polytrope ist diese Subtangente konstant, für den Sonderfall der Adiabate gleich Null und für den der Isotherme unendlich.

Daß der Carnotsche Kreis unter allen erdenkbaren Kreisprozessen, die unterhalb einer bestimmten höchsten Temperatur T' und oberhalb einer bestimmten tiefsten Temperatur T verlaufen, den größten thermischen Wirkungsgrad besitzt, haben wir im § 50 an Sonderfällen gezeigt. Es erhellt dies allgemein aus der Erkenntnis, daß die verfügbare Temperaturdifferenz für die Verwandelbarkeit einer Wärmemenge in Arbeit

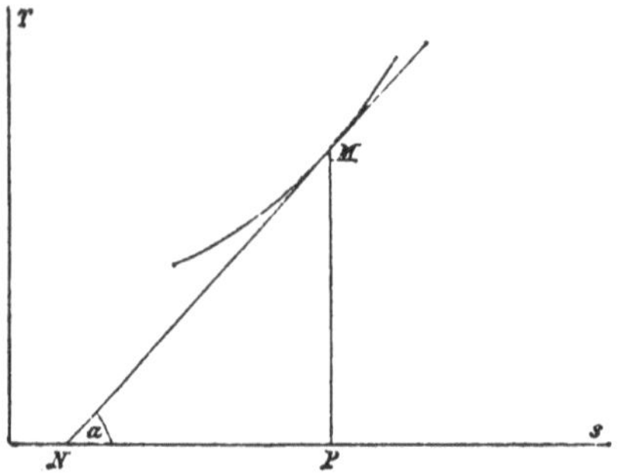

Fig. 63.

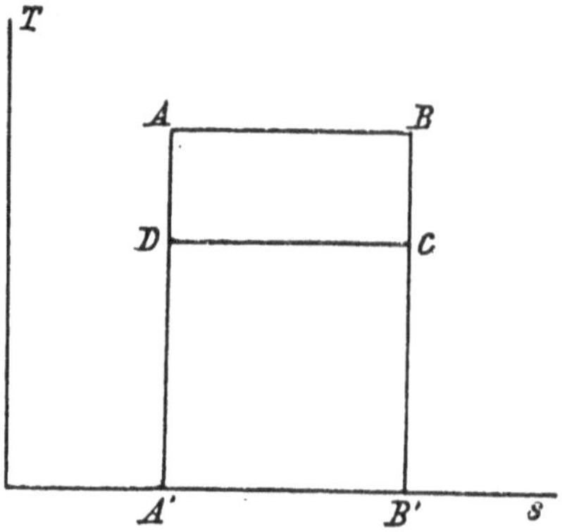

Fig. 64.

maßgebend ist und daß wir darum die Wärmemenge am besten ausnützen, wenn wir sie insgesamt bei der höchsten verfügbaren Temperatur, also auf der Isotherme T' zuführen und so tief als möglich, also bis zur Isotherme T absinken lassen. Da außer bei der höchsten und tiefsten Temperatur kein Wärmeaustausch stattfinden darf, sind die beiden Isothermen durch Adiabaten zu verbinden und man erhält den Carnotschen Kreis.

Im Wärmediagramm ist der thermische Wirkungsgrad des Carnotprozesses durch das Verhältnis der Rechtecke

$$\frac{ABCD}{ABB'A'}$$

gegeben. Denken wir uns einen anderen Prozeß zwischen T' und T, bei dem nicht mehr die ganze Wärme bei der höchsten Temperatur zugeführt und bei der tiefsten abgeführt wird, also Wärmezu- und Abfuhr entlang von Kurven erfolgen, deren obere die Isotherme T' von unten her und deren untere die Isotherme T von oben her berührt, so wird hierdurch jedenfalls die Fläche des Kreises verringert und der Wirkungsgrad verkleinert.

Es liegt die Frage nahe, warum der Carnotsche Kreisprozeß, der sonach den günstigsten Fall für die Verwandlung von Wärme in Arbeit darstellt, in den wirklichen Maschinen nicht ausgedehnte Verwendung findet. Die Antwort gibt ein Blick auf Fig. 53, wo die Isothermen und Adiabaten für ein zweiatomiges Gas ($\varkappa = 1 \cdot 4$) richtig gezeichnet sind. Die Winkel bei A und C sind äußerst spitz und die bei B und D äußerst stumpf, so daß die umrandete Fläche schmal, also die in einem Umlauf geleistete Arbeit klein bleibt, wenn man nicht von sehr hohen Drucken ausgeht und bis zu sehr großem Volumen ausdehnt. Hoher Druck bedingt aber massige Ausbildung aller, auch der beweglichen Teile und großes Volumen bedingt großen Zylinder, beides eine gewaltige Vermehrung der Reibungswiderstände. Der Vorteil des größeren Wirkungsgrades wird hierdurch mehr als ausgeglichen. Für mehratomige Gase und die überhitzten Dämpfe liegen wegen des kleineren $\varkappa$ die Verhältnisse noch ungünstiger. Einzig bei gesättigten Dämpfen, wo, wie wir sehen werden, die Isothermen zugleich Isobaren sind und die Arbeitsfläche hierdurch die nötige Breite erhält, könnte der Carnotprozeß, wenigstens genähert, auch verwirklicht werden. Doch weicht der Idealprozeß auch für die Sattdampfmaschine vom Carnotschen Kreise erheblich ab (vgl. § 100).

§ 58. Berechnung der Entropie eines idealen Gases.

Nach den Gleichungen (I'') ist für ein Gas bei Einführung der Variabeln T und v:

$$ds = \frac{dq}{T} = c_v \frac{dT}{T} + A\frac{p}{T}\,dv = c_v \frac{dT}{T} + AR\frac{dv}{v}$$

und wenn man die sp. W. als konstant behandelt:

$$s = c_v \ln T + AR \ln v + \text{const.} \tag{29a}$$

Analog für T und p:

$$ds = c_p \frac{dT}{T} - A\frac{v}{T}\,dp = c_p \frac{dT}{T} - AR\frac{dp}{p},$$

$$s = c_p \ln T - AR \ln p + \text{const}, \tag{29b}$$

und für v und p:

$$ds = \frac{c_v\, v\, dp}{RT} + \frac{c_p\, p\, dv}{RT} = c_v \frac{dp}{p} + c_p \frac{dv}{v},$$

$$s = c_v \ln p + c_p \ln v + \text{const.} \tag{29c}$$

Es ist also hiernach, wenn A und B zwei Zustände sind, denen die Werte der Variablen v_A, p_A, T_A und v_B, p_B, T_B entsprechen:

$$s_B = s_A + c_v \ln \frac{T_B}{T_A} + AR \ln \frac{v_B}{v_A} \qquad (29a')$$

$$= s_A + c_p \ln \frac{T_B}{T_A} - AR \ln \frac{p_B}{p_A} \qquad (29b')$$

$$= s_A + c_v \ln \frac{p_B}{p_A} + c_p \ln \frac{v_B}{v_A}. \qquad (29c')$$

Setzt man s konstant und entlogarithmiert, so erhält man die Gleichungen der Gasadiabate, da, wie schon früher bemerkt wurde, die Adiabate eine Zustandsänderung ist, auf der die Entropie konstant bleibt. Natürlich gilt das nur für die umkehrbare Adiabate. Bei nicht umkehrbarer adiabatischer Entspannung steigt die Entropie, wie ebenfalls schon früher gesagt wurde (S. 159). Das geschieht z. B. im Versuch von Gay-Lussac, bei dem sich ein Gas in einen abgeschlossenen luftleeren Raum ausdehnt (§ 35). Hat sich das Gas aus dem homogenen Anfangszustand (v_1, T) nach Ausgleich aller Druck- und Temperaturunterschiede in den gleichfalls homogenen Endzustand (v_2, T) begeben, so ist seine Entropie hierbei von $c_v \ln T + AR \ln v_1 + \text{const}$ auf $c_v \ln T + AR \ln v_2 + \text{const}$, also um $AR \ln v_2/v_1$ gestiegen.

Ein anderer, gleichfalls nicht umkehrbarer Prozeß ist die selbsttätige Mischung (Diffusion) der Gase. Nehmen wir von zwei Gasen je ein Mol bei gleichem Druck und bei gleicher Temperatur. Es wird dann von jedem der beiden Gase das gleiche Volumen ausgefüllt. Die Entropie der μ_1 gr des ersten Gases ist

$$\mu_1 s_1 = C_p^{(1)} \ln T - A\mathfrak{R} \ln p + K_1,$$

die der μ_2 gr des zweiten Gases

$$\mu_2 s_2 = C_p^{(2)} \ln T - A\mathfrak{R} \ln p + K_2,$$

wo C, wie stets, die Molekularwärme des betreffenden Gases bezeichnet, K_1 und K_2 die für die beiden Gase natürlich verschiedenen Integrationskonstanten sind. Bringen wir nun die beiden Gase miteinander in Berührung, so durchdringen sie sich erfahrungsgemäß, bis die Mischung homogen geworden ist. In diesem Endzustand ist nach dem Daltonschen Gesetz der Partialdruck jedes der Gase die Hälfte des ursprünglichen. Die Entropie des Gemisches berechnet sich hiernach als Summe aus den Entropien beider Bestandteile nach der Mischung zu:

$$C_p^{(1)} \ln T - A\mathfrak{R} \ln \frac{p}{2} + K_1 + C_p^{(2)} \ln T - A\mathfrak{R} \ln \frac{p}{2} + K_2.$$

Wieder ist also durch diesen von selbst eintretenden Vorgang eine Entropievermehrung eingetreten; denn die Differenz aus der Entropie des Gemenges nach vollendeter Mischung und der Summe aus den Entropien der Bestandteile vor der Mischung

$$-2A\mathfrak{R} \ln \frac{1}{2} = 2A\mathfrak{R} \ln 2$$

ist positiv.

Hervorzuheben ist, daß bei der Diffusion keinerlei Umsatz zwischen Wärme und Arbeit, ja überhaupt keinerlei Energieverwandlung stattfindet und trotzdem eine Vermehrung der Entropie eintritt. Wir werden in Folgenden Gelegenheit nehmen, auf diese über die reinen Wärmeerscheinungen weit hinausgehende Bedeutung der Entropie noch hinzuweisen.

§ 59. Der Satz von Clausius über das Wachstum der Entropie abgeschlossener Systeme.

Die beiden eben behandelten Vorgänge der Ausdehnung eines Gases ins Vakuum und der Diffusion zweier Gase erfolgen von selbst und die hierbei erwiesene Zunahme der Entropie ist eine allen derartigen spontan vor sich gehenden Erscheinungen gemeinsame Gesetzmäßigkeit.

Bilden wir das Integral $\int dq/T$ über einen Kreisprozeß nur in bezug auf den arbeitenden Körper, so ist, falls der Körper genau in den Ausgangszustand zurückkommt, der Wert des Integrals gleich Null. Bilden wir hingegen das Integral über einen Kreis unter Einbeziehung der Wärmebehälter oder allgemeiner über das ganze in Mitleidenschaft gezogene System, so ist bei allen wirklichen Kreisprozessen

$$\int \frac{dq}{T} > 0$$

und kann nur für den idealen Grenzfall ganz genau gleich Null werden, daß der Prozeß in jeder Beziehung, also sowohl betreffs der Arbeitsleistung wie betreffs aller Wärmeübergänge vollkommen umkehrbar verläuft. Haben wir einmal alle Körper einbezogen, die durch den Prozeß irgendwie betroffen werden und bezeichnen wir ihre Gesamtheit einschließlich des arbeitenden Körpers selbst als das den Prozeß ausführende System, so ist die übrige Umwelt ohne Bedeutung und wir können das System so behandeln, als ob es von der Umgebung mechanisch, thermisch und in jeder anderen Beziehung vollkommen isoliert wäre. Es läßt sich dann sagen, daß durch einen jeden in der Natur wirklich verlaufenden Kreisprozeß die Entropie des gesamten ihn ausführenden Systems wächst.

Man kann nun beweisen, daß dieser Satz nicht allein für Kreisprozesse gilt, wie wir das in § 55 gezeigt haben, sondern in gleicher Weise auch für einen jeden offenen Prozeß. Der Beweis läßt sich nach Planck unmittelbar auf die Unmöglichkeit des thermischen Perpetuum mobile gründen, und zwar vermittelst des folgenden, allerdings etwas abstrakten Gedankenganges:

Denken wir uns einen beliebigen Körper, der von einem Anfangszustand A sich längs einer umkehrbaren Isotherme ausdehnt, bis er in den Zustand B gekommen ist. Er leistet hierbei Arbeit, es muß ihm also Wärme zugeführt werden und seine Entropie steigt, sagen wir von

s_A auf s_B. Denken wir uns nun den Körper in B von seiner Umgebung vollkommen isoliert, dann kann es keinen nur irgendwie denkbaren im isolierten Körper sich abspielenden Prozeß geben, durch welchen die Entropie auf den niedrigeren Wert s_A zurücksinkt; denn wäre das der Fall, so könnten wir den Körper längs der durch A gehenden umkehrbaren Adiabate, die ja zugleich eine Linie gleicher Entropie ist und auf der der Zustandspunkt des Körpers nach Ablauf des Prozesses liegen müßte, ohne Wärmeaustausch in den Ausgangspunkt zurückführen. Das Ganze wäre also ein Kreisprozeß, nach dessen Durchlaufen der Körper wieder im Anfangszustand ist und sich auch sonst nichts geändert hätte, als daß einem Wärmebehälter eine gewisse Wärmemenge entzogen wurde, die, da Wärme nirgends abgegeben wird, vollständig in Arbeit umgewandelt worden sein müßte. Wir hätten ein thermisches Perpetuum mobile. Ein isolierter Körper kann also durch keinen sich irgendwie in ihm abspielenden Prozeß eine Verminderung seiner Entropie erfahren. Sie kann nur gleichbleiben oder steigen.

Was für einen einzelnen Körper gilt, gilt nun aber offenbar auch für ein beliebiges System. Sofern das System vollkommen abgeschlossen ist, also keine Energie irgendwelcher Art mit der Umgebung ausgetauscht wird und die Umgebung verändert, kann die gesamte Entropiesumme des Systems nicht abnehmen; denn wir könnten ja sonst den oben beschriebenen Kreisprozeß statt mit dem einzelnen Körper mit dem ganzen System ausführen. Es folgt also aus dem Satz von der Unmöglichkeit des thermischen Perpetuum mobile, daß die Entropie eines abgeschlossenen Systems durch keinen in seinem Innern sich abspielenden Prozeß sinken kann.

Alle Prozesse im Innern eines Systems erfolgen von selbst, d. h. ohne Hinzutun von außen so, daß die Entropie des Systems wächst, oder höchstens, nämlich für den Idealfall vollkommen umkehrbarer Prozesse, konstant bleibt.

Natürlich kann man jeden Vorgang als in einem abgeschlossenen System vor sich gehend annehmen, indem man eben als System die Gesamtheit aller Körper betrachtet, die durch den Vorgang irgendwie verändert werden. Man sieht dann, daß durch diesen Satz vom Wachstum der Entropie die Richtung alles Naturgeschehens bestimmt wird. Er hat eine allgemeine für alle Arten der Energieverwandlung, aber auch für alles sonstige Geschehen maßgebende Bedeutung. So wie der I. Hauptsatz als Sonderfall des Satzes von der Erhaltung der Energie erscheint, ist auch der II. Hauptsatz der Wärmelehre nur der Sonderfall eines allgemeinen Gesetzes, das nicht nur gilt, wo Wärme und Arbeit ineinander verwandelt werden, sondern alle Vorgänge beherrscht, wenn ihm allerdings auch gewisse Grenzen gezogen sind, wie dies im folgenden Paragraphen auseinandergesetzt wird.

Es sei nur noch darauf hingewiesen, daß der Energie- und der Entropiesatz wohl Zusammenhänge aufweisen, in ihrem physikalischen

Inhalt aber ganz verschieden sind. Keinesfalls ist es möglich, ohne Hinzuziehen neuer Tatsachen, die eben dann den wesentlichen Inhalt dieses Satzes ausmachen, den Entropiesatz aus dem Prinzip der Erhaltung der Energie irgendwie herzuleiten.

§ 60. Entropie und Wahrscheinlichkeit.

Es wurde schon früher gesagt, daß die Thermodynamik keine bestimmten Vorstellungen über das Wesen der inneren Energie eines Körpers entwickelt. Desgleichen entbehrt die als Entropie bezeichnete Zustandsfunktion der physikalischen Anschaulichkeit, es sei denn, daß man sich begnügt, in ihrem Zuwachs ein Maß für die eingetretene „Entwertung der Wärmeenergie" zu erblicken, was aber nicht in allen Fällen geschehen kann. So tritt z. B. bei der Mischung zweier Gase, wie oben gezeigt wurde, eine Vermehrung der Entropie ein, ohne daß dabei überhaupt irgendeine Energieverwandlung stattfindet. Es wird weder Wärme entwickelt, noch Arbeit geleistet; Temperatur und Volumen des Gemisches sind ebensogroß wie die Temperatur und die Summe der Volumina der Einzelgase vor der Mischung. Will man allen Fällen entsprechen, so läßt sich der Entropiesatz kaum anders fassen (Planck), als daß „eine Größe existiert, welche bei allen in der Natur stattfindenden Veränderungen sich immer in demselben Sinne ändert."

Die allgemeine Wärmelehre oder Thermodynamik behandelt die Materie als Kontinuum. Volumen, Druck und Temperatur sind als kontinuierliche Funktionen von Raum und Zeit zu denken und wird von Körperelementen gesprochen, so sind Differentiale gemeint, also Größen, die, so klein sie auch gedacht werden, doch wieder beliebig unterteilbar sind.

Neben der Thermodynamik hat sich aber gleichzeitig die spezielle mechanische Wärmetheorie entwickelt, die auf atomistischen Vorstellungen fußt. Hiernach ist die Zahl der Elemente (Molekeln, Atome oder noch kleinerer Teilchen), aus denen ein Körper zusammengesetzt ist, zwar im kleinsten, mit freiem Auge sichtbaren (makroskopischen) Teilchen noch ungeheuer groß, aber doch durch eine bestimmte Zahl angebbar. Denkt man sich die räumliche Lage, die Masse und den Bewegungszustand sämtlicher Elemente des Körpers für einen bestimmten Augenblick angegeben, so ist dadurch der Zustand, also auch der gesamte Energieinhalt des Körpers für diesen Augenblick bekannt. Macht man weiter die Annahme, daß die Folgezustände sich aus diesem gegebenen Anfangszustand genau nach den Gesetzen der klassischen Mechanik entwickeln, daß also im besonderen keinerlei Reibungswiderstände auftreten (für die in der Atomistik auch kein Platz ist, da sie ebenfalls rein mechanisch aus der Geschwindigkeitsabgabe rascher an langsamer bewegte Teilchen erklärt werden), so ist durch die Bewegungsgleichungen und den Energiesatz die Zustandsfolge festgelegt, die der als rein mechanisches System betrachtete Körper von diesem Ausgangszustand ausgehend, weiterhin durchläuft. Als dritte und für das Folgende wichtigste Annahme wird schließlich vorausgesetzt, daß alle möglichen Zustände des Systems an sich ganz gleich wahrscheinlich sind, wobei als mögliche Zustände alle die zu gelten haben, welche mit den räumlichen Grenzbedingungen und der gegebenen Gesamtenergie des Systems im Einklang stehen, durch die ja sowohl den räumlichen Koordinaten, wie den Geschwindigkeiten der Elemente Grenzen gezogen sind.

Man wird zugeben, daß dieses Bild von der Konstitution der Materie noch sehr allgemeiner Natur ist, also großes Anpassungsvermögen besitzt. Es enthält weder bestimmte Vorstellungen über die Gestalt der Elemente, aus denen der Körper zusammengesetzt ist, noch auch besondere Annahmen über die Natur und die Gesetze der zwischen ihnen wirkenden Kräfte oder deren Veränderung mit Änderung der Aggregation. Aber natürlich liegt gerade in der Allgemeinheit und Unbestimmtheit dieses hauptsächlich durch Boltzmann und Gibbs entwickelten Bildes ein beträchtlicher Fortschritt gegenüber den ursprünglich nur für die Gase entwickelten atomistischen Anschauungen, wo die Molekeln in der Regel als vollkommene, elastische Kugeln behandelt werden. Es ist nicht beabsichtigt, darauf weiter einzugehen. Die Bedeutung des mittels der Methoden der sogen. statistischen Mechanik weiter entwickelten Boltzmann-Gibbsschen Bildes für die Theorie der sp. W. wurde bereits früher wenigstens angedeutet und wird im § 76 noch ausführlicher erläutert.

Was wir aber hier etwas weiter ausführen wollen, das ist der wesentliche Unterschied in der Stellung der Thermodynamik und der Atomistik zum Entropiesatz. Veränderungen, die in einem abgeschlossenen System ohne Einwirkung von außen vor sich gehen, vermehren, so lehrt die Thermodynamik, die Entropie des Systems; es gibt in aller Strenge genommen, keinen vollkommen umkehrbaren Prozeß. Nach der atomistischen Auffassung hingegen, die in allen Energieverwandlungen, auch denen, wie sie bei der Reibung oder Wärmeleitung auftreten, rein mechanische, also vollkommen umkehrbare Vorgänge erblickt, gibt es überhaupt nur umkehrbare Prozesse. Die Lösung dieses Widerspruches liegt in der Bemerkung, daß der Satz vom Wachstum der Entropie für die Thermodynamik ein streng gültiges, für die Atomistik hingegen ein Wahrscheinlichkeitsgesetz bedeutet.

Betrachten wir den von seiner Umgebung völlig abgeschlossenen Körper als rein mechanisches System und geben wir den Koordinaten und Geschwindigkeiten der Elemente, die den Zustand des Körpers bestimmen, irgendwelche beliebige Werte, so ist es eigentlich ebenso wahrscheinlich, daß die Entropie des Systems weiterhin wächst, wie daß sie abnimmt. Betrachten wir aber den Körper immer wieder und wieder, wobei wir den Koordinaten und Geschwindigkeiten völlig willkürlich immer wieder andere Werte erteilen, so ist, wie wir zeigen werden, der Fall, daß hierauf ein Wachstum der Entropie beobachtet wird, so außerordentlich viel häufiger als das Gegenteil, daß er so gut wie gewiß ist. Es liegt dies daran, daß wir Zustände, in denen einfach Elemente gegeneinander ausgewechselt sind, nicht unterscheiden.

Werfen wir hundert Münzen auf den Tisch, so ist die Wahrscheinlichkeit mit allen Münzen Kopf zu werfen, gleich dem Reziproken aus der Zahl der Möglichkeiten, also $\frac{1}{2}$, erhoben zur Zahl der Münzen, somit gleich $(\frac{1}{2})^{100}$ oder rund 10^{-30}. Unter 10^{30} Würfen wird im Mittel einmal der Fall eintreten, daß alle Münzen auf Kopf fallen. Das ist eine ungeheure Zahl! Denken wir uns die Münzen alle Sekunden auf den Tisch geworfen, so braucht es durchschnittlich $3 \cdot 10^{22}$ Jahre, bis es einmal geschieht. Trotzdem ist dieser Wurf um gar nichts unwahrscheinlicher, als irgendein ganz bestimmter anderer, d. h. ein Wurf, der nicht nur nach seinem Gesamtergebnis (z. B. 40 Kopf und 60 Wappen), sondern auch in bezug auf die Verteilung dieses Ergebnisses auf die einzelnen Münzen bestimmt ist. Wir denken uns die hundert Münzen mit Nummern versehen und bestimmen im voraus, welche Münze auf Kopf, und welche auf Wappen zu fallen hat. Dieser ganz bestimmte Wurf ist dann genau ebenso wahrscheinlich oder besser gesagt unwahrscheinlich, wie der nur Kopf zu werfen. Daß es am häufigsten ist 50 Kopf und 50 Wappen zu werfen, rührt davon her, daß bei dieser Abzählung nicht mehr verlangt wird, daß eine bestimmte Münze Kopf oder Wappen zeigt. Es gilt als der gleiche Wurf, wenn die Münze Nr. 11 Kopf und die Münze Nr. 32 Wappen zeigt, wie wenn die Münze Nr. 11 Wappen und Nr. 32 Kopf zeigt. Mit anderen Worten: der Eventualität, daß Kopf und Wappen gleichmäßig über die Münzen verteilt sind, entspricht die größte Zahl an sich gleich wahrscheinlicher oder unwahrscheinlicher Einzelfälle. Die Anzahl der „Permutationen mit Wiederholung", die wir mit den Münzen vornehmen können, ohne das Gesamtergebnis des Wurfes zu ändern, bestimmt die Häufigkeit oder die (thermodynamische)[1] Wahrscheinlichkeit des Wurfes und ist eben für diesen Fall am größten. Entfernen wir uns von diesem häufigsten oder wahrscheinlichsten Wurf, so wird die Zahl der Permutationen sehr rasch kleiner.[2] Die Wahr-

[1] Die Definition der Wahrscheinlichkeit einer bestimmten Eventualität als Zahl der Einzelfälle, in denen sie verwirklicht ist, deckt sich nicht mit der Definition der Wahrscheinlichkeit in der Mathematik, wo man darunter den Quotienten aus dieser Zahl und der Gesamtzahl aller Fälle versteht. Um Verwechslungen vorzubeugen, bezeichnet sie Planck als die „thermodynamische". Diese thermodynamische Wahrscheinlichkeit ist also in der Regel eine große und immer eine ganze Zahl, die mathematische ein Bruch und, vom Fall der „Gewißheit" abgesehen, stets kleiner als eins.

[2] In der Kombinationslehre wird bewiesen, daß die Anzahl der Permutationen aus N Elementen, unter denen n gleiche Elemente einer Art und $N-n$ Elemente einer zweiten Art vorkommen, durch

$$\frac{N!}{n!\,(N-n)!}$$

scheinlichkeit sinkt und dieses Absinken erfolgt von einem Maximum aus sehr steil nach einem bestimmten Gesetz (dem Gaußschen Fehlergesetz), und zwar um so genauer, je größer die Zahl der Elemente, also hier der Münzen ist, um die es sich handelt. Das Anwachsen der Zahl der Elemente hat aber auch noch einen anderen, für uns hier besonders bemerkenswerten Einfluß:

Bei 10 Münzen ist die Wahrscheinlichkeit eines ganz bestimmten Wurfes, z. B. mit allen 10 Münzen Kopf zu werfen, noch verhältnismäßig groß. Unter $2^{10} = 1024$ Würfen kann man im Mittel darauf rechnen, einmal nur Kopf zu werfen. Aber bei 100 Münzen ist die Zahl der Würfe schon 10^{30} und bei 1000 Münzen gar 10^{300}, also eine ganz unvorstellbar große Zahl. Die Häufigkeit unwahrscheinlicher Würfe, z. B. eines Wurfes, bei dem um 5% mehr Köpfe als Wappen geworfen werden, sinkt also ungemein rasch mit wachsender Zahl der Elemente.

Die Anwendung der Wahrscheinlichkeitsbetrachtungen, die sich natürlich auch quantitativ durchführen lassen, auf die Atomistik ist einleuchtend. In jedem kleinen, wenn nur nicht allzukleinen Teilchen eines Körpers muß man nach den Vorstellungen der Atomistik die Zahl der den Zustand des Teilchens bestimmenden Elemente als ungeheuer groß ansehen. Wenn wir dann das Teilchen unter bestimmten Verhältnissen von Druck und Temperatur in einem ganz bestimmten Zustand antreffen, so ergibt sich die Bestimmtheit dieses Zustandes aus der ungeheuren Unwahrscheinlichkeit einer nennenswerten, uns merklichen Abweichung vom wahrscheinlichsten Zustand, oder, wie man sagt, vom statistischen Gleichgewicht.

Das beseitigt nun auch den oben auseinandergesetzten Widerspruch, der in der tatsächlichen Nichtumkehrbarkeit von Vorgängen liegt, die vom Standpunkt der Atomistik als rein mechanische, also umkehrbare gedeutet werden. Wenn nämlich in der Natur ein Zustand sich verändert, so liegt dies daran, daß der Ausgangszustand ein unwahrscheinlicher war. Dann ist aber bei sehr großer Elementenzahl mit einer der Gewißheit gleichkommenden Wahrscheinlichkeit zu erwarten, daß die Veränderung zu wahrscheinlicheren Zuständen führt. Würden einmal durch falsches Spiel, denn ein derart grenzenloser Zufall kommt gar nicht in Frage, von unseren 100 Münzen 98 Kopf und nur 2 Wappen zeigen, so kann man mit einer an Gewißheit grenzenden Wahrscheinlichkeit er-

---

gegeben ist. Hiernach ist die Wahrscheinlichkeit abweichender Würfe ohne weiteres berechenbar.

Man kann die Betrachtung leicht auf den Fall ausdehnen, wo beliebig viele Gruppen gleicher Elemente vorhanden sind. Die Wahrscheinlichkeit einer Komplexion bestehend aus n_1 Elementen einer ersten, n_2 einer zweiten, n_s einer s-ten Art, ist dann

$$\frac{N!}{n_1!\, n_2! \ldots n_s!}$$

proportional.

warten, daß bei Wiederausschaltung aller äußeren Beeinflussungen der nächste Wurf eine wahrscheinlichere Verteilung von Kopf und Wappen zeigen wird. Absolut ausgeschlossen ist es ja nicht, daß der nächste Wurf ein noch unwahrscheinlicheres Ergebnis zeigt, aber fragen wir nach der Zeit, in der wir eine solche Wurffolge einmal erleben könnten, so erscheint es praktisch völlig ausgeschlossen. Im makroskopischen Teilchen irgendeines Körpers ist nun aber nicht nur die Zahl der bestimmenden Elemente noch sehr viel größer, es kommt hinzu, daß jede unseren Sinnen unmittelbar wahrnehmbare Störung des statistischen Gleichgewichts bereits einen ganz ungemein unwahrscheinlichen Zustand vorstellt, durchaus unwahrscheinlicher, als mit 100 Münzen nur Kopf zu werfen. Aus beiden Gründen wird eine einseitige Entwicklung zu wahrscheinlicheren Zuständen, also in einer ganz bestimmten Richtung, wie das der Entropiesatz verlangt, zur praktischen Gewißheit.

Bringen wir ein heißes und ein kaltes Metallstück zur Berührung, so ist das aus den beiden Metallstücken bestehende System in einem grenzenlos unwahrscheinlichen Zustand. Setzen wir zwei verschiedenes Gas enthaltende Räume miteinander in Verbindung, so ist das aus beiden Gasen bestehende System ebenfalls in einem grenzenlos unwahrscheinlichen Zustand. Im Zeitraum geologischer Epochen wird man nicht erleben, daß die Verteilung der Geschwindigkeiten oder der Molekeln durch den Mechanismus der Wärmebewegung ohne Eingriff von außen dazu führt, daß ein Gasgemisch sich von selbst entmischt oder sich in der einen Hälfte eines Metalls ein Temperaturunterschied gegen die andere Hälfte ausbildet, wie dies den hier künstlich erzwungenen Ausgangszuständen entspricht. Boltzmann hat gelegentlich die Zeit zu berechnen versucht, innerhalb der einmal erwartet werden könnte, daß die in einem Raum enthaltenen Molekeln eines Gases sich zufällig alle in der einen Hälfte des Raumes vorfinden, so daß in der anderen Hälfte Vakuum herrscht und findet hierfür Hunderte von Trillionen Jahre. Dann aber haben wir mit Rücksicht auf die große Zahl der Elemente und die große Abweichung vom statistischen Gleichgewicht mit als Gewißheit zu wertender Wahrscheinlichkeit zu erwarten, daß sich der Temperaturunterschied zwischen den beiden Metallstücken ausgleicht, daß die beiden Gase sich mischen und daß ein Gas sich ins Vakuum ausdehnt, also in allen Fällen die Entropie wächst. Ist das Gegenteil, also die selbsttätige Umkehrung dieser vom Standpunkt der Thermodynamik irreversiblen Vorgänge und damit die Abnahme der Entropie vom Standpunkte der Atomistik auch keine absolute Unmöglichkeit, so wird sie doch nie beobachtet werden, um so weniger als in der Regel nur eine ganze Reihenfolge unwahrscheinlicher Momentanzustände auch wirklich physikalisch wahrgenommen werden kann. Aber es ist hiermit die grundsätzlich wichtige, zuerst von Boltzmann ausgesprochene Erkenntnis gewonnen, daß vom Standpunkt der Atomistik die Entropie S eines Körpers oder Systems durch die Wahrscheinlichkeit W seines Zustandes bestimmt ist und gemessen werden kann, wie sie sich aus der Konfiguration und dem Bewegungszustand der kleinsten Elemente ergibt, aus denen der Körper oder das System besteht. Es ist also $S = f(W)$, wobei f eine mit zunehmendem Argument W wachsende Funktion bedeutet, und der Entropiesatz erhält die anschauliche Fassung, daß **bei allen von selbst eintretenden Vorgängen die Entwicklung in der Richtung zu wahrscheinlicheren Zuständen verläuft.**

Es ist auch ohne weiteres möglich die Form dieser Funktion $S = f(W)$ zu finden. Hat ein Körper die Entropie S_1 und die Wahrscheinlichkeit W_1, ein zweiter Körper die Entropie S_2 und die Wahrscheinlichkeit W_2, ist also $S_1 = f(W_1)$ und $S_2 = f(W_2)$, so ist die Entropie S des aus beiden Körpern gebildeten Systems gemäß der Definition der Entropie gleich der Summe aus den Entropien beider Körper, d. h.:

$$S = S_1 + S_2.$$

Anderseits ist aber die Wahrscheinlichkeit, daß beide Körper die Wahrscheinlichkeiten W_1 und W_2 gleichzeitig besitzen, also die Wahrscheinlichkeit W des aus beiden Körpern gebildeten Systems nach einem bekannten Satz der Wahrscheinlichkeitsrechnung,[1] gleich dem Produkt aus den Wahrscheinlichkeiten beider Körper, d. h.:

$$W = W_1 W_2.$$

Da nun auch $S = f(W)$ ist, ergibt sich für die Funktion f die Bestimmungsgleichung

$$f(W_1 W_2) = f(W_1) + f(W_2),$$

der nur durch den Logarithmus entsprochen wird. Es ist also:

$$S = f(W) = A k \ln W, \tag{30}$$

die Entropie proportional dem Logarithmus der Wahrscheinlichkeit des Zustandes, in dem sich das System befindet. Hierin ist k von der chemischen Natur und überhaupt dem Zustand des Systems unabhängig, und, wie Boltzmann am einatomigen Gas zeigt, gleich dem Quotienten aus der allgemeinen Gaskonstante $\mathfrak{R}$ und der auf das Mol bezogenen Loschmidtschen Zahl,[2] also eine universelle Konstante. Der Umrechnungsfaktor A tritt noch hinzu, weil wir unter $\mathfrak{R}$ die im Energiemaß gemessene Gaskonstante verstehen, hingegen die Entropie, ebenso wie die innere Energie, stets auf die Kalorie beziehen.

Von besonderem Wert ist es, daß die statistische Behandlung des zweiten Hauptsatzes zugleich auch seine Gültigkeitsgrenzen erkennen

---

[1] Wenn die Wahrscheinlichkeiten mehrerer voneinander unabhängiger Ereignisse einzeln gegeben sind, so ist die Wahrscheinlichkeit, daß alle diese Ereignisse zusammen eintreten, gleich ihrem Produkt.

[2] Der Beweis wird in § 74 nachgetragen.

läßt. Die ihm in der allgemeinen Wärmelehre gegebene Fassung wird dort ungültig werden können, wo die Zahl der Elemente so klein ist, daß Abweichungen vom Gleichgewicht bemerklich werden; denn dann kann es geschehen, daß zeitweise von selbst eine Entwicklung in der Richtung abnehmender Entropie physikalisch wahrnehmbar wird.

Solche Erscheinungen, in denen die Wirkung nicht allzugroßer Atomzahlen in der Form merklicher Schwankungen des Systems um den Gleichgewichtszustand zum Vorschein kommt, gibt es mehrere. Die auffälligste und best untersuchte unter ihnen ist die schon früher (S. 74) gelegentlich erwähnte Brownsche Bewegung:

Gummigutt- oder Mastixteilchen, oder überhaupt alle genügend kleine Körperchen, die in einer Flüssigkeit oder in einem Gas schweben, zeigen, im Mikroskop betrachtet, unausgesetzt ganz unregelmäßige Bewegungen, die man mit der Bewegung in einem Mückenschwarm verglichen hat. An diesen kleinen Teilchen kommt es nämlich zur Geltung, daß aus der umgebenden Flüssigkeit abgegrenzte Elemente von mikroskopischer Größe infolge der Schwankungen ihres Zustandes um die Gleichgewichtswerte gegeneinander ständig Temperatur- und Druckdifferenzen aufweisen. Infolgedessen ist jede auch noch so gleichmäßig temperierte und makroskopisch ruhende Flüssigkeit ständig von mikroskopischen Strömungen und Wirbeln durchsetzt, welche in ihr schwebende Teilchen, wenn sie klein und leicht genug sind, mit sich reißen.

Wenn nun ein solches Teilchen durch das Spiel der Brownschen Molekularbewegung eine Zeitlang zufällig immer nach oben getrieben wird, so wird zweifellos hierbei durch die umgebende Flüssigkeit Arbeit gegen die Schwerkraft geleistet und ihr ein entsprechender Wärmebetrag entzogen. Währenddem sinkt also selbsttätig die Entropie des Systems. Oder wir denken uns das Teilchen, wenn es steigt, durch einen gegen abwärts wirkenden Sperrmechanismus in der jeweils höchsten Lage festgehalten. Mit der Zeit wird es so auf Kosten des Wärmeinhaltes der Umgebung der Schwere entgegen immer höher steigen.[1] Das wäre aber nichts anderes als ein thermisches Perpetuum mobile. Übrigens brauchen wir gar nicht derartige Mechanismen zu erdenken, um den Widerspruch mit dem II. Hauptsatz einzusehen. Wenn zwischen den Flüssigkeitsteilchen von mikroskopischer Größe ständig Temperaturdifferenzen entstehen und verschwinden, so geht hierbei ebenso oft Wärme von selbst vom kalten zum warmen Teilchen, wie in umgekehrter Richtung.

---

[1] Nach Smoluchowski wäre diejenige Fassung des II. Hauptsatzes, welche die Unmöglichkeit eines thermischen Perpetuum mobile aussagt, auch für mikroskopische Verhältnisse gültig. Er weist darauf hin, daß in der oben gedachten Vorrichtung und ebenso in allen ähnlichen erdenkbaren die Sperren oder Ventile versagen, da sie so zart sein müßten, daß sie sich selbst auch an der Brownschen Bewegung beteiligen würden.

Keine der früher aufgestellten thermodynamischen Fassungen des II. Hauptsatzes besteht also zu Recht, wenn wir die mikroskopischen Molekularerscheinungen mit in Betracht ziehen. Hier müssen an die Stelle des II. Hauptsatzes statistische Betrachtungen treten, um deren theoretische Durchbildung sich Einstein und Smoluchowski verdient gemacht haben. Aber es ist damit natürlich der II. Hauptsatz keineswegs in seiner enormen praktischen Bedeutung oder in seiner Zuverläßlichkeit bei Anwendung auf makroskopische Verhältnisse erschüttert. Die Atomistik gibt ihm nur eine andere, anschauliche Begründung und läßt ihn als praktisch wichtigsten Sonderfall noch allgemeinerer Gesetzmäßigkeiten erkennen.

Dreizehntes Kapitel.

Verschiedene Ausdrücke des II. Hauptsatzes für homogene Körper und deren Prüfung an der Erfahrung.

§ 61. Gleichungen für den II. Hauptsatz und deren Verbindung mit den Gleichungen des I. Hauptsatzes.

Mathematisch besagt der zweite Hauptsatz, daß

$$ds = \frac{dq}{T}$$

ein exaktes Differential ist. Aus der Gleichung (Ia) folgt

$$ds = \frac{dq}{T} = \frac{c_v}{T} dT + \frac{M}{T} dv, \tag{IVa}$$

also, da die Diskriminante verschwinden muß,

$$\frac{\partial}{\partial T}\left(\frac{M}{T}\right)_v = \frac{\partial}{\partial v}\left(\frac{c_v}{T}\right)_T = \frac{1}{T}\left(\frac{\partial c_v}{\partial v}\right)_T$$

oder

$$\frac{1}{T}\left(\frac{\partial M}{\partial T}\right)_v - \frac{M}{T^2} = \frac{1}{T}\left(\frac{\partial c_v}{\partial v}\right)_T \quad \text{und} \quad \left(\frac{\partial M}{\partial T}\right)_v - \left(\frac{\partial c_v}{\partial v}\right)_T = \frac{M}{T}. \tag{Va}$$

Ebenso folgt aus Gleichung (Ib)

$$ds = \frac{c_p}{T} dT + \frac{N}{T} dp, \tag{IVb}$$

also

$$\frac{\partial}{\partial T}\left(\frac{N}{T}\right)_p = \frac{\partial}{\partial p}\left(\frac{c_p}{T}\right)_T = \frac{1}{T}\left(\frac{\partial c_p}{\partial p}\right)_T$$

oder

$$\frac{1}{T}\left(\frac{\partial N}{\partial T}\right)_p - \frac{N}{T^2} = \frac{1}{T}\left(\frac{\partial c_p}{\partial p}\right)_T \quad \text{und} \quad \left(\frac{\partial N}{\partial T}\right)_p - \left(\frac{\partial c_p}{\partial p}\right)_T = \frac{N}{T}. \tag{Vb}$$

Endlich aus Gleichung (Ic)

$$ds = \frac{X}{T}\, dp + \frac{Y}{T}\, dv, \tag{IV c}$$

also

$$\frac{\partial}{\partial p}\left(\frac{Y}{T}\right)_v = \frac{\partial}{\partial v}\left(\frac{X}{T}\right)_p$$

oder

$$\frac{1}{T}\left(\frac{\partial Y}{\partial p}\right)_v - \frac{1}{T^2}\, Y\left(\frac{\partial T}{\partial p}\right)_v = \frac{1}{T}\left(\frac{\partial X}{\partial v}\right)_p - \frac{1}{T^2}\, X\left(\frac{\partial T}{\partial v}\right)_p$$

und

$$\left(\frac{\partial Y}{\partial p}\right)_v - \left(\frac{\partial X}{\partial v}\right)_p = \frac{1}{T}\left[Y\left(\frac{\partial T}{\partial p}\right)_v - X\left(\frac{\partial T}{\partial v}\right)_p\right]. \tag{V c}$$

Vereinigt man die Gleichungen (V) mit den Differentialgleichungen (II), die wir für den I. Hauptsatz aufgestellt haben, so gelangt man zu dem folgenden bedeutsamen Gleichungstripel:

$$A\left(\frac{\partial p}{\partial T}\right)_v = \frac{M}{T}. \tag{VI a}$$

$$A\left(\frac{\partial v}{\partial T}\right)_p = -\frac{N}{T}. \tag{VI b}$$

$$A\,T = Y\left(\frac{\partial T}{\partial p}\right)_v - X\left(\frac{\partial T}{\partial v}\right)_p. \tag{VI c}$$

Wir haben in diesen Gleichungen eine Vereinigung der Aussagen des I. und II. Hauptsatzes zu erblicken.

§ 62. Die Differenz $c_p - c_v$ für beliebige Körper.

Durch die Gleichungen (8) sind die thermodynamischen Koeffizienten durch die sp. W. und die thermischen Koeffizienten bestimmt. Es ist z. B.:

$$M = (c_p - c_v)\left(\frac{\partial T}{\partial v}\right)_p.$$

Setzt man diesen Wert in die erste der drei letzten Gleichungen ein, so ergibt sich allgemein

$$c_p - c_v = A\,T\left(\frac{\partial p}{\partial T}\right)_v \left(\frac{\partial v}{\partial T}\right)_p. \tag{31}$$

Dieselbe Beziehung erhält man auch aus den beiden anderen Gleichungen, wenn man N bzw. X und Y nach (8) ausdrückt. Sie ermöglicht die Berechnung der Differenz zwischen der sp. W. bei konstantem Druck und bei konstantem Volumen für einen jeden beliebigen Stoff, dessen Ausdehnungs- und Kompressibilitätskoeffizient durch Versuche ermittelt wurde. Es ist nämlich

$$\left(\frac{\partial p}{\partial T}\right)_v = \sigma = \frac{\alpha}{\varepsilon} \quad \text{und} \quad \left(\frac{\partial v}{\partial T}\right)_p = v_0\,\alpha,$$

also auch

$$c_p - c_v = A\,T\,v_0\,\frac{\alpha^2}{\varepsilon}.$$

Man kann somit für jeden Stoff c_v berechnen, wenn c_p, α und ε bestimmt worden sind, was für alle festen und flüssigen Körper von Bedeutung ist, nachdem bei ihnen eine unmittelbare Messung von c_v wegen der thermischen und elastischen Expansion einer jeden Hülle kaum durchführbar ist und auch die indirekten bei Gasen und Dämpfen anwendbaren Methoden der Bestimmung des Quotienten c_p/c_v versagen.

Es ist z. B. für Quecksilber

$$\alpha = 0{\cdot}00018, \quad \varepsilon = 3{\cdot}9.10^{-6}\frac{\text{cm}^3}{\text{At}} = \frac{3{\cdot}9.10^{-6}}{1013200}\frac{\text{cm}^3}{\text{Dyne/cm}^2},$$

endlich

$$\frac{1}{r_0} = \varrho_0 = 13{\cdot}6\,.$$

Das gibt für 0° C:

$$c_p - c_v = \frac{273}{419{\cdot}10^5}\,\frac{18^2{\cdot}10^{-10}.1013200}{13{\cdot}6.3{\cdot}9.10^{-6}} = 0{\cdot}0041\,.$$

Da $c_p = 0{\cdot}0333$ gefunden wird, so ist

$$c_v = 0{\cdot}0292 \quad \text{und} \quad \varkappa = \frac{c_p}{c_v} = 1{\cdot}14.$$

In gleicher Weise berechnet Grüneisen aus Bestimmungen der Kompressibilität nach dem Mallockschen Verfahren für 18° C die folgenden Werte des Quotienten $\varkappa$:

Aluminium	1·04	Zink	1·04
Eisen	1·01	Platin	1·02
Kupfer	1·03	Blei	1·06
		Steinsalz	1·05.

Im allgemeinen ist also die Differenz $c_p - c_v$ für feste Körper kleiner als für Gase und $\varkappa$ nicht weit von 1 verschieden. Bedingt ist hierbei der Unterschied zwischen c_p und c_v nur zum geringsten Teil durch die beim Erwärmen durch Ausdehnung geleistete Arbeit gegen den äußeren Druck. Der größte Teil des Wärmebetrages $c_p - c_v$ wird hier zur Leistung innerer Arbeit gegen die im Körper vorhandenen Kohäsionskräfte verwendet, also zur Erhöhung der inneren Energie des Körpers, die im festen und flüssigen Zustand, im Gegensatz zu den Gasen, sehr stark vom Volumen abhängt. Auch kann hier an der Stelle eines Dichtemaximums, wie für Wasser bei 4°, wo $\alpha = 0$ ist, $\varkappa = 1$ sein.

Natürlich geht die Formel (31), auf ideale Gase angewendet, in die bekannte Beziehung (11) über. Es ist aus $p\,dv + v\,dp = R\,dT$

$$\left(\frac{\partial p}{\partial T}\right)_v = \frac{R}{v}, \quad \left(\frac{\partial v}{\partial T}\right)_p = \frac{R}{p}, \quad \text{also} \quad c_p - c_v = A\,T\frac{R^2}{p\,v} = A\,R\,.$$

Es läßt sich aber auch, ohne die Gültigkeit der Gasgleichung voraussetzen zu müssen, durch Einsetzen der durch Versuche hinreichend genau ermittelten Ausdehnungs- und Spannungskoeffizienten des betreffenden Gases oder Dampfes in Formel (31) das Verhältnis $\varkappa$ berechnen, ein Verfahren, das den früher geschilderten direkten Methoden zur Bestimmung dieser Größe überlegen sein kann.

§ 63. Weitere Beziehungen über die spezifischen Wärmen beliebiger Körper. Nachweis, daß für einen Stoff von der Zustandsgleichung $pv = RT$ die innere Energie nur Funktion der Temperatur ist.

Aus den Gleichungen (IVa) und (IVb) und der Bemerkung, daß ds ein exaktes Differential ist, ergaben sich die Beziehungen

$$\frac{\partial}{\partial T}\left(\frac{M}{T}\right)_v = \frac{1}{T}\left(\frac{\partial c_v}{\partial v}\right)_T \quad \text{und} \quad \frac{\partial}{\partial T}\left(\frac{N}{T}\right)_p = \frac{1}{T}\left(\frac{\partial c_p}{\partial p}\right)_T .$$

Setzt man hier aus den Gleichungen (VIa) und (VIb) die Werte für $\frac{M}{T}$ und $\frac{N}{T}$ ein, so erhält man:

$$A\frac{\partial}{\partial T}\left[\left(\frac{\partial p}{\partial T}\right)_v\right]_v = \frac{1}{T}\left(\frac{\partial c_v}{\partial v}\right)_T \quad \text{oder} \quad \left(\frac{\partial c_v}{\partial v}\right)_T = AT\left(\frac{\partial^2 p}{\partial T^2}\right)_v . \tag{32}$$

und

$$-A\frac{\partial}{\partial T}\left[\left(\frac{\partial v}{\partial T}\right)_p\right]_p = \frac{1}{T}\left(\frac{\partial c_p}{\partial p}\right)_T \quad \text{oder} \quad \left(\frac{\partial c_p}{\partial p}\right)_T = -AT\left(\frac{\partial^2 v}{\partial T^2}\right)_p . \tag{33}$$

Diese Gleichungen geben für einen beliebigen Körper die Abhängigkeit der sp. W. bei einer bestimmten Temperatur, also auf der Isotherme, von Volumen und Druck, und zwar die erste die Abhängigkeit des c_v vom Volumen, die zweite die des c_p vom Druck. Diese Abhängigkeiten sind durch die Änderung bestimmt, welche der Koeffizient der Spannung, bzw. der Ausdehnung des betreffenden Körpers mit der Temperatur erfährt. Es gibt z. B. $\left(\frac{\partial^2 p}{\partial T^2}\right)_v$ die Änderung an, welche der Spannungskoeffizient $\left(\frac{\partial p}{\partial T}\right)_v$ pro Grad erfährt, d. h. es ist $\left(\frac{\partial^2 p}{\partial T^2}\right)_v$ der Temperaturkoeffizient der thermischen Spannung.

Für das ideale Gas, wo

$$\left(\frac{\partial p}{\partial T}\right)_v = \frac{R}{v} \quad \text{und} \quad \left(\frac{\partial v}{\partial T}\right)_p = \frac{R}{p}$$

ist, folgt sowohl

$$\left(\frac{\partial^2 p}{\partial T^2}\right)_v \quad \text{wie auch} \quad \left(\frac{\partial^2 v}{\partial T^2}\right)_p = 0 .$$

Es ist also sowohl c_v wie c_p auf der Isotherme konstant, d. h. es sind c_v und c_p nur Funktionen der Temperatur und da $c_p - c_v = AR$, also konstant ist, sind sie sogar bis auf diese Konstante in ganz gleicher Weise von der Temperatur abhängig.

Aber auch die innere Energie des idealen Gases muß eine reine Temperaturfunktion sein, wie man mittels der Gleichungen (VI) beweisen kann:

Der Definition nach (Gleichung 6) ist nämlich

$$M = \left(\frac{\partial u}{\partial v}\right)_T + Ap,$$

anderseits nach Gleichung (VIa) für das Gas

$$M = AT\left(\frac{\partial p}{\partial T}\right)_v = A\frac{RT}{v} = Ap.$$

Daraus folgt

$$\left(\frac{\partial u}{\partial v}\right)_T = 0.$$

Ebenso ist nach der Definitionsgleichung

$$N = \left(\frac{\partial u}{\partial p}\right)_T + Ap\left(\frac{\partial v}{\partial p}\right)_T$$

und für ein Gas

$$N = \left(\frac{\partial u}{\partial p}\right)_T - Av,$$

anderseits wieder für ein Gas nach Gleichung (VIb)

$$N = -AT\left(\frac{\partial v}{\partial T}\right)_p = -A\frac{RT}{p} = -Av.$$

Daraus folgt auch

$$\left(\frac{\partial u}{\partial p}\right)_T = 0.$$

Es ist somit die innere Energie eines idealen Gases weder vom Volumen noch vom Druck abhängig; sie kann also nur Funktion der Temperatur, bzw. des Produktes pv sein. Hiermit ist bewiesen, was schon früher anläßlich des Versuches von Gay-Lussac bemerkt wurde, daß eine Substanz, deren Zustandsgleichung $pv = RT$ ist, notwendigerweise eine nur von der Temperatur abhängige innere Energie hat.

Das Umgekehrte gilt jedoch nicht! Vielmehr läßt sich auf dem oben eingeschlagenen Wege zeigen, daß auch für jede Substanz von der allgemeineren Zustandsgleichung $p\varphi(v) = RT$ die Energie nur Temperaturfunktion ist. Doch ist dann $c_p - c_v$ nicht mehr gleich einer Konstanten, sondern, wie man leicht aus Gleichung (31) erhält, gleich $AR/\varphi'(v)$.

Setzt man fest, daß die innere Energie nur Temperaturfunktion und daß $c_p - c_v$ gleich einer Konstanten AR ist, so führt das auch noch nicht zur Gasgleichung, sondern zur Zustandsgleichung

$$pv = RT \pm Cp \quad \text{oder} \quad p(v \mp C) = RT,$$

die sich erst dann in die Gasgleichung verwandelt, wenn noch die weitere Bedingung aufgestellt wird, daß v für $p = \infty$ den Wert Null erhält.

Ein ideales Gas ist also entweder einfach als ein Stoff zu bezeichnen, dessen Zustandsgleichung $pv = RT$ ist, oder als ein Stoff, für welchen die innere Energie nur von der Temperatur abhängt, für welchen die Differenz $c_p - c_v$ konstant ist und v für $p = \infty$ den Wert Null annimmt.

§ 64. Die Differentialgleichungen der Adiabate und Polytrope für einen beliebigen Körper.

Die Gleichungen (VI) und (31) gestatten eine Vertiefung der in § 47 auf Grund des I. Hauptsatzes allein aufgestellten Beziehungen. Aus den Gleichungen (Ia) und (Ib) folgt zunächst für $dq = 0$, also für die Adiabate

$$\frac{dT}{dv} = -\frac{M}{c_v} \quad \text{und} \quad \frac{dT}{dp} = -\frac{N}{c_p},$$

woraus sich, gleichfalls für die Adiabate, weiter

$$\frac{dp}{dv} = \frac{dp}{dT}\frac{dT}{dv} = \varkappa\frac{M}{N}$$

ergibt, eine Beziehung, die man auch aus Gleichung (Ic) herleiten kann, wenn man $dq = 0$ setzt und X und Y aus den Gleichungen (8) ausdrückt.

Ersetzt man M und N aus Gleichung (VIa) und (VIb), so ergibt sich

$$\frac{dT}{dv} = -\frac{AT}{c_v}\left(\frac{\partial p}{\partial T}\right)_v \tag{34a}$$

$$\frac{dT}{dp} = \frac{AT}{c_p}\left(\frac{\partial v}{\partial T}\right)_p \tag{34b}$$

$$\frac{dp}{dv} = -\varkappa\left(\frac{\partial p}{\partial T}\right)_v\left(\frac{\partial T}{\partial v}\right)_p = \varkappa\left(\frac{\partial p}{\partial v}\right)_T \tag{34c}$$

als Differentialgleichungen der allgemeinen Adiabate in der Tv, Tp und vp-Fläche. Die Gleichung (34c) haben wir übrigens schon im § 47 als Folge des I. Hauptsatzes allein kennen gelernt. Sie gibt den Zusammenhang zwischen der adiabatischen und der isothermischen Kompressibilität eines Körpers. Doch können wir jetzt $\varkappa$ vermittelst der Gleichung (31) aus c_p berechnen.

Wir wollen hier nur die zweite Gleichung des obigen Tripels näher untersuchen. Es ist nach ihr auch

$$\frac{dT}{dp} = \frac{AT}{c_p} v_0 \alpha$$

die Differentialgleichung der Adiabate eines jeden beliebigen homogenen Körpers mit T und p als Veränderlichen. Sie gibt uns die Änderung der Temperatur, wenn der Körper adiabatisch soweit komprimiert wird, daß der Druck um die Einheit wächst. Da die Abhängigkeit des α und c_p von Temperatur und Druck im allgemeinen nicht genügend bekannt und jedenfalls nicht in geschlossener Form darstellbar ist, kann die Gleichung nicht integriert, also die Gleichung der Adiabate selbst nicht aufgestellt werden. Doch läßt sich die Gültigkeit der Differentialgleichung prüfen, indem man nur kleine Änderungen der Temperatur untersucht, wobei dann die zugehörigen Drucksteigerungen dp auch sehr beträchtliche sein können, ohne daß hierdurch die Anwendbarkeit der Gleichung aufhört.

Zunächst sieht man, daß dT/dp und α gleiche Vorzeichen haben, da alle anderen in der Gleichung auftretenden Größen positiv sind. Ein Körper also, der sich beim Erwärmen ausdehnt, wird durch adiabatische Kompression erwärmt, hingegen ein Körper, der sich beim Erwärmen zusammenzieht, durch adiabatische Kompression abgekühlt.

Diese Voraussage der Theorie wurde durch Joule am Wasser geprüft. Bei einer plötzlichen Drucksteigerung von 26·2 At ergaben sich für verschiedene Anfangstemperaturen die folgenden beobachteten und nach der obigen Formel berechneten Temperaturänderungen:

ϑ^0 C	dT beob.	dT ber.
1·20	− 0·0083	− 0·0071
5·00	+ 0·0044	+ 0·0027
11·69	0·0205	0·0197
30·00	0·0544	0·0563

Es tritt also unter 4° C, wo α negativ ist, tatsächlich Abkühlung ein und auch zahlenmäßig ist bei der Kleinheit der Temperaturänderung die Übereinstimmung zwischen Beobachtung und Berechnung eine sehr gute.

Auch auf feste Körper läßt sich in gewissen Fällen die obige Formel anwenden, wie dies Edlund getan hat, der die Temperaturänderung an einseitig in ihrer Längsrichtung gedehnten Drähten maß. Der an einem Hebel (Fig. 65) befestigte Draht kann durch das Laufgewicht G in meßbarer Weise rasch belastet werden. Die Temperaturänderung des Drahtes wird mittels Thermoelement gemessen.

Die Berechnung dieses Versuches gründen wir auf die Voraussetzung, daß eine einseitige Dehnung $^1/_3$ derjenigen Temperaturänderung hervorruft, welche eine allseitige zur Oberfläche normale Ausübung des betreffenden Zuges hervorrufen würde, worauf eigentlich allein die thermodynamischen Formeln, so wie wir sie abgeleitet haben (vgl. S. 78), anwendbar sind. Dann genügt es, in der letzten Gleichung den kubischen Ausdehnungskoeffizienten durch den linearen zu ersetzen, der auch nur $^1/_3$ des kubischen beträgt. Das gibt:

$$\frac{dT}{dp} = \frac{AT}{c_p} v_0 \beta.$$

Ist P der aus dem Übersetzungsverhältnis des Hebels zu berechnende Zug und σ der Querschnitt des Drahtes, so ist hierin

$$dp = -\frac{P}{\sigma}.$$

Diese in neuerer Zeit von Haga wiederholten Versuche zeigen sehr gute Übereinstimmung zwischen Beobachtung und Theorie. So ergab sich z. B. für einen Stahldraht $dT = -0{\cdot}1047^0$, für einen Neusilberdraht $dT = -0{\cdot}1405^0$, während die Rechnung $-0{\cdot}1003$ bzw. $-0{\cdot}1380^0$ liefert. Umgekehrt würde man aus der Gleichung für das mechanische Wärmeäquivalent $J = 1/A$ im ersten Fall 438, im zweiten 428 kgm/Cal erhalten. Im besondern gilt auch hier wieder, daß Körper, die sich beim Erwärmen zusammenziehen, wie z. B. gespannter Kautschuk, sich beim Ausdehnen erwärmen.

Auf gedrillte oder gebogene Stäbe ist aber natürlich die vorstehende einfache Betrachtung nicht anwendbar. Erstens kommen wir

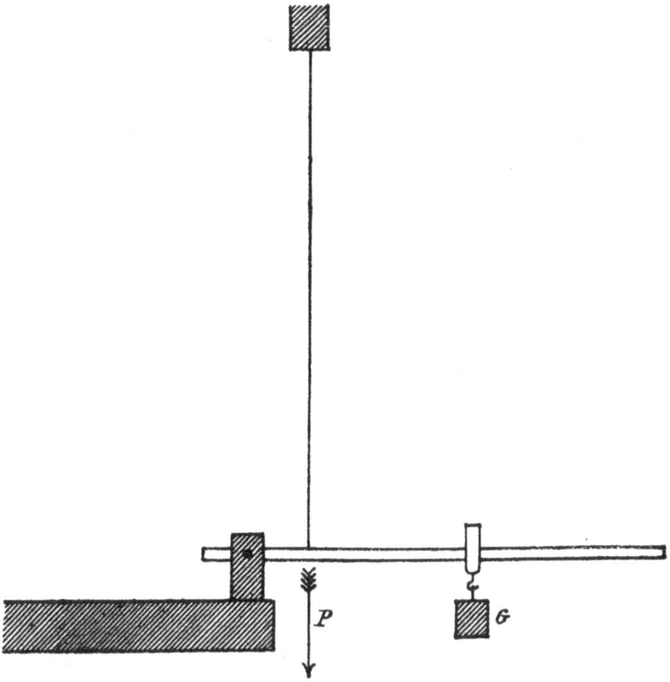

Fig. 65.

da nicht mehr wie bisher mit zwei Variabeln aus, für den Fall einer adiabatischen Zustandsänderung sogar mit nur einer Variabeln, um den Zustand festzulegen. Die Volumelemente eines gedrillten Zylinders z. B. verhalten sich verschieden, da sie außen stärker deformiert sind als innen. Man braucht also mehr Variable, um den Zustand des Körpers zu kennzeichnen. Zweitens ist zu bemerken, daß eine Temperaturänderung einen Körper wohl ausdehnt oder verkleinert, jedoch nicht drillt oder biegt. Es besteht also keine unmittelbare Analogie mit dem hier behandelten Fall. Zur Lösung derartiger Aufgaben muß die Theorie erweitert werden, was aber hier nicht weiter behandelt werden soll.

Auch die Gleichungen (24) im § 47, welche uns die Differentialgleichungen der Polytrope eines beliebigen Körpers darstellen, können wir schließlich vermittelst der Gleichung (31) in eine andere, weitergehende Fassung bringen, von der wir später mehrfach Gebrauch machen werden. Es ist jetzt nämlich

$$c = c_v + AT\left(\frac{\partial p}{\partial T}\right)_v \frac{dv}{dT} \tag{35a}$$

$$c = c_p - AT\left(\frac{\partial v}{\partial T}\right)_p \frac{dp}{dT} \tag{35b}$$

$$c = c_v + \frac{AT\left(\frac{\partial p}{\partial T}\right)_v \left(\frac{\partial v}{\partial T}\right)_p}{1 - \left(\frac{\partial v}{\partial p}\right)_T \frac{dp}{dv}}. \tag{35c}$$

Diese Gleichungen gestatten die Berechnung der sp. W. eines Körpers für jede beliebige Richtung, wofern man die thermischen Koeffizienten und die sp. W. in irgendeiner bestimmten Richtung kennt.

Vierzehntes Kapitel.

Der Nernstsche Wärmesatz (III. Hauptsatz).

§ 65. Der Nernstsche Satz und die aus ihm zu ziehenden allgemeinen Folgerungen.

Nernst hat im Jahre 1906 einen Satz aufgestellt, der ebenso wie der I. und II. Hauptsatz nicht bewiesen, d. h. aus anderen bereits bekannten Gesetzen abgeleitet werden kann, dessen Gültigkeit jedoch im Hinblick auf die zahlreichen aus ihm bereits gezogenen Folgerungen und deren Übereinstimmung mit der Erfahrung als gesichert gelten darf. Fallen diese Folgerungen auch hauptsächlich in das Gebiet der Thermochemie, also außerhalb des hier behandelten Stoffes, so ist doch die allgemeine Bedeutung des Satzes eine so große, daß wir ihn im folgenden kurz behandeln müssen.

Er läßt sich mit Planck in die Aussage kleiden, daß die Entropie eines jeden homogenen Körpers beim absoluten Nullpunkt in einem jeden dort existenzfähigen Zustande einen ganz bestimmten endlichen Wert hat. Dieser Nullpunktswert s_0 ist also als unabhängig anzusehen von Druck und Dichte, aber auch von der chemischen Bindung und der Aggregatform in welcher der Stoff dort auftritt. Es ist zu bemerken, daß es wohl hauptsächlich der feste Aggregatzustand ist, um den es sich hierbei handelt, wobei aber der Stoff auch schon in verschiedenen Modifikationen (rhombischer und monokliner Schwefel, weißes und graues Zinn usw.) vorkommen kann. Flüssigkeiten werden in der Regel früher unter Kristallisation erstarren. Doch kann man in manchen Fällen, vor allem bei den Gläsern durch rasche Kühlung das Kristallisieren verhindern und hat dann in ihnen unterkühlte Schmelzen zu erblicken, die auf beliebig tiefe Temperaturen gebracht werden können.

Hat nun die Entropie des Stoffes für $T = 0$, also auf der Nullpunktsisotherme, die alle beim Nullpunkt möglichen Zustände des Stoffes enthält, einen von Druck, Dichte, chemischer Modifikation und Aggregatsform unabhängigen Wert, so besagt das, daß auf ihr alle Zustandsänderungen ohne Entropieänderung vor sich gehen, daß also

$$ds = 0 \text{ ist, wenn } T = 0 \text{ ist.} \tag{VII$_1$}$$

Hieraus ergeben sich bereits eine Reihe bemerkenswerter Folgerungen:

1. Zunächst folgt aus der Definition $ds = \frac{dq}{T}$ daß, wenn ds für $T = 0$ gleich Null ist, dort auch $dq = 0$ sein muß. Das besagt, daß die Nullpunktsisotherme zugleich die Eigenschaft einer Adiabate hat. Es würde aber umgekehrt aus $dq = 0$ für $T = 0$ allein noch nicht folgen, daß dort $ds = \frac{dq}{T} = 0$ ist; denn aus $dq = 0$ folgt nur für endliche Temperaturen, daß auch $ds = 0$ ist, d. h. nur für endliche Temperaturen ist die Adiabate notwendigerweise eine Isentrope. Für $T = 0$ wird aber $ds = \frac{0}{0}$, also unbestimmt und nur dann gleich Null, wenn wir noch die weitere Annahme machen, daß dq und somit auch die sp. W. in höherer Ordnung verschwindet als T.

2. Da nach Gleichung (IVa) auf jeder Isotherme

$$ds = \frac{M}{T} dv = \frac{c_p - c_v}{T} \left(\frac{\partial T}{\partial v}\right)_p dv,$$

oder nach Einsetzen des Wertes für $c_p - c_v$ aus Gleichung (31)

$$ds = A \left(\frac{\partial p}{\partial T}\right)_v dv$$

ist, kann, nachdem dv einen beliebigen Wert hat, ds nur Null werden, wenn $\left(\frac{\partial p}{\partial T}\right)_v = 0$ ist.

Ebenso ergibt sich nach Gleichung (IVb) für eine Isotherme

$$ds = \frac{N}{T} dp = \frac{c_v - c_p}{T} \left(\frac{\partial T}{\partial p}\right)_v dp = - A \left(\frac{\partial v}{\partial T}\right)_p dp,$$

was nur Null werden kann, wenn auch $\left(\frac{\partial v}{\partial T}\right)_p = 0$ ist.

Aus dem Nernstschen Satz folgt also das Nullwerden der thermischen Koeffizienten der Ausdehnung und Spannung beim absoluten Nullpunkt für einen jeden Stoff und einen jeden dort existenzfähigen Zustand.

Dieser überraschende Schluß wird durch Beobachtungen des linearen Ausdehnungskoeffizienten einer Reihe von Metallen gestützt, die bis zu tiefen Temperaturen herab an der Physikalisch-Technischen Reichsanstalt in Charlottenburg ausgeführt wurden.

So ergab sich z. B. für Kupfer:

Temperaturbereich	β 0·0000	Temperaturbereich	β 0·0000
−235 bis −193	048	250 bis 375	186
−191 „ +16	142	375 „ 500	196
+16 „ 250	171	500 „ 625	207

Desgleichen findet **Röntgen** für Diamant:

Temperaturbereich	$\bar{\beta}$ 0·00000	Temperaturbereich	$\bar{\beta}$ 0·00000
−188 bis −79	018	+23 bis 55	117
−79 „ 0	058	55 „ 78	145
0 „ +23	097		

Da zudem der Koeffizient der Kompressibilität $\left(\frac{\partial v}{\partial p}\right)_T$ beim absoluten Nullpunkt einen bestimmten endlichen und von Null verschiedenen Wert behält, folgt aus Gleichung (1)

$$\left(\frac{\partial v}{\partial p}\right)_T = -\left(\frac{\partial v}{\partial T}\right)_p \Big| \left(\frac{\partial p}{\partial T}\right)_v$$

daß $\left(\frac{\partial v}{\partial T}\right)_p$ und $\left(\frac{\partial p}{\partial T}\right)_v$ von gleicher Ordnung Null werden müssen, da nur dann ihr Quotient endlich sein kann.

3. Ist die Nullpunktsisotherme zugleich eine Adiabate, so ist für $T = 0$ die adiabatische Kompressibilität gleich der isothermen und da nach Gleichung (34c) deren Quotient gleich $\varkappa$ ist, so ist für jeden Stoff und jeden beim absoluten Nullpunkt existenzfähigen Zustand des Stoffes für $T = 0$ das Verhältnis

$$\varkappa = \frac{c_p}{c_v} = 1\,.$$

Daraus folgt unmittelbar eine asymptotische Annäherung der Adiabaten an die Nullpunktsisotherme; denn $\varkappa$ ist das Verhältnis der Richtungstangenten beider Kurven im Schnittpunkt.

Natürlich ist wegen Gleichung (31) für $T = 0$ auch

$$c_p - c_v = 0$$

und zwar offenbar Null von höherer als erster Ordnung in bezug auf T, da nicht nur T sondern auch $\left(\frac{\partial v}{\partial T}\right)_p$ und $\left(\frac{\partial p}{\partial T}\right)_v$ Null werden und dasselbe gilt wegen Gleichung (35a)

$$c - c_v = A\,T\left(\frac{\partial p}{\partial T}\right)_v \frac{d\,v}{d\,T}$$

überhaupt für jede Differenz zweier sp. W., die in verschiedener Richtung genommen werden. Es muß also die sp. W. eines bestimmten Stoffes beim absoluten Nullpunkt nach jeder Richtung die gleiche sein.

4. Die bisherigen auf den absoluten Nullpunkt bezüglichen Schlüsse haben wir bloß aus der Annahme gewonnen, daß die Nullpunktsisotherme eine Isentrope bzw. eine Adiabate ist. Daß der dort konstante Wert der Entropie ein endlicher ist, wie das die vorausgeschickte Fassung des **Nernst**schen Satzes verlangt, wurde noch nicht berücksichtigt. Tun wir das jetzt, so läßt sich leicht zeigen, daß der von der Richtung unabhängige Wert, den die sp. W. bei unbegrenzter Annäherung an den absoluten Nullpunkt annimmt, gleich Null sein muß.

Geht man nämlich von der Nullpunktsisotherme ($T = 0$) zu einer unendlich benachbarten Isotherme ($T = \Delta T$) über, so kann, wenn s_0 endlich ist, die Entropie hierbei nur um einen endlichen Betrag wachsen. Ist c die sp. W. in der betreffenden Richtung in der wir diesen Übergang ausführen, so ist aber $ds = \frac{dq}{T} = \frac{c\,dT}{T}$ für $T = 0$ nur dann endlich, wen $c = 0$ ist. Die sp. W. aller Stoffe in allen dort möglichen Zuständen und in allen Richtungen verschwindet also beim absoluten Nullpunkt. Das entspricht, wie schon früher ausgeführt wurde (§ 24), allen bis zu sehr tiefen Temperaturen ausgeführten Beobachtungen.

5. Die Ordnung, in der c in bezug auf T gleich Null wird, ist hierdurch noch nicht weiter festgelegt. Ein endlicher Nullwert der Entropie verlangt nur, daß

$$\frac{ds}{dT} = \frac{c}{T} \quad \text{für} \quad T = 0$$

endlich bleibt, was auch der Fall sein kann, wenn c von niedrigerer als erster Ordnung verschwindet. Es ist aber höchst wahrscheinlich, daß c in höherer als erster Ordnung Null wird. Nach einem von Debye theoretisch abgeleiteten und durch den Versuch mehrfach sehr gut bestätigten Gesetz ist c_v für tiefe Temperaturen der dritten Potenz der absoluten Temperatur proportional (vgl. § 76), wird also c_v und wegen $\varkappa = 1$ auch c_p sogar Null von dritter Ordnung. Es ist dann aber in jeder von der Nullpunktsisotherme ausgehenden Richtung

$$\frac{ds}{dT} = 0\,. \tag{VII$_2$}$$

Hierdurch ist die Sonderstellung des absoluten Nullpunktes gegenüber allen anderen Temperaturen, seine Stellung als singulärer Punkt besonders zum Ausdruck gebracht. Nicht nur auf der Nullpunktsisotherme selbst, sondern auch in dem ihr unmittelbar anliegenden Gebiet erfolgen alle Zustandsänderungen ohne Veränderung der Entropie, d. h. alle Zustandsänderungen verlaufen dort notwendigerweise adiabatisch. In diesem Gebiet hat die Entropie durchaus den Nullpunktswert s_0 und ist von Druck, Dichte und Modifikation ebenso unabhängig, wie auf der Nullpunktsisotherme selbst.

6. Wenn in dem der Nullpunktsisotherme anliegenden Gebiet alle Zustandsänderungen adiabatisch verlaufen, könnte der absolute Nullpunkt nur auf einer Adiabate erreicht werden. Anderseits folgt aus $\varkappa = 1$ und dem ersten Hauptsatz, daß die Richtungstangenten aller Adiabaten mit Annäherung an den Nullpunkt sich unbegrenzt der Richtungstangente der Nullpunktsisotherme anschmiegen. Daraus ergibt sich, daß der absolute Nullpunkt durch keinerlei im Endlichen verlaufende Zustandsänderungen erreicht werden kann.

§ 66. Allgemeinste Fassung des Nernstschen Satzes.

Überblicken wir die Ergebnisse dieser zum Teil durch den Versuch bereits bestätigten Schlüsse, so ist also für $T = 0$

$$\left(\frac{\partial v}{\partial T}\right)_p = 0, \quad \left(\frac{\partial p}{\partial T}\right)_v = 0, \quad c_v = \left(\frac{\partial u}{\partial T}\right)_v = 0, \quad \frac{ds}{dT} = 0,$$

d. h. die Abhängigkeit des Volumens, des Drucks, der inneren Energie und der Entropie von der Temperatur wird bei Annäherung an den absoluten Nullpunkt unendlich klein. Es wurde schon früher bemerkt, daß auch die Abhängigkeit der Kompressibilität der Körper von der Temperatur in der Richtung zum absoluten Nullpunkt gegen Null abzunehmen scheint. Desgleichen bemerkt Kamerlingh Onnes, daß sich der elektrische Widerstand der Metalle bei den tiefsten erreichbaren Temperaturen nicht mehr ändert und das gleiche gilt von ihrer Wärmeleitfähigkeit und vermutlich auch von den thermoelektrischen Kräften.

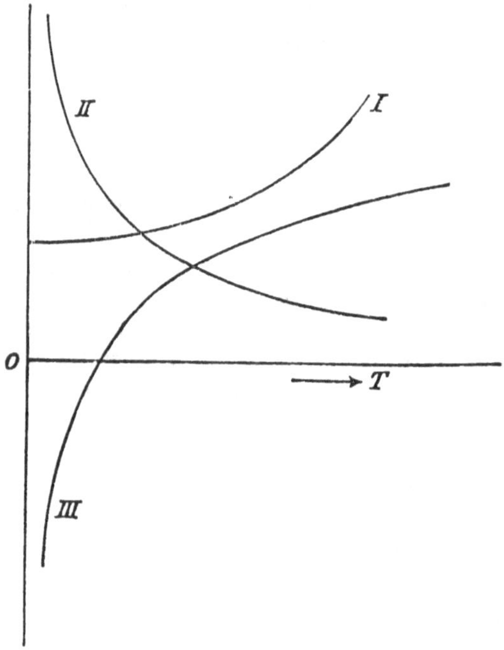

Fig. 66.

Das alles ist mit der Stellung des absoluten Nullpunktes als singulärem Punkt in Übereinstimmung; denn zeichnen wir irgendeine von der Temperatur abhängige Eigenschaft eines Körpers als Funktion der Temperatur in einer Fläche ein, wo die Ordinate die Intensität der betreffenden Eigenschaft darstellt, während die Abszisse die Temperatur gibt, so wird ein Verlauf der Kurve mit zur Abszissenachse paralleler Endtangente, wie er durch I dargestellt ist, mit der Auffassung im Einklang stehen, daß der Nullpunkt das Ende der Temperaturskala darstellt. Wir werden also mit einer gewissen Berechtigung behaupten können, daß die Intensitätswerte sämtlicher Eigenschaften beim Nullpunkt einem bestimmten endlichen Grenzwert zustreben und daß dieser Grenzwert auf der betreffenden Eigenschaftskurve mit horizontaler Tangente erreicht wird.

Für den reziproken Betrag dieser Intensitätswerte wird dasselbe gelten. Nur für den Fall, daß der Grenzwert genau gleich Null ist, wird der reziproke Wert unendlich groß und die ihn darstellende Kurve schmiegt sich der Ordinatenachse asymptotisch an (Kurve II und III), wodurch aber ebenfalls die Ausnahmsstellung des Nullpunktes zum Ausdruck kommt. Wenn z. B. der elektrische Widerstand der Metalle beim absoluten Nullpunkt gegen Null konvergiert, wie es den Anschein hat, so wird dort die Leitfähigkeit unendlich groß. Doch kennzeichnen Widerstand und Leitfähigkeit dieselbe Eigenschaft der Materie und wir können wie in diesem Falle auch in jedem anderen durch Einführung des reziproken Wertes das Unendlichwerden vermeiden. Es lassen sich dann die bisherigen Erfahrungen nach Nernst in der folgenden Weise verallgemeinern:

Jede von der Temperatur abhängige Eigenschaft eines Stoffes (oder ihr Reziprokes) strebt bei Annäherung an den Nullpunkt einem bestimmten endlichen Wert zu und wird hierbei zum Schlusse von der Temperatur unabhängig. Es gibt also in der Nachbarschaft des absoluten Nullpunktes für jede Eigenschaft eines Körpers ein Temperaturgebiet, innerhalb dessen diese Eigenschaft sich mit der Temperatur nicht mehr ändert. Dieses Gebiet ist für verschiedene Eigenschaften und bezüglich der gleichen Eigenschaft für verschiedene Körper sehr ungleich in Größe, aber schließlich muß für einen jeden bestimmten Körper ein dem Nullpunkt benachbartes, wenn auch kleines Gebiet vorhanden sein, in dem sämtliche Eigenschaften von der Temperatur unabhängig werden. In unmittelbarer Nähe des absoluten Nullpunktes verliert dann der Temperaturbegriff überhaupt alle Bedeutung.

Das ist die jedenfalls weitestgehende Fassung des Nernstschen Satzes, deren Berechtigung in den bisherigen Beobachtungsergebnissen bei den tiefsten noch erreichbaren Temperaturen und auch in gewissen Vorstellungen der Planckschen Quantentheorie wurzelt, aber noch weiterer Überprüfung bedarf. Steht er auch weiterhin im Einklang mit der Erfahrung, so haben wir im Nernstschen Satz ein Theorem von so grundlegender Bedeutung zu erblicken, daß man ihn mit vollem Recht den beiden Hauptsätzen als dritten Hauptsatz zur Seite stellen kann. Auf die von Nernst zuerst gegebene und wenigstens bisher auch praktisch bedeutungsvollste Fassung des Satzes werden wir an geeigneter Stelle (§ 103) noch zurückkommen.

Fünfzehntes Kapitel.

Die thermodynamischen Gesetze der Wärmestrahlung. Optische Temperaturmessung.

Es sollen hier in Kürze die Strahlungsgesetze behandelt werden, teils, um zu zeigen, wie die Thermodynamik auf dieses Gebiet der Physik angewendet werden kann, teils, um daran anknüpfend die wichtigsten Methoden zur Bestimmung sehr hoher Temperaturen auf optischem Wege besprechen zu können.

Es ist bekannt, daß alle Stoffe in allen Aggregatzuständen Wärme leiten können, d. h. daß durch sie Wärme von Orten höherer zu Orten tieferer Temperatur zu fließen vermag. Doch kann sich Wärme außer durch Leitung auch durch Strahlung fortpflanzen, also durch einen Vorgang elektromagnetischer Natur, der im Gegensatz zur Leitung keines materiellen Trägers bedarf. So sendet uns die Sonne durch den Weltraum Wärme in der Form von Strahlung zu. Die geometrischen Gesetze der Wärmestrahlung decken sich mit denen der vom Auge wahrgenommenen Lichtstrahlung, doch gehört der größte Teil der Strahlungsenergie dem unsichtbaren, infraroten Teil des Spektrums an.

Trifft die ausgestrahlte Energie auf die Oberfläche von Materie, so tritt eine Teilung ein, indem der Bruchteil $\mathfrak{S}$ an der Oberfläche reflektiert, der Rest $1 - \mathfrak{S} = \mathfrak{A}$ absorbiert wird.

Wir wollen voraussetzen, daß die Strahlung ausschließlich aus Wärme entsteht und bei ihrer Absorption auch wieder in Wärme verwandelt wird. Nur auf eine solche als reine Temperaturstrahlung bezeichnete Strahlung beziehen sich die weiterhin entwickelten Gesetze. Auf das Leuchten im Geißlerrohr oder sonstige elektrische und chemische Luminiscenzerscheinungen oder auf das Leuchten der Phosphore dürfen sie nicht angewendet werden. Es kann mitunter zweifelhaft sein, ob die in einem Verbrennungs- oder sonstigem mit Strahlungsemission verbundenen Prozeß ausgesandte Energie als reine Temperaturstrahlung zu betrachten ist. Hierüber entscheidet, ob die im folgenden entwickelten Gesetze der Temperaturstrahlung gelten oder nicht gelten.

§ 67. Die Kirchhoffschen Sätze.

Wir denken uns in einem leeren Raum, dessen Wände für Wärme, und zwar auch für gestrahlte Wärme vollkommen undurchlässig sind (rein weiß oder spiegelnd), eine Anzahl Körper aus verschiedenen Stoffen und von beliebiger Form, die zunächst verschiedene Temperatur haben sollen. Handelt es sich um reine Temperaturstrahlung, so werden im Sinne des Entropiesatzes nach einiger Zeit alle Körper die gleiche Temperatur aufweisen, und zwar dann, wenn jeder Körper genau so viel Wärme ausstrahlt, als er durch Zustrahlung von den anderen Körpern infolge Absorption empfängt. Bezeichnen wir das Emissionsvermögen eines dieser Körper, d. h. die von der Einheit seiner Oberfläche F in der Zeiteinheit ausgestrahlte Wärmemenge mit $\mathfrak{E}$, so ist $\mathfrak{E} F$ die ganze vom Körper sekundlich ausgestrahlte Wärmemenge. Ist anderseits K die Intensität der auffallenden Strahlung, d. h. die der Flächeneinheit in der Zeiteinheit zugestrahlte Wärmemenge und $\mathfrak{A}$ das Absorptionsvermögen des Körpers, so empfängt der Körper sekundlich den Wärmebetrag $K \mathfrak{A} F$.

Aus $\mathfrak{E} F = K \mathfrak{A} F$ folgt

$$\frac{\mathfrak{E}}{\mathfrak{A}} = K. \tag{36}$$

Es ist nun einzusehen, daß für den Fall des Strahlungsgleichgewichtes die Intensität der Strahlung im ganzen Raum überall die gleiche sein muß und nur abhängen wird von der gemeinsamen Ausgleichstemperatur der Körper, hingegegen nicht von deren sonstigen Eigenschaften. Da sowohl das Emissionsvermögen wie auch das Absorptionsvermögen für jeden Stoff im allgemeinen ein anderes sein wird, so beweist die obige Beziehung, daß trotzdem das Verhältnis aus beiden Größen für alle Stoffe bei einer bestimmten Temperatur das gleiche ist.

Die Bedeutung von K wird anschaulich, wenn wir bemerken, daß ein vollkommen schwarzer Körper (Ruß, Platinschwarz sind nahezu „absolut schwarz") die ganze auffallende Strahlung absorbiert, also das Absorptionsvermögen $\mathfrak{A}_s = 1$ besitzt. Es ist dann $K = \mathfrak{E}_s$ und mithin für alle, auch nicht schwarze Körper

$$\frac{\mathfrak{E}}{\mathfrak{A}} = \mathfrak{E}_s .$$

Das besagt, daß das Verhältnis zwischen Emission und Absorption für jeden Körper gleich ist dem Emissionsvermögen eines vollkommen schwarzen Körpers von gleicher Temperatur, also für alle Körper den gleichen Wert besitzt. Da weiter $\mathfrak{A}$ für jeden nicht schwarzen Körper ein echter Bruch ist, so folgt, daß der schwarze Körper unter allen anderen bei jeder Temperatur das höchste Emissionsvermögen aufweist; endlich, daß in einem jeden allseits geschlossenen Raum im Gleichgewichtszustand diejenige Strahlungsintensität herrscht, wie sie ein absolut schwarzer Körper von gleicher Temperatur aussendet, wobei es ganz gleichgültig ist, ob im Raum ein solcher schwarzer Körper vorhanden ist oder nicht.

Um das Verständnis des letzten Satzes zu erleichtern, betrachten wir zwei große zueinander parallele ebene Flächen von gleicher Temperatur, die gegeneinander strahlen. Ihr Absorptionsvermögen sei $\mathfrak{A}$, ihr Reflexionsvermögen $\mathfrak{S}$, mithin $\mathfrak{A} + \mathfrak{S} = 1$. Von der Strahlungsmenge $\mathfrak{E}$, welche die Einheit der Fläche I aussendet, wird der Betrag $\mathfrak{E}\mathfrak{S}$ an der Fläche II reflektiert; hierzu kommt die Eigenstrahlung der Fläche II im Betrag $\mathfrak{E}$, so daß die Fläche I zunächst von der Strahlung $\mathfrak{E}(1 + \mathfrak{S})$ getroffen wird. Sie reflektiert hiervon wieder den $\mathfrak{S}$-ten Teil, also $\mathfrak{E}(1 + \mathfrak{S})\mathfrak{S}$ und gibt selbst $\mathfrak{E}$ hinzu, so daß nach der zweiten Reflexion die Strahlung den Betrag $\mathfrak{E}(1 + \mathfrak{S} + \mathfrak{S}^2)$ aufweist. Durch Fortsetzung dieser Betrachtung ergibt sich als Wert der Strahlung nach der n ten Reflexion $\mathfrak{E}(1 + \mathfrak{S} + \mathfrak{S}^2 + \ldots + \mathfrak{S}^n)$, was nachdem $\mathfrak{S} < 1$ ist, für große n dem Grenzwert

$$\frac{\mathfrak{E}}{1 - \mathfrak{S}} = \frac{\mathfrak{E}}{\mathfrak{A}} = \mathfrak{E}_s$$

zustrebt. Es stellt sich somit tatsächlich durch das Hin- und Herstrahlen zwischen den Flächen in kürzester Zeit — denn der Vorgang vollzieht sich mit der Geschwindigkeit des Lichtes, also 300000 km/sec — diejenige Strahlung her, die zwischen zwei absolut schwarzen Flächen sofort entstünde.

Statt der Strahlung eines absolut schwarzen Körpers, den es, strenge genommen, gar nicht gibt, kann man also auch, wie das schon Kirchhoff vorgeschlagen hat, die Strahlung im Innern eines rings von gleichtemperierten Wänden umschlossenen Hohlraums, die Hohlraumstrahlung untersuchen. Durch eine enge Öffnung in der Wand wird die Beschaffenheit der Strahlung nicht merklich geändert, da die Zahl der Reflexionen, welche die Strahlen erleiden, ehe sie durch die Öffnung

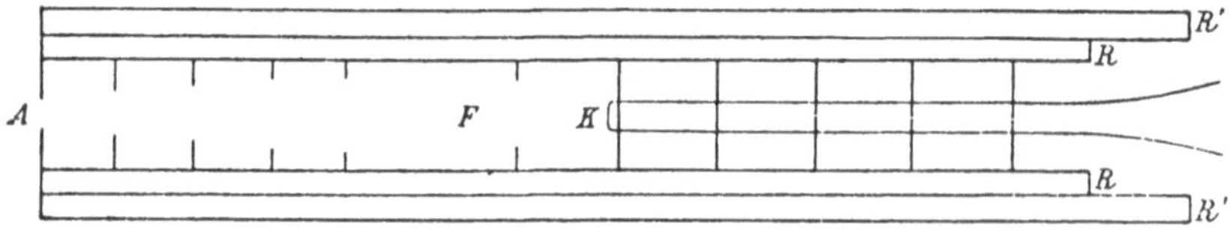

Fig. 67.

treten, hinreichend groß ist. Eine solche Öffnung in einem Hohlraum vertritt dann nahezu vollkommen eine ebenso große absolut schwarze Fläche von derselben Temperatur, wie die der Wände des Hohlraums. Natürlich ist es von Vorteil, den als schwarzen Strahler zu verwendenden Hohlraum innen auch noch mit Platinschwarz oder dem hitzebeständigeren Eisenoxydoxydul auszukleiden, da dann wenige Reflexionen zur Herstellung des Gleichgewichtszustandes genügen und die Öffnung verhältnismäßig groß sein kann, ohne die Eigenschaft eines schwarzen Strahlers zu verlieren.

Die obenstehende Figur gibt den von Lummer bis zu Temperaturen von 1550° C verwendeten „Strahler". Das innere Rohr aus feuerbeständiger Masse (Porzellan, Magnesia) ist mit dünnem Platinband dicht umwunden und wird elektrisch geheizt. Der durch die Öffnung F strahlende Hohlraum wird durch eine in der Mitte des Rohrs gelegene, also am gleichmäßigsten geheizte Kammer K gebildet. Nach links verhindern Blenden mit kleiner werdenden Öffnungen, daß bei A andere als aus der Kammer kommende Strahlung das Rohr verläßt. Durch die rechte zwecks Versteifung unterteilte Rohrhälfte werden die Drähte eines Thermoelementes geführt, deren Lötstelle in der Kammer liegt und die Messung der dort herrschenden Temperatur gestattet. Zwei Mantelröhren R und R' umgeben das Rohr mit stagnierender Luft und verhindern größere Wärmeabgabe an die Umgebung.

Die Kirchhoffschen Sätze gelten sowohl für die Gesamtstrahlung wie für die Strahlung einer bestimmten Wellenlänge, d. h. für eine bestimmte Farbe. Doch ist $\mathfrak{E}_s$, das Emissionsvermögen des schwarzen Körpers für Strahlung einer bestimmten Wellenlänge λ oder Schwingungszahl ν von λ bzw. ν abhängig. Es ist also $\mathfrak{E}_{s\nu}$ sowohl Funktion der Temperatur, als auch der Wellenlänge und diese Funktion oder mit anderen Worten die Verteilung der Strahlungsenergie im Spektrum des schwarzen Körpers bei jeder Temperatur kennen zu lernen, wird die uns im folgenden beschäftigende Aufgabe sein.

Die wichtigste Anwendung der Kirchhoffschen Sätze, die Spektralanalyse, liegt ganz außerhalb des hier zu behandelnden Gebietes. Daß ein Körper, der reiner Temperaturstrahler ist, dieselben Wellenlängen absorbiert, die er selbst bei gleicher Temperatur emittiert, so daß glühender Natriumdampf aus dem Licht eines gleichtemperierten Körpers die D-Linie auslöscht oder schwächt (Umkehrung der Natriumlinie), erklärt sich ohne weiteres aus der Proportionalität zwischen $\mathfrak{E}$ und $\mathfrak{A}$. Da glühender Natriumdampf nahezu monochromatisch ist, d. h. hauptsächlich Licht eines einzigen Spektralbezirkes aussendet, so besitzt er auch nur für diese Stelle die Fähigkeit der Absorption. Umgekehrt wird ein Körper, der eine bestimmte Farbe durchläßt, sie selbst auch nicht aussenden.

§ 68. Das Stefan-Boltzmannsche Strahlungsgesetz.

Da sich die Strahlung mit großer, aber doch endlicher Geschwindigkeit ausbreitet, wird im Hohlraum nach in kürzester Zeit hergestelltem Strahlungsgleichgewicht pro cm³ eine ganz bestimmte Energiemenge in der Form von Strahlung vorhanden sein. Wir nennen das die Energiedichte der Strahlung und unterscheiden zwischen der Energiedichte der gesamten Strahlung u und der Energiedichte u_ν, bezogen auf einen bestimmten Spektralbezirk, d. h. auf Strahlung, deren Schwingungszahl zwischen ν und $\nu + d\nu$ liegt. Offenbar ist u_ν der Größe dieses Bezirkes, also $d\nu$ proportional.

Es ist ohne weiteres einleuchtend, daß die Energiedichte ein Maß für die Intensität der Hohlraumstrahlung sein muß, so daß wir

$$u = \alpha\, \mathfrak{E}_s,$$

oder auch

$$u_\nu\, d\nu = \alpha\, \mathfrak{E}_{s\nu}\, d\nu$$

schreiben können, wo $\mathfrak{E}_{s\nu}$ das Emissionsvermögen des schwarzen Körpers im gleichen Spektralbezirk bezeichnet, auf den sich u_ν bezieht. Der Faktor α ist eine Konstante, die man leicht zu $4/c$ berechnet, wobei c die Lichtgeschwindigkeit bedeutet. Das Auftreten dieser großen Zahl im Nenner läßt erkennen, daß die Energiedichte auch bei größter Intensität der Strahlung sehr klein bleibt.

Natürlich ist auch

$$u = \int_0^\infty u_\nu\, d\nu = \alpha \int_0^\infty \mathfrak{E}_{s\nu}\, d\nu,$$

da sich die Energiedichte der gesamten Strahlung aus den Energiedichten der Strahlungen aller nur möglichen Schwingungszahlen zusammensetzt.

Die Gesamtdichte ist Funktion von T allein, die Dichte u_ν einer bestimmten Strahlenart hingegen außer von T auch noch von ν abhängig.

Wir wollen zunächst die erste der beiden Fragen behandeln, d. h., u, also auch $\mathfrak{E}_s$, die Gesamtstrahlung des schwarzen Körpers, in ihrer Abhängigkeit von der Temperatur bestimmen:

Wäre das Licht nach Newtons Annahme korpuskulare Strahlung, also mit Lichtgeschwindigkeit bewegte Materie, so würde durch die Strahlung auf die Wände des Hohlraums ein Druck ausgeübt werden, der, wenn N die Zahl der Korpuskel im cm³ des Hohlraums und m die Masse einer Korpuskel bezeichnet, leicht zu $p = \frac{1}{3} N m c^2$ berechnet wird.[1]

Da $N m = \varrho$ die Massendichte, $\frac{1}{2} N m c^2$ die im cm³ enthaltene Energie, also die Energiedichte (im Arbeitsmaß) bedeutet, so ist auch

$$p = \frac{1}{3} \varrho c^2 = \frac{2}{3} u .$$

Diese für nicht allzu große Geschwindigkeit c richtige Formel bedarf einer Korrektur, falls die Energieträger sich mit Geschwindigkeiten be-

---

[1] Für jede von den Wänden absorbierte Korpuskel wird im Gleichgewichtsfall eine andere mit gleicher Geschwindigkeit emittiert. Das kommt auf dasselbe hinaus, als ob die Korpuskeln von den Wänden elastisch reflektiert würden. Der Druck wird dann ebenso berechnet, wie der eines Gases auf Grund der Vorstellungen der kinetischen Gastheorie. Jeder elastische Stoß übt die Wirkung $2mc$ auf die Wand aus und den Druck erhält man durch Multiplikation mit der Zahl der Stöße in der Zeiteinheit. Betrachten wir ein Parallelepiped mit den Kanten α, β, γ, also dem Rauminhalt $\alpha\beta\gamma$. In ihm sind $N\alpha\beta\gamma$ Korpuskeln enthalten und wir können annehmen, daß sich ein Drittel dieser Zahl, also $\frac{1}{3} N\alpha\beta\gamma$ parallel der Kante γ, also senkrecht zu den Seitenflächen $\alpha\beta$ bewegt. Irgendeines dieser Teilchen trifft dann eine der beiden Seitenflächen in der Sekunde $c/2\gamma$-mal, da es von einem Aufprall bis zum nächsten den Weg 2γ zurücklegen muß. Die Zahl aller Zusammenstöße ist $\frac{1}{3} N\alpha\beta\gamma c/2\gamma = \frac{1}{6} N\alpha\beta c$, der Druck auf die Fläche $\alpha\beta$ ist $\frac{1}{3} N m c^2 \alpha\beta$ und der Druck pro Flächeneinheit $p = \frac{1}{3} N m c^2$. Die genaue Rechnung führt zu dem gleichen Ergebnis.

Wie erwähnt, ist das auch der Ausdruck für den Druck eines Gases, wie ihn die kinetische Gastheorie liefert. Man hat hierbei nur unter N die Zahl der Gasmolekeln im cm³, und unter m die Masse einer Molekel zu verstehen. Da die Molekeln bei ihrer Bewegung auch untereinander zusammenstoßen und hierdurch ihre Geschwindigkeit c beständig geändert wird, hat ferner c^2 hier die Bedeutung des Mittelwertes aus sämtlichen Geschwindigkeitsquadraten. Versteht man unter E die Energie der Progressivbewegung aller Gasmolekeln zusammen, so wird sie dem Gesamtvolumen V des Gases proportional sein und es gibt

$$E/V = \frac{1}{2} N m c^2$$

diese Bewegungsenergie der Molekeln pro Volumseinheit. Die obige Formel für den Druck schreibt sich mithin auch in der Form $p V = \frac{2}{3} E$. Der Vergleich mit der Gasgleichung läßt erkennen, daß die absolute Temperatur T der Bewegungsenergie E der Molekeln direkt proportional ist.

wegen, die an die Lichtgeschwindigkeit herankommen. Ist gar c gleich der Lichtgeschwindigkeit, wie wir das im vorliegenden Fall annehmen müßten, so versagen die Gesetze der klassischen Mechanik ganz und es tritt an ihre Stelle die Relativitätstheorie, gemäß welcher in diesem Fall zwischen der Gesamtenergie u, der der betreffenden Geschwindigkeit c entsprechenden relativistischen Masse ϱ und der Lichtgeschwindigkeit, die wir hier vorübergehend mit C bezeichnen wollen, die Beziehung $u = \varrho\, C^2$ besteht. Dann wird für $c = C$ der Druck $p = \frac{1}{3} u$. Denken wir uns die Energiedichte in Wärmeeinheiten gemessen, so ist schließlich

$$p = \frac{1}{A} \frac{u}{3}.$$

Genau zu der gleichen Formel für den Strahlungsdruck kommt Maxwell auf Grund der elektromagnetischen Lichttheorie.

Trotz seiner Kleinheit konnte die Existenz und die Größe dieses Druckes durch Lebedew, wie auch durch Nichols und Hull durch Messungen im Vakuum an sehr leicht drehbaren Flügeln als mit der Theorie übereinstimmend sichergestellt werden.

In bezug auf den ausgeübten Druck verhält sich also die Strahlung von der Energiedichte u in einem Hohlraum genau so wie ein im Hohlraum eingeschlossenes Gas von der Dichte u/C^2. Wenn wir aber der Hohlraumstrahlung außer der Temperatur auch einen bestimmten Druck und eine bestimmte Masse zuschreiben können, so läßt sich ihre Entropie angeben und es lassen sich nun die Sätze der Thermodynamik auch auf die Hohlraumstrahlung, also auf die Strahlung des schwarzen Körpers ohne weiteres anwenden.

Betrachten wir einen Hohlraum von der Größe V, also mit dem gesamten Energieinhalt $U = u\, V$. Das Differential der Entropie ist dann

$$d\,S = \frac{d\,U + A p\, d\,V}{T} = \frac{1}{T}\left[V du + (u + Ap)\, d\,V\right].$$

Die gesuchte Abhängigkeit der Gesamtstrahlungsdichte von der Temperatur sei durch $u = \alpha\, \varphi(T)$ gegeben, d. h. $\varphi(T) = \mathfrak{E}_s$ definiere das Emissionsvermögen eines schwarzen Körpers als Funktion der Temperatur. Es ist dann

$$p = \frac{\alpha}{3\,A}\varphi(T)$$

und somit

$$d\,S = \frac{\alpha}{T}\left[V \varphi'(T)\, d\,T + \tfrac{4}{3}\varphi(T)\, d\,V\right].$$

Dieser Ausdruck muß nach dem zweiten Hauptsatz ein exaktes Differential sein, d. h. es gilt

$$\frac{\partial}{\partial V}\left[\frac{V\varphi'(T)}{T}\right]_T - \frac{\partial}{\partial T}\left[\frac{4}{3}\frac{\varphi(T)}{T}\right]_V = 0.$$

Führt man die Differentiation aus, so wird

$$\frac{\varphi'(T)}{T} = \frac{4}{3} \frac{T \varphi'(T) - \varphi(T)}{T^2}$$

oder

$$T \varphi'(T) = 4 \varphi(T),$$

woraus

$$\ln \varphi(T) = 4 \ln T + \ln a$$

und

$$\mathfrak{E}_s = \varphi(T) = a T^4 \tag{37}$$

folgt.

Es ist also die Gesamtstrahlung eines schwarzen Körpers der vierten Potenz seiner absoluten Temperatur proportional, ein Gesetz, das zuerst von Stefan auf Grund älterer Beobachtungen aufgestellt und von Boltzmann theoretisch begründet wurde. Bestrahlen sich zwei schwarze Körper von den verschiedenen Temperaturen T und T', so ist dann offenbar die vom heißen zum kalten Körper durch Strahlung übertragene Wärmemenge der Differenz $T^4 - T'^4$ proportional.

Wie genau das Stefan-Boltzmannsche Gesetz erfüllt ist, zeigen die Ergebnisse einer von Lummer und Pringsheim ausgeführten Versuchsreihe, bei der die vom Strahler einem auf der Anfangstemperatur von 17° C gehaltenen mit Ruß geschwärzten Bolometer zugeführte Wärmemenge aus dem Galvanometerausschlag gemessen wurde. Sie zeigte sich innerhalb der Versuchsfehler $T^4 - 290^4$ proportional, wie die folgende Zahlenreihe erkennen läßt, in der die gemessenen Temperaturen des Strahlers mit den auf Grund dieser Gesetzmäßigkeit berechneten zusammengestellt wurden. Sie beziehen sich auf die absolute Skale.

gemessen	berechnet	Δ	gemessen	berechnet	Δ
373·1	374·6	− 1·5	868	867·1	+ 0·9
492·5	492·0	+ 0·5	1378	1379	− 1
723	724·3	− 1·3	1470	1468	+ 2
745	749·1	− 4·1	1497	1488	+ 9
810	806·5	+ 3·5	1535	1531	+ 4

Die Konstante a des Stefan-Boltzmannschen Gesetzes bestimmte Kurlbaum zu $1{\cdot}30 . 10^{-12}$ cal pro cm², sec und $(1^0)^4$.

§ 69. Das Wiensche Verschiebungsgesetz.

Während wir im vorhergehenden die Gesamtstrahlung des schwarzen Körpers untersuchten, fragen wir jetzt, wie sich diese Strahlung bei verschiedener Temperatur auf die einzelnen Wellenlängen verteilt. Wir werden mit den Hilfsmitteln der Thermodynamik allein diese Frage nicht vollständig beantworten können.

Man denke sich einen Zylinder mit ideal weißen Wänden, an denen die Strahlen diffus vollkommen reflektiert werden, durch einen vollkommen spiegelnden Stempel geschlossen und diesen Stempel durch den Druck der Strahlung hinausgeschoben, so daß sich das Volumen des Zylinders in der Zeit dt um dV vergrößert. Ist w die Geschwindigkeit, mit der sich der Stempel bewegt und setzen wir der Einfachheit zuliebe den Stempelquerschnitt gleich 1, so ist $dV = w\,dt$ und w die Volumsänderung des Hohlraums in der Sekunde. Die im Zylinder enthaltene Hohlraumstrahlung wird hierdurch einem adiabatischen Prozeß unterworfen und ihre Energie und Temperatur wird der Arbeitsleistung entsprechend sinken. Bewegt sich der Stempel nicht zu rasch, so wird im Zylinder in jedem Augenblick Strahlungsgleichgewicht herrschen, ebenso wie bei einer nicht zu raschen adiabatischen Ausdehnung eines Gases Gleichgewicht des Drucks vorhanden ist. Da an den weißen Wänden und dem spiegelnden Stempel alle Strahlung zurückgeworfen wird, also Wärme weder in noch durch die Wände des zylindrischen Hohlraums tritt, so ist

Fig. 68.

die Zustandsänderung in der Tat eine adiabatische. Zugleich erleiden aber die Strahlen durch die Reflexion am bewegten Spiegel auch eine Änderung der Schwingungszahl, die nach einem schon lange von Doppler aufgestellten Prinzip berechnet werden kann.

Ein in B befindlicher ruhender Beobachter empfängt von einem gegen ihn gerichteten Lichtstrahl S sekundlich ν Wellen, wenn die Schwingungszahl des betreffenden Lichtes ν beträgt. Bewegt er sich aber mit der Geschwindigkeit w gegen den Lichtstrahl, also in der Sekunde von B bis C, so kommen noch die w/λ Wellen hinzu, die er auf diesem Wege abfängt und die sonst erst nach Ablauf der Sekunde bei ihm in B eingetroffen wären. Hierbei ist λ die Länge einer Welle, und da nach der bekannten Grundformel der Wellenlehre $c = \nu\lambda$ ist, erscheint die Schwingungszahl um

$$d\nu = \frac{w}{\lambda} = \frac{w}{c}\nu = \beta\nu$$

erhöht. Hierbei bedeutet $w/c = \beta$ das Verhältnis der Geschwindigkeit der Bewegung zur Lichtgeschwindigkeit, also eine stets sehr kleine Größe. Umgekehrt würde für eine Bewegung in entgegengesetzter Richtung, also in der Richtung der Strahlen, die Zahl der eintreffenden Schwingungen um $-\beta\nu$ geändert, also erniedrigt sein.

Ebenso liegen die Verhältnisse, wenn der Beobachter ruht und statt dessen sich die Lichtquelle nähert oder entfernt.

Bewegt sich endlich zum oder vom ruhenden Beobachter ein Spiegel, der das Licht einer ruhenden Lichtquelle senkrecht gegen den Beobachter reflektiert, so wird die Änderung der Schwingungszahl die doppelte sein als der Geschwindigkeit des Spiegels entspricht, da das Spiegelbild der Lichtquelle sich mit der doppelten Geschwindigkeit des Spiegels dem Beobachter nähert oder von ihm entfernt. Das ist der hier vorliegende Fall. Die Schwingungszahl der am bewegten spiegelnden Stempel reflektierten Strahlen ist für einen ruhenden Beobachter um $-2\beta\nu$ verändert. Sie ist vermindert, da sich der Stempel infolge des Strahlungsdrucks in der Richtung der Strahlen hinausbewegt. Hierbei ist senkrechte Reflexion der Strahlen vorausgesetzt.

Tatsächlich fallen aber die Strahlen unter den verschiedensten Winkeln auf den Stempel. Um die mittlere Änderung der Schwingungszahl der Strahlen zu berechnen, wenden wir mit Hasenöhrl ein Verfahren an, das zwar nicht exakt, aber sehr übersichtlich ist und zu dem gleichen Ergebnis führt, wie die genaue Berechnung. Wir denken uns nämlich wie schon oben bei der Berechnung des Drucks die Strahlung des Hohlraums nach drei Richtungen zerlegt. Ein Drittel der Strahlung bewege sich in der Richtung zum oder vom Stempel, je ein Drittel in zwei anderen zu dieser und zueinander senkrechten Richtungen. Es bewegt sich dann $^1/_6$ des Energieinhaltes unseres Zylinders gegen den Stempel. Das gilt in gleicher Weise für die Gesamtstrahlung, wie für eine bestimmte Strahlungsart von der Schwingungszahl ν.

Wäre der Stempel in Ruhe, so würde dann in der Sekunde die Energiemenge $\frac{1}{6}u_\nu c$ auf den Stempel treffen; da er aber mit der Geschwindigkeit w zurückweicht, so ist diese Energie nur

$$\tfrac{1}{6}u_\nu(c-w)=\tfrac{1}{6}u_\nu c(1-\beta).$$

Sie verändert, da sie senkrecht auftrifft, ihre Schwingungszahl um $-2\beta\nu$. Daher wird die Schwingungszahl der im ganzen Zylinder enthaltenen Strahlungsart ν, deren Gesamtenergie $u_\nu V$ ist, im Durchschnitt pro Sekunde um

$$d\nu=-\frac{\frac{1}{6}u_\nu c(1-\beta)}{u_\nu V}\,2\beta\nu$$

geändert, was unter Vernachlässigung der höheren Potenzen der sehr kleinen Größe β auch

$$d\nu=-\tfrac{1}{3}\frac{c\beta}{V}\nu=-\tfrac{1}{3}\frac{w}{V}\nu$$

gibt. In der Zeit dt, während der sich der Stempel um $w\,dt=dV$ hebt, ist dann die durchschnittliche Änderung:

$$d\nu=-\tfrac{1}{3}\frac{dV}{V}\nu.$$

Betrachten wir nun die Energie der eingeschlossenen Strahlung. Die bei der Volumsvergrößerung dV vom Strahlungsdruck geleistete Arbeit ist

$$p\,dV=\frac{1}{A}\cdot\tfrac{1}{3}u\,dV,$$

wo wir uns u wie überall in den Wärmegleichungen wieder in Kalorien ausgedrückt denken. Da der Vorgang adiabatisch verläuft, muß die Gesamtenergie der im Zylinder eingeschlossenen Strahlung $u\,V$ um den äquivalenten Betrag $\frac{1}{3}u\,d\,V$ gesunken sein und die Energiedichte hat jetzt den Wert

$$u+d\,u=\frac{u\,V-\frac{1}{3}u\,d\,V}{V+d\,V}=\frac{u\left(1-\frac{1}{3}\frac{d\,V}{V}\right)}{1+\frac{d\,V}{V}},$$

oder, da bei Vernachlässigung von Gliedern höherer Ordnung statt

$$\frac{1}{1+\frac{d\,V}{V}} \text{ auch } 1-\frac{d\,V}{V}$$

geschrieben werden kann, den Wert

$$u+du=u\left(1-\frac{4}{3}\frac{d\,V}{V}\right),$$

woraus sich

$$\frac{d\,u}{u}=-\frac{4}{3}\frac{d\,V}{V}$$

ergibt.

Da ferner $u=\alpha\,\varphi(T)$ und nach dem Stefan-Boltzmannschen Gesetze $\varphi(T)=a\,T^4$, also $\ln u=4\ln T+\text{const}$ ist, berechnet man anderseits durch Differentiieren der letzten Gleichung

$$\frac{du}{u}=4\frac{d\,T}{T}.$$

Die Verbindung beider Beziehungen liefert

$$\frac{d\,T}{T}=-\frac{1}{3}\frac{d\,V}{V}.$$

Diese eben bezüglich der Änderung der Energiedichte ausgeführte Betrachtung gilt offenbar in gleicher Weise für die gesamte Strahlung, wie für eine bestimmte Strahlenart. Es ist also auch

$$u_\nu+d\,u_\nu=u_\nu\left(1-\frac{4}{3}\frac{d\,V}{V}\right)=u_\nu\left(1+4\frac{d\,T}{T}\right).$$

Fassen wir die bisherigen Ergebnisse unserer Untersuchung zusammen, so läßt sich sagen:

Ändert der Hohlraum sein Volumen von V auf $V+d\,V$ und die Temperatur der Strahlung sich hierdurch von T auf $T+d\,T$, so ändert sich gleichzeitig die Schwingungszahl der Strahlungsart ν von ν auf

$$\nu+d\,\nu=\nu\left(1-\frac{1}{3}\frac{d\,V}{V}\right)=\nu\left(1+\frac{d\,T}{T}\right)$$

und ihre Energie von u_ν auf

$$u_\nu+d\,u_\nu=u_\nu\left(1+4\frac{d\,T}{T}\right).$$

Setzt man nun $u_\nu = f(T, \nu)$, wo $f(T, \nu)$ die gesuchte Funktion ist, welche gemäß der Beziehung $u_\nu = \alpha \mathfrak{E}_{s\nu}$ das Emissionsvermögen des schwarzen Körpers in seiner Abhängigkeit von T und ν darstellt, so kann man die Gleichung aufstellen:

$$(u_\nu + du_\nu)\, d\nu = f(T + dT, \nu + d\nu)\, d(\nu + d\nu),$$

oder mit Berücksichtigung der eben gefundenen Beziehungen

$$f(T, \nu)\left(1 + 4\frac{dT}{T}\right) d\nu = f\left[T + dT, \nu\left(1 + \frac{dT}{T}\right)\right] d\nu \left(1 + \frac{dT}{T}\right).$$

Kürzt man durch $d\nu$ und entwickelt nach der Taylorschen Reihe

$$f\left(T + dT, \nu + \nu\frac{dT}{T}\right) = f(T, \nu) + dT\frac{\partial f}{\partial T} + \nu\frac{dT}{T}\frac{\partial f}{\partial \nu},$$

so wird schließlich, wieder unter Vernachlässigung der Glieder höherer Ordnung,

$$f + 4\frac{dT}{T} f = f + dT\frac{\partial f}{\partial T} + \nu\frac{dT}{T}\frac{\partial f}{\partial \nu} + \frac{dT}{T} f,$$

$$3\frac{dT}{T} f = dT\frac{\partial f}{\partial T} + \nu\frac{dT}{T}\frac{\partial f}{\partial \nu},$$

also:

$$3f = T\frac{\partial f}{\partial T} + \nu\frac{\partial f}{\partial \nu}.$$

Diese partielle Differentialgleichung erster Ordnung läßt sich auf eine einfachere zurückführen durch die Substitution:

$$f(T, \nu) = C\nu^3 \varphi(T, \nu),$$

wobei C eine Konstante bedeutet. Setzt man diesen Ausdruck ein, so erhält man zunächst

$$3\,C\nu^3\varphi = 3\,C\nu^3\varphi + C\nu^4\frac{\partial \varphi}{\partial \nu} + C\nu^3 T\frac{\partial \varphi}{\partial T}$$

und nach Streichen der linken Seite gegen das erste Glied rechts und Kürzen durch $C\nu^4 T$:

$$\frac{1}{T}\left(\frac{\partial \varphi}{\partial \nu}\right)_T + \frac{1}{\nu}\left(\frac{\partial \varphi}{\partial T}\right)_\nu = 0.$$

Diese Gleichung läßt sich ohne weiteres integrieren. Zunächst multipliziert man mit $\left(\frac{\partial \nu}{\partial \varphi}\right)_T$ und erhält

$$\frac{1}{T}\left(\frac{\partial \nu}{\partial \varphi}\right)_T\left(\frac{\partial \varphi}{\partial \nu}\right)_T + \frac{1}{\nu}\left(\frac{\partial \nu}{\partial \varphi}\right)_T\left(\frac{\partial \varphi}{\partial T}\right)_\nu = \frac{1}{T} - \frac{1}{\nu}\left(\frac{\partial \nu}{\partial T}\right)_\varphi = 0,$$

da für konstantes φ auch

$$d\varphi = \left(\frac{\partial \varphi}{\partial T}\right)_\nu dT + \left(\frac{\partial \varphi}{\partial \nu}\right)_T d\nu = 0$$

ist. Schreibt man schließlich die letzte Gleichung in der Form

$$\left(\frac{dT}{T} - \frac{d\nu}{\nu}\right)_{\varphi = \mathrm{const}} = 0,$$

so erhält man durch Integration

$$\ln T - \ln \nu = \ln K(\varphi),$$

oder

$$\frac{T}{\nu} = K(\varphi),$$

wobei K die willkürliche Integrationskonstante bedeutet, die im vorliegenden Fall offenbar eine willkürliche Funktion von φ ist. Nach φ aufgelöst, schreibt sich diese Beziehung

$$\varphi = F\left(\frac{T}{\nu}\right),$$

wo F die Umkehrung der Funktion K darstellt und somit auch wieder eine ganz willkürliche Funktion des Argumentes ist.

Die ursprüngliche Differentialgleichung ist also erfüllt, wenn die Funktion $f = u_\nu$ die Form

$$u_\nu = C \nu^3 F\left(\frac{T}{\nu}\right) \tag{38}$$

hat, wie man sich auch leicht durch Rücksubstitution überzeugt. C ist dabei eine Konstante, welche weder T noch ν enthalten darf. Es ist damit bewiesen, daß der Ausdruck u_ν/ν^3 sich als Funktion einer einzigen Veränderlichen T/ν darstellen läßt. Für das Emissionsvermögen des schwarzen Körpers

$$\mathfrak{E}_{s\nu} = \frac{1}{\alpha} u_\nu$$

als Funktion von T und ν erhält man somit einen gleichen Ausdruck

$$\mathfrak{E}_{s\nu} = C_1 \nu^3 F\left(\frac{T}{\nu}\right), \tag{38'}$$

worin bloß die Konstante

$$C_1 = \frac{1}{\alpha} C$$

einen anderen Wert besitzt. Die unbekannte Funktion der beiden Variabeln T und ν ist durch diese von Wien aufgestellte Formel noch nicht gefunden, aber sie ist auf eine allerdings ebenfalls noch unbekannte Funktion einer Variabeln, nämlich des Quotienten T/ν zurückgeführt.

Die Integration von $\mathfrak{E}_{s\nu}$ über alle möglichen Schwingungszahlen führt natürlich zu $\mathfrak{E}_s$ und damit zum bereits bewiesenen Stefan-Boltzmannschen Gesetz. Es ist nämlich

$$\mathfrak{E}_s = C_1 \int_0^\infty \nu^3 F\left(\frac{T}{\nu}\right) d\nu,$$

was sich mit der Substitution

$$\nu = \frac{T}{x}, \quad \text{also} \quad d\nu = -T \frac{dx}{x^2}$$

in

$$\mathfrak{E}_s = T^4 C_1 \int_0^\infty F(x) \frac{dx}{x^5}$$

verwandelt. Setzt man den bestimmten Wert

$$C_1 \int_0^\infty F(x) \frac{dx}{x^5} = a,$$

so erkennt man wieder die Proportionalität der Gesamtstrahlung mit der vierten Potenz der absoluten Temperatur.

Bei der experimentellen Ermittlung der Energieverteilung im Spektrum des wärmestrahlenden Körpers ist es bequemer, sich statt auf Schwingungszahlen (ν), auf Wellenlängen (λ) zu beziehen. Entspricht einer Verminderung des ν um $d\nu$ eine Vergrößerung des zugehörigen λ um $d\lambda$, so ist $u_\nu\, d\nu = - u_\lambda\, d\lambda$ und $\mathfrak{E}_{s\nu}\, d\nu = - \mathfrak{E}_{s\lambda}\, d\lambda$; weiter wegen $c = \nu\lambda$ auch $\nu = c/\lambda$ und $d\nu = - c\, d\lambda/\lambda^2$, also:

$$\mathfrak{E}_{s\lambda} = - \mathfrak{E}_{s\nu} \frac{d\nu}{d\lambda} = C_1 \frac{c^4}{\lambda^5} F\left(\frac{T\lambda}{c}\right).$$

Schreiben wir die konstante Größe $C_1 c^4 = c_1$, so lautet dann das Wiensche Gesetz:

$$\mathfrak{E}_{s\lambda} = c_1 \lambda^{-5} F\left(\frac{T\lambda}{c}\right). \tag{38''}$$

In dieser Form kann es an die bolometrisch gemessene Wärmeverteilung im Spektrum angeschlossen und so die Funktion F durch Versuche bestimmt werden.

Doch lassen sich auch ohne Kenntnis dieser Funktion aus dem Wienschen Gesetz allein zwei wichtige Folgerungen ziehen:

Fragen wir nämlich nach der Wellenlänge λ_m, bei der das Emissionsvermögen des schwarzen Körpers am größten ist. Es ist hierzu

$$\frac{\partial}{\partial\lambda}(\mathfrak{E}_{s\lambda}) = 0$$

zu setzen. Das gibt als Bestimmungsgleichung

$$-5 c_1 \lambda^{-6} F\left(\frac{T\lambda}{c}\right) + c_1 \lambda^{-5} \frac{T}{c} F'\left(\frac{T\lambda}{c}\right) = 0$$

oder

$$-5 c_1 F\left(\frac{T\lambda}{c}\right) + c_1 \frac{T\lambda}{c} F'\left(\frac{T\lambda}{c}\right) = 0.$$

In ihr kommt λ nur in der Verbindung $T\lambda/c$ vor und man erhält somit, wenn man sich die Gleichung aufgelöst denkt, für $T\lambda_m/c$ einen ganz bestimmten Wert k, also auch für $T\lambda_m$ einen ganz bestimmten Wert b. Es ist

$$T\lambda_m = b, \tag{39}$$

d. h. das Produkt aus der absoluten Temperatur des strahlenden schwarzen Körpers und der Wellenlänge, bei welcher die Strahlung ihr Maximum hat, ist konstant. Mit steigender Temperatur des strahlenden Körpers verschiebt sich das Maximum der Strahlung in der Richtung kürzerer Wellenlängen.

Wir können aber auch bezüglich der Größe dieses Maximums eine Aussage machen, indem wir $\lambda_m = b/T$ in das Wiensche Gesetz einführen. Es ist

$$\mathfrak{E}_{s\lambda_m} = \frac{c_1}{b^5} F(k) T^5 = B T^5, \tag{40}$$

d. h. es ist der Betrag des Strahlungsmaximums der fünften Potenz der absoluten Temperatur des schwarzen Strahlers proportional.

Nach Lummer und Pringsheim ist die Konstante $b = 2940$, wenn die Wellenlänge in Tausendstel Millimeter (μ) gemessen wird. Eür die Konstante B ist $2 \cdot 92 . 10^{-12}$ zu setzen, wenn die maximale Energie $\mathfrak{E}_{s\lambda_m} d\lambda$ in cal erhalten werden soll.

Natürlich sagt das alles über die Funktion F selbst nichts aus und man hat erkannt, daß thermodynamische Betrachtungen allein hier auch nicht weiter führen können. Hingegen gelang es Planck, auf statistischer Grundlage auch F selbst zu bestimmen, wovon im folgenden Kapitel ausführlich die Rede sein wird. Er erhielt

$$F = \left(e^{\frac{c_2}{T\lambda}} - 1\right)^{-1},$$

also

$$\mathfrak{E}_{s\lambda} = c_1 \lambda^{-5} \cdot \frac{1}{e^{\frac{c_2}{T\lambda}} - 1}, \tag{41}$$

worin c_2 eine Konstante bedeutet, die man, wenn λ in μ gemessen wird, zu 14300 bestimmt.

Die Prüfung des Wienschen Gesetzes führten ebenfalls Lummer und Pringsheim, und zwar mittels eines Spektrobolometers aus. Von der vom schwarzen Körper ausgesandten Strahlung wird durch ein Flußspat-, Steinsalz- oder Sylvinprisma und unter Verwendung von Hohlspiegeln an Stelle der in einem gewöhnlichen Spektralapparat benutzten Linsen ein Spektrum entworfen. Die Strahlung darf nicht durch Glas gehen, da Glas für infrarotes Licht undurchlässig ist. Um die an jeder Stelle des Spektrums einfallende Strahlungsenergie zu messen, läßt man das Licht des betreffenden Spektralbezirkes auf einen sehr dünnen ($^1/_{1000}$ mm) berußten oder besser mit Platinmoor geschwärzten Platinstreifen (Bolometer) oder auf eine gleichfalls berußte Rubenssche Thermosäule fallen. Die letztere besteht aus Eisen-Konstantanthermoelementen, die hintereinander geschaltet und so angeordnet sind, daß diejenigen Lötstellen, wo etwa Eisen auf Konstantan folgt, in einer

Reihe übereinander liegen und der Strahlung ausgesetzt werden, während die anderen Lötstellen wo Konstantan auf Eisen folgt, seitlich gelegen und vor der Strahlung geschützt, die Temperatur des Versuchsraums beibehalten. Die zugestrahlte, in der Rußschicht völlig absorbierte Wärme wird aus der Änderung des elektrischen Widerstandes des Platinstreifens, bzw. der elektromotorischen Kraft der Thermosäule im Beharrungszustand gemessen.

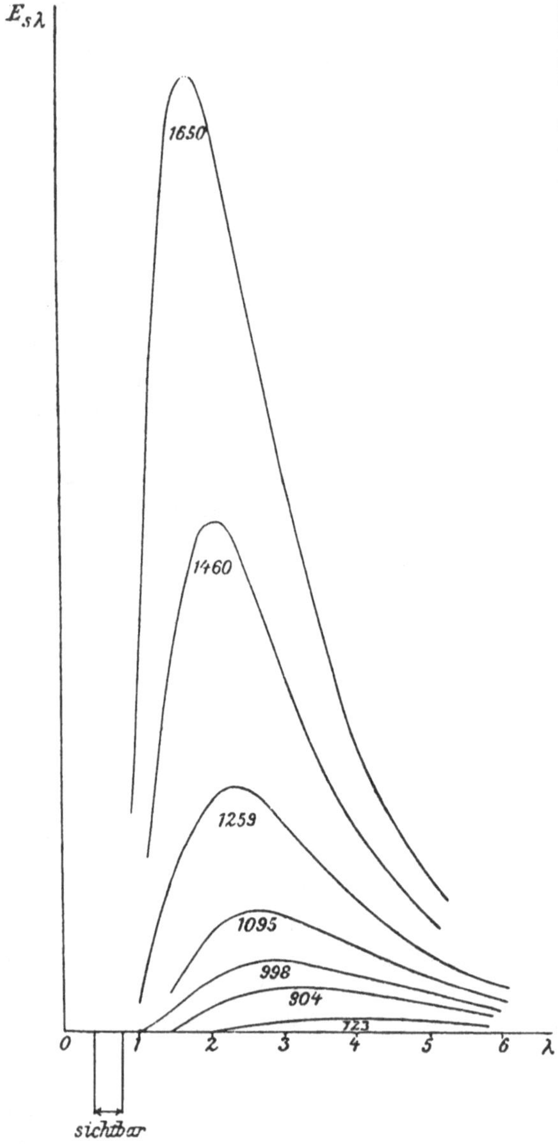

Fig. 69.

Trägt man das so gemessene $\mathfrak{E}_{s\lambda}$ als Ordinate, λ (in μ ausgedrückt) als Abszisse auf, so erhält man für die verschiedenen abs. Temperaturen, die hierbei vermerkt sind (Fig. 69), Kurven, deren Verlauf die Verteilung der Strahlungsenergie im Spektrum wiedergibt. Da der für das menschliche Auge sichtbare Teil des Spektrums höchstens von der Wellenlänge 0·4 bis 0·8 μ reicht, wird selbst noch bei 1650 abs. = 1377° C der weitaus größte Teil der vom glühenden Körper ausgesendeten Strahlungsenergie nicht als Licht empfunden.

Man sieht aus der nebenstehenden Zeichnung, daß mit steigender Temperatur das Strahlungsmaximum bedeutend ansteigt und sich nach links, also gegen kürzere Wellenlängen verschiebt, wie es die Wienschen Gesetze verlangen. Aber erst bei 3400° C würde das Maximum in das äußerste Rot des sichtbaren Spektrums fallen.

Die zahlenmäßige Übereinstimmung kann man aus der folgenden Zusammenstellung ersehen. Die erste Reihe enthält die am Thermoelement eines schwarzen Strahlers gemessene Temperatur, die zweite die Wellenlänge in μ, bei der das Strahlungsmaximum liegt. In der dritten Reihe sind die Temperaturen verzeichnet, die man aus der Formel $T\lambda_m = 2940$ berechnet und in der vierten Zahlen, welche den Quotienten aus der (in willkürlichen Einheiten) beobachteten maximalen Strahlungsintensität und der fünften Potenz der abs. Temperatur proportional sind, also nach dem zweiten der Wienschen Sondergesetze einen konstanten Wert besitzen sollen. Die Übereinstimmung ist eine sehr gute und die vorhandenen kleinen Abweichungen können sehr wohl durch Fehler in der Temperatur- und Strahlungsmessung erklärt werden.

T beob.	λ_m	T ber.	$\mathfrak{E}_{s\lambda_m}/T^5$
621	4·53	621	219
723	4·08	722	217
909	3·28	910	221
999	2·96	997	217
1095	2·71	1092	216
1259	2·35	1258	218
1460	2·04	1460	218
1646	1·78	1654	225

Im Sonnenspektrum liegt das Strahlungsmaximum im sichtbaren Teil und zwar nach Berücksichtigung der Absorption, welche die Sonnenstrahlung in der Erdatmosphäre erleidet, bei 0·47 μ, d. i. im Blau. Darf man die Sonne als reinen Temperaturstrahler und schwarzen Körper betrachten, so ergibt sich hieraus ihre Temperatur zu rund 6000° C. Auch das Stefan-Boltzmannsche Gesetz läßt sich zur Einschätzung der Sonnentemperatur verwenden, wenn man den Betrag der einem cm² von der Sonne zugesandten Gesamtstrahlung (Solarkonstante) kennt. Setzt man ihn zu 1·932 cal pro Minute, so findet man 5500° C.

§ 70. Optische Temperaturmessung.

Die Gasthermometrie und die Verfahren der elektrischen Temperaturmessung mittels der Widerstandsthermometer oder der Thermoelemente reichen nicht über 1800° C. Die Temperaturmessung auf Grund der Strahlungsgesetze kennt hingegen keine obere Grenze. Allerdings setzt ihre Anwendung voraus, daß es sich um schwarze Körper handelt. Da aber die Hohlraumstrahlung als „schwarze Strahlung" zu betrachten ist, lassen sich in der Regel leicht Bedingungen herstellen, unter denen die Strahlungsgesetze des schwarzen Körpers verwendbar sind. Man braucht z. B. nur in dem Ofen, dessen Temperatur bestimmt werden soll, eine kleine Öffnung anzubringen. Die aus ihr dringende Strahlung kann als schwarze Strahlung gelten. Oder, wenn dies, wie etwa in den Muffeln, in denen Porzellan gebrannt wird, nicht zulässig ist, so führt man durch die Wandung ein einseitig geschlossenes Rohr aus feuerfester Masse ein, das die zu messende Temperatur annimmt und untersucht die aus dem Rohr dringende Strahlung. Nur wenn der glühende Körper, dessen Temperatur zu messen ist, freisteht und nicht schwarz ist, versagen die obigen Strahlungsgesetze und treten andere Gesetzmäßigkeiten an ihre Stelle, die aber vom Material des Körpers nicht unabhängig sind. Man kann sich bisweilen in der Weise helfen, daß man den Körper in einen Hohlraum mit gut spiegelnden Wänden einschließt und so seine Strahlung künstlich „schwärzt". Doch wird durch die Absorption der reflektierten Strahlung durch den Körper dessen Temperatur natürlich zugleich erhöht.

Da Messungen mit dem Spektrobolometer nach Art derjenigen, wie sie zur Bestätigung der Strahlungsgesetze ausgeführt wurden, recht umständlich sind, so wendet man für die Zwecke der Messung hoher Temperaturen in der Praxis die Methoden der „optischen Pyrometrie" an, die auf der Messung der Helligkeit im sichtbaren Teil des Spektrums beruhen und in einfacherer Weise zum Ziele führen. Allerdings ist das Verfahren nur für Temperaturen ober 600° C anwendbar, da die bei tieferer Temperatur ausgesendete Strahlung zu lichtschwach ist. Oberhalb 600° wächst aber die Helligkeit sehr rasch mit der Temperatur und ist daher die Empfindlichkeit und Genauigkeit des Verfahrens sehr beträchtlich. Sowohl die Gesamthelligkeit des emittierten Lichtes, wie auch die jeder einzelnen Farbe wächst sehr rasch. Nach dem Planckschen Strahlungsgesetz (Gl. 41) ist für eine bestimmte Wellenlänge, also Farbe, das Verhältnis des Emissionsvermögens zweier schwarzer Strahler, die sich auf den Temperaturen T_1 und T_2 befinden,

$$\frac{\mathfrak{E}_1}{\mathfrak{E}_2} = \frac{e^{\frac{c_2}{T_2 \lambda}} - 1}{e^{\frac{c_2}{T_1 \lambda}} - 1}.$$

Für die Wellenlängen im sichtbaren Teil des Spektrums kann man selbst bei 6000° die Eins gegen die Exponentielle vernachlässigen. Dann ist mit hinreichender Näherung

$$\frac{\mathfrak{E}_1}{\mathfrak{E}_2} = e^{\frac{c_2}{\lambda}\left(\frac{1}{T_2} - \frac{1}{T_1}\right)} \quad \text{oder} \quad \frac{1}{T_2} - \frac{1}{T_1} = \frac{\lambda}{c_2} \ln \frac{\mathfrak{E}_1}{\mathfrak{E}_2}.$$

Es genügt also, die Intensität der Strahlung bestimmter Farbe mit derjenigen der gleichen Farbe eines schwarzen Körpers von bekannter Temperatur zu vergleichen, was mit jedem Spektralphotometer geschehen kann, wo auch aus den beiden zu vergleichenden Spektren mittels Blenden gleiche Spektralbezirke abgegrenzt und photometriert werden. Nachdem es sich hierbei um sichtbare Strahlung handelt, kann die spektrale Zerlegung des Lichts durch Glasprismen erfolgen. Besondere Konstruktionen (Pyrometer von Wanner) sind im Gebrauch. Statt homogenes Licht durch Blenden aus dem Spektrum abzugrenzen, genügt es aber in der

Regel, durch ein passend gewähltes farbiges Glas zu beobachten, das genügend monochromatisch ist, wie z. B. rotes Kupferoxydulglas. Das geschieht im optischen Pyrometer von Holborn und Kurlbaum, das wegen seiner Einfachheit viel im Gebrauch ist:

Es besteht aus einem Fernrohr, vor dessen Okular das farbige Glas gesetzt wird und durch das man auf den glühenden Körper blickt. In der Bildebene des verschiebbaren Objektivs befindet sich der bügelförmige Glühfaden eines elektrischen Kohlenfaden-Lämpchens, so daß der Beobachter den Glühfaden und die zu photometrierende glühende Fläche

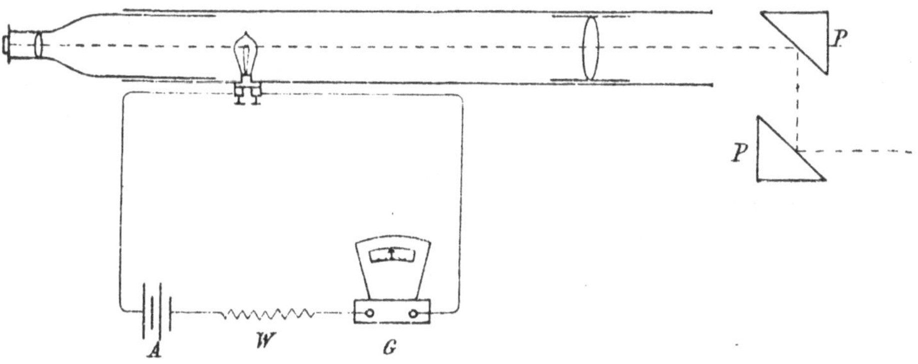

Fig. 70.

gleichzeitig erblickt. Es wird nun durch Einschalten von Widerstand (W) die Stromstärke der das 4 Voltlämpchen speisenden zwei Akkumulatoren (A) so eingeregelt, daß der Glühfaden auf dem Bild der glühenden Fläche verschwindet, d. h. die gleiche Helligkeit hat wie diese, was dann der Fall ist, wenn auch seine Temperatur die gleiche ist. Ist das erreicht, so liest man am Galvanometer (G) die Stromstärke ab.

Es ist jetzt nur noch das Lämpchen zu eichen, d. h. seine Temperatur als Funktion der Stromstärke zu ermitteln, was durch Vergleich mit einem schwarzen Strahler geschieht, den man auf verschiedene bekannte Temperaturen bringt. Diese Eichung wird von der Charlottenburger Reichsanstalt vorgenommen und findet sich in einer dem Instrument beigegebenen Tabelle verzeichnet.

Der Kohlenfaden hält Temperaturen über 1700° C nicht aus, ohne zu zerstäuben. Durch die Veränderung des Fadenquerschnittes und die Schwärzung des Lampenglases wird die Eichung verdorben. Liegt die Temperatur über 1700°, so muß daher die Strahlung durch Spiegelung an den Hypotenusenflächen zweier rechtwinkliger Glasprismen (P) oder vermittelst Absorption durch Rauchgläser in einem bestimmten Verhältnis geschwächt werden. Das Schwächungsverhältnis φ läßt sich mit dem Instrument selbst bestimmen, indem man ermittelt, auf welche Temperatur T_2 eine noch ohne Schwächung der Strahlung meßbare Temperatur T_1

durch Vorschalten des Schwächungsmittels scheinbar herabgedrückt wird. Es ist dann offenbar

$$\ln \varphi = \frac{c_2}{\lambda}\left(\frac{1}{T_2} - \frac{1}{T_1}\right).$$

Auch für die Messung der Verbrennungstemperatur in Flammen, wie der des Bunsenschen Brenners, läßt sich das Verfahren der optischen Pyrometrie anwenden, indem man die Flamme an der Stelle, deren Temperatur bestimmt werden soll, durch eine Perle von Natrium- oder Lithiumsalz färbt. Man hat nachgewiesen, daß die Dämpfe von Alkalisalzen entgegen früheren Annahmen reine Temperaturstrahler sind. Sendet man also das Licht eines Glühlämpchens durch die salzdampfhaltige Flamme und untersucht das Licht beider zusammen in einem guten Spektralapparat, so werden sich die Emissionslinien des Salzdampfes vom kontinuierlichen Spektrum des Glühfadens dann gerade nicht abheben, wenn Faden- und Flammentemperatur gleich sind. Das läßt sich hier aber schwer einstellen; besser ist es darum, so einzuregulieren, daß man gerade die Umkehrung der betreffenden Spektrallinie bemerkt. Diese „Umkehrtemperatur" des Fadens wird dann ebenso wie oben durch Vergleich seiner Strahlung mit der eines schwarzen Körpers, also durch Eichung des Lämpchens ermittelt.

Sechzehntes Kapitel.

Ergebnisse der kinetischen Theorie. Plancksches Strahlungsgesetz und Temperaturabhängigkeit der spezifischen Wärme.

§ 71. Notwendigkeit statistischer Betrachtungen und deren Methode.

Eine tiefere Begründung erfährt die mechanische Wärmetheorie durch die Hypothese, daß die Wärme selbst in nichts anderem als verborgenen mechanischen Bewegungen besteht. Auf dieser Grundlage aufbauend, führt die kinetische Theorie der Materie die Wärme zurück auf eine regellose Bewegung kleinster Teilchen, aus denen man sich alle Substanz aufgebaut denkt, der Molekeln oder der Atome. Das einfachste Beispiel hierfür liefert das ideale, einatomige Gas. Hier hat man sich die Gasatome nach allen Richtungen mit allen möglichen Geschwindigkeiten in regelloser Weise bewegt zu denken. Auch wechseln durch Zusammenstöße untereinander und mit den Wänden die Geschwindigkeiten der einzelnen Gasatome rasch in regelloser Folge sowohl der Richtung als auch der Größe nach. Die Energie dieser ungeordneten Bewegungen der kleinsten Teilchen hat man als den Wärmeinhalt des betrachteten Gases anzusehen. Der thermodynamische Zustand der Substanz wird rein statistisch bestimmt sein, da es nur darauf ankommen kann, wie groß die Zahl der Atome ist, welche in die verschiedenen Geschwindigkeitsgrenzen fallen, da ja alle Atome untereinander für eine einfache Substanz als gleich vorausgesetzt werden. Im stationären Zustand wird die Verteilung der Atome auf die einzelnen Geschwindigkeitsgebiete eine ganz bestimmte sein und trotz der fortwährenden Geschwindigkeitsänderungen der einzelnen Atome erhalten bleiben, indem an Stelle der aus einem Geschwindigkeitsgebiete ausscheidenden Atome durchschnittlich immer wieder ebensoviele eintreten. Beim festen Körper hat man sich der kinetischen Theorie zufolge die Wärme dargestellt zu denken durch die regellosen Schwingungen, welche die Atome um ihre Gleichgewichtslagen ausführen. Ebenso sind es die einen Hohlraum in regelloser Weise durchkreuzenden Wellen von Licht und Wärmestrahlung, welche in ganz der gleichen Weise den thermodynamischen Zustand des Hohlraums bestimmen. In diesen und in allen anderen Fällen läßt sich die Wärme zurückführen auf die ungeordneten Bewegungen kleinster Bausteine, welche fortan als Elemente bezeichnet werden sollen.

Man hat der kinetischen Theorie zufolge mithin jede einheitliche Substanz als ein mechanisches System von enorm vielen, untereinander sämtlich gleichartigen Elementen zu betrachten. Für das thermodynamische Verhalten der Substanz ist allein ausschlaggebend, wieviel von den Elementen, deren Gesamtzahl mit N bezeichnet werden soll, immer gerade auf die einzelnen möglichen Bewegungszustände entfallen oder kürzer gesagt deren statistische Verteilung. Nun beruhen die Methoden der Statistik auf Abzählung. Um diese bequem durchführen zu können, hat es sich als zweckmäßig herausgestellt, gewisse Hilfsannahmen vereinfachender Art heranzuziehen. Es soll im folgenden vorausgesetzt werden, daß die Elemente der betrachteten Substanz nur fähig sind, eine abzählbare Menge von Zuständen

$$Z_1, Z_2, \ldots . Z_n, \ldots$$

anzunehmen, in denen ihnen die ganz bestimmten bezüglichen Energiewerte

$$\varepsilon_1, \varepsilon_2, \ldots . \varepsilon_n, \ldots$$

zukommen. Wenn man auch von vornherein eine kontinuierliche Reihe von Zuständen als möglich voraussetzen wird und nicht eine diskrete, so kann man dem immer noch nachher dadurch Rechnung tragen, daß man nach Durchführung der statistischen Berechnung die Zahl der ausgezeichneten Zustände auf solche Weise immer größer und größer werden läßt, daß sie schließlich überall dicht den ganzen Bereich erfüllen. Unter Zugrundelegung einer diskreten Anzahl möglicher Zustände kommt der Charakter der Wärme als regellose Elementarbewegung darin zum Ausdruck, daß die einzelnen Elemente der Substanz in regelloser Weise und ganz unabhängig voneinander ihren Zustand Z_n in rascher Folge wechseln, indem sie sprungweise von irgendeinem der ausgezeichneten Zustände zu irgendeinem anderen in der Reihe übergehen. In der

Zwischenzeit von einem Sprung bis zum nächsten bewegen sie sich dagegen zwangläufig nach den Bewegungsgesetzen. In jedem Augenblicke ist eine ganz bestimmte statistische Verteilung da, welche durch eine Zahlenreihe

$$N_1,\ N_2,\ \ldots\ N_n,\ \ldots$$

gegeben ist. Diese bedeutet die bezüglichen Anzahlen von Elementen, welche sich gerade in den Zuständen

$$Z_1,\ Z_2,\ \ldots\ Z_n\ \ldots$$

befinden. Bloß die durch alle Zahlen N_n gegebene statistische Verteilung bestimmt den thermischen Zustand der Substanz. Dagegen ist es vollkommen gleichgültig, welche Elemente gerade im Zustand Z_1 sind, welche im Zustand Z_2 usw., nur auf die Anzahlen N_n kommt es an.

Für ein abgeschlossenes System vollziehen sich die sprungweisen Zustandsänderungen der Elemente bloß durch Energieaustausch untereinander. Das einfachste Beispiel liefert das ideale, einatomige Gas, wenn weder Wärmeaustausch mit der Umgebung noch äußere Arbeitsleistung stattfindet. Im thermodynamischen Sinne wird das Gas eine Zustandsänderung erfahren, wenn etwa anfangs vorhandene Temperaturdifferenzen sich ausgleichen. Bei Temperaturgleichheit wird der thermodynamische Zustand keine Veränderung erfahren. In ähnlicher Weise kann auch das speziell betrachtete mechanische System statistischen Veränderungen unterworfen sein, indem die durch die Zahlen N_n gegebene Verteilung eine andere wird. Es kann aber auch ein Gleichgewichtszustand in der Verteilung hergestellt sein, der dann besteht, wenn durchschnittlich ebensoviele Elemente jeden Zustand verlassen als neu annehmen, so daß das System im statistischen Sinne keine Veränderung erleidet, da die Zahlenreihe der N_n die gleiche bleibt. Trotz des stationären Zustandes des Systems ändert sich der Zustand jedes einzelnen Elementes durch zufällige Sprünge in äußerst rascher Folge, wobei es immer wieder andere Energiewerte ε_n besitzt, wie es dem Wesen der Wärme als mechanische Bewegung zukommt.

Bei nicht abgeschlossenen Systemen ist der Energieaustausch mit der Umgebung im allgemeinen zweierlei Art. So kann das bereits betrachtete einatomige ideale Gas einerseits Energie in Form von Wärme austauschen, andererseits in Form von mechanischer Arbeitsleistung bei Volumsänderung. Eine ausgezeichnete Rolle spielen diejenigen Zustandsänderungen, bei denen nur je einer der beiden Fälle vorliegt. Es sind dies die isochore Zustandsänderung, bei der das Volumen konstant gehalten und daher keine äußere Arbeit geleistet wird, und die adiabatische Zustandsänderung, bei der weder Wärme zu noch abgeführt wird. Diese zwei wesentlich verschiedenen Arten der Energieabgabe müssen am mechanischen System in prinzipiell verschiedener Weise erfolgen, wenn es tatsächlich die realen Substanzen darstellen soll. Dieses ist nur auf die folgende Weise möglich. Die isochore Zustandsänderung, bei der die Energie bloß in Form von Wärme mit der Umgebung ausgetauscht wird, muß darin bestehen, daß der im System stattfindende ununterbrochene Energieaustausch zwischen den Elementen, der für die Wärme als Bewegungsenergie charakteristisch ist, auch zu den Elementen angrenzender Systeme übergreift und auf diese Weise den Energieaustausch mit der Umgebung bewerkstelligt. Dagegen die adiabatische Zustandsänderung, bei der der Energieaustausch nur durch mechanische Arbeitsleistung erfolgt, muß durch eine Änderung im Mechanismus erfolgen. Die Volumsänderung bringt es mit sich, daß der jedem einzelnen Element zur Verfügung stehende Raum sich ändert. Jedes einzelne Element wird dabei stetig Arbeit leisten, so daß die ausgezeichneten Energiewerte ε_n, die den Zuständen Z_n zukommen, in stetiger Weise sich ändern. Bei den adiabatischen Zustandsänderungen muß man also die ε_n als veränderliche Größen ansehen, da die äußere Arbeitsleistung durch stetige Abänderung der den ausgezeichneten Zuständen zukommenden Einzelenergien zu bestreiten ist. Dagegen sind die ε_n bei den isochoren Zustandsänderungen als konstant zu betrachten, die Vermehrung oder Verminderung der Gesamtenergie des Systems erfolgt hier auf die Weise, daß die Elemente in relativ größerer oder geringerer Anzahl in Zustände höherer Energie ε_n übergehen. Durch bloße stetige Energieänderung im ersten Fall, bloße Energiesprünge im zweiten Fall bewerkstelligen die Elemente den Energieaustausch mit der Umgebung.

§ 72. Statistische Berechnungen.

Es sollen nun ganz allgemeine Überlegungen an mechanischen Systemen von der im vorigen Paragraphen vorausgesetzten Beschaffenheit durchgeführt werden. Alle möglichen Zustände, die da überhaupt eintreten können, sollen einer näheren Betrachtung unterworfen werden. Es ist klar, daß jede durch ganz bestimmte Zahlen N_n gegebene statistische Verteilung sich verwirklichen läßt auf verschiedene Arten, für die zwar die Zahlen N_n die gleichen sind, aber die in den Zuständen Z_n befindlichen Elemente ausgetauscht erscheinen. Die Zahl der Möglichkeiten wird für die verschiedenen Verteilungen eine ungleiche sein und es ist einleuchtend, daß mit Zunahme dieser Zahl verschiedener Möglichkeiten der Verwirklichung auch die Wahrscheinlichkeit der betreffenden Verteilung wächst. Eben die Ermittlung dieser Wahrscheinlichkeit W ist aber von außerordentlicher Bedeutung, da man damit nach dem in § 60 dargelegten Boltzmannschen Prinzip (Formel 30)

$$S = A k \ln W \quad (k \text{ universelle Konstante})$$

die zugehörige Entropie S berechnen kann, mit deren Hilfe alle thermodynamischen Fragen sich leicht werden beantworten lassen.

Außer von der Zahl der Möglichkeiten der Verwirklichung hängt die Wahrscheinlichkeit einer bestimmten statistischen Verteilung für ein

System auch noch von den Wahrscheinlichkeiten der Zustände seiner Elemente ab. Wie man diese Wahrscheinlichkeit ganz allgemein bei beliebig bewegten mechanischen Elementen berechnet, wird in einer besonderen Disziplin, der statistischen Mechanik, entwickelt. Hier soll nur die fertige Formel besprochen werden und zwar auch nur für den speziellen Fall, daß man die einzelnen Koordinaten gesondert betrachten kann, da dies für die folgenden Betrachtungen vollkommen ausreicht. Eine solche Lagenkoordinate möge allgemein mit q bezeichnet werden, die zugehörige Geschwindigkeit mit

$$\dot{q} = \frac{dq}{dt}.$$

Die kinetische Energie K ist eine quadratische Funktion der Geschwindigkeit. Man bildet mit ihrer Hilfe eine neue Größe, das zur Lagenkoordinate q zugehörige Moment p, nach der Formel

$$p = \frac{\partial K}{\partial \dot{q}}.$$

Auf der rechten Seite dieser Gleichung steht eine lineare Funktion der Geschwindigkeit; somit ist das Moment eine Größe, welche linear mit der Geschwindigkeit wächst. Lagenkoordinate q und Moment p heißen die „Phasen" des mechanischen Elementes und sind der statistischen Mechanik zufolge diejenigen Größen, durch welche die Wahrscheinlichkeit bestimmt ist. Es ist die Wahrscheinlichkeit dafür, daß das mechanische Element in einen bestimmten Bereich der Phasen p und q hineinfällt, einfach proportional dem „Phasenvolumen"

$$\Phi = \iint dp\, dq$$

dieses Bereiches, welches aber im Fall einer einzigen Koordinate zweidimensional ist. Trägt man p und q in der Zeichenebene als die Koordinaten in einem rechtwinkeligen Achsenkreuz ein, so nennt man diese Ebene die „Phasenebene". In jedem Augenblick wird der Zustand des mechanischen Elementes durch einen Punkt in der Phasenebene gekennzeichnet, der dem jeweiligen Werte von p und q entspricht Da sich bei bewegten Elementen Lage und Geschwindigkeit und somit die Phasen p und q fortwährend ändern, beschreibt der Punkt in der Phasenebene eine Kurve, die Phasenkurve, welche die Veränderungen des mechanischen Elementes bezüglich Lage und Moment erkennen läßt. Speziell bei periodischen Bewegungen wird die Phasenkurve eine geschlossene Linie sein. Verschiedenen Energiewerten des gleichen mechanischen Elementes werden verschiedene geschlossene Phasenkurven entsprechen. In der Fig. 71 sind für einen bestimmten Fall die Phasenkurven gezeichnet, welche den Energiewerten ε_a, ε_b und ε_c entsprechen sollen. Die Fläche zwischen zwei solchen Phasenkurven ist nichts anderes als ein solches oben definiertes „Phasenvolumen". Die Wahrscheinlichkeit, daß die Energie des Elementes zwischen zwei bestimmten Werten ε_a und ε_b enthalten ist, hat man somit der von den Phasenkurven für ε_a und ε_b begrenzten Ringfläche proportional zu setzen, welche in der Fig. 71 schraffiert angedeutet ist. Zum Verständnis des Folgenden genügen

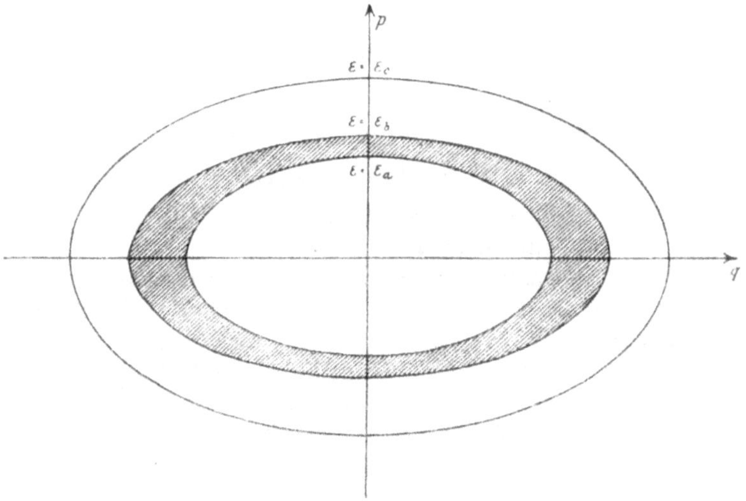

Fig. 71.

diese allgemeinen Erörterungen, welche übrigens später noch an der Hand spezieller Anwendungen eine weitere Erläuterung erfahren werden.

Es vereinfacht nun die ganzen Überlegungen wesentlich, wenn die ausgezeichneten Zustände Z_n mit den zugehörigen Energiewerten ε_n derartig gewählt werden, daß ihnen allen die gleiche Wahrscheinlichkeit zukommt. Dies wird dann der Fall sein, wenn die den aufeinanderfolgenden Energiewerten ε_n entsprechenden Phasenkurven gleiche Flächenstücke in der Phasenebene einschließen. So hat man in jedem Fall die ausgezeichneten Energiewerte ε_n zu wählen, um gleich wahrscheinliche ausgezeichnete Zustände Z_n zu erhalten. Dies läßt sich immer durchführen und für das Folgende sei von nun ab vorausgesetzt, daß die Wahl derartig getroffen ist.

Wenn die ausgezeichneten Zustände Z_n alle untereinander gleich wahrscheinlich sind, so ist die Wahrscheinlichkeit W einer statistischen Verteilung auf sehr einfache Weise zu berechnen; sie läßt sich gleichsetzen der Anzahl aller möglichen Fälle, durch welche diese bestimmte Verteilung

$$N_1, N_2, N_3 \ldots$$

verwirklicht werden kann. Da alle möglichen Fälle auseinander bloß durch Vertauschung der Elemente zwischen den verschiedenen ausgezeichneten Zuständen hervorgehen, ist die Wahrscheinlichkeit gleich der Zahl der in Betracht kommenden Permutationen aller N Elemente.

Und zwar handelt es sich um die Zahl der „Permutationen mit Wiederholungen“, da die Elemente in jedem der Zustände Z_n selbst ohnehin die gleiche Energie ε_n besitzen, also die N_n Elemente je untereinander als gleich anzusehen sind. Die Formel für die Wahrscheinlichkeit der vorgegebenen Verteilung lautet somit[1]

$$W = \frac{N!}{N_1!\, N_2!\, N_3! \ldots} = \frac{N!}{\Pi N_n!}.$$

Daraus rechnet sich nach dem Boltzmannschen Prinzip die Entropie des mechanischen Systems bei dieser Verteilung zu

$$S = Ak \ln N! - Ak \sum \ln N_n!\,.$$

Mit Hilfe dieses Ausdruckes werden alle thermodynamischen Fragen sich ohne weiteres beantworten lassen.

Wegen der enormen Größe der Loschmidtschen Zahl (§ 14) werden im allgemeinen nicht nur N, sondern auch die hauptsächlichst in Betracht kommenden N_n sehr große Zahlen sein. Mit Rücksicht darauf pflegt man die eben erhaltene Formel für die Entropie auf eine bequemere Form zu bringen. Man geht aus von einer Näherungsformel von Stirling für große Werte von N, welche lautet:

$$\ln N! = (N + \tfrac{1}{2}) \ln N - N + \ln \sqrt{2\pi}.$$

Man begnügt sich, davon die beiden Glieder höchster Ordnung beizubehalten und benutzt die Formel[2]

$$\ln N! = N \ln N - N$$

und ebenso

$$\ln N_n! = N_n \ln N_n - N_n.$$

Der Ausdruck für die Entropie vereinfacht sich dadurch zu

$$S = Ak N \ln N - Ak \Sigma N_n \ln N_n\,, \tag{42}$$

wenn man außerdem noch berücksichtigt, daß

$$\Sigma N_n = N$$

ist. Da ferner die „innere Energie“ des mechanischen Systems gleich der Summe der Energien der einzelnen Elemente sein muß, so gilt für sie die einfache Formel

$$U = A \Sigma N_n \varepsilon_n\,.$$

---

[1] Eine solche Formel fand bereits in einer Fußnote des § 60 Verwendung.

[2] Diese Formel kann man auch leicht direkt erhalten. Zunächst läßt sich die Umformung bilden:

$$\ln N! = \sum_{n=1}^{N} \ln n$$

und durch Ersetzen der Summe durch ein Integral erhält man weiter

$$\ln N! = \int_0^N \ln x\, dx = N \ln N - N$$

als Näherungsformel für große Werte von N.

Es tritt das kalorische Arbeitsäquivalent als Faktor auf, weil Energien ε_n in mechanischem Maße gegeben sind. Man beachte, daß für den Fall thermodynamischen Gleichgewichtes Entropie S und innere Energie U gerade jene einfachsten thermodynamischen Größen darstellen, welche reine Zustandsfunktionen sind. Der im Fall thermodynamischen Gleichgewichtes durch zwei unabhängige Variable festgelegte Zustand eines Körpers ist somit durch die Größen S und U vollkommen bestimmt. Auf Grund der aufgestellten Formeln muß man mithin in der Lage sein, den thermodynamischen Gleichgewichtszustand zu berechnen.

§ 73. Thermodynamisches Gleichgewicht.

Wie früher in § 59 gezeigt wurde, besitzt für ein abgeschlossenes System im thermodynamischen Gleichgewichte die Entropie ihren größtmöglichen Wert. Die Bedingungen für das Entropiemaximum in einem abgeschlossenen System sollen auf Grund der zuletzt erhaltenen Formeln untersucht werden.

Von vornherein wurde bereits vorausgesetzt, daß die Gesamtzahl N der Elemente des Systems keine Veränderung erfährt und als Konstante zu betrachten ist. Für das Entropiedifferential erhält man ganz allgemein bloß unter dieser einen Voraussetzung den Ausdruck

$$\delta S = -Ak\Sigma(\ln N_n + 1)\,\delta N_n\,, \tag{42'}$$

welcher gleich Null gesetzt werden muß und so eine Bedingungsgleichung für den thermodynamischen Gleichgewichtszustand liefert. Speziell für ein abgeschlossenes System ändert sich aber auch der Betrag der inneren Energie U nicht und außerdem sind die ausgezeichneten Energiewerte ε_n als Konstante zu behandeln. Es kommen also nur solche Änderungen der Verteilung δN_n in Betracht, für welche gleichzeitig

$$\delta N = \Sigma\,\delta N_n$$

und

$$\delta U = A\,\Sigma\,\varepsilon_n\,\delta N_n$$

verschwinden müssen. Es handelt sich also um eine Maximumaufgabe mit Nebenbedingungen, welche auf das folgende System von drei simultanen Differentialgleichungen führt:

$$\begin{aligned} &\Sigma(\ln N_n + 1)\,\delta N_n = 0 \\ &\Sigma\,\delta N_n = 0 \\ &\Sigma\,\varepsilon_n\,\delta N_n = 0\,. \end{aligned}$$

Zur Integration wendet man bei einem derartigen Problem die Lagrangesche Methode der unbestimmten Koeffizienten an. Indem man nämlich die zweite Gleichung mit einem Faktor α und die dritte mit einem Faktor β multipliziert und beide zur ersten hinzuaddiert, erhält man eine einzige Gleichung

$$\Sigma(\ln N_n + 1 + \alpha + \beta\,\varepsilon_n)\,\delta N_n = 0$$

als Maximumbedingung. In dieser Gleichung hat man die δN_n als vollkommen unabhängig zu betrachten, dafür treten die unbestimmten Größen α und β auf, welche erst nachträglich so zu bestimmen sind, daß die beiden Nebenbedingungen erfüllt sind. Bei vollkommen willkürlichen δN_n kann jedoch die linke Seite der obigen Gleichung nur dann immer verschwinden, wenn die Klammerausdrücke sämtlich gleich Null sind. Die Entropie ist also von maximalem Betrage für

$$\ln N_n + 1 + \alpha + \beta \varepsilon_n = 0. \tag{43}$$

Das sind ebensoviele Gleichungen, als es ausgezeichnete Zustände gibt, und die Verteilung im thermodynamischen Gleichgewichtszustande ist dadurch bis auf die willkürlichen Größen α und β bestimmt. Um die obige Gleichung nach N_n aufzulösen, ist es vorteilhaft, an Stelle der Konstanten α mittels der Beziehung

$$1 + \alpha = -\ln a$$

eine neue Konstante a einzuführen. Man erhält so

$$N_n = a e^{-\beta \varepsilon_n}$$

als Verteilung für den Fall thermodynamischen Gleichgewichtes. Die darin auftretenden Größen a und β sind so zu wählen, daß dieser Ausdruck auf den richtigen Wert der Anzahl N der Elemente und der inneren Energie U des Systems führt. So kommt man auf die Bedingungsgleichungen

$$N = a \sum e^{-\beta \varepsilon_n}$$

$$U = a A \sum \varepsilon_n e^{-\beta \varepsilon_n}.$$

Die Größen a und β bestimmen sich so aus der Gesamtzahl der Elemente und der inneren Energie des Systems. Dividiert man die untere Gleichung durch die obere, so fällt a hinaus und man erhält

$$\frac{U}{N} = \frac{A \sum \varepsilon_n e^{-\beta \varepsilon_n}}{\sum e^{-\beta \varepsilon_n}}.$$

Auf der linken Seite steht die im Mittel auf ein Element entfallende innere Energie des Systems, welche erfahrungsgemäß durch die Temperatur bestimmt ist, auf der rechten Seite dagegen hat man einen nur noch von β abhängigen Ausdruck. Demzufolge muß die Größe β offenbar aufs innigste mit der Temperatur des Systems zusammenhängen. Der Ausdruck für die innere Energie pro Freiheitsgrad läßt sich noch auf die für die späteren Anwendungen bequemere Gestalt

$$\frac{U}{N} = -A \frac{d}{d\beta} \ln \sum e^{-\beta \varepsilon_n} \tag{44}$$

bringen.

Um auch die Abhängigkeit von der Temperatur erhalten zu können, muß man eine andere Art von Zustandsänderungen des Systems in Betracht ziehen. Das System werde jetzt als nicht abgeschlossen vorausgesetzt, aber der Energieaustausch mit der Umgebung soll langsam genug vor sich gehen, daß sich in jedem Augenblick der dem jeweiligen Energieinhalt und Volumen des Systems entsprechende thermodynamische Gleichgewichtszustand herstellt oder, wie man das kurz zu nennen pflegt, die Zustandsänderungen in umkehrbarer Weise durchlaufen werden. Es gilt dann für jeden Augenblick Gleichung (43), nur daß die Größen α und β jetzt nicht als konstant, sondern als langsam veränderlich anzusehen sind. Unter Benutzung dieser Relation läßt sich das Entropiedifferential (42′) umformen in

$$\delta S = A k \Sigma (\alpha + \beta \varepsilon_n) \delta N_n = A k \alpha \Sigma \delta N_n + A k \beta \Sigma \varepsilon_n \delta N_n .$$

Mit Rücksicht auf die immer vorausgesetzte Konstanz der Gesamtzahl N der Elemente ist

$$\Sigma \delta N_n = 0$$

und das Entropiedifferential für reversible Zustandsänderungen reduziert sich auf den einfachen Ausdruck

$$\delta S = A k \beta \Sigma \varepsilon_n \delta N_n .$$

Der Summenausdruck auf der rechten Seite hat eine einfache physikalische Bedeutung, wie man aus der Umformung

$$A \Sigma \varepsilon_n \delta N_n = A \delta \Sigma N_n \varepsilon_n - A \Sigma N_n \delta \varepsilon_n$$

erkennen kann. Das erste Glied rechts bedeutet die Änderung der inneren Energie

$$A \delta \Sigma N_n \varepsilon_n = \delta U ,$$

das zweite Glied rechts dagegen das Äquivalent der geleisteten äußeren Arbeit

$$- A \Sigma N_n \delta \varepsilon_n = A \delta L ,$$

wie aus den grundlegenden Ausführungen des § 71 unmittelbar hervorgeht. Dem I. Hauptsatz der Thermodynamik zufolge ist mithin

$$A \Sigma \varepsilon_n \delta N_n = \delta Q ,$$

die zugeführte Wärmemenge unter δQ verstanden. Der obige Ausdruck für das Entropiedifferential bei reversiblen Prozessen bedeutet also

$$\delta S = k \beta \cdot \delta Q .$$

Andererseits ist definitionsgemäß der thermodynamische Zusammenhang zwischen δS und δQ bei umkehrbaren Prozessen durch die Formel

$$\delta S = \frac{\delta Q}{T}$$

gegeben. Weil die obere Formel mit der unteren Formel identisch sein muß, folgt notwendig

$$\beta = \frac{1}{k T} \tag{44′}$$

für den Zusammenhang der Größe β mit der absoluten Temperatur T.

Damit sind alle Betrachtungen allgemeiner Natur genügend erledigt. Als deren wichtigstes Ergebnis sind die Formeln (44) und (44′) zu betrachten, welche die innere Energie pro Freiheitsgrad für ein beliebiges mechanisches System von der hier vorausgesetzten Beschaffenheit als Funktion der absoluten Temperatur zu berechnen gestatten. Alles folgende stellt bloß Anwendungen dieser beiden Formeln auf spezielle Fälle dar.

§ 74. Ideales einatomiges Gas.

Beim idealen einatomigen Gase betrachtet man die Molekeln als punktförmig und keinen Kohäsionskräften unterworfen. Es handelt sich also in diesem Falle um ein mechanisches System, das aus einer großen Anzahl N von freibeweglichen Massenpunkten besteht, die alle die gleiche Masse m besitzen und die Elemente des Systems darstellen. Bei jedem Zusammenstoß ändern die Gasmolekeln Richtung und Geschwindigkeit regellos, so daß die Energie sprungweise einen anderen Wert annimmt. Zwischen zwei aufeinanderfolgenden Zusammenstößen bewegt sich aber jede Gasmolekel geradlinig und mit gleichförmiger Geschwindigkeit. Auf ein solches mechanisches System lassen sich die im vorigen erhaltenen Resultate mithin anwenden.

Zu diesem Zweck soll zunächst nur eine Komponente der Bewegung der Gasmolekeln betrachtet werden, die nach der X-Richtung eines räumlichen Koordinatensystems. Man hat dann als Lagenkoordinate

$$q = x$$

zu wählen und die zugehörige Geschwindigkeit ist

$$\dot{x} = \frac{dx}{dt}.$$

Der davon abhängende Teil der kinetischen Energie ist

$$K = \frac{m\dot{x}^2}{2},$$

woraus man für das Moment den Ausdruck

$$p = m\dot{x}$$

erhält. Da die Bewegung zwischen zwei aufeinanderfolgenden Zusammenstößen geradlinig und gleichförmig ist, so hängt $\dot{x}$ von x nicht ab und darum ist das Moment p vollkommen unabhängig von der Lagenkoordinate q. Das nach § 72 durch ein Doppelintegral gegebene Phasenvolumen Φ spaltet sich demzufolge auf in das Produkt zweier einfacher Integrale und läßt sich in diesem Falle schreiben

$$\Phi = \int dp \cdot \int dq.$$

Es ist

$$\int dq = \Delta x$$

und

$$\int dp = m\,\Delta\dot{x},$$

wobei Δx den in Betracht gezogenen Bereich der Koordinate x und $\Delta \dot{x}$ den der Geschwindigkeit $\dot{x}$ bedeutet. Auf diese Weise erhält man den einfachen Ausdruck

$$\Phi = m\,\Delta x \cdot \Delta \dot{x}$$

für das Phasenvolumen.

Die Energie, welche von der fortschreitenden Bewegung in der X-Richtung herrührt, ist durch die Formel

$$\varepsilon_n = \frac{m\,\dot{x}_n^2}{2}$$

für das einzelne Element gegeben und hängt somit bloß von der Geschwindigkeit und nicht von der Lage ab. Da nach der oben erhaltenen Formel das Phasenvolumen Φ dem Geschwindigkeitsbereich $\Delta \dot{x}$ direkt proportional ist, sind die gleichwahrscheinlichen Zustände Z_n offenbar durch Geschwindigkeiten $\dot{x}_n$ gegeben, welche um gleiche Beträge stufenweise zunehmen. Oder anders ausgedrückt, es ist die Zahl der ausgezeichneten Zustände in einem bestimmten Geschwindigkeitsgebiete der Größe dieses Gebietes direkt proportional, so daß man schreiben kann für die Zahl dn der ausgezeichneten Zustände Z_n in dem Geschwindigkeitsintervalle $d\dot{x}$

$$dn = C\,d\dot{x}\,,$$

wobei unter C eine Konstante zu verstehen ist. Die Geschwindigkeitsstufen zwischen zwei aufeinanderfolgenden ausgezeichneten Zuständen sind dabei als sehr klein vorausgesetzt. Da die Geschwindigkeit $\dot{x}$ zwischen $-\infty$ und $+\infty$ variieren kann, muß auch die Indexnummer n der ausgezeichneten Zustände die ganzen Zahlen zwischen $-\infty$ und $+\infty$ im vorliegenden Falle annehmen. Damit sind alle Vorbereitungen getroffen, um die Formeln (44) und (44') des vorigen Paragraphen anwenden zu können.

Unter den oben gemachten Voraussetzungen kann man zunächst ohne weiteres die in (44) auftretende Summe durch ein Integral ersetzen und dafür schreiben

$$\sum e^{-\beta \varepsilon_n} = \int_{-\infty}^{+\infty} e^{-\beta \frac{m\dot{x}_n^2}{2}}\,dn = C\int_{-\infty}^{+\infty} e^{-\beta \frac{m\dot{x}^2}{2}}\,d\dot{x}\,.$$

Durch die Substitution

$$\sqrt{\beta \frac{m}{2}}\;\dot{x} = \xi$$

findet man weiter

$$\int_{-\infty}^{+\infty} e^{-\beta \frac{m\dot{x}^2}{2}}\,d\dot{x} = \sqrt{\frac{2}{m\beta}}\int_{-\infty}^{+\infty} e^{-\xi^2}\,d\xi = \sqrt{\frac{2}{m\beta}} \cdot \sqrt{\pi}\,.$$

Die in Betracht kommende Summe hat also zufolge dieser näherungsweisen Berechnung den Wert

$$\sum e^{-\beta \varepsilon_n} = C \sqrt{\frac{2\pi}{m\beta}}\,.$$

Man hat weiter zu bilden

$$\ln \sum e^{-\beta \varepsilon_n} = \ln\left(C\sqrt{\frac{2\pi}{m}}\right) - \frac{1}{2}\ln\beta\,,$$

indem man gleich in einen von β unabhängigen und abhängigen Teil trennt. Darauf angewendet liefert Formel (44) aber bloß die innere Energie pro Freiheitsgrad, welche nur von den Bewegungen in der X-Richtung herrührt und daher mit

$$\frac{U_x}{N} = A\frac{1}{2\beta}$$

bezeichnet werden soll. Da in dem Ausdruck rechts die X-Richtung nirgends zum Vorschein kommt, muß man für die analogen Größen in der Y- und in der Z-Richtung genau das gleiche erhalten und kann also schreiben

$$U_x = U_y = U_z = A\frac{N}{2\beta}\,.$$

Für die gesamte innere Energie erhält man demzufolge

$$U = U_x + U_y + U_z = A\frac{3}{2}\frac{N}{\beta}$$

und schließlich nach (44')

$$U = A\frac{3}{2}NkT\,. \qquad (45)$$

Die kinetische Gastheorie liefert für ideale einatomige Gase die Formel[1]

$$pV = \frac{2}{3}\frac{U}{A}\,,$$

in der p den Druck und V das Volumen des Gases bedeutet. Diese Gleichung zusammen mit der vorher abgeleiteten Gleichung führt auf die Formel

$$pV = NkT\,,$$

welche genau die Form der Zustandsgleichung für das ideale Gas besitzt. Es sei nun speziell vorausgesetzt, daß man gerade ein Mol des Gases

---

[1] Die in der Fußnote auf S. 192 aufgestellte Formel für ein Gas lautet

$$pV = \frac{2}{3}E\,,$$

wo unter E die Energie der fortschreitenden Bewegung verstanden ist. Bei idealen einatomigen Gasen ist diese äquivalent der inneren Energie, es gilt also

$$AE = U\,.$$

Bei nicht idealen und mehratomigen Gasen ist $U > AE$, indem noch die potentielle Energie und die Rotationsenergie der Gasmolekeln hinzukommt.

vor sich habe; dann hat man die Zahl der Molekeln im Mol $\mathfrak{N}$ und das Molekularvolumen $\mathfrak{V}$ in die Gleichung einzuführen, welche sich jetzt schreibt

$$p\,\mathfrak{V} = \mathfrak{N}\,k\,T.$$

Die thermodynamische Zustandsgleichung des idealen Gases lautet in diesem Fall

$$p\,\mathfrak{V} = \mathfrak{R}\,T,$$

woraus die Identität hervorgeht

$$\mathfrak{N}\,k = \mathfrak{R}.$$

Damit ist der Beweis erbracht, daß sich die universelle Konstante k des Boltzmannschen Prinzipes aus der Beziehung

$$k = \frac{\mathfrak{R}}{\mathfrak{N}}$$

als Quotient aus Gaskonstante und Loschmidtscher Zahl ergibt, wie in § 60 bereits angeführt wurde. In absoluten Einheiten findet man daraus als numerischen Wert dieser Konstanten

$$k = 1{\cdot}37 . 10^{-16} \cdot \frac{\text{Erg}}{C^0},$$

wenn man für $\mathfrak{R}$ und $\mathfrak{N}$ die früher angegebenen Zahlen einsetzt.

Abgesehen von den eben dargelegten Folgerungen von allgemeiner Bedeutung zieht Formel (45) auch noch eine wichtige Konsequenz für das ideale einatomige Gas nach sich. Die auf das Mol bezogene innere Energie ergibt sich demnach zu

$$U = A\,\frac{3}{2}\,\mathfrak{N}\,k\,T = \frac{3}{2}\,A\,\mathfrak{R}\,T.$$

Durch Differentiation nach der Temperatur ergibt sich daraus die Molekularwärme bei konstantem Volumen zu

$$C_v = \frac{3}{2}\,A\,\mathfrak{R},$$

was nach § 41 in voller Übereinstimmung mit den Beobachtungen bei den einatomigen Gasen ist. Die Anwendung der allgemeinen Formeln (44) und (44') hat sich also im vorliegenden speziellen Falle sehr gut bewährt und außerdem zur Berechnung der Konstanten k geführt.

§ 75. System harmonisch schwingender Partikel.

Eine wichtige Rolle in vielen Gebieten der Physik spielen mechanische Systeme, die aus einer Anzahl N gleichartiger Partikel bestehen, welche um feste Gleichgewichtslagen harmonische Schwingungen ausführen. Unter der Voraussetzung, daß die Schwingungsenergie der einzelnen Elemente aus irgendwelchen Gründen regellosen Schwankungen unterworfen ist, soll die Berechnung der inneren Energie pro Freiheitsgrad auch für diesen speziellen Fall ausgeführt werden. Gerade die so erhaltene Formel wird sich von großer Tragweite zeigen.

Die Rechnung vollzieht sich auf ganz analoge Weise wie im vorigen Paragraphen. Zunächst soll wieder für jede Partikel nur eine Komponente der Bewegung in Rechnung gezogen werden, die X-Komponente[1]. Lagenkoordinate und zugehöriger Impuls sind wieder:

$$q = x, \qquad p = m\dot{x}.$$

Für harmonische Schwingungen ist die Abhängigkeit der Lage x von der Zeit t durch die Gleichung gegeben

$$x = a \sin 2\pi \nu t.$$

Dabei bedeutet ν die Schwingungszahl und a die Amplitude oder Schwingungsweite. Die Geschwindigkeit findet man daraus weiter zu

$$\dot{x} = 2\pi \nu a \cos 2\pi \nu t.$$

Ihre extremsten Werte sind

$$\dot{x}_e = \pm 2\pi \nu a,$$

die für

$$\cos 2\pi \nu t = \pm 1$$

angenommen werden. Weil damit gleichzeitig

$$\sin 2\pi \nu t = 0$$

ist, so hat die Geschwindigkeit ihre extremsten Werte bei $x = 0$, das ist beim Passieren der Gleichgewichtslage. Hier ist die potentielle Energie gleich Null und die kinetische Energie stellt die Gesamtenergie der Partikel dar. Für harmonische Schwingungen geht daraus für die Gesamtenergie ε die Formel hervor

$$\varepsilon = \frac{m \dot{x}_e^2}{2} = 2\pi^2 m \nu^2 a^2.$$

Koordinate und Impuls sind durch das Gleichungssystem

$$q = a \sin 2\pi \nu t$$

$$p = 2\pi m \nu a \cos 2\pi \nu t$$

gegeben, welches die Phasenkurve bestimmt. Die beiden Gleichungen stellen die Parameterdarstellung einer Ellipse mit den Halbachsen a und $2\pi m \nu a$ dar. Das von der Phasenkurve eingeschlossene Phasenvolumen ist der Flächeninhalt dieser Ellipse und berechnet sich daher zu

$$\Phi = a \,.\, 2\pi m \nu a \,.\, \pi = 2\pi^2 m \nu a^2,$$

was nach dem obigen auf die einfache Relation

$$\Phi = \frac{\varepsilon}{\nu} \tag{46}$$

---

[1] Ein nach einer Richtung schwingendes Partikel pflegt als **linearer Oszillator** bezeichnet zu werden.

führt; das Phasenvolumen ist der Schwingungsenergie direkt proportional. Für zwei verschiedene Phasenkurven, deren Gesamtenergie um $\Delta\varepsilon$ sich unterscheidet, ist das dazwischen gelegene Phasenvolumen mithin durch die Formel

$$\Delta \Phi = \frac{\Delta \varepsilon}{\nu}$$

bestimmt.

Demzufolge hat man nach den Ausführungen des § 72 die gleichwahrscheinlichen ausgezeichneten Zustände so zu wählen, daß die Energiewerte ε_n der Reihe nach um Stufen von gleichem Betrage zunehmen. Als ersten der ausgezeichneten Zustände hat man den mit der Energie Null zu betrachten, also $\varepsilon_0 = 0$; dann müssen die ausgezeichneten Energiewerte sämtlich durch die Formel

$$\varepsilon_n = n\,\varepsilon_1 \tag{46'}$$

gegeben sein. Hier kann n alle ganzzahligen Werte von Null bis Unendlich annehmen, aber keine negativen, da die Energie eine wesentlich positive Größe ist. Nach diesen Auseinandersetzungen läßt sich die Berechnung der inneren Energie pro Freiheitsgrad ohne weiteres ausführen.

Für die nach Formel (44) zunächst zu bildende Summe hat man zu schreiben

$$\sum_{n=0}^{\infty} e^{-\beta\varepsilon_n} = \sum_{n=0}^{\infty} e^{-n.\beta\varepsilon_1} = \sum_{n=0}^{\infty} \gamma^n,$$

wobei zur Abkürzung vorübergehend

$$e^{-\beta\varepsilon_1} = \gamma$$

gesetzt wurde. Die Summe führt also diesmal auf eine geometrische Reihe und kann ganz strenge gebildet werden, ohne näherungsweise zuerst durch ein Integral ersetzt werden zu müssen, wie es im vorhergehenden Paragraphen der Fall war. Da sowohl β als auch ε_1 beides positive Größen sind, hat man

$$\gamma < 1$$

und die unendliche geometrische Reihe konvergiert also. Zufolge der bekannten Summenformel für solche geometrische Reihen

$$\sum_{n=0}^{\infty} \gamma^n = \frac{1}{1-\gamma}$$

erhält man also mit voller Strenge

$$\sum_{n=0}^{\infty} e^{-\beta\varepsilon_n} = \frac{1}{1-e^{-\beta\varepsilon_1}},$$

ohne über die Häufigkeit der ausgezeichneten Zustände von vorneherein eine bestimmte Voraussetzung gemacht zu haben. Dies hat man in Formel (44) einzusetzen und außerdem ist zu beachten, daß nur die Bewegung in der X-Richtung in Rechnung gezogen wurde, so daß man erhält

$$\frac{U_x}{N} = A \frac{d}{d\beta} \ln\left(1 - e^{-\beta \varepsilon_1}\right) = \frac{A \varepsilon_1 e^{-\beta \varepsilon_1}}{1 - e^{-\beta \varepsilon_1}} = \frac{A \varepsilon_1}{e^{\beta \varepsilon_1} - 1} .$$

Führt man schließlich noch für β seinen Wert nach Formel (44') ein, so lautet die Formel:

$$\frac{U_x}{N} = \frac{A \varepsilon_1}{e^{\frac{\varepsilon_1}{k T}} - 1} \tag{47}$$

Sie stellt die Abhängigkeit des Wärmeäquivalentes der mittleren Energie der Schwingungen einer Partikel in der X-Richtung von der Temperatur dar und ebenso bezüglich jeder anderen Richtung, da die rechte Seite von der Ausgangsrichtung in keiner Weise abhängt. Es gibt darum Formel (47) die Temperaturabhängigkeit der inneren Energie pro Freiheitsgrad für ein System harmonisch schwingender Partikel.

Das erhaltene Resultat läßt sich nunmehr auf einen Hohlraum anwenden, in welchem sich Strahlungsgleichgewicht eingestellt hat. Er ist von Lichtschwingungen aller Schwingungszahlen durchflutet. Wenn auch die Lichtwellen von elektromagnetischer Natur sind, so verhalten sie sich doch speziell in den hier in Betracht kommenden Beziehungen genau so wie elastische Wellen in einer den Hohlraum erfüllenden schwingungsfähigen Substanz, dem sogenannten Lichtäther. Man hat sich nun diesen Äther als ein System harmonisch schwingender Partikel vorzustellen und das Strahlungsgleichgewicht dann als erreicht, wenn die durch die regellos kreuzenden Wellenzüge hervorgerufenen harmonischen Schwingungen der Partikel im thermodynamischen Gleichgewichte sich befinden. Es müssen aber im Äther Partikel aller möglichen Schwingungszahlen eingebettet sein, da ja Lichtwellen jeder Länge den Hohlraum durcheilen können. Für die Lichtwellen von der Schwingungszahl ν kommen nur die Partikel von der Schwingungszahl ν in Betracht. Ihre Zahl pro Volumseinheit soll mit $\varrho(\nu)$ bezeichnet werden und wird, wie bereits durch die Bezeichnung angedeutet ist, eine Funktion von ν sein. Da jede dieser Partikel mit drei Freiheitsgraden schwingt und auf jeden Freiheitsgrad der durch Formel (47) gegebene innere Energiebetrag im Mittel entfällt, kommt den $\varrho(\nu)$ Partikeln in der Volumseinheit ein Betrag an innerer Energie von der Größe

$$u_\nu = 3\,\varrho(\nu) \cdot \frac{A \varepsilon_1}{e^{\frac{\varepsilon_1}{k T}} - 1}$$

zu. Dieser Ausdruck ist offenbar nichts anderes als die innere Energiedichte der Hohlraumstrahlung von der Schwingungszahl ν. Für die gleiche Größe ergab das Wiensche Verschiebungsgesetz, Formel (38) in § 69 des vorigen Kapitels, den Ausdruck

$$u_\nu = C \nu^3 F\left(\frac{T}{\nu}\right) .$$

In der ersten, der statistischen Formel, sind $\varrho(\nu)$ und ε_1 unbekannte Funktionen von ν, in der zweiten, der thermodynamischen Formel, tritt eine unbekannte Funktion F von T/ν auf. Aber gerade der Umstand, daß beide Formeln ein und dasselbe Gesetz darstellen sollen, führt nun zur Kenntnis aller dieser darin auftretenden unbekannten Funktionen. Die beiden Gleichungen können nämlich nur dann zusammen bestehen, wenn man identifiziert einerseits

$$F\left(\frac{T}{\nu}\right) = \frac{1}{e^{\frac{\varepsilon_1}{kT}} - 1}$$

und andererseits

$$3\,\varrho(\nu) \cdot A\,\varepsilon_1 = C\nu^3.$$

Die erste der beiden Bedingungsgleichungen ist dann und nur dann erfüllt, wenn man

$$\varepsilon_1 = h\nu \tag{48}$$

setzt, wobei h eine Konstante bedeutet. Mit Rücksicht darauf liefert die zweite der beiden Gleichungen die Beziehung

$$3\,\varrho(\nu) = \frac{C}{Ah}\,\nu^2 = C'\,\nu^2,$$

wenn man den konstanten Faktor von ν^2 kurz mit C' bezeichnet. Dieses Resultat besagt, daß in einer solchen schwingungsfähigen Substanz wie dem Lichtäther die Zahl der in der Volumseinheit mit einer Schwingungszahl ν oszillierenden Partikel dem Quadrat dieser Schwingungszahl proportional ist. Demzufolge ist die innere Energiedichte der Hohlraumstrahlung durch die Formel gegeben

$$u_\nu = \frac{C\,\nu^3}{e^{\frac{h\nu}{kT}} - 1},$$

wie zum ersten Male Planck auf einem ähnlichen Wege dargetan hat. Im Hinblick auf die Ausführungen des § 69 im vorigen Kapitel folgt daraus für das Emissionsvermögen des schwarzen Körpers der Ausdruck

$$\mathfrak{E}_{s\nu} = \frac{C_1\,\nu^3}{e^{\frac{h\nu}{kT}} - 1}$$

oder, wenn man weiter wie dort die Größe auf die Wellenlänge λ statt auf die Schwingungszahl ν bezieht,

$$\mathfrak{E}_{s\lambda} = \frac{C_1\,c^4\,\lambda^{-5}}{e^{\frac{hc}{kT\lambda}} - 1},$$

worin c die Lichtgeschwindigkeit bedeutet. Zur Abkürzung werden die neuen Konstanten

$$c_1 = C_1\,c^4$$

und

$$c_2 = \frac{h c}{k} \tag{49}$$

eingeführt, so daß der Ausdruck sich schreibt

$$\mathfrak{E}_{s\lambda} = \frac{c_1 \lambda^{-5}}{e^{\frac{c_2}{T\lambda}} - 1}.$$

Dieses ist die Plancksche Strahlungsformel und wurde bereits in § 69 des vorigen Kapitels als Formel (41) angeführt. Sie stellt die erste auf theoretischem Wege abgeleitete Strahlungsformel dar, welche die Beobachtungen am schwarzen Körper für alle Temperaturen und Wellenlängen gleichmäßig gut wiedergibt, wenn der Exponentialkonstanten der numerische Wert

$$c_2 = 1 \cdot 43 \,\mathrm{cm} . C^0$$

erteilt wird. Da die Lichtgeschwindigkeit $c = 3 \cdot 10^{10} \,\mathrm{cm} . \mathrm{sec}^{-1}$ und der im vorigen Paragraphen berechnete Entropiefaktor k bekannt sind, gestattet Formel (49) aus dem empirisch gegebenen Wert von c_2 als einzige unbekannte Größe die Konstante h zu berechnen, für welche der numerische Wert

$$h = 6 \cdot 5 . 10^{-27} \,\mathrm{Erg} . \mathrm{sec}$$

daraus hervorgeht. Um den Sinn dieses Resultates erkennen zu können, muß man auf die physikalische Bedeutung der Konstanten h zurückgreifen. Auf Grund der Formel (48), (46′) und (46) findet man der Reihe nach

$$h = \frac{\varepsilon_1}{\nu} = \frac{\varepsilon_n}{n . \nu} = \frac{\Phi_n}{n}.$$

Für das Phasenvolumen Φ_n, das von der Phasenkurve des Zustandes Z_n in der Phasenebene eingeschlossen ist und im vorliegenden Falle eine Ellipsenfläche darstellt, gilt mithin die einfache Beziehung

$$\Phi_n = n h .$$

Dieses Gesetz besagt in Worten ausgedrückt, daß die Phasenvolumina Φ_n die ganzzahligen Vielfachen eines bestimmten elementaren Quantums h sein müssen, dessen numerischer Wert oben ermittelt worden ist. Sowohl Φ_n als auch h haben die Dimension einer Größe Energie mal Zeit, wofür die Bezeichnung Wirkung gebraucht wird. Die Konstante h führt darum den Namen: das Plancksche Wirkungsquantum.

Zwei wichtige Schlußfolgerungen lassen sich mithin aus den gewonnenen Ergebnissen ziehen. Zunächst erkennt man, daß die den ausgezeichneten Zuständen zukommenden Phasenvolumina notwendig in Stufen gleicher Größe zunehmen, obwohl dies ursprünglich nur aus Zweckmäßigkeitsgründen so festgesetzt wurde, weil die daraus folgende Gleichwahrscheinlichkeit der ausgezeichneten Zustände eine bedeutende

Vereinfachung der Berechnungen ergab. Es hat sich nachträglich das Einfache auch als das naturnotwendige erwiesen und die ausgezeichneten Zustände zeigten sich als solche gleicher Wahrscheinlichkeit. Außerdem ergab sich die unerwartete Tatsache, daß die Stufen, in denen die Phasenvolumina der ausgezeichneten Zustände ansteigen, den ganz bestimmten endlichen Wert h besitzen. Man kann sie nicht, wie man früher geglaubt hatte, beliebig klein machen, so daß man im Grenzfall zu einer stetigen Zustandsfolge gelangt. Die Gesetze der Hohlraumstrahlung führen vielmehr zu der neuen und wichtigen Erkenntnis, daß die Elementarvorgänge nicht in kontinuierlicher Zustandsfolge sich abspielen, daß vielmehr nur eine diskrete Reihe von Zuständen in Erscheinung tritt. Das Gesetz, welches die Intervalle bestimmt, in denen die von den Elementen angenommenen Zustände aufeinander folgen, wird durch jene Konstante h geregelt, welche als Plancksches Wirkungsquantum bezeichnet wurde, und hat die oben gegebene einfache Gestalt.

Die Phasenkurve wird bei jedem periodischen Vorgange in der Phasenebene durch eine geschlossene Kurve dargestellt, welche durch eine Gleichung

$$p = f(q)$$

gegeben sein wird. Das zugehörige Phasenvolumen Φ ist die von der geschlossenen Phasenkurve umgrenzte Fläche in der Phasenebene. In ganz der gleichen Weise wie bei der Berechnung der bei einem Kreisprozesse geleisteten Arbeit, welche ebenfalls durch die von der geschlossenen Zustandskurve im Arbeitsdiagramm umgrenzte Fläche dargestellt wird, läßt sich das Phasenvolumen Φ an Stelle des anfangs gegebenen Doppelintegrals durch ein einfaches Integral darstellen. Demnach hat man auch

$$\Phi = \int p\,d\,q,$$

wobei die Integration über die ganze geschlossene Phasenkurve zu erstrecken ist. Die zuletzt erhaltene Bedingung, durch welche bei periodischen Bewegungen im Fall einer einzigen Koordinate die ausgezeichneten Zustände bestimmt sind, läßt sich mithin explizit in der Gestalt schreiben

$$\int p\,d\,q = n\,h \tag{50}$$

mit der Vorschrift, daß das Integral genau über eine Periode zu erstrecken ist.[1]

[1] Verschiedene Koordinaten eines Elementes können zwar jede für sich periodisch sein, aber untereinander von ganz verschiedener Periode. Die durch das Zusammenwirken dieser verschiedenen Bewegungen hervorgehende Gesamtbewegung ist nur dann periodisch, wenn die Perioden der Koordinaten untereinander kommensurabel sind. Sie heißen „bedingt periodische Bewegungen“. Oben sind immer die Perioden der einzelnen Koordinaten gemeint.

Die Hypothese, daß nur eine diskrete Anzahl von Zuständen von allen elementaren Partikeln wirklich angenommen wird, führt den Namen Quantentheorie. Für alle periodischen Teilbewegungen sind dieser Theorie zu Folge die ausgezeichneten Zustände ganz allgemein durch die obige Bedingung (50) gegeben. Außer bei der Hohlraumstrahlung hat sich die Quantentheorie auf vielen Gebieten als außerordentlich fruchtbar erwiesen. Namentlich bezüglich der Serienspektren hat sie großartige Erfolge aufzuweisen, die teils quantitativer Natur sind, teils von großem heuristischen Werte sich erwiesen haben, wobei immer der gleiche Ansatz (50) sich glänzend bewährt hat. Nach den Ausführungen des § 70 am Anfange dieses Kapitels müssen bei umkehrbaren adiabatischen Zustandsänderungen die ausgezeichneten Zustände immer wieder in ausgezeichnete Zustände übergehen. Das bedeutet nach den letzten Ergebnissen nichts anderes, als daß die durch Ansatz (50) gegebene Bedingung bei umkehrbaren adiabatischen Zustandsänderungen erhalten bleiben muß. Auch diese Schlußfolgerung hat sich glänzend bewährt und führt den Namen Adiabatenhypothese von Ehrenfest.

Es kann kein Zweifel sein, daß mit der Quantentheorie wichtige Gesetzmäßigkeiten aufgedeckt worden sind, welche alle Elementarvorgänge gleichmäßig beherrschen, wenn auch der tiefere Grund derselben bisher noch rätselhaft ist. Auch dort, wo die Einführung eines endlichen Wirkungsquantums nicht erforderlich schien, beim idealen einatomigen Gas, dürfte es bloß die Geringfügigkeit der dadurch erzielten Formeländerung sein, welche den bisherigen Vorgang als brauchbar erscheinen läßt.

§ 76. Temperaturabhängigkeit der spezifischen Wärme.

Bei den festen Körpern besteht die Wärme in Schwingungen der Atome, welche angenähert durch elastische Kräfte an fixe Gleichgewichtslagen gebunden sind, wobei die rückführende Kraft bei nicht allzugroßen Verschiebungen der Entfernung von der Ruhelage proportional anzusehen ist. Man kann daher in erster Näherung jedes feste chemische Element als ein System harmonisch schwingender Partikel ansehen und die Ergebnisse des vorigen Paragraphen darauf anwenden, wobei die Voraussetzung zugrunde liegt, daß alle Atome mit einer einzigen Schwingungszahl ν oszillieren. Dann liefern die Formeln (47) und (48) für die mittlere Energie pro Freiheitsgrad[1] den Ausdruck

$$\frac{1}{A} \cdot \frac{U_x}{N} = \frac{h\nu}{e^{\frac{h\nu}{kT}} - 1}, \tag{51}$$

[1] Es wird unterschieden zwischen der inneren Energie pro Freiheitsgrad, welche in kalorischem Maße zu messen ist, und der mittleren Energie pro Freiheitsgrad, welche in mechanischen Einheiten gegeben gedacht ist. Beide Größen sind zueinander äquivalent.

wobei N die Zahl der Atome und ν deren Schwingungszahl bedeutet. Für die gesamte innere Energie $U = 3\,U_x$ folgert man daraus den Ausdruck

$$U = A\,.\,3\,N \frac{h\nu}{e^{\frac{h\nu}{kT}} - 1},$$

was auch ohne weiteres daraus hervorgeht, daß den N Atomen $3\,N$ Freiheitsgrade zukommen. Die Formeln zeigen, daß die innere Energie pro Freiheitsgrad außer von der Temperatur T im allgemeinen auch noch von der Schwingungszahl ν der Körperatome abhängt. Nur für genügend kleine Werte des Ausdruckes

$$\eta = \frac{h\nu}{kT},$$

also bei entsprechend hoher absoluter Temperatur T gelangt man zu Formeln, welche die Schwingungszahl ν nicht enthalten. Man kann dann die Reihenentwicklung der e-Funktion mit dem Gliede erster Ordnung abbrechen und schreiben

$$e^{\eta} = 1 + \eta\,.$$

Dann ist für

$$e^{\frac{h\nu}{kT}} - 1 = \frac{h\nu}{kT}$$

einzusetzen und man erhält für die innere Energie den von ν unabhängigen Ausdruck

$$U = A\,.\,3\,NkT.$$

Setzt man für N speziell $\mathfrak{N}$, die Zahl der Atome in einem Grammatom, so liefert der Ausdruck die innere Energie des Grammatoms, welche nach T differenziert die Atomwärme bei konstantem Volumen gibt, die mit C_v bezeichnet wird. Unter den gemachten Voraussetzungen und weiter im Hinblick auf die im vorletzten Paragraphen abgeleitete Relation für k erhält man also

$$C_v = A\,.\,3\,\mathfrak{N}\,k = 3\,A\,\mathfrak{R}\,.$$

Demnach hat bei den festen chemischen Elementen die Atomwärme bei konstantem Volumen ein und denselben Betrag, der gleich ist dem kalorischen Äquivalent der dreifachen allgemeinen Gaskonstanten $\mathfrak{R}$, was ungefähr 6 cal ausmacht. Dies ist nichts anderes als das bereits in § 24 besprochene Dulong-Petitsche Gesetz, welches bei gewöhnlicher Temperatur für die meisten chemischen Elemente angenäherte Gültigkeit besitzt. Eine kleine Anzahl von Elementen besitzt schon bei Zimmertemperatur einen geringeren Betrag an Atomwärme als nach dem Dulong-Petitschen Gesetz; bei sinkender Temperatur nimmt die Atomwärme auch der übrigen Elemente anfangs langsam, später immer stärker bis gegen Null herunter ab. Dies ist in vollem Einklang mit den in diesem Paragraphen angestellten Betrachtungen, nach denen das Dulong-Petitsche Gesetz sich nur als ein Grenzgesetz für genügend hohe absolute Temperatur ergibt. Den allgemein gültigen Ausdruck für die Atomwärme bei konstantem Volumen hat man aus dem ursprünglichen Ausdruck für die innere Energie, der auch noch von der Atomschwingungszahl ν abhängig ist, auf analoge Weise zu bilden. Man erhält so die strengere Formel

$$C_v = A \, . \, 3 \mathfrak{R} \frac{h^2 \nu^2}{k T^2} \frac{e^{\frac{h\nu}{kT}}}{\left(e^{\frac{h\nu}{kT}} - 1\right)^2},$$

der man noch praktischer die Gestalt gibt

$$C_v = 3 A \mathfrak{R} \, . \left(\frac{h\nu}{kT}\right)^2 \frac{e^{\frac{h\nu}{kT}}}{\left(e^{\frac{h\nu}{kT}} - 1\right)^2}.$$

Dies ist die Formel von Einstein, der zuerst derartige Überlegungen angestellt hat. Hier ist die Konstante $3 A \mathfrak{R}$ noch mit einem von T und ν abhängigen Faktor multipliziert, welcher zwar für genügend kleine Werte des Ausdruckes η, also bei genügend hoher absoluter Temperatur, sehr nahe gleich 1 ist, sonst aber immer kleiner als 1. Für kleine Werte von T, also in der Nähe des absoluten Nullpunktes der Temperatur, ist η sehr groß und um so mehr die e-Potenz in der Formel. Es kann dann im Nenner der Subtrahend 1 neben der e-Potenz vernachläßigt werden und man erhält so für genügend tiefe absolute Temperaturen die andere Näherungsformel

$$C_v = 3 A \mathfrak{R} \left(\frac{h\nu}{kT}\right)^2 e^{-\frac{h\nu}{kT}},$$

welche zeigt, daß die Atomwärme mit T sehr rasch gegen Null abnimmt. So ist die Einsteinsche Formel in Übereinstimmung mit den beobachteten Tatsachen, daß die Atomwärme bei genügend hoher absoluter Temperatur für alle festen chemischen Elemente das Dulong-Petitsche Gesetz befolgt, dagegen bei sehr tiefen Temperaturen mit Annäherung an den absoluten Nullpunkt bis auf Null herunter abnimmt. Aber auch die größeren Abweichungen vom Dulong-Petitschen Gesetz von einigen Stoffen bei Zimmertemperatur werden verständlich. Wenn die Atomschwingungszahl ν eines festen chemischen Elementes nicht allzugroß ist, so wird schon bei Zimmertemperatur η für den betreffenden Körper klein genug sein, daß der Grenzfall des Dulong-Petitschen Gesetzes praktisch erreicht ist. Dies ist für die festen chemischen Elemente im allgemeinen tatsächlich erfüllt. Nur bei Stoffen mit besonders großer Atomschwingungszahl ν wird die Atomwärme bei Zimmertemperatur noch einen kleineren Wert aufweisen, als es dem Dulong-Petitschen Gesetze entspricht, da hier η erst bei noch höheren Temperaturen klein genug wird, daß der Grenzwert $3 A \mathfrak{R}$

bereits mit hinreichender Annäherung erreicht wäre. Und zwar werden die Substanzen mit der größten Atomschwingungszahl ν auch die größten Abweichungen in dieser Beziehungen aufweisen. Tatsächlich sind es die Körper von kleinem Atomgewicht bei großer Härte, welche nach § 24 solche Abweichungen vom Dulong-Petitschen Gesetz aufweisen. Bei diesen sind die Atome durch starke Kräfte an ihre Gleichgewichtslagen gebunden, so daß bei geringer Atommasse die Schwingungszahl ν besonders groß sein muß. Bezeichnenderweise ist für den härtesten Körper, den man kennt, Diamant, bei Zimmertemperatur der Wert der Atomwärme am kleinsten. Bei allen diesen anscheinend abnormal sich verhaltenden Substanzen wird in Übereinstimmung mit den theoretischen Überlegungen der dem Dulong-Petitschen Gesetze entsprechende Wert der Atomwärme bei höheren Temperaturen tatsächlich erreicht. So erweist sich die Quantentheorie bereits auf Grund der Einsteinschen Formel auch auf dem Gebiete der spezifischen Wärme als fruchtbringend und bahnbrechend.

Wenn die Temperaturabhängigkeit der spezifischen Wärme fester chemischer Elemente durch die Einsteinsche Formel auch qualitativ richtig herauskommt, so weicht sie in quantitativer Hinsicht nicht unbeträchtlich von dem berechneten Verlaufe ab. Dies liegt offenbar nur darin, daß die Voraussetzung, es schwingen die Atome nur in einer einzigen Schwingungszahl ν, selbst für feste chemische Elemente denn doch zu einfach ist. Schon die Annahme nur zweier verschiedener Schwingungszahlen liefert, von den ganz tiefen Temperaturen abgesehen, auch quantitativ sehr gut stimmende Formeln. Wenn von den $3\,\mathfrak{N}$ Freiheitsgraden des Grammatoms $\varkappa_1$ Freiheitsgrade von der Schwingungszahl ν_1 und $\varkappa_2$ Freiheitsgrade von der Schwingungszahl ν_2 vorhanden sind, wobei

$$\varkappa_1 + \varkappa_2 = 3\,\mathfrak{N}$$

ist, so lautet die Formel für die innere Energie

$$U = \frac{A\,\varkappa_1\,h\,\nu_1}{e^{\frac{h\nu_1}{kT}} - 1} + \frac{A\,\varkappa_2\,h\,\nu_2}{e^{\frac{h\nu_2}{kT}} - 1}. \tag{52}$$

Speziell der Ansatz

$$\varkappa_1 = \varkappa_2\,, \quad \nu_1 = \nu\,, \quad \nu_2 = \frac{\nu}{2}$$

hat sich gut bewährt. Er führt durch Differentiation nach der absoluten Temperatur T auf den Ausdruck

$$C_v = \frac{3\,A\,\mathfrak{N}}{2}\left[\frac{\left(\frac{h\nu}{kT}\right)^2 e^{\frac{h\nu}{kT}}}{\left(e^{\frac{h\nu}{kT}} - 1\right)^2} + \frac{\left(\frac{h\nu}{2kT}\right)^2 e^{\frac{h\nu}{2kT}}}{\left(e^{\frac{h\nu}{2kT}} - 1\right)^2}\right].$$

für die Atomwärme. Es ist dies die Formel von Nernst und Lindemann für die spezifische Wärme fester Körper.

Anschließend an Formel (52) lassen sich auch einige Folgerungen von prinzipieller Bedeutung ziehen. Ist die Temperatur hoch genug, daß sowohl

$$\eta_1 = \frac{h\nu_1}{kT}$$

als auch

$$\eta_2 = \frac{h\nu_2}{kT}$$

bereits beide sehr klein sind, so kann man die Formel (52) genähert durch den Ausdruck ersetzen

$$U = A\varkappa_1 kT + A\varkappa_2 kT,$$

woraus hervorgeht, daß auf jeden Freiheitsgrad immer der gleiche mittlere Energiebetrag kT entfällt, ganz unabhängig von der dem Freiheitsgrad zukommenden Schwingungszahl. Auf die gleiche Formel wird man ganz streng geführt, wenn man mit h zur Grenze Null übergeht. Dieser Prozeß ist nach der klassischen Theorie auszuführen, wo man annahm, daß jeder Zustand möglich ist und nicht bloß eine diskrete Anzahl ausgezeichneter Zustände wie nach der Quantentheorie. Darum gelangt man nach der klassischen Theorie ganz allgemein zum „Gleichverteilungsgesetz der Energie“, wonach auf jeden Freiheitsgrad für den festen Körper der gleiche Betrag von Schwingungsenergie entfällt. Auch wo sonst noch die Wärme in Atomschwingungen sich äußern kann, wie z. B. bei mehratomigen Gasmolekeln, mußte nach diesem Satz der gleiche Betrag kT auf jeden Freiheitsgrad entfallen wie im festen Körper. Die Schwingungsenergie ist bei schwingenden Partikeln beim Passieren der Gleichgewichtslage bloß in Form von kinetischer Energie vorhanden, in den Umkehrpunkten, wo die Schwingungsweite ihren größten Wert erreicht, bloß in Form von potentieller Energie. In allen Zwischenlagen setzt sie sich aus potentieller und kinetischer Energie zusammen, indem die potentielle Energie proportional mit der Schwingungsweite zunimmt, die kinetische Energie dagegen im gleichen Maße bis auf Null herunter abnimmt, die Summe beider aber immer gleich bleibt und den momentanen Betrag der Schwingungsenergie darstellt. Man sieht, daß die mittlere kinetische Energie gleich der mittleren potentiellen Energie ist und demzufolge jede dieser beiden mittleren Energien gleich der halben Schwingungsenergie zu setzen ist. Demzufolge ist die mittlere kinetische Energie beim festen Körper pro Freiheitsgrad der klassischen Theorie zufolge gleich $\frac{kT}{2}$ zu setzen. Sie ist demnach ebensogroß wie die mittlere kinetische Energie des einatomigen Gases pro Freiheitsgrad, wie man aus Formel (45) im vorletzten Paragraphen ersehen kann. Aber auch bei mehratomigen Gasen fällt auf jeden Freiheitsgrad der klassischen Theorie zufolge der gleiche Betrag $\frac{kT}{2}$ an mittlerer kinetischer Energie und dies hat ebensowohl für die Translationsbewegungen als auch für die Rotationsbewegungen der Gasmolekeln zu gelten. Alle diese weitgehenden Schlußfolgerungen faßt man unter dem Namen „Gleichverteilungsgesetz der Energie“ zusammen und es stellten sich ihnen die in § 41 besprochenen Schwierigkeiten entgegen, daß, wie sich in Wirklichkeit herausstellte, einzelne Freiheitsgrade einen geringeren oder überhaupt gar keinen Beitrag zur Energie liefern. Nach der Quantentheorie ist aber der Satz von der gleichmäßigen Energieverteilung bloß ein Grenzgesetz für genügend hohe Temperaturen und die erwähnten Schwierigkeiten finden alle ihre Aufklärung. Wenn nämlich ν_2 besonders groß ist, kann bei gewöhnlicher Temperatur zwar η_1 bereits klein genug sein, daß die dem Gleichverteilungsgesetz entsprechende Näherung bereits erreicht ist, aber η_2 erfüllt diese Bedingung keineswegs. Die Formel (52) für die innere Energie kann dann näherungsweise bloß in der Gestalt

$$U = A z_1 k T + \frac{A z_2 h \nu_2}{e^{\frac{h \nu_2}{k T}} - 1}$$

geschrieben werden. Demnach kommt jedem der z_1 Freiheitsgrade der volle mittlere Energiebetrag kT zu, wie es dem Gleichverteilungsgesetze entspricht, dagegen liefern die z_2 Freiheitsgrade einen geringeren Energiebeitrag. Wenn schließlich ν_2 enorm groß ist, so wird dieser Energiebeitrag verschwindend klein und die z_2 Freiheitsgrade zählen praktisch überhaupt nicht mit. Das letztere ist häufig der Fall für die Schwingungen der Atome in mehratomigen Gasmolekeln, wenn die Bindung recht starr ist. Diese tragen dann zur sp. W. nichts oder sehr wenig bei. Desgleichen kommen die elementaren Bestandteile der Atome von besonders geringer Masse, die Elektronen, für die sp. W. nicht in Betracht, da sie schon wegen der Kleinheit der Masse zu große Schwingungszahlen besitzen. Die Anwendung der Quantentheorie auf die Rotationsbewegung der Gasmolekeln zeigt analog, daß bei geringerem Trägheitsmoment kleinere Energiebeiträge geliefert werden als nach dem Gleichverteilungsgesetz und bei sehr geringem Trägheitsmoment praktisch gar kein Beitrag. So erklärt es sich, warum bei einatomigen Gasen Rotationen der Molekel für die sp. W. überhaupt nicht in Betracht kommen und bei den zweiatomigen Gasen Rotationen der Gasmolekel um die Verbindungsgerade der beiden Atome als Achse keine Rolle spielen; die betreffenden Trägheitsmomente sind viel zu klein, als daß bei gewöhnlicher Temperatur bereits ein merklicher Beitrag zur sp. W. geliefert würde. Aber auch bei großem Trägheitsmomente muß mit sinkender Temperatur der mittlere Energiebeitrag der Rotationsbewegung schließlich kleiner werden als $\frac{kT}{2}$ pro Freiheitsgrad und mit Annäherung an den absoluten Nullpunkt schließlich bis auf Null herabsinken, was das in § 41 besprochene Verhalten der sp. W. von Wasserstoff aufklärt.

In Wahrheit sind es aber nicht zwei Schwingungszahlen ν_1 und ν_2, in welchen die Teilchen eines festen Körpers schwingen können, sondern eine große Mannigfaltigkeit von Schwingungszahlen. Der aus seinen Atomen aufgebaute feste Körper stellt ein Raumgitter dar und die in Betracht kommenden Schwingungen sind die Raumgitterschwingungen. Diese besitzen Schwingungszahlen aller möglichen Größen innerhalb eines weit ausgedehnten Bereiches. Sie kommen dadurch zustande, daß die Atome zusammen Schwingungen ausführen, welche stehende Wellen aller möglichen Wellenlängen darstellen. Schwingungen aller möglichen Schwingungszahl sind uns schon im Lichtäther bei Behandlung der Hohlraumstrahlung entgegengetreten. Die Häufigkeit der Schwingungszahl ν ergab sich dort im vorigen Paragraphen proportional zu ν^2. Nun verhält sich der Lichtäther hinsichtlich seiner Schwingungen fast ebenso wie irgendein fester elastischer Körper. Man wird daraus schließen, daß die Häufigkeit der Schwingungszahl ν in der Masseneinheit irgendeines festen elastischen Körpers analog durch die Formel

$$z_\nu = K' \nu^2$$

gegeben ist. Nur für Eigenschwingungen, deren Wellenlänge von der Größenordnung der Atomabstände ist, wird man Abweichungen von dieser einfachen Gesetzmäßigkeit erwarten müssen und Eigenschwingungen mit kleineren Wellenlängen als die Atomabstände können in der festen elastischen Substanz überhaupt nicht existieren. Für alle Schwingungszahlen, welche beträchtlich kleiner als die durch die Atomabstände festgelegte obere Grenze sind, wird die Häufigkeit z_ν im festen elastischen Körper durch die obige Formel offenbar richtig wiedergegeben. Auf jede Schwingung von der Schwingungszahl ν entfällt im Mittel der durch Formel (51) gegebene Energiebetrag. Demnach ist die innere Energie pro Masseneinheit durch den Ausdruck

$$u = \int_0^\infty \frac{A h \nu z_\nu \, d\nu}{e^{\frac{h\nu}{kT}} - 1}$$

gegeben. Das Einsetzen des zuvor abgeleiteten Wertes für z_ν wird aber nur dann keine beträchtlichen Fehler verursachen, wenn die Temperatur T niedrig genug ist, daß für diejenigen ν-Werte, für welche der Ausdruck für z_ν nicht mehr gültig ist, die e-Potenz im Nenner bereits so enorm groß ist, daß diese ν-Werte zum Integral praktisch schon nichts mehr beitragen. Es gilt also

$$u = \int_0^\infty \frac{A K' h \nu^3 \, d\nu}{e^{\frac{h\nu}{kT}} - 1}$$

als Näherungsformel für die innere Energie eines festen Körpers pro Masseneinheit bei tiefen Temperaturen. Durch die Substitution

$$\nu = \frac{k}{h} T . \eta$$

erhält man weiter

$$u = AK' \frac{k^4}{h^3} T^4 \int_0^\infty \frac{\eta^3 \, d\eta}{e^\eta - 1}.$$

Faßt man alle konstanten Ausdrücke in eine einzige Konstante

$$K = AK' \frac{k^4}{h^3} \int_0^\infty \frac{\eta^3 \, d\eta}{e^\eta - 1}$$

zusammen (das bestimmte Integral hat auch einen konstanten Wert), so schreibt sich die Formel

$$u = K . T^4$$

oder in Worten gesagt, es ist die innere Energie eines festen Körpers bei hinlänglich niedriger Temperatur der vierten Potenz der absoluten Temperatur direkt proportional. Genau so verhält sich dem Stefan-Boltzmannschen Gesetz zufolge die Energiedichte der Hohlraumstrahlung und zwar auch bei beliebig hoher Temperatur, wie aus § 68 des vorigen Kapitels hervorgeht. Durch Differentiation nach der Temperatur T ergibt sich daraus weiter die sp. W. bei konstantem Volumen

$$c_v = \frac{du}{dT} = 4 K T^3$$

oder in Worten, die sp. W. bei konstantem Volumen ist für einen festen Körper bei hinreichend niedriger Temperatur der dritten Potenz der absoluten Temperatur direkt proportional. Es ist dies die Näherungsformel von Debye für die sp. W. fester Körper bei tiefen Temperaturen, welche sich in vorzüglicher Übereinstimmung mit der Erfahrung erwiesen hat.

Die Quantentheorie, welche sich zuerst auf dem Gebiete der Hohlraumstrahlung als notwendig ergeben hat, zeigt sich somit auch auf dem Gebiete der sp. W. als unentbehrlich.

Dritter Abschnitt.

Aggregatsänderungen; Anwendung der Hauptsätze auf inhomogene Körper.

Siebzehntes Kapitel.

Verdampfung und Verflüssigung.

§ 77. Gesättigte und ungesättigte Dämpfe.

Unter einem reibungslos verschiebbaren aber doch vollkommen dichtenden Stempel sei in einem Zylinder 1 kg Wasser enthalten. Der Querschnitt des Stempels betrage 1 dm² = 100 cm². Das Wasser habe 0° C und der Stempel berühre zunächst die Wasserfläche. Das Volumen unter dem Stempel ist dann das spezifische Volumen des Wassers bei 0°; nennen wir es v_0'. Es ist fast genau 1 Liter. Auf dem Stempel lastet der Luftdruck, den wir gleich 736 mm Hg = 1 at annehmen wollen, also im ganzen 100 kg.

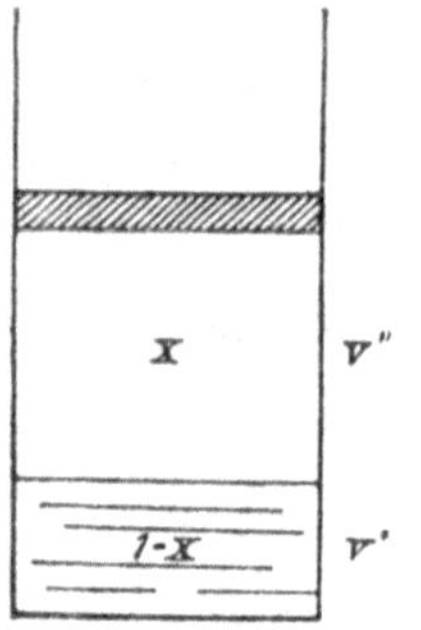

Fig. 72.

Einen gleich großen Zug muß man anwenden um den Stempel in die Höhe zu ziehen. Nur insoweit sich in dem unter dem Stempel entstehenden luftleeren Raume sofort aus dem Wasser Dampf entwickelt und dieser in Berührung mit seiner Flüssigkeit befindliche Dampf von 0° eine ganz bestimmte wenn auch kleine Spannung von 4·6 mm Hg = 0·0062 at aufweist, ist der nötige Zug um etwa 0·6 kg kleiner als er zur Überwindung des ganzen Luftdrucks nötig wäre.

Natürlich würde infolge der Verdampfung die Temperatur des Wassers unter Null sinken. Wir wollen aber voraussetzen, daß der ganze Zylinder sich in einem großen Wasserbad von 0° befindet und die Wände Wärme leicht hindurchlassen, so daß die zum Ersetzen der Verdampfungswärme nötige Wärmemenge aus der Umgebung zufließt und die Temperatur 0° bleibt. Unter dieser Voraussetzung ist es gleichgültig wie hoch der Stempel in die Höhe gezogen wird. Der aufzuwendende Zug ändert sich nicht und es geschieht nichts weiter als daß der mit Wasserdampf von 0° zu füllende Raum immer größer wird, also immer mehr Wasser verdampft. Doch müßte man den Stempel schon sehr hoch heben, bis das ganze kg Wasser verdampft wäre; denn der Dampf ist dem niedrigen Druck entsprechend sehr dünn. Das kg-Volumen dieses Dampfes (v_0'') beträgt rund 210 m³. So groß müßte das Volumen unter dem Stempel werden, damit das ganze kg Wasser verdampft. Die ganze hierbei zuzuführende Wärmemenge, also die Verdampfungswärme des Wassers bei 0° beträgt fast genau 600 Cal.

Denken wir uns nun den Vorgang wiederholt, aber statt bei einer Temperatur von 0° bei einer solchen von 81°. Noch immer wird an dem Stempel zu ziehen sein, um ihn zu heben, aber jetzt nur mehr mit einer Kraft von 50 kg; denn der Dampf, der sich aus Wasser von 81° entwickelt, hat bereits eine Spannkraft von $^1/_2$ at. Diese Spannkraft bleibt konstant, gleichgültig welche Stellung der Stempel hat, so lange nur noch Wasser da ist. Doch wird jetzt dem größeren Dampfdruck, also auch der größeren Dampfdichte entsprechend, das ganze kg schon verdampft sein, wenn das-unter dem Stempel befindliche Volumen weit kleiner ist als im früheren Fall. Das spezifische Volumen des bei 81° in Berührung mit seiner Flüssigkeit befindlichen Wasserdampfes beträgt nämlich rund 3·3 m³. Auch die Verdampfungswärme ist eine andere; sie ist auf 550 Cal gesunken.

Gehen wir jetzt auf 99·1°, so ist die Spannkraft des Dampfes gleich 1 kg/cm² = 1 at. Der Stempel befindet sich also im indifferenten Gleichgewicht gegenüber dem angenommenen Luftdruck. Der kleinste Zug bewirkt, daß er sich hebt und sich der Raum unter ihm mit Dampf füllt. Gleichzeitig sinkt infolge Verdampfung der Flüssigkeitsspiegel und zwar wird das ganze Wasser verdampft sein, wenn das Volumen unter dem Stempel rund 1·7 m³ erreicht hat. Die zuzuführende Wärmemenge beträgt hier 539 Cal.

Steigern wir endlich die Temperatur auf 120°, so müssen wir den Stempel belasten, damit er nicht durch den Dampfdruck, der jetzt 2 at beträgt, gehoben wird. Es ist auf den Stempel ein Druck von 100 kg auszuüben, damit er in jeder Stellung im Gleichgewicht stehen bleibt. Hier ist schon bei einem Volumen $v''_{120} = 0{\cdot}9$ m³ das im Zylinder enthaltene kg Wasser restlos verdampft und die aufzuwendende Wärmemenge beträgt 525 Cal.

Solange sich also der Dampf in Berührung mit seiner Flüssigkeit befindet und eine bestimmte Temperatur festgehalten wird, kann man seine Spannung und seine Dichte durch Änderung des von ihm und der Flüssigkeit erfüllten Volumens nicht verändern. Vergrößert man es, so verdampft einfach Flüssigkeit nach, verkleinert man es, so verdichtet sich Dampf zu Flüssigkeit. Im ersten Falle ist zur Erhaltung der Temperatur ein der verdampften Menge entsprechender Betrag von Verdampfungswärme zuzuführen, im zweiten Fall ist die freiwerdende Verdampfungswärme abzuführen. Wir können also solchen in Berührung mit seiner Flüssigkeit stehenden Dampf weder verdünnen noch verdichten, wie das mit einem Gas geschehen kann. Man nennt ihn gesättigten Dampf oder kürzer Sattdampf.

Zusammenfassend läßt sich sagen:

Der Zustand, in dem sich ein Stoff als gesättigter Dampf befindet, ist durch Angabe seiner Temperatur allein bereits vollkommen gekennzeichnet. Bei bestimmter Temperatur hat der gesättigte Dampf einer jeden Flüssigkeit eine ganz bestimmte Dichte, die durch Kompression nicht gesteigert werden kann, also auch ein bestimmtes spezifisches Volumen und er übt einen ganz bestimmten Druck π (Sättigungsdruck) aus, der ebenfalls vom Volumen unabhängig ist. Umgekehrt hat gesättigter Dampf von einer bestimmten Spannung eine ganz bestimmte Temperatur, die der Siedetemperatur der Flüssigkeit unter eben diesem Druck entspricht. Endlich ist auch die Verdampfungswärme, für die wir weiterhin den Buchstaben r schreiben wollen, eine bei bestimmter Temperatur bestimmte Größe. Es sind also v'' und π vom Volumen unabhängig und so wie r reine Funktionen der Temperatur oder des Druckes. Genauere Zahlenwerte, welche diese Abhängigkeiten auf Grund der Versuche wiedergeben, werden im folgenden Paragraphen mitgeteilt.

Man pflegt noch zwischen naß und trocken gesättigtem Dampf zu unterscheiden, indem man Dampf, der unverdampfte Flüssigkeit enthält, z. B. durch Kondensation gebildete Wassertröpfchen (rauchendes Wasser) als „naß gesättigten“ Dampf bezeichnet, während er sonst „trocken gesättigt“ heißt. In dem oben betrachteten Zylinder ist bei jeder Stellung des Stempels solange noch Flüssigkeit da ist, naß gesättigter oder wie man auch kürzer sagt „nasser“ Dampf enthalten, d. h. ein aus trocken gesättigtem Dampf und Flüssigkeit bestehender Körper. Erst wenn wir den Stempel so weit steigen lassen, daß gerade der letzte Flüssigkeitsrest verdampft ist, dann ist in dieser Stellung der Zylinder mit trocken gesättigtem Dampf erfüllt.

Betrachten wir eine Zwischenstellung des Stempels, wie das oben dargestellt ist, so daß er weder auf der Flüssigkeit aufliegt, noch auch so weit gestiegen ist, daß die ganze Flüssigkeit in Dampf verwandelt wurde, so wird ein gewisser Bruchteil x der betrachteten Mengeneinheit verdampft, der Rest $1 - x$ in Form von Flüssigkeit vorhanden sein. Man nennt x den „spezifischen Dampfgehalt“ des unter dem Stempel vorhandenen nassen Dampfes, $1 - x$ seinen „Nässegrad“. Ruht der Stempel auf der Flüssigkeit auf, ist also noch gar nichts verdampft, so ist $x = 0$. Wird hingegen der Stempel so hoch emporgezogen, daß das kg gerade verdampft, unter dem Stempel also ausschließlich trocken gesättigter Dampf vorhanden ist, so ist $x = 1$. In der oben dargestellten Zwischenstellung ist das gesamte Volumen v der Mengeneinheit durch

$$v = v''x + v'(1 - x) = v' + (v'' - v')x$$

gegeben, wo v'' das spezifische Volumen des gesättigten Dampfes bedeutet und v' das der Flüssigkeit bei der gleichen Temperatur und unter dem Druck, den gesättigter Dampf von eben dieser Temperatur ausübt. Es ist also sowohl v'' wie v' ausschließlich Funktion der Temperatur. Schreiben wir $v'' - v' = \varphi$, so ist auch

$$v = v' + \varphi x. \tag{53}$$

Da v'' in der Regel um vieles größer ist als v' (für Wasser z. B. selbst bei 200° noch mehr als hundertmal), so kann für Näherungsrechnungen oft $\varphi = v''$ gesetzt werden.

Ganz anders als gesättigter, d. h. in Berührung mit der Flüssigkeit stehender Dampf verhält sich ungesättigter Dampf. Denken wir uns den Zylinder mit trocken gesättigtem Dampf gefüllt, etwa in der Weise, daß wir bei 99·1° den Stempel so lange steigen lassen, bis das kg Wasser gerade verdampft ist. Bis dahin bleibt der Druck ungeändert gleich 1 at = 1 kg/cm². Wollen wir aber jetzt das Volumen noch weiter vergrößern, so müssen wir mit immer wachsender Stärke an dem Stempel ziehen und wird die Temperatur des Dampfes hierbei immer auf 99·1° erhalten, d. h. erfolgt die Expansion isotherm, so zeigt es sich, daß wenn das Volumen auf das Doppelte gebracht wurde, ein Zug von fast genau 50 kg nötig ist, um den Stempel im Gleichgewicht zu halten. Es ist also bei der Vergrößerung des Volumens auf das Doppelte der Dampfdruck von 1 auf $^1/_2$ at, d. h. auf die Hälfte gesunken; es gilt wenigstens genähert das Boylesche Gesetz. Zugleich lehrt dieses Verhalten, daß Dampf von bestimmter Temperatur keinen höheren Druck haben kann als den Sättigungsdruck π und keine höhere Dichte als $\frac{1}{v''}$; denn gesättigter Dampf kann, losgelöst von seiner Flüssigkeit, wohl verdünnt, aber nicht verdichtet werden, da gesättigter Dampf auf eine Volumsverkleinerung nicht durch Druck- und Dichtesteigerung, sondern durch Kondensation reagiert. Druck und Dichte des gesättigten Dampfes sind also zugleich höchster Druck und höchste Dichte, deren Dampf von bestimmter Temperatur überhaupt fähig ist.

Ebenso wie das Boylesche Gesetz gelten für den ungesättigten Dampf auch die anderen Aussagen der Gasgleichung. Erhitzt man z. B. trocken gesättigten Wasserdampf von 100° in festem Gefäß, also bei konstantem Volumen, so wird er ungesättigt, da jetzt seine Dichte kleiner ist, als der Dichte gesättigten Dampfes von dieser höheren Temperatur entspricht. Man kann also trocken gesättigten Dampf entweder durch Volumsvergrößerung oder durch Erwärmen (Überhitzen) in ungesättigten Dampf verwandeln. Ungesättigter Dampf wird daher auch als „überhitzter Dampf" oder kurz als „Heißdampf" bezeichnet.

Mit der Überhitzung steigt zugleich der Druck und er erreicht z. B. den doppelten Wert, wenn, der Gasgleichung entsprechend, die Temperatur auf der absoluten Skala gemessen, auf das Doppelte gestiegen ist. Gesättigter Wasserdampf von 100° muß also auf etwa 2 (273 + 100) = 746 abs. = 473° überhitzt werden, damit der Druck von 1 auf 2 At steigt. Gesättigter Wasserdampf weist eine Spannung von 2 At schon bei 121° auf. Bei gleicher Spannung hat also der überhitzte Dampf stets eine höhere Temperatur als der gesättigte Dampf.

Gesättigter Dampf einer bestimmten Flüßigkeit ist durch Angabe der Temperatur allein vollkommen gekennzeichnet. Ungesättigter Dampf bedarf wie ein jedes Gas zur Festlegung des Zustandes zweier Variablen und gehorcht in erster Annäherung der Gasgleichung. Diese Annäherung ist um so besser, je verdünnter der Dampf oder je höher seine Temperatur ist.

§ 78. Experimentelle Bestimmung von Druck und Volumen gesättigten Dampfes, sowie der Verdampfungswärme für verschiedene Temperaturen.

1. Druck.

Für Temperaturen, die unter dem normalen Siedepunkt liegen, bestimmt man den Sättigungsdruck, indem man die Höhe mißt, um die der Meniscus in einem Toricellischen Barometerrohr sinkt, wenn man die betreffende Flüssigkeit im Überschuß in das Vakuum bringt. Das geschieht entweder von unten her, indem man eine genügende Flüssigkeitsmenge aus einer kleinen Spritze durch das Quecksilber aufsteigen läßt, oder von oben her durch ein am oberen Rohrende angeblasenes Schliffstück. Die gemessene Höhendifferenz, um das Gewicht des nicht verdampften Flüssigkeitsrestes berichtigt und auf nullgrädiges Quecksilber umgerechnet, gibt die Dampfspannung des gesättigten Dampfes bei der betreffenden Temperatur.

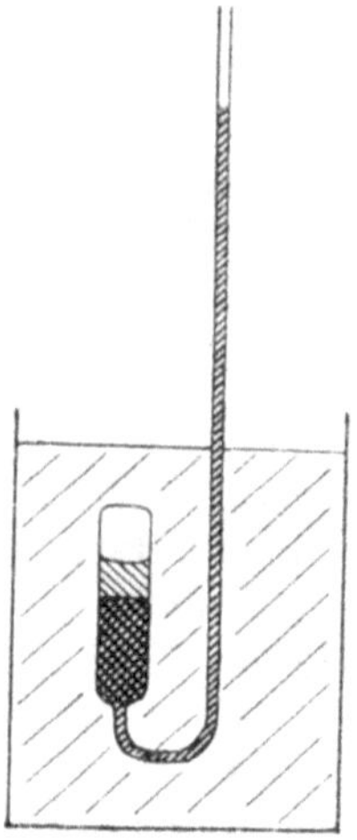

Fig. 73.

Spannungen, die oberhalb des Luftdrucks liegen, werden gemessen, indem man die Flüssigkeit über Quecksilber in den geschlossenen kürzeren und weiteren Schenkel eines zweimal rechtwinklig gebogenen Rohres füllt, der sich in einem Bad von bestimmter Temperatur befindet. Die Dampfspannung ist gleich dem am Barometer abzulesenden Luftdruck, vermehrt um die Höhendifferenz des Quecksilbers in den beiden Schenkeln des Rohrs. Der Flüssigkeitsrest und die andere Dichte der durch die Dampfspannung aus dem Bad gehobenen Quecksilbersäule sind zu berücksichtigen.

2. Spezifisches Volumen (Dichte).

Man macht von der Bemerkung Gebrauch, daß gesättigter Dampf eine höhere Spannung hat, als ungesättigter von gleicher Temperatur. Die Gefäße I und II sind durch ein mit Quecksilber gefülltes U-Rohr verbunden. Über dem Quecksilber befindet sich beiderseits Flüssigkeit, aber links mehr als rechts. Wird das Ganze in einem Bad erhitzt, so wird zunächst das Druckgleichgewicht nicht gestört, da in I und II derselbe Druck herrscht, nämlich der Druck gesättigten Dampfes von der entsprechenden Temperatur. Erhitzt man aber weiter, so kommt man zu einer Temperatur, wo die Dampfdichte so groß ist, daß die rechts eingewogene Flüssigkeit zur Füllung des über ihr befindlichen Raumes II mit gesättigtem Dampf vollständig verdampft, während links noch Flüssigkeit übrig bleibt. Man erkennt diesen Punkt daran, daß eine kleine weitere Erhöhung der Temperatur sofort eine Störung des Druckgleichgewichtes bewirkt; da überhitzter Dampf stets niedrigeren Druck hat als gesättigter Dampf gleicher Temperatur, so beginnt das Quecksilber im rechten Schenkel zu steigen. Unmittelbar ehe das eintritt, hat die eingewogene Flüssigkeitsmenge gerade den rechts über dem Quecksilber befindlichen Raum II als gesättigter Dampf erfüllt. Das ermöglicht die Bestimmung von v''. Sehr genaue Bestimmungen des spezifischen Volumens gesättigten Wasserdampfes wurden nach diesem grundsätzlich von Fairbairn und Tate herrührenden Verfahren von Knoblauch, Linde und Klebe ausgeführt.

3. Verdampfungswärme. Die Flüssigkeit wird in ein Kalorimetergefäß eingefüllt und dieses in ein starkwandiges, mit einer Kühlvorlage und Sammelbehälter versehenes geschlossenes Gefäß gebracht. Die zur Verdampfung nötige Wärme wird von einer stromdurchflossenen Heizspirale geliefert und aus Stromstärke und Spannung gemessen. Die verdampfte Flüssigkeitsmenge bestimmt man durch Wägung des in der Kühlvorlage wieder kondensierten Dampfes. Die Temperatur, bei der man die Verdampfung erfolgen läßt, für die man also die Verdampfungswärme bestimmt, wird durch Änderung des Drucks im geschlossenen Gefäß (Evakuieren oder Einpressen von Luft) nach Wunsch eingestellt.

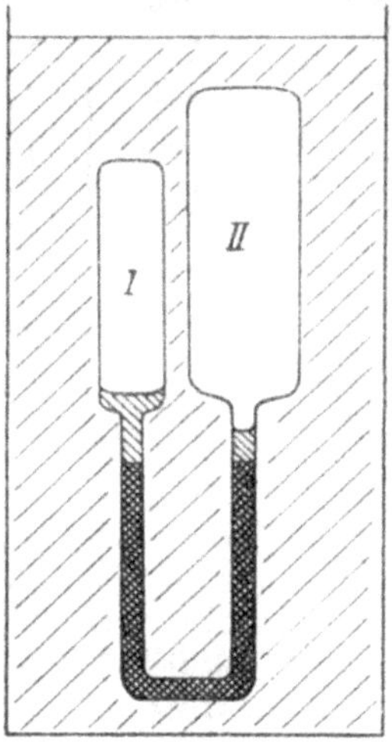

Fig. 74.

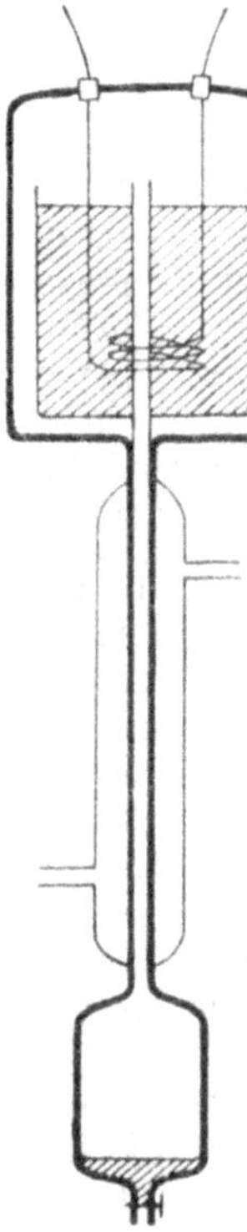

Fig. 75.

Die ersten mit Rücksicht auf ihr Alter bewundernswert genauen Messungen von π, v'' und r hat Regnault in der Mitte des vorigen Jahrhunderts ausgeführt und die von ihm im besonderen für Wasser gegebenen Werte bilden auch jetzt noch häufig die Grundlage technischer Berechnungen. Doch können sie heute als durch die Arbeiten von Holborn und Henning (π und r), von Scheel und Heuse (π) und von

Knoblauch, Linde und Klebe (v'') überholt gelten, denen die folgende für Wasser gültige Zusammenstellung entnommen ist, die den praktisch wichtigsten Temperaturbereich von 40 bis 180° umfaßt.

ϑ^0	π mm Hg	$\frac{d\pi}{d\vartheta}\ \frac{\text{mm Hg}}{\text{C}^0}$	π at	$v''\ \frac{\text{m}^3}{\text{kg}}$ [1]	$r\ \text{Cal}_{15^0}$	$\frac{dr}{d\vartheta}\ \frac{\text{Cal}}{\text{C}^0}$	$v'\ \frac{\text{cm}^3}{\text{gr}}$
0	4·58	0·34	0·00622	206·5	594·8		1·000
40	55·1	2·94	0·0752	19·54	574·0	−0·54	1·008
50	92·3	4·59	0·126	12·02	568·5	0·56	1·012
59·7	147·1		0·200	7·80	563·1		1·016
60	149·2	6·92	0·203	7·677	562·9	0·57	1·017
70	233·5	10·11	0·318	5·046	557·1	0·59	1·023
80	355·1	14·40	0·483	3·406	551·1	0·61	1·029
80·9	367·8		0·5	3·290	550·5		1·030
90	525·8	19·99	0·715	2·370	545·0	0·62	1·036
99·1	735·5		1·0	1·721	539·3		1·043
100	760	27·12	1·033	1·674	538·7	0·64	1·043
110	1074·5	36·10	1·461	1·210	532·1	0·67	1·051
119·6	1471·1		2·0	0·902	525·6		1·059
120	1488·9	47·16	2·024	0·891	525·3	0·70	1·059
130	2025·6	60·60	2·754	0·668	518·2	0·72	1·068
132·9	2206·6		3·0	0·619	516·1		1·071
140	2709·6	76·67	3·684	0·508	510·9	0·72	1·077
142·9	2942·1		4·0	0·471	508·8		1·080
150	3568·7	95·66	4·852	0·3926	503·8	0·72	1·088
151·1	3678		5·0	0·3823	503·1		1·089
158·1	4413		6·0	0·3218	498·0		1·097
160	4633	117·7	6·299	0·3074	496·6	0·72	1·100
164·2	5149		7·0	0·2778	493·6		1·105
169·6	5884		8·0	0·2450	489·7		1·112
170	5937	143·4	8·071	0·2431	489·4	0·72	1·112
174·6	6620		9·0	0·2194	486·1		1·119
179·1	7355		10·0	0·1980	482·8		1·125
180	7514	172·7	10·215	0·1945	482·2	0·72	1·126

Im allgemeinen wird man sich mit einer derartigen Tabelle behelfen können und müssen, wenn größere Genauigkeit gewünscht wird, da es keine einfachen geschlossenen Ausdrücke gibt, welche die Abhängigkeit der Größen π, v'' und r von der Temperatur wiedergeben. Sind Abweichungen von 1% zulässig, so kann man immerhin von gewissen, viel verwendeten Näherungsformeln Gebrauch machen. So berechnet Clausius für die Abhängigkeit der Verdampfungswärme des Wassers von der Temperatur aus den Messungen von Regnault

$$r = 607 - 0{\cdot}708\,\vartheta,$$

[1] Die Werte sind nach Schüle ausgeglichen.

also eine lineare Abhängigkeit, die nach den Messungen von Henning ja auch tatsächlich bei Temperaturen über 100° zutrifft und dort noch besser durch die Formel

$$r = 610 \cdot 2 - 0 \cdot 712\, \vartheta$$

dargestellt wird. Für den Zusammenhang zwischen π und v'' gibt Zeuner gleichfalls auf Grund der Regnaultschen Messungen von π und r, aus denen er v'' nach der Formel von Clapeyron-Clausius (§ 91) berechnete, im Bereich von 0·5 bis 14 at eine Polytropenformel

$$\pi\, v''^{1 \cdot 0646} = 1 \cdot 7617,$$

was mit guter Annäherung nach Mollier auch in die Form

$$\pi^{\frac{15}{16}}\, v'' = 1 \cdot 7235$$

gebracht werden kann. Hierbei ist der Druck in at, das spezifische Volumen in m^3/kg einzusetzen. Insoweit der Exponent von der Eins nicht sehr verschieden ist, kann daher in grober Näherung und für nicht zu weite Grenzen das spezifische Volumen gesättigter Dämpfe als dem Sättigungsdruck verkehrt proportional gelten.

Den Zusammenhang zwischen Druck und Volumen, zunächst für überhitzten Dampf, dann aber auch für den Grenzfall der Sättigung, vermögen gewisse Zustandsgleichungen genähert darzustellen, deren bemerkenswerteste, nämlich die Gleichung von van der Waals, im folgenden ausführlicher besprochen werden wird. Sie ist für praktische Rechnungen in den meisten Fällen zu unbequem. Dasselbe gilt von einer durch Linde für Wasserdampf aufgestellten Formel

$$p\, v = R\, T - p(1 + a p)\left[C\left(\frac{373}{T}\right)^3 - D\right],$$

worin $R = 47 \cdot 10$[1], $a = 0 \cdot 000002$, $C = 0 \cdot 031$, $D = 0 \cdot 0052$ zu setzen ist, falls p in kg/m^2 und v in m^3/kg gemessen wird. Sie vermag allerdings die Ergebnisse der oben erwähnten Versuche von Knoblauch, Linde und Klebe über das spezifische Volumen des Wasserdampfes innerhalb des Versuchsgebietes vollkommen darzustellen. In der Regel kann man sich aber mit der Näherungsgleichung von Tumlirz behelfen, die nur um eine Konstante mehr enthält als die Gasgleichung. Sie lautet unter Zugrundelegung der gleichen Einheiten für Druck und Volumen für Wasserdampf

$$p(v + 0 \cdot 016) = 47 \cdot 1\, T.$$

Auf den fundamentalen Zusammenhang zwischen π und T, dem Druck und der Temperatur gesättigten Dampfes, werden wir nach Schaffung der theoretischen Grundlagen noch zurückkommen (§ 91).

[1] Es ist das die individuelle Gaskonstante für Wasserdampf (vgl. § 13).

1. Welche Menge überhitzter Wasserdampf von 200° ist in einem Behälter von $^1/_4$ m³ bei einem absoluten Druck von 5 at enthalten?

Für n kg lautet die Gleichung von Tumlirz $p(V + n . 0{\cdot}016) = n . 47{\cdot}1\, T$. Also ist

$$n = \frac{V}{47{\cdot}1 \frac{T}{p} - 0{\cdot}016} = \frac{0{\cdot}25}{47{\cdot}1 \frac{473}{50000} - 0{\cdot}016} = 0{\cdot}581 \text{ kg}.$$

Aus der einfachen Gasgleichung würde man $n = 0{\cdot}561$ kg berechnen.

2. Gesättigter Wasserdampf von 150° wird bei gleichbleibendem Druck ($\pi = 4{\cdot}852$ at) auf 300° überhitzt. Auf das Wievielfache steigt sein Volumen?

Nach der Formel von Tumlirz ist

$$v_{150}'' = 47{\cdot}1 \frac{423}{48\,520} - 0{\cdot}016 = 0{\cdot}395 \frac{\text{m}^3}{\text{kg}}$$

(nach den Messungen $0{\cdot}393 \frac{\text{m}^3}{\text{kg}}$), das spezifische Volumen des auf 300° überhitzten Dampfes nach der gleichen Formel

$$v_{300} = 47{\cdot}1 \frac{573}{48\,520} - 0{\cdot}016 = 0{\cdot}540 \frac{\text{m}^3}{\text{kg}}.$$

Das Volumsverhältnis beträgt also 1·367. Aus der Gasgleichung ergäbe sich

$$\frac{v_{300}}{v_{150}''} = \frac{273 + 300}{273 + 150} = 1{\cdot}355.$$

§ 79. Abweichungen von der Gasgleichung. Gleichung von van der Waals.

Nicht nur die ungesättigten Dämpfe, auch die sogenannten „permanenten“ Gase, wie Luft und Wasserstoff, die bei gewöhnlicher Temperatur durch kein noch so starkes Zusammenpressen verflüssigt werden können, zeigen Abweichungen von der Gasgleichung. Schon Boyle bemerkte, daß das Gesetz pv = const die Kompressibilität der Gase nicht vollkommen darstellt. Natterer hat diese Abweichungen bis zu Drucken von 3600 At verfolgt, Regnault sie zuerst genau gemessen. Am ausgedehntesten sind aber in dieser Richtung die späteren Untersuchungen von Amagat. Wird für den Druck von 1 At das Produkt pv willkürlich gleich 1000 gesetzt, so ergeben sich für Luft und Wasserstoff bei 0° und bei den verzeichneten Drucken die im folgenden verzeichneten Werte des Produktes pv. Bei 3000 At ist also pv für Luft auf mehr als das Vierfache, für Wasserstoff auf mehr als das Dreifache des bei 1 At gültigen Wertes gestiegen.

pv bei	für Luft	Wasserstoff
1 At	1000	1000
100	973	1069
200	1010	1138
500	1340	1357
1000	1992	1720
2000	3286	2562
3000	4398	3162

Die eingehende Untersuchung hat gezeigt, daß alle Gase und bei entsprechend niedriger Temperatur auch Wasserstoff mit wachsendem Druck zuerst eine Abnahme von pv, also eine Zunahme der Kompressibilität zeigen, was um so ausgesprochener erscheint, je näher hierbei das Gas an die Verflüssigung herankommt. Dann aber folgt bei weiter wachsendem Druck eine bedeutende Zunahme von pv, also Abnahme der Kompressibilität, so wie bei den festen und flüssigen Körpern. Zur Ausführung dieser Versuche über die Kompressibilität der Gase bedient man sich eigener Pumpen (Cailletet, Kamerlingh-Onnes), in denen mittels Kolben oder Schrauben Wasser unter hohen Druck gebracht werden kann. Dieses Druckwasser wirkt auf Quecksilber, das in ein dickwandiges Glasrohr hineingetrieben wird, in dem sich das betreffende Gas befindet. Bei Drucken über 500 At muß das Glasrohr wegen der Gefahr des Springens unter einseitigem Druck in ein starkes Metallrohr eingeschlossen und wie ein Piëzometergefäß beiderseitig gedrückt werden. Das Steigen des Quecksilbers kann dann, ohne daß das Glasrohr selbst sichtbar ist, vermittels elektrischer Kontakte beobachtet werden.

Auch bezüglich Ausdehnung und Spannung zeigen die wirklichen Gase Abweichungen vom Gasgesetz, indem schon bei Atmosphärendruck und gewöhnlicher Temperatur α und σ weder genau gleich $\frac{1}{273} = 0{\cdot}003663$, noch auch für ein und dasselbe Gas einander genau gleich sind. So ist nach Regnault

für Luft	$\alpha = 0{\cdot}003671$	$\sigma = 0{\cdot}003665$
„ Wasserstoff	3661	3668
„ Kohlenoxyd	3669	3667
„ Kohlensäure	3710	3686.

Im allgemeinen ist $\alpha > \sigma$, doch kann, wie bei Wasserstoff, auch $\alpha < \sigma$ sein.

Bei hohem Druck oder tiefer Temperatur sind die Abweichungen noch weit größer. So ist für Wasserstoff nach Amagat

bei 1 At	$\alpha = 0{\cdot}00366$
„ 200 „	332
„ 600 „	261
„ 1000 „	218.

Anderseits nähern sich aber mit zunehmender Verdünnung σ und α und streben bei allen Gasen ein und demselben Grenzwert zu, der derzeit zu $\frac{1}{273 \cdot 1} = 0 \cdot 003662$ angenommen wird. Da sich die Temperaturskala einer solchen dem Gasgesetz genau folgenden Substanz mit der absoluten Temperaturskala deckt, ist demnach der absolute Nullpunkt genauer zu $-273 \cdot 1^0$ C anzunehmen, wie schon einmal bemerkt wurde.

Immerhin kann die einfache Gasgleichung auf permanente Gase bis zu Drucken von 20 At ohne nennenswerten Fehler angewendet werden, bei entsprechend hoher Temperatur auch auf noch weit höhere Drucke, und wenn das Gas stark verdünnt ist, auch auf tiefere Temperaturen. Daraus erhellt ihre praktische Wichtigkeit. Doch hat man bald versucht, sie so zu verbessern, daß sie sowohl das Verhalten der permanenten Gase und ungesättigten Dämpfe wie auch das der Substanz im flüssigen Zustand möglichst wiedergibt. Welche Bedeutung die Aufstellung einer Zustandsgleichung hätte, welche zugleich den flüssigen und gasförmigen Zustand der Materie mit aller Genauigkeit umfassen könnte, bedarf angesichts der wichtigen Rolle, welche die Zustandsgleichung in der Wärmelehre spielt, keiner weiteren Erörterung.

Der zweifellos erfolgreichste Versuch in dieser Richtung rührt von van der Waals her. Betrachtungen atomistischer Natur, deren strenge Durchführung auf große Schwierigkeiten stößt, fanden ihren genäherten Ausdruck in der Gleichung

$$\left(p + \frac{a}{v^2}\right)(v - b) = RT. \qquad (54)$$

In ihr sind a, b und R Materialkonstante, und zwar hat R einen etwas anderen Wert als in der Gasgleichung, nämlich $\frac{1}{273}\left(p_0 + \frac{a}{v_0^2}\right)(v_0 - b)$. Hierbei bezeichnet p_0 und v_0 wieder ein der Temperatur 0^0 C zugehöriges Wertepaar von Druck und Volumen. Es kann z. B. v_0 das dem Druck $p_0 = 1$ At bei 0^0 entsprechende spezifische Volumen sein.

Daß die Gasgleichung nicht genau gilt, rührt nach van der Waals erstens davon her, daß die Energie nicht reine Temperaturfunktion ist, also die Kohäsionskräfte zwischen den Molekeln nicht Null sind. Das Gas, der Dampf und natürlich noch ungleich mehr die Flüssigkeit stehen somit nicht nur unter dem Druck, den sie nach außen ausüben, sondern auch unter dem Kohäsionsdruck, den van der Waals dem Quadrat der Dichte proportional setzt, woraus sich das Zusatzglied $\frac{a}{v^2}$ zum nach außen wirksamen Druck p erklärt. Es ist dann $p + \frac{a}{v^2} = p_i$ der gesamte Druck, unter dem die Flüssigkeit steht, oder, wie man sagt, ihr innerer Druck. Er läßt sich berechnen, wenn wir im Sinne der Ausführungen in § 62 bemerken, daß die beim Erwärmen um ein Grad gegen den äußeren Druck und gegen die Kohäsionskräfte geleistete Ausdehnungsarbeit $p_i \left(\frac{\partial v}{\partial T}\right)_p$ dem Unterschied $c_p - c_v = AT\left(\frac{\partial v}{\partial T}\right)_p \left(\frac{\partial p}{\partial T}\right)_v$ äquivalent sein muß, woraus sich $p_i = p + \frac{a}{v^2} = T\left(\frac{\partial p}{\partial T}\right)_v$ ergibt. Hiernach ist der innere Druck in Flüssigkeiten sehr groß und berechnet sich z. B. für Quecksilber bei 0° zu rund 12500 At.

Der zweite Grund für die Abweichungen von der Gasgleichung bei starker Verdichtung oder gar Verflüssigung ist darin zu erblicken, daß ungleich dem verdünnten Gas hier nicht mehr der ganze Raum für die Bewegung der Molekel freisteht. Der von den Molekeln erfüllte Raum kann gegen den von ihnen freien nicht mehr vernachlässigt werden. Die Wirkung ist eine den Druck steigernde; denn es ist so, als ob das Gas ein kleineres Volumen ausfüllen würde. Man hat also in der Gasgleichung von v einen gewissen, dem von den Molekeln wirklich erfüllten Raum proportionalen Betrag b, das sogenannte „Kovolumen" abzuziehen. Für nicht allzu große Dichte ist nach van der Waals b gleich dem vierfachen Volumen der Molekeln anzusetzen. Wählt man als Mengeneinheit das Mol und mißt das Volumen in Litern, den Druck in At, so ergibt sich für

	a	b
Wasserstoff	0·194	$2{\cdot}19 \cdot 10^{-2}$
Wasser	5·47	$3{\cdot}05 \cdot 10^{-2}$
Kohlensäure	3·61	$4{\cdot}29 \cdot 10^{-2}$.

§ 80. Dampf und permanentes Gas. Die kritische Temperatur. Darstellung in der Arbeitsfläche. Kritischer Punkt und Grenzkurve.

Drückt man ein Gas, wie Luft, bei gewöhnlicher Temperatur zusammen, so steigt der Druck zunächst nach dem Boyleschen Gesetz und später bei sehr hohen Drucken mit abnehmender Kompressibilität noch stärker als nach dem Gesetz der verkehrten Proportionalität. Stets aber bleibt das Gas auch bei den höchsten Drucken homogen gasförmig. Eine Verflüssigung findet nicht statt. Drückt man hingegen Chlor oder ungesättigten Wasserdampf bei gewöhnlicher Temperatur zusammen, so steigt wohl zunächst auch der Druck ungefähr nach dem Boyleschen Gesetze; dieses Ansteigen währt aber nur so lange, bis der der betreffenden Temperatur entsprechende Sättigungsdruck erreicht ist. Eine weitere Volumsverminderung bewirkt dann nicht mehr ein Ansteigen des Drucks, sondern Inhomogenwerden in der Form von Nebelbildung und im weiteren Fortschreiten vollständige Verflüssigung unter Abgabe der Kondensationswärme.

Ob ein Stoff in gasförmiger Aggregation als permanentes Gas oder als Dampf zu bezeichnen ist, hängt also davon ab, ob er sich bei der betreffenden Temperatur durch Zusammendrücken in den tropfbar flüssigen Zustand überführen läßt. Es lehrt die Erfahrung, daß für jeden Stoff eine ganz bestimmte **kritische Temperatur** gefunden werden kann, über der er sich wie ein permanentes Gas verhält, d. h. auch unter Anwendung höchsten Druckes sich nicht verflüssigen läßt. Unterhalb dieser Temperatur gibt es hingegen stets einen bestimmten Druck, den der betreffenden Temperatur zugehörigen Sättigungsdruck π, nach dessen Erreichen bei weiterer Volumsverminderung die Verflüssigung erfolgt.

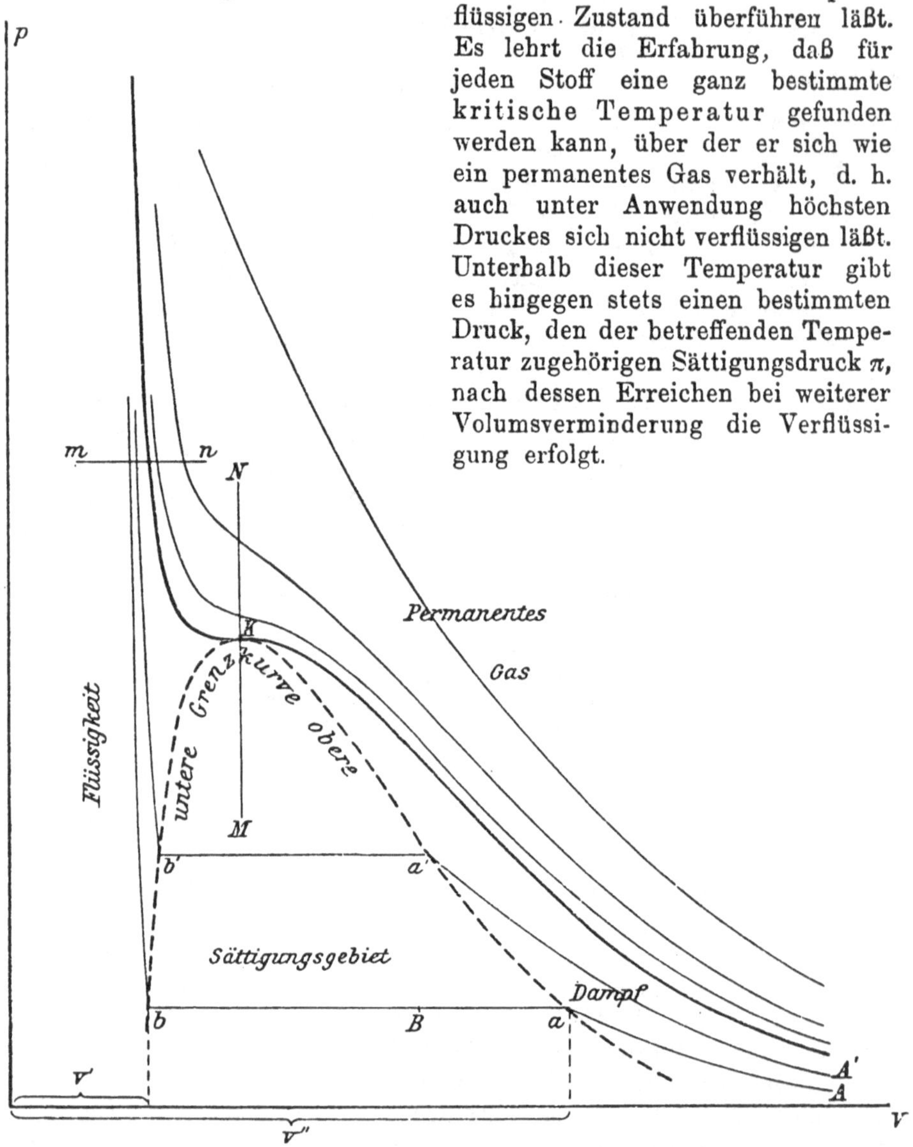

Fig. 76.

So liegt z. B. für Wasser die kritische Temperatur bei 374° C. Es gibt also kein flüssiges Wasser oder dampfförmiges Gas von höherer Temperatur als 374°, vielmehr haben wir in dem Körper Wasser bei einer Temperatur über 374° ein permanentes Gas zu erblicken.

Besonders übersichtlich werden diese Verhältnisse in der vp-Fläche dargestellt:

Wir denken uns 1 kg ungesättigten Dampf, etwa Wasserdampf von 100° in einem Zylinder unter einem Stempel (Zustand A). Der Druck ist natürlich niedriger als der dieser Temperatur entsprechende Sättigungsdruck, das Volumen größer als das von gesättigtem Dampf gleicher Temperatur. Wird das Volumen vermindert und die Temperatur festgehalten, so steigt zunächst der Druck ungefähr nach dem Boyleschen Gesetz, also nach einer gleichseitigen Hyperbel, bis im Punkt a der 100° entsprechende Sättigungsdruck (für Wasserdampf 1 At) erreicht ist. Wir haben es dort mit 1 kg trocken gesättigtem Dampf zu tun; die Abszisse des Punktes a ist also v''.

Wird jetzt das Volumen weiter verkleinert, so erfolgt zunächst keine weitere Drucksteigerung. Der Druck bleibt gleich dem Sättigungsdruck und es tritt Verflüssigung ein. Vorausgesetzt ist hierbei, daß die Temperatur durch Entzug der freiwerdenden Verdampfungswärme konstant auf 100° erhalten wird. In b sei die Verflüssigung beendet. Dort ist die Substanz Wasser von 100° unter Siededruck, ihr Volumen gleich v'. Dazwischen, z. B. im Punkte B, ist ein Bruchteil x dampfförmig, der Rest $1-x$ flüssig. In a ist $x=1$, in $b=0$. Das Volumen ist in B durch $v=v'+\varphi x$ gegeben. Aus $v-v'=\varphi x$ erhellt, daß auf dem n-ten Teil der Strecke ab auch der n-te Teil der Substanz verflüssigt ist.

Erst in b, nach restloser Verflüssigung des Dampfes, bewirkt eine weitere isotherme Volumsverkleinerung ein nun äußerst rasches Ansteigen des Druckes, wie das der geringen Kompressibilität der Flüssigkeiten entspricht. Die Isotherme ist von da ab fast eine zur Ordinatenachse parallele Linie.

Denken wir uns nun den ganzen Vorgang bei höherer Temperatur wiederholt ($A'a'b'$), so spielt er sich zunächst in ganz gleicher Weise ab. Nur wird jetzt die Kondensation erst bei höherem Druck und demgemäß bei entsprechend kleinerem Volumen beginnen. Der Punkt a' liegt weit links von a. Hingegen rückt wegen des Überwiegens der thermischen Ausdehnung der Flüssigkeit über die Kompression der Punkt b' ein wenig nach rechts. Beides, vor allem der erste Umstand, bewirkt eine Verkürzung des geraden Stückes der Isotherme, längs welchem die Verflüssigung vor sich geht.

Wählen wir die Temperatur noch höher, so wird v'' immer mehr gleich v', das gerade Stück immer kürzer, bis es schließlich auf der Isotherme, die der kritischen Temperatur ϑ_k entspricht, eben ganz verschwindet. Diese kritische Isotherme zeigt noch als letzten Rest der Geraden eine Stelle, an der sie parallel zur v-Achse verläuft, d. h. einen Wendepunkt, in dem ihre Tangente der v-Achse parallel ist. Diesen Punkt K bezeichnet man als den kritischen Punkt der betreffenden Substanz, seine Koordinaten als ihr kritisches Volumen v_k und ihren kritischen Druck p_k.

So ist für Wasser:

ϑ^0	π At	π at	$v'' \frac{cm^3}{gr}$	$v' \frac{cm^3}{gr}$
200	15·38	15·89	126·7	1·159
250	39·12	40·43	51·4	1·259
374	217·5	224·7	3·04	3·04

also $\vartheta_k = 374^0$, $v_k = 3 \cdot 04 \frac{cm^3}{gr}$ und $p_k = 217 \cdot 5$ At.

Oberhalb der kritischen Temperatur zeigen die Isothermen in der Nähe des kritischen Punktes noch Verbiegungen (pv wird mit wachsendem Druck kleiner), aber eine Verflüssigung findet nicht mehr statt. Bei noch höheren Temperaturen nähert sich ihr Verlauf immer mehr dem einer gleichseitigen Hyperbel.

Verbindet man alle Punkte a und ebenso alle Punkte b durch eine Kurve (gestrichelt gezeichnet), so erhält man die sogenannte Grenzkurve. Der linke Teil, die linke oder untere Grenzkurve, enthält die Punkte b; die Substanz ist auf ihr Flüssigkeit unter dem der betreffenden Temperatur entsprechenden Sättigungsdruck. Der rechte Teil, die rechte oder obere Grenzkurve, enthält die Punkte a; die Substanz ist auf ihr trocken gesättigter Dampf.

Durch Grenzkurve und kritische Isotherme zerfällt die ganze Fläche in vier Blätter:

Unter der Grenzkurve liegt das Sättigungsgebiet, in dem die Substanz aus Flüssigkeit und gesättigtem Dampf besteht, also Naßdampf ist. Links von der unteren Grenzkurve und der kritischen Isotherme ist die Substanz flüssig, zwischen der oberen Grenzkurve und der kritischen Isotherme ist sie ungesättigter oder überhitzter Dampf und oberhalb der kritischen Isotherme ist sie permanentes Gas.

§ 81. Cagniard de la Tours Versuch. Kontinuität des flüssigen und gasförmigen Zustandes.

Zur Verflüssigung eines gasförmigen Körpers muß nach dem oben Gesagten seine Temperatur zunächst unter die kritische gebracht werden. Zu ihrer Ermittelung benutzt man für Körper, die ohne weiteres in flüssiger Form erhältlich sind, eine schon 1822 von Cagniard de la Tour aufgefundene Erscheinung:

Man nimmt ein starkwandiges Glasröhrchen und füllt so viel Flüssigkeit ein, daß die Substanz im kritischen Zustand das ganze Röhrchen ausfüllt; für 1 gr Wasser wählt man also z. B. ein Röhrchen von 3 cm^3 Inhalt. Das muß, wenn man das kritische Volumen nicht schon kennt, durch Probieren ermittelt werden. Wird die Luft aus dem Röhrchen durch den Dampf der Flüssigkeit verdrängt oder durch Auspumpen entfernt und das Röhrchen zugeschmolzen, so ist in ihm Flüssigkeit und Dampf vorhanden und zwar in einem Zustand, der auf der durch K gehenden Isochore, also unter K, etwa bei M liegt. Wird jetzt, am besten in einem Bad von durchsichtigem Öl, die Temperatur des Röhrchens gesteigert, so verdampft ein Teil der Flüssigkeit unter lebhafter Blasenentwicklung, der Druck wird größer, bis endlich bei einer ganz bestimmten Temperatur die merkwürdige Erscheinung eintritt, daß der Meniscus, welcher Flüssigkeit und Dampf trennt, plötzlich verschwindet. Es ist dies dann der Fall, wenn der Zustand, auf der Isochore MN fortschreitend, gerade den Punkt K passiert. Da MN bis dahin zwischen den Punkten a und b verläuft, liegt auch bis zum letzten Augenblick x zwischen 0 und 1, d. h. der Meniscus verschwindet nicht etwa nach oben oder unten, sondern an einer ganz bestimmten Stelle, an der er beim Abkühlen auch wieder erscheint. Die in diesem Augenblick vorhandene Temperatur ist die kritische Temperatur und der durch ein an das Röhrchen angesetztes Manometer zu messende Druck der kritische Druck.

Da die Isotherme bei K sehr flach verläuft, genügt es zur Erzielung dieser Erscheinung, wenn das kritische Volumen auch nur einigermaßen getroffen ist. Das hat aber anderseits den Übelstand zur Folge, daß das kritische Volumen umgekehrt aus dem Eintritt der Erscheinung nur sehr genähert eingeschätzt werden kann. Es ist die weitaus am schwierigsten zu bestimmende der drei kritischen Größen.

Statt der Beobachtung durch das Auge, die bei Flüssigkeiten, die selbst und deren Dämpfe stark gefärbt sind oder welche das Glas angreifen, nicht möglich ist, kann man das Röhrchen auch als Wagbalken montieren und das Verschwinden des Meniscus, also das Homogenwerden des Inhalts im kritischen Punkt daran erkennen, daß sich das Röhrchen wagrecht stellt.

Vor dem Passieren der kritischen Isotherme war im Röhrchen Flüssigkeit und gesättigter Dampf vorhanden, nachher enthält das Röhrchen permanentes Gas. Bemerkenswert ist, daß hierbei ein großer Teil der im Röhrchen enthaltenen Flüssigkeit sich in permanentes Gas verwandelt, ohne je Dampf geworden zu sein.

Es ist aber auch möglich, die Flüssigkeit vollkommen kontinuierlich, d. h. ohne daß sie während der Verwandlung durch teilweise Verdampfung inhomogen wird, in Gas zu verwandeln. Man braucht offenbar nur die Flüssigkeit unter einen Druck zu setzen, der größer ist als der kritische Druck, und zu erhitzen. Hält man diesen Druck etwa konstant, so wird der Stoff die kritische Isotherme längs einer Isobare mn schneiden und sich hierbei von einer homogenen Flüssigkeit unmerklich in ein homogenes permanentes Gas verwandeln, ohne je, auch nur zum kleinsten Teil verdampft, also inhomogen geworden zu sein. Überhaupt sieht man ein, daß sich zwei Zustände, die beide nicht im Sättigungsgebiet liegen, stets kontinuierlich ineinander überführen lassen, ohne daß der Stoff je inhomogen wird, indem man sie durch einen Weg verbindet, der nicht durch das Sättigungsgebiet führt. Es findet dann auch keine Verdampfung oder Kondensation statt. Man kann eine Flüssigkeit in überhitzten Dampf verwandeln, ohne sie zu verdampfen.

§ 82. Berechnung der kritischen Größen aus der Gleichung von van der Waals. Metastabile Zustände.

Aus

$$\left(p + \frac{a}{v^2}\right)(v - b) = R T$$

folgt

$$(p v^2 + a)(v - b) = R T v^2$$

und

$$v^3 - \left(\frac{R T}{p} + b\right) v^2 + \frac{a}{p} v - \frac{a b}{p} = 0.$$

Die Gleichung von van der Waals ist also in bezug auf v eine Gleichung dritten Grades. Es entsprechen bei festgehaltenem T einem

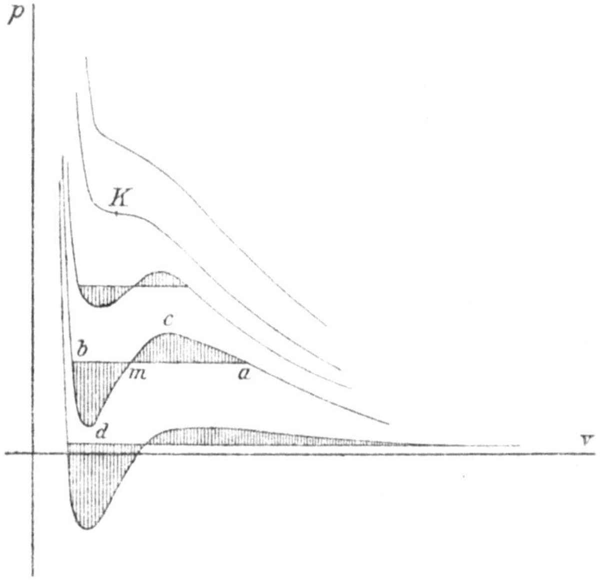

Fig. 77.

bestimmten p drei Werte von v. Diese drei Werte sind entweder alle reell, oder es sind einer reell und zwei imaginär, somit physikalisch bedeutungslos. Gibt man dem T bestimmte Werte und konstruiert für jeden von ihnen die obige Gleichung in der vp-Fläche, also die durch die Waalssche Gleichung bestimmten Isothermen, so werden diese Kurven für $T > T_k$ von jeder Isobare nur in einem Punkte geschnitten, dagegen für $T < T_k$ und innerhalb eines gewissen Druckbereiches in drei Punkten; es hat dann die Gleichung drei reelle Wurzeln. Die Kurven fallen dort in das Sättigungsgebiet und während sie sonst im Gebiet des gasförmigen und rein dampfförmigen Zustandes sich den beobachteten Isothermen des betreffenden Stoffes bei passender Wahl der Konstanten gut anschließen, ja selbst noch das Flüssigkeitsgebiet beiläufig wiedergeben, weichen sie von den im Sättigungsgebiet gewöhnlich beobachteten Isothermen vollständig ab. Diese sind bekanntlich durch zur Abszissenachse Parallele ($a\,b$) gegeben und ihre Lage in bezug auf die entsprechende Waalssche Kurve ist nach Maxwell so bestimmt, daß die von ihr und der Kurve begrenzten, schraffierten Flächenstücke ($b\,d\,m$ und $m\,c\,a$) gleich groß werden oder, was auf dasselbe hinauskommt,

$$\int_{v'}^{v''} p\,d\,v = \pi(v'' - v')$$

wird, wobei das Integral über die Kurve zu bilden ist [1].

Je höher die Isothermen liegen, desto kleiner werden die schraffierten Flächen und desto näher rücken die drei reellen Wurzeln aneinander, bis sie im kritischen Punkt zusammenfallen. Diese Bemerkung ermöglicht die Berechnung der Koordinaten des kritischen Punktes aus den Konstanten der Waalsschen Gleichung a, b und R.

Sind nämlich v_1, v_2 und v_3 die drei reellen Wurzeln, so gilt nach den Lehren der Algebra für die Koeffizienten unserer Gleichung dritten Grades:

$$v_1 + v_2 + v_3 = \frac{R\,T}{p} + b$$

$$v_1 v_2 + v_1 v_3 + v_2 v_3 = \frac{a}{p}$$

$$v_1 v_2 v_3 = \frac{a\,b}{p}.$$

Somit für $v_1 = v_2 = v_3 = v_k$, $p = p_k$ und $T = T_k$:

$$3\,v_k = \frac{R\,T_k}{p_k} + b$$

$$3\,v_k^2 = \frac{a}{p_k}$$

und

$$v_k^3 = \frac{a\,b}{p_k}.$$

Aus der dritten und zweiten dieser drei Gleichungen folgt $v_k = 3\,b$, weiter aus der zweiten

$$p_k = \frac{a}{3\,v_k^2} = \frac{a}{27\,b^2},$$

[1] Der Maxwellsche Satz gilt aber nicht nur für die Waalssche Isotherme, sondern folgt allgemein aus der Gleichheit des thermodynamischen Potentials in a und b.

endlich aus der ersten

$$T_k = \frac{1}{R}(3v_k p_k - b p_k) = \frac{1}{R}\left(\frac{a}{3b} - \frac{a}{27b}\right) = \frac{1}{R}\,\frac{8a}{27b}.$$

Hat man also das beobachtete Isothermennetz durch Berechnung der Konstanten an die Waalssche Gleichung angeschlossen, so sind die kritischen Größen vermittelst dieser Gleichungen berechenbar. Die Möglichkeit dieser Berechnung war besonders wertvoll, als noch nicht alle Gase verflüssigt waren und man so aus Beobachtungen oberhalb der kritischen Temperatur auf die Lage des kritischen Punktes schließen konnte.

Entspricht auch dem normalen Verlauf der Verdampfung oder Kondensation die Gerade ab, also eine isobare Zustandsänderung, so sind doch die Kurvenstücke bd und ac der Waalsschen Isotherme physikalisch nicht bedeutungslos. Das Stück bd wird dann durchlaufen, wenn der Druck über der Flüssigkeit unter den der betreffenden Temperatur zugehörigen Sättigungsdruck sinkt, ohne daß Sieden eintritt, wie dies in ganz reinen Gefäßen beobachtet wird, wenn Gefäßwände und Flüssigkeit luftfrei sind. Man bezeichnet diese Erscheinung als Siedeverzug. Da dieser Zustand statt durch Druckerniedrigung bequemer durch Erhitzen der Flüssigkeit über den dem vorhandenen Druck entsprechenden Siedepunkt erzielt wird, so bezeichnet man ihn auch als den einer überhitzten Flüssigkeit.

Steht hierbei die Flüssigkeit, wie gewöhnlich, mit ihrem Dampf in Berührung, so ist an der Oberfläche, von der aus die Flüssigkeit heftig verdampft, kein Siedeverzug vorhanden und die Temperatur der Oberflächenschichten ist gleich der des abströmenden Dampfes, also gleich der Siedetemperatur, wie sie dem auf der Flüssigkeit lastenden Druck entspricht. Aber im Innern ist sie beträchtlich höher, da mangels aller Ansatzstellen für die Blasenentwicklung weder im Innern der Flüssigkeit noch von den Wänden aus Dampf entwickelt wird. Durch Einbringen von Körpern, an deren Oberflächen Luft adsorbiert ist, läßt sich der Siedeverzug aufheben; eine stark überhitzte Flüssigkeit braust auf, wenn man in sie Porzellanschrot oder noch besser Platinschnitzel wirft. Besonders bei starker Wärmezufuhr ist es aber auch dann noch zweifelhaft, ob die Flüssigkeit nicht stellenweise geringe Überhitzungen aufweist. Man hat darum bei Bestimmung des Siedepunktes von Thermometern das Thermometergefäß nicht in das Wasser, sondern in den Dampf zu bringen, der in jedem Fall die dem Druck zugehörige Siedetemperatur besitzt.

Befindet man sich auf einer Isotherme, die wie die unterste der in Fig. 77 gezeichneten in diesem Teil unter die Abszissenachse hinabsteigt, so kann der Druck auch tatsächlich negativ werden, ohne daß die Flüssigkeit zu sieden beginnt. Bringt man in ein Barometerrohr, das tief in Quecksilber taucht, über das Quecksilber etwas gut ausgekochtes Wasser, so kann man durch Heben des Rohres der Quecksilbersäule eine weit über den Barometerstand reichende Länge geben, ehe das Wasser vom oberen Ende des Rohres abreißt und sich Dampf entwickelt. Vorher steht das Wasser unter Zug, d. h. unter negativem Druck, ohne zu verdampfen. Diese Teile der Waalsschen Isothermen entsprechen also Zuständen, die verwirklicht werden können.

Ähnlich liegen die Verhältnisse bezüglich der Kurventeile *ae*. Sie werden durchlaufen, wenn Dampf isotherm über die dem gesättigten Dampf entsprechende Dichte zusammengedrückt wird, ohne daß Kondensation erfolgt, wie dies bei Abwesenheit von allem Staub und anderen „Kondensationskernen", wie im Dampf schwebenden Flüssigkeitströpfchen, Rauchteilchen u. dgl. möglich ist. Man bezeichnet solchen Dampf als übersättigt, oder da der gleiche Zustand bequemer auch durch Abkühlen von gesättigtem Dampf erzielt werden kann, natürlich gleichfalls in Abwesenheit aller Kondensationskerne, als unterkühlt.

In eine Glaskugel mit angeschmolzenem Hahn bringt man einige Tropfen Wasser und verbindet sie durch einen kurzen Schlauch mit einem kräftigen Kautschukball. Die Glaskugel wird in den Strahlenkegel der Projektionslampe gestellt. Drückt man bei geschlossenem Hahn den Ball langsam zusammen und läßt ihn dann plötzlich wieder los, so bildet sich in der Kugel ein dichter, in der grellen Beleuchtung weit sichtbarer Nebel. Die adiabatische Entspannung hat eine beträchtliche Abkühlung der mit Wasserdampf gesättigten Luft bewirkt und der Überschuß an Wasser hat sich in der Form von Nebeltröpfchen auf den in der Luft der Kugel in großer Zahl vorhandenen Staubteilchen niedergeschlagen. Führt man aber diesen einfachen Versuch oftmals nacheinander aus, ohne die Luft zu erneuern, so wird die Nebelbildung schwächer und hört schließlich ganz auf. Es setzen sich nämlich die Nebeltröpfchen, die hierbei heftig herumgewirbelt werden mit der Zeit alle an den feuchten Wänden ab, der Staub bleibt haften und die Luft wird staubfrei. Erst wenn man durch den Hahn frische Luft einsaugt, bildet sich wieder Nebel. Statt durch wiederholte Kondensation kann man die Luft auch staubfrei machen, indem man sie durch einen dichten Wattepfropfen saugt.

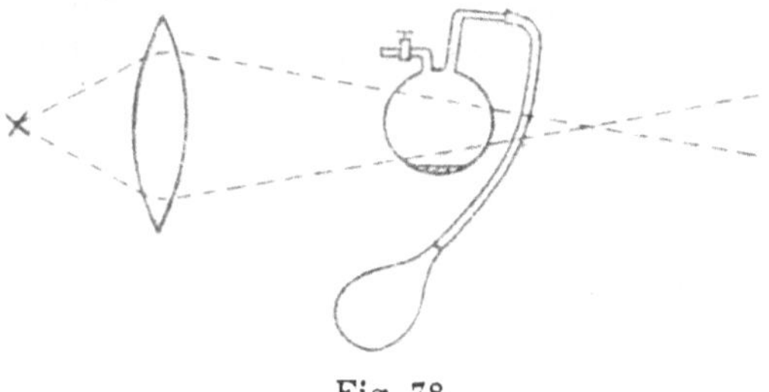

Fig. 78.

Die Staubteilchen, um die es sich hierbei handelt, sind nicht der grobe Staub, den man im Sonnenschein mit freiem Auge wahrnimmt, sondern viel kleinere Teilchen, die im Liter Luft nach vielen Millionen, selbst in reiner Waldluft nach Hunderttausenden zählen und nur in den Höhen der Atmosphäre bei absteigender Luftbewegung bisweilen kaum nachweisbar sind. Ihre Zählung erfolgt nach Aitken, indem man ein kleines gemessenes Luftvolumen mit staubfreier Luft verdünnt, mit Wasserdampf sättigt und die bei adiabatischer Expansion sich bildenden Nebeltröpfchen zählt. In der Mitte jedes Tröpfchens befindet sich ein Staubteilchen. Man läßt die Tröpfchen durch ihre Schwere auf ein mit einem Raster versehenes Glasplättchen fallen und zählt sie unter einem schwach vergrößernden Mikroskop.

Aus der Tatsache, daß der Dampf Staubkerne enthalten muß, um kondensieren zu können, erklärt sich auch die Erscheinung, daß ein Dampfstrahl, der aus der Öffnung eines Dampfbehälters tritt, erst in einiger Entfernung von der Öffnung durch die einsetzende Kondensation sichtbar wird. War im Behälter gesättigter Dampf von höherer als Atmosphärenspannung, so müßte er wegen der adiabatischen Abkühlung bei Vorhandensein der nötigen Kondensationskerne schon in der Öffnung selbst kondensieren. Da er aber staubfrei ist, setzt die Nebelbildung erst in größerer Entfernung von der Öffnung ein, wo sich der Strahl in Wirbel auflöst und mit der staubhaltigen Luft der Atmosphäre mischt. Bis dahin hat man es mit nicht kondensiertem, unterkühltem Dampf zu tun und so ist es begreiflich, daß für die adiabatische Ausströmung gesättigten Dampfes wesentlich die gleichen Ausflußmengen und Geschwindigkeiten erhalten werden, wie für einen Dampf, der so hoch überhitzt ist, daß er es bis zum Ende bleibt.

Nebenbei sei noch erwähnt, daß R. Helmholtz und Richarz gefunden haben, daß bei sehr starker Übersättigung auch die Träger der elektrischen Strömung in Gasen, die „Ionen“, als Kondensationskerne wirken können und zwar, wie man später feststellte, die negativen früher als die positiven. Wird bei dem oben beschriebenen Versuch die Luft in der Kugel staubfrei gemacht und durch Röntgenlicht oder die Strahlung radioaktiver Körper ionisiert, d. h. elektrisch leitend gemacht, so bildet sich bei genügend starker Expansion ein milchiger Nebel, dessen Tröpfchen positiv oder negativ geladen sind, je nachdem sie sich auf einem positiven oder negativen Ion gebildet haben. Da die freie Luft stets schwach leitend ist, könnte diese Ionenkondensation in großen Höhen oder wenn die Luft durch gefallenen Regen staubfrei wurde, auch für die Kondensationsvorgänge in der Atmosphäre von Bedeutung sein.

Während demnach die Stücke bd und ac der Waalsschen Isotherme herstellbaren, wenn auch ungewöhnlichen Zuständen entsprechen, die man wohl auch „metastabil“ nennt, ist das Stück cd physikalisch bedeutungslos. Würde es uns selbst gelingen, den Stoff in einen Zustand zu bringen, der durch einen Punkt dieses Kurvenstückes, etwa durch m dargestellt ist, so könnte er keinen Augenblick in diesem Zustand verbleiben; denn da hier beim Zusammendrücken der hierzu nötige Druck immer kleiner wird, ist der Zustand ein labiler und er würde von selbst sofort in den Zustand d übergehen. Von den drei reellen Wurzeln ist also die mittlere bedeutungslos.

§ 83. Reduzierte Zustandsgleichung. Korrespondierende Zustände.

Eine wichtige Eigenschaft der Gleichung von van der Waals, wie übrigens im allgemeinen jeder Zustandsgleichung mit nur drei Konstanten, ist die folgende:

Wir wollen das Volumen nicht in cm³ oder m³, den Druck nicht in Dyne/cm², kg/cm² oder Atmosphären und die Temperatur nicht in Graden der absoluten Skala messen. Vielmehr sollen für jeden Stoff seine drei kritischen Größen als Maßeinheiten für die Messung von Volumen, Druck und Temperatur zugrunde gelegt werden, d. h. $v = v_k \mathfrak{v}$, $p = p_k \mathfrak{p}$ und $T = T_k \mathfrak{t}$ gesetzt werden. Wir messen also z. B. das Volumen durch die Zahl $\mathfrak{v}$, die uns angibt, wievielmal das spezifische Volumen der Substanz größer ist als ihr kritisches und ebenso messen wir Druck und Temperatur. Die Faktoren $\mathfrak{v}$, $\mathfrak{p}$ und $\mathfrak{t}$ heißen reduziertes Volumen, reduzierter Druck und reduzierte Temperatur.

Setzen wir nun diese Werte in die Waalssche Gleichung ein, so wird

$$\left(p_k \mathfrak{p} + \frac{a}{v_k^2 \mathfrak{v}^2}\right)(v_k \mathfrak{v} - b) = R T_k \mathfrak{t}$$

und wenn wir die oben für die kritischen Größen erhaltenen Ausdrücke einführen

$$\left(\frac{a}{27 b^2} \mathfrak{p} + \frac{a}{9 b^2 \mathfrak{v}^2}\right)(3 \mathfrak{v} - 1) b = \frac{8a}{27b} \mathfrak{t},$$

$$\left(\frac{a}{27 b} \mathfrak{p} + \frac{3a}{27 b \mathfrak{v}^2}\right)(3 \mathfrak{v} - 1) = \frac{8a}{27b} \mathfrak{t}$$

oder schließlich

$$\left(\mathfrak{p} + \frac{3}{\mathfrak{v}^2}\right)(3 \mathfrak{v} - 1) = 8 \mathfrak{t}. \qquad (54')$$

Man bezeichnet diese Gleichung als die reduzierte Gleichung von van der Waals. Die Konstanten a, b und R, die den betreffenden Stoff kennzeichnen, sind in ihr nicht enthalten. Legt man also die dem Stoff eigentümlichen kritischen Größen als Maßeinheiten zugrunde, so verliert die Waalssche Gleichung ihren individuellen Charakter und gewinnt eine vom Stoff unabhängige Form.

Dieses Ergebnis läßt sich auch in der folgenden Weise ausdrücken: Hat man die Isothermennetze für verschiedene Stoffe ermittelt und gezeichnet, so lassen sich diese Netze durch einfaches Verändern der für v und p zugrunde gelegten Maßstäbe zur Deckung bringen; denn gleichem $\mathfrak{v}$ und $\mathfrak{p}$ entsprechen auch gleiche $\mathfrak{t}$. Daß dies im größten Teil des Diagramms der Fall ist, wurde an Hand der Beobachtungen Amagats gezeigt. Diese Übereinstimmung der Isothermennetze untereinander ist sogar eine bessere als die jedes einzelnen Netzes mit der Waalsschen Formel, was sich dahin deuten läßt, daß es eine andere dreikonstantige Formel gibt, welche die Beobachtungen noch besser darstellt als die

Waalssche. Es wurde schon viel Arbeit auf die Verbesserung der Waalsschen Gleichung angewendet. Man hat hierbei auch erkannt, daß a von der Temperatur und b vom Volumen nicht unabhängig ist; a nimmt mit der Temperatur ab, b wächst mit dem Volumen. Doch steht der Erfolg in keinem Verhältnis zur aufgewendeten Mühe.

Auch ist die Waalssche Gleichung, so einfach sie ist, doch schon recht unhandlich, wenn es gilt, aus ihr die thermischen Koëffizienten oder die kalorimetrischen Eigenschaften des betreffenden Stoffes zu berechnen, und die Gleichung der Grenzkurve, deren Kenntnis von großer praktischer Wichtigkeit wäre, gibt sie doch den Zusammenhang zwischen Druck und Dichte gesättigten Dampfes, ist zwar aufzustellen, aber von sehr unübersichtlicher Form.

Dennoch ist die van der Waalssche Gleichung von hohem Wert, da sie den ersten qualitativ vollkommen und quantitativ wenigstens in einem großen Teil der Zustandsfläche gelungenen Versuch darstellt, das thermische Verhalten eines Stoffes im gasförmigen, dampfförmigen und flüssigen Zustand durch eine einzige Zustandsgleichung zu beherrschen. Im besonderen ist die Gleichung in ihrer reduzierten Form für die Thermochemie wichtig geworden. Es hat sich gezeigt, daß die thermischen Eigenschaften verschiedener Stoffe am besten miteinander vergleichbar sind, wenn man sie auf gleiche reduzierte Volumina und Drucke bezieht, wenn man sie in „korrespondierenden Zuständen" betrachtet. Hierdurch wird in geeignetster Weise der Willkür begegnet, mit der die Maßeinheiten für die thermischen Variablen behaftet sind und konnte eine große Zahl von Gesetzmäßigkeiten aufgefunden werden, die man anders nicht erkannt hätte.

§ 84. Temperaturänderung bei der Drosselung wirklicher Gase und überhitzter Dämpfe.

Vornehmlich wegen der im folgenden besprochenen Gasverflüssigungsmaschine von Linde wollen wir den bereits in § 44 behandelten Drosselversuch von Joule und Thomson nochmals unter Zuziehung des II. Hauptsatzes und der Waalsschen Gleichung vornehmen. Bei diesem Versuch bleibt, wie dort ausgeführt wurde (Gleichung (19)) $u + Apv$ konstant. Nehmen wir zunächst an, daß der Druck auf beiden Seiten des porösen Pfropfens nur wenig verschieden ist, so folgt daraus

$$du + Ap\,dv + Av\,dp = dq + Av\,dp = T\,ds + Av\,dp = 0$$

oder, wenn wir uns s als Funktion von p und T ausgedrückt denken,

$$T\left(\frac{\partial s}{\partial T}\right)_p dT + \left\{T\left(\frac{\partial s}{\partial p}\right)_T + Av\right\} dp = 0\,.$$

Berücksichtigen wir den zweiten Hauptsatz und zwar durch Heranziehen der Gleichungen (IVb) und (VIb) aus § 61, so ist

$$\left(\frac{\partial s}{\partial T}\right)_p = \frac{c_p}{T} \quad \text{und} \quad \left(\frac{\partial s}{\partial p}\right)_T = \frac{N}{T} = -A\left(\frac{\partial v}{\partial T}\right)_p,$$

also auch

$$c_p dT + A\left\{v - T\left(\frac{\partial v}{\partial T}\right)_p\right\} dp = 0$$

und man erhält die sogenannte Drosselgleichung

$$dT = \frac{A}{c_p}\left\{T\left(\frac{\partial v}{\partial T}\right)_p - v\right\} dp \tag{55}$$

oder für einen beliebig großen Druckabfall (p_1 auf p_2) durch Integration

$$\Delta T = A\int_{p_1}^{p_2} \frac{1}{c_p}\left\{T\left(\frac{\partial v}{\partial T}\right)_p - v\right\} dp.$$

Aus ihr kann man die beim Joule-Thomsonschen Versuch eintretende Temperaturänderung des Gases berechnen, falls c_p und $\left(\frac{\partial v}{\partial T}\right)_p$ bekannt sind. Für ein ideales Gas wäre natürlich diese Temperaturänderung gleich Null, da

$$\left(\frac{\partial v}{\partial T}\right)_p = \frac{R}{p} = \frac{v}{T}$$

ist. Legt man aber die Waalssche Zustandsgleichung zugrunde, so kommt man zu einem Ausdruck, der tatsächlich die Versuchsergebnisse wiederzugeben geeignet ist.

Wir wollen uns mit einer Näherungsformel begnügen, die dadurch entsteht, daß die Konstanten a und b als kleine Größen behandelt werden. Es ist, falls wir zunächst das Produkt ab vernachlässigen

$$pv + \frac{a}{v} - pb = RT,$$

also

$$p\,dv + v\,dp - \frac{a}{v^2}dv - b\,dp = R\,dT$$

und

$$\left(\frac{\partial v}{\partial T}\right)_p = \frac{R}{p - \frac{a}{v^2}}.$$

Somit weiter

$$T\left(\frac{\partial v}{\partial T}\right)_p - v = \frac{RT - pv + \frac{a}{v}}{p - \frac{a}{v^2}} = \frac{\frac{2a}{v} - pb}{p - \frac{a}{v^2}}.$$

Vernachlässigen wir jetzt auch noch $\frac{a}{v^2}$ gegen p und schreiben genähert $pv = RT$, so wird schließlich

$$dT = \frac{A}{c_p}\left(\frac{2a}{RT} - b\right) dp.$$

Für die meisten permanenten Gase und alle Dämpfe ist bei mittleren Temperaturen der Klammerausdruck positiv, und da dp eine Druckabnahme bedeutet, d. h. negativ ist, muß auch dT negativ sein. Das

Gas erscheint also hinter der Drosselstelle, dort, wo es nach Vernichtung der Wirbel wieder ruhig strömt, dauernd abgekühlt. Bei Wasserstoff und ebenso bei Helium ist hingegen a so klein, daß im Klammerausdruck das negative Glied überwiegt. Zu einem negativen dp gehört dann ein positives dT, d. h. bei diesen Gasen tritt bei mittleren Temperaturen Erwärmung ein. Erst wenn die Temperatur so niedrig ist, daß $\frac{2a}{RT} - b > 0$ wird, erfolgt auch hier, wie bei den anderen Gasen Abkühlung. Für diesen Fall muß also $T < \frac{2a}{Rb}$, oder weil $\frac{1}{R}\frac{8a}{27b} = T_k$ ist, $T < \frac{27}{4} T_k$ sein.

Für Wasserstoff ist die kritische Temperatur $\vartheta_k = -241^0$ C, also $T_k = 32^0$. Wasserstoff oberhalb $\frac{27}{4} \cdot 32 = 216^0$ abs. oder rund -60^0 C müßte also nach unserer Näherungsformel im Joule-Thomsonschen Drosselversuch Erwärmung, hingegen unterhalb -60^0 C Abkühlung zeigen. Durch den Versuch wird aber dieser „Umkehrpunkt" (Inversionstemperatur) etwas niedriger, nämlich zu ungefähr -80^0 C gefunden. Die kritische Temperatur von Helium ist -268^0 C $= 5^0$ abs. Das gibt für den Umkehrpunkt 34^0 abs. $= -239^0$ C. In der Tat muß Helium mittels unter Atmosphärendruck siedendem flüssigem Wasserstoff auf -253^0 C abgekühlt werden, damit hinter der Drosselstelle Abkühlung und nicht, wie bei höherer Temperatur, Erwärmung eintritt.

Joule und Thomson selbst konnten die Ergebnisse ihrer Messungen in die empirische Formel

$$dT = \frac{\alpha}{T^2} dp$$

zusammenfassen. Der Effekt nimmt also mit sinkender Temperatur quadratisch zu. Drückt man p in At aus, so ist nach diesen Messungen die Konstante α z. B. für Luft gleich $0{\cdot}276 . (273)^2$, für Kohlensäure gleich $1{\cdot}37 . (273)^2$, d. h. bei 0^0 C bewirkt eine Entspannung um 1 At für Luft eine Abkühlung um $0{\cdot}276$, für Kohlensäure um $1{\cdot}37^0$. Doch haben neuere Versuche bei höheren Drucken gezeigt, daß α von p nicht unabhängig ist, sondern mit wachsendem Druck abnimmt, so daß besser

$$dT = \frac{\alpha - \beta p}{T^2} dp$$

zu schreiben ist. Für Luft ergab sich in ausgezeichneter Übereinstimmung mit den früheren bei Drucken von wenigen Atmosphären ausgeführten Versuchen $\alpha = 0{\cdot}277 . (273)^2$ und $\beta = 0{\cdot}00089 . (273)^2$. Den Temperaturabfall ($T_1$ auf T_2) für einen großen Druckabfall (p_1 auf p_2) erhält man auch hier wieder durch Integration. Es ist nach der letzten Formel

$$\int_{T_1}^{T_2} T^2 dT = \alpha \int_{p_1}^{p_2} dp - \beta \int_{p_1}^{p_2} p\, dp$$

und daraus

$$T_1 - T_2 = T_1 - \sqrt[3]{T_1^3 - 3\,\alpha(p_1 - p_2) + \tfrac{3}{2}\beta(p_1^2 - p_2^2)}.$$

Wird also Luft von 0° C durch einen porösen Pfropfen oder sonst ein Drosselventil von 200 auf 20 At entspannt, so erfährt sie hierdurch eine Abkühlung auf — 47° C.

§ 85. Über die Möglichkeit, durch Drosselversuche an Gasen ein beliebiges Thermometer an die absolute Skala anzuschließen.

Zurückgreifend soll bei dieser Gelegenheit noch gezeigt werden, wie genaue Messungen der Temperaturänderungen, die bei der Drosselung irgendeines Gases eintreten, verwendet werden könnten, um die Skala des hierbei verwendeten beliebigen Thermometers auf die absolute Skala zurückzuführen, wie wir sie in § 54 definiert haben. Bezeichnen wir die Angaben des verwendeten Thermometers mit T', so handelt es sich also darum, mittels dieser Versuche die absolute Temperatur T als Funktion von T' zu bestimmen.

Zunächst ist offenbar

$$\left(\frac{\partial v}{\partial T}\right)_p = \left(\frac{\partial v}{\partial T'}\right)_p \frac{d\,T'}{d\,T} \quad \text{und} \quad c_p = \left(\frac{d\,q}{d\,T}\right)_p = \left(\frac{d\,q}{d\,T'}\right)_p \frac{d\,T'}{d\,T} = c_p' \frac{d\,T'}{d\,T},$$

falls c_p' die sp. W. des betreffenden Gases bezeichnet, wie sie unter Verwendung des gleichen Thermometers gemessen wird.

Es lautet nun die Drosselgleichung

$$\frac{d\,T}{d\,p} = \frac{A}{c_p}\left\{T\left(\frac{\partial v}{\partial T}\right)_p - v\right\},$$

oder, wenn wir die eben aufgestellten Beziehungen verwenden,

$$\frac{d\,T'}{d\,p} = \frac{d\,T'}{d\,T}\frac{d\,T}{d\,p} = \frac{A}{c_p'}\left\{T\left(\frac{\partial v}{\partial T'}\right)_p \frac{d\,T'}{d\,T} - v\right\}.$$

Daraus folgt:

$$\frac{d\,T}{T} = \frac{\left(\frac{\partial v}{\partial T'}\right)_p d\,T'}{\frac{c_p'}{A}\frac{d\,T'}{d\,p} + v}.$$

Hierin bedeutet $\left(\frac{\partial v}{\partial T'}\right)_p$ den Koeffizienten der thermischen Ausdehnung, c_p' die sp. W. und $\frac{d\,T'}{d\,p}$ den Joule-Thomsonschen Effekt pro Druckeinheit, wobei diese drei Größen bei ein und demselben Druck unter Zuhilfenahme eben des Thermometers zu messen sind, für welches die Reduktion auf die absolute Skala vorgenommen werden soll. Einer mit diesem Thermometer gemessenen Temperatur T' entspricht dann auf der absoluten Skala eine Temperatur T, wie sie aus der Beziehung

$$\ln T = \int \frac{\left(\frac{\partial v}{\partial T'}\right)_p d\,T'}{\frac{c_p'}{A}\frac{d\,T'}{d\,p} + v} + \text{const}$$

berechnet werden kann, wofern man nur die Abhängigkeit der unter dem Integralzeichen stehenden Größen von der Temperatur T' ermittelt hat, so daß die Integration tatsächlich ausgeführt werden kann. Bei welchem bestimmten Druck diese Messungen vorgenommen wurden, ist gleichgültig, da das Resultat der Integration vom gewählten Druck unabhängig sein muß, d. h. der Ausdruck unter dem Integralzeichen jedenfalls nur Funktion von T' sein kann.

§ 86. Verflüssigung der Gase; Lindes Maschine.

Die folgende Zusammenstellung enthält die kritischen Größen einiger Stoffe, sowie den Siedepunkt der betreffenden Flüssigkeit unter dem Druck einer Atmosphäre (normaler Siedepunkt):

	$\vartheta_k{}^0$ C	p_k At	$v_k \frac{cm^3}{gr}$	t bei 1 At
Helium	− 268	2·3	etwa 7	− 268·5
Wasserstoff	− 241	15	„ 30	− 252·8
Stickstoff . . .	− 147	33	„ 3	− 195·7
Sauerstoff	− 119	50	„ 2	− 182·9
Methan	− 82	55	—	− 160
Äthylen	+ 10	51	„ 4·8	− 104
Kohlensäure . .	+ 31	73	„ 2·4	—
Äther . .	+ 194	36	„ 3·8	+ 35
Wasser	+ 374	217	„ 3·0	+ 100

Da der kritische Druck für alle Stoffe größer ist als eine Atmosphäre, so liegt der normale Siedepunkt stets tiefer als die kritische Temperatur. Das ist eine für die Lösung der Aufgabe, die Gase zu verflüssigen, wichtige Bemerkung. Die hierbei zu überwindende Schwierigkeit besteht nicht in der Herstellung hoher Drucke — der kritische Druck, der das Maximum des nötigen Druckes darstellt, ist ja gerade für die schwer zu verflüssigenden Gase verhältnismäßig niedrig — sondern in der Erzielung niedriger Temperaturen. Da man aber durch freies Verdampfenlassen eines verflüssigten Gases stets eine Temperatur erzielen kann, die niedriger liegt als die, welche zur Verflüssigung des Gases nötig war, läßt sich durch stufenweises Fortschreiten die Verflüssigung immer schwerer „koërzibler" Gase bewirken. In der Tat gelang auf diesem Wege die Verflüssigung aller bekannten Gase bis auf Wasserstoff und Helium. Hier zeigte sich zwischen der normalen Siedetemperatur des Stickstoffs und der kritischen Temperatur des Wasserstoffs eine große Lücke. Zwar gelang es Wroblewski schon 1885 in sehr stark komprimiertem und gekühltem Wasserstoff, den er in die Atmosphäre ausströmen ließ, einen Nebel, also Verflüssigung zu beobachten. Es handelte sich hierbei um die vorübergehende (dynamische) Abkühlung, welche zunächst durch die Beschleunigungsarbeit entsteht, die im ausströmenden Gas geleistet wird und die nach Auflösung des Gasstrahls durch die hierbei erzeugte Reibungswärme wieder größtenteils verschwindet. Auch Claude hat neuerdings die Abkühlung durch adiabatische Arbeitsleistung benützt und zur Verflüssigung von Luft brauchbar gemacht. Die durch einen Kompressor erzeugte Druckluft wird nach Entziehung der Kompressionswärme zum größten Teil zum Betrieb eines Druckluftmotors verwendet, in dem sie sich unter entsprechender Arbeitsleistung (die zum Betrieb des Kompressors wieder mitverwendet wird) adiabatisch bis auf Atmosphärendruck ausdehnt und hierbei stark abkühlt. Diese aus dem Auspuff des Druckluftmotors ausströmende sehr kalte Luft läßt man längs Kupferröhren streichen, in denen sich der Rest der vom Kompressor erzeugten Druckluft unter unverändert hoher Spannung befindet. Die Abkühlung läßt sich so groß machen ($\vartheta_k = -140^0$ C), daß die Kompressorspannung genügt, um diesen Teil der Luft zu verflüssigen.

Am erfolgreichsten erwies sich aber eine 1895 von Linde aufgefundene Methode, deren Anwendung auch die Verflüssigung von Wasserstoff (Dewar 1899) und von Helium (Kamerlingh-Onnes 1908) ermöglichte. Sie benützt den Joule-Thomson-Effekt, d. h. die Abkühlung, welche alle wirklichen Gase (unterhalb des Umkehrpunktes) hinter einer Drosselstelle nach erfolgter Beruhigung des Gasstrahls aufweisen und steigert sie durch das „Regenerativprinzip" (s. unten) so lange, bis der hinter der Drosselstelle noch vorhandene Druck zur Verflüssigung genügt. Zu diesem Zwecke wird ein bestimmtes Luftvolumen durch eine Pumpe im Kreis herumgetrieben, wobei es an einer bestimmten Stelle ein enges Ventil passieren muß. Hierdurch entsteht im Kreis vor und hinter dem Ventil eine sehr große Druckdifferenz, welche durch die Pumpe dauernd aufrechterhalten wird.

Die Lindesche Maschine besteht im Wesen aus drei Teilen: dem Kompressor K, der zweistufig arbeitet (ca. 20 und 200 At), der Kühlvorlage B und dem wesentlichsten Teil der Maschine, dem sogenannten Gegenstromapparat G. Die Kühlvorlage hat nur den Zweck, der durch die Verdichtung auf 200 At erhitzten Luft (der Kompressor arbeitet trotz Kühlung bei weitem nicht isotherm) die Kompressionswärme zu entziehen. In der Regel kühlt man mittels einer Kältemischung (Eis–Salz), um den Wasserdampf auszufrieren, da der Kompressor wegen Explosionsgefahr nicht mit Öl, sondern mit Wasser geschmiert wird und sonst das Eis das Ventil verstopfen würde. Aus dem gleichen Grund muß die Luft vorher von Kohlensäure befreit werden. Der Gegenstromapparat besteht aus zwei konzentrisch ineinander gesteckten Kupferrohren von großer Länge (bis 100 m), die, um Raum zu sparen, zu einer Spirale gewunden sind. Am Ende des inneren Rohres befindet sich das von außen einzuregulierende Nadelventil V. Durch das Ventil entspannt sich die Luft von Förderdruck des Hochdruckkompressors auf dessen Ansaugedruck, oder, was dasselbe ist, auf den Förderdruck des Niederdruckkompressors (welch letzterer nach Füllung des Apparates nurmehr den Volumsverlust infolge der Abkühlung und später die verflüssigte Luftmenge zu ersetzen hat), also z. B. um 180 At, wobei, wie wir oben berechnet haben, die Temperatur um etwa 50° sinkt. War die Ausgangstemperatur 0° C, so strömt die so auf — 50° C gebrachte Luft durch das Außenrohr das Innenrohr entlang zum Kompressor zurück und entzieht der im Innenrohr nachströmenden Luft eine entsprechende Wärmemenge; diese Luft gelangt daher schon mit niedrigerer Temperatur als 0° zur Entspannungsstelle, kühlt sich also bereits unter — 50° ab; die noch kältere Luft kühlt wiederum noch wirksamer vor und so wird — nicht unähnlich wie beim dynamoelektrischen Prinzip von Siemens der Magnetismus der Elektromagnete bis zur Sättigung gesteigert wird — die Abkühlung am Ende des Rohrs im Gegenstromapparat mit der Zeit so groß, daß die kritische Temperatur (— 140° C) unterschritten wird und der Druck von 20 At (p_k = 40 At) genügt, um die Verflüssigung zu erzielen.

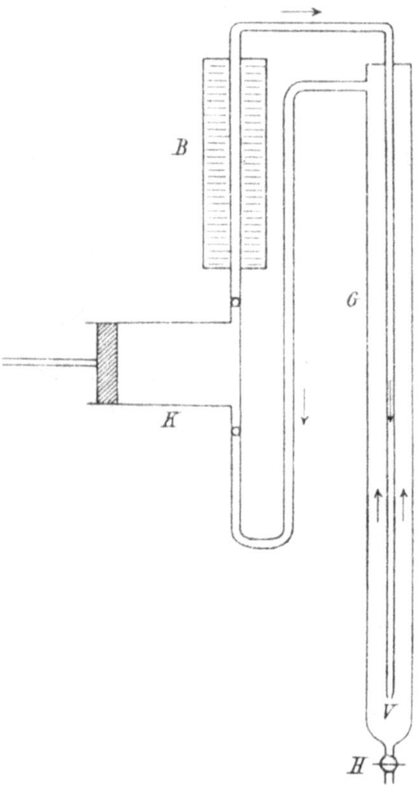

Fig. 79.

Die flüssige Luft läßt man durch den Hahn *H* (in Wirklichkeit durch das zweite Drosselventil in Fig. 80) abtropfen. Da sie hierbei aus einem Raum von 20 At Druck kommt, in dem sie die diesem Druck entsprechende Siedetemperatur (— 150° C) hat, wird sie, unter Atmosphärendruck gelangend, sich noch auf die normale Siedetemperatur (— 193° C) abkühlen, wobei ein Teil der gewonnenen Flüssigkeit wieder verdampft.[1] Um die Kälte dieses Dampfes nutzbar zu machen, führt ihn Linde durch ein drittes, die beiden Röhren des Gegenstromapparates konzentrisch umgebendes Mantelrohr ins Freie, wodurch ein wirksamer Schutz gegen Wärmezufuhr aus der Umgebung erzielt wird.

[1] Dieser Verlust ließe sich natürlich leicht vermeiden, indem man in der Maschine als untere Druckstufe im vorhinein Atmosphärendruck wählt. Doch ist bei gegebenem Druckunterschied der Arbeitsverbrauch der Maschine um so kleiner, je kleiner das Druckverhältnis ist, von dem ja nach § 30 die Betriebsarbeit des Kompressors abhängt.

Um die Wirkungsweise der Maschine zu verstehen, ist vor allem zu beachten, daß die Luft ständig mit ein und derselben von Null nicht weit verschiedenen Temperatur in den Gegenstromapparat einströmt und ihn auch mit ungefähr der gleichen Temperatur wieder verläßt, da die durch den Joule-Thomson-Effekt erzeugte Kälte zur Kühlung der nachströmenden Luft fast verbraucht wird. Das ist von praktischer Bedeutung; denn käme die kalte Luft bis in den mit Wasser geschmierten Kompressor, so würde er einfrieren. Der ganze Vorgang der Abkühlung unter kritische Temperatur spielt sich im unteren Teil des Gegenstromapparates ab.

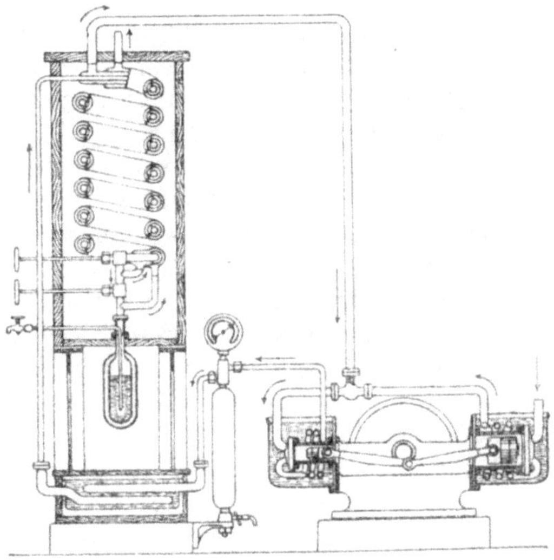

Fig. 80.

Flüssige Luft erleidet beim freien Stehenlassen unter Atmosphärendruck, wobei sie durch Wärmeaufnahme aus der Umgebung ständig siedet, fraktionierte Destillation. Da der flüssige Stickstoff früher siedet als der flüssige Sauerstoff (– 196 gegen – 183° C), so wird das Gemisch mit der Zeit immer sauerstoffreicher und zugleich erhöht sich entsprechend sein Siedepunkt. Hierauf beruht der Lindesche „Rektifikationsapparat", der die Scheidung von Stickstoff und Sauerstoff aus flüssiger Luft in rationeller Weise durchführt. Wegen der Möglichkeit, auf diesem Wege aus der Atmosphäre Stickstoff zu gewinnen (zur Herstellung von Salpetersäure u. dgl.) ist die Verflüssigung der Luft von großer praktischer Bedeutung geworden.

Zur Verflüssigung von Wasserstoff wird das aus dem Kompressor mit 200 At austretende Gas zunächst mittels flüssiger Luft weit unter den Umkehrpunkt abgekühlt und dann erst dem Gegenstromapparat zugeführt. Die Verflüssigung des Heliums gelang analog unter Vorkühlung mittels festen Wasserstoffs.

Achtzehntes Kapitel.

Schmelzen und Sublimieren.

§ 87. Schmelzpunkt und Schmelzwärme. Sublimationspunkt und Sublimationswärme.

Führt man einem festen Körper Wärme zu, so steigt seine Temperatur nur bis zu einem ganz bestimmten Punkt, dem Schmelzpunkt. Weitere Wärmezufuhr bewirkt jetzt zunächst nur die Verwandlung des festen Körpers in Flüssigkeit. Erst wenn vom Beginn des Schmelzens der Mengeneinheit des Stoffes eine ganz bestimmte Wärmemenge, die Schmelzwärme σ zugeführt worden ist und der Stoff sich hierdurch restlos in Flüssigkeit verwandelt hat, bewirkt weitere Wärmezufuhr von neuem ein Ansteigen der Temperatur.

Die Bestimmung des Schmelzpunktes kann auf Grund dieses Verhaltens leicht thermometrisch erfolgen. Für Metalle mit höherem Schmelzpunkt wird das Verfahren von Holborn und Day angewendet. Man lötet an ein kurzes Drahtstück des betreffenden Metalls die (schwer schmelzbaren) Drähte eines Thermoelementes, erhitzt allmählich und beobachtet mittels Galvanometer die thermoelektrische Kraft im Augenblick des Durchschmelzens. Die Schmelzwärme mißt man am bequemsten im Eiskalorimeter. Liegt der Schmelzpunkt über 0° C, so wird eine bestimmte Menge (n gr) des Körpers geschmolzen, über die Schmelztemperatur τ bis zur Temperatur ϑ erhitzt und dann in das Kalorimeter gebracht. Sind die sp. W. im flüssigen und festen Zustand c' und c und werden N gr Eis geschmolzen, so ist die Schmelzwärme

$$\sigma = 80{\cdot}0\frac{N}{n} - c\tau - c'(\vartheta - \tau) = 80{\cdot}0\frac{N}{n} - c'\vartheta + (c' - c)\tau,$$

wo 80·0 die Schmelzwärme des Eises bedeutet. Liegt der Schmelzpunkt unter 0°, so wird der Körper im festen Zustand in das Eiskalorimeter gebracht, so daß er darin schmilzt und im übrigen ganz ähnlich gerechnet. Natürlich tritt jetzt im Kalorimeter ein Ausfrieren von neuem Eis, also eine Volumsvermehrung ein.

Die folgende Tabelle enthält die Schmelztemperaturen und die Schmelzwärmen einiger elementarer Körper:

	τ^0 C	$\sigma\ \frac{cal}{gr}$		τ^0 C	$\sigma\ \frac{cal}{gr}$
Wasserstoff	− 259	—	Aluminium	658	77
Methan	− 186	—	Silber	961	21
Quecksilber	− 38·8	2·8	Kupfer	1084	42
Schwefel, monoklin	+ 119	10	Nickel	1460	—
Zinn	231·8	14	Gußeisen	c 1200	c 30
Blei	327·4	5	Platin	1760	27
Zink	419·4	28	Wolfram	c 3000	—

So wie der Siedepunkt und die Verdampfungswärme hängen auch der Schmelzpunkt und die Schmelzwärme vom Druck ab, wenn auch nur außerordentlich wenig. Wir werden darauf noch zurückkommen (§ 91). Vorderhand genüge die Bemerkung, daß der Schmelzpunkt fast aller Körper durch Druck erhöht wird. Ausgenommen sind nur die wenigen Substanzen, die auf ihrer Schmelze schwimmen, also vor allem das Wasser. Hier bewirkt Druckerhöhung eine Erniedrigung des Schmelzpunktes.

Von besonderer Bedeutung ist die Tatsache, daß es für jeden Körper einen ganz bestimmten, in der Regel sehr niedrigen Druck gibt, bei dessen Unterschreiten er sich überhaupt nicht mehr schmelzen läßt. Wird ihm unterhalb dieses Grenzdruckes Wärme zugeführt, so geht er für jeden Druck bei einer ganz bestimmten Temperatur (Sublimationspunkt) und unter Verbrauch einer ganz bestimmten Umwandlungswärme (Sublimationswärme) unmittelbar aus dem festen in den dampfförmigen Zustand über. Umgekehrt verwandelt sich hier der Dampf bei Wärmeentzug unmittelbar in einen festen Körper, er „sublimiert“. Nur für wenige Körper liegt dieser Grenzdruck über dem Druck der Atmosphäre. Diese Körper, wie Arsen oder Kohlensäure, zeigen dann normalerweise die Erscheinung der Sublimation und können nur bei höherem Druck (Kohlensäure erst über 4 At) geschmolzen werden. Als Flüssigkeit kann also ein Körper nur erhalten werden, wenn seine Temperatur unter der kritischen und der Druck, unter dem er steht, über diesem Grenzdruck p_s liegt, bei dessen Unterschreiten die Sublimation beginnt. Der flüssige Zustand der Materie ist an ganz bestimmte Grenzen des Drucks und der Temperatur gebunden.

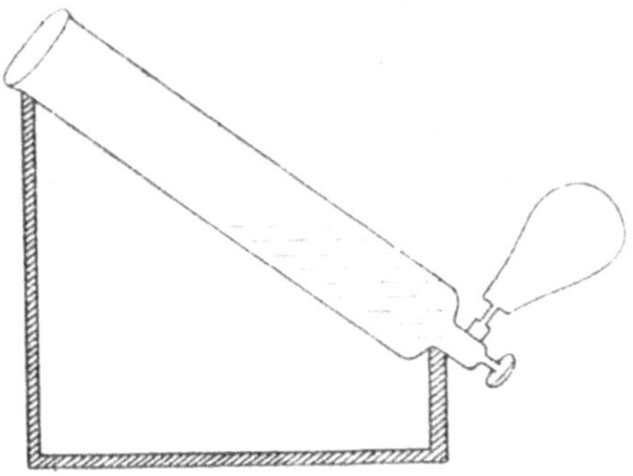

Fig. 81.

Stellt man eine der käuflichen schmiedeeisernen Flaschen, die je nach Größe 10—15 kg flüssige Kohlensäure enthalten und in welchen der der Zimmertemperatur entsprechende, vom Füllungsgrad natürlich unabhängige Sättigungsdruck der flüssigen Kohlensäure von rund 60 At herrscht, schräg mit dem Ventil nach unten auf, so müßte bei Öffnen des Ventils flüssige Kohlensäure austreten. Da aber flüssige Kohlensäure unter dem Druck einer Atmosphäre nicht existenzfähig ist, so erstarrt sie beim Austritt zu Kohlensäureschnee, der in einem über die Öffnung gezogenen Beutel gesammelt werden kann. Dieser Schnee hat aber nicht die Schmelztemperatur der Kohlensäure (— 57° C), wie sie unter einem Druck $> p_s$ gemessen werden kann; denn da der Dampfdruck über fester Kohlensäure von — 57° noch rund 4 At beträgt, tritt, wenn die Kohlensäure unter Atmosphärendruck gebracht wird, lebhaftes Verdampfen ein, bis hierdurch so viel Wärme entzogen wurde, daß die Temperatur auf — 78° C gesunken ist. Jetzt erst ist der dem Druck einer Atmosphäre entsprechende Sublimationspunkt erreicht, d. h. der Dampfdruck über der festen Kohlensäure dem Luftdruck gleich geworden und erfolgt das weitere Verdampfen nur in dem Maße, in dem von außen Wärme zugeführt wird. Im Vakuum kann die Temperatur bis auf — 100° sinken.

Um feste Kohlensäure als Kältebad zu verwenden, ist es vorteilhaft, durch Zumischen von Äther oder Azeton einen Brei herzustellen. Die Temperatur bleibt — 78°, aber die eingetauchten Körper kühlen sich wegen der innigeren Berührung schneller ab.

§ 88. Darstellung in der *Tp*-Fläche. Der Tripelpunkt.

Übersichtlich wird der Zusammenhang zwischen dem festen, flüssigen und dampfförmigen Aggregatzustand in der Temperatur-Druckfläche dargestellt.

Nehmen wir die Mengeneinheit irgendeines Stoffes und erhöhen wir durch Wärmezufuhr ihre Temperatur bei konstant gehaltenem Druck,

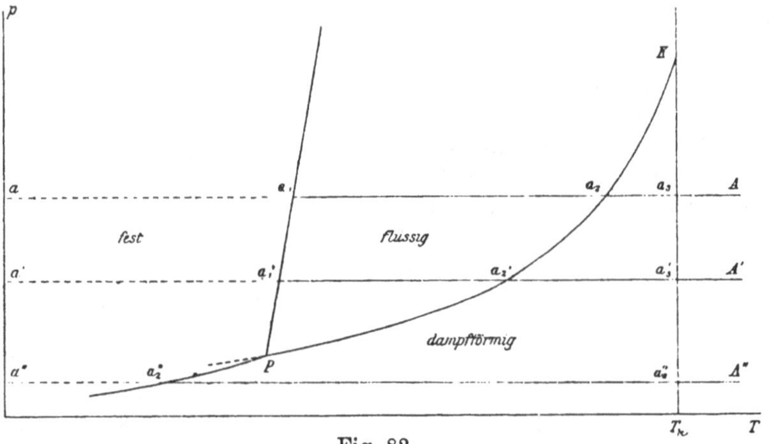

Fig. 82.

so bewegt sich ihr Zustand längs einer Isobaren $a\,A$. Bei bestimmter Temperatur $(a\,a_1)$ schmilzt der Körper unter Aufnahme der Schmelzwärme σ und bei bestimmter höherer Temperatur $(a\,a_2)$ siedet er und verwandelt sich unter Aufnahme der Verdampfungswärme r zunächst in gesättigten Dampf, der durch weitere Wärmezufuhr überhitzt wird, bis in a_3 die kritische Temperatur erreicht ist, über die hinaus der Stoff die Eigenschaften eines permanenten Gases aufweist. Von a bis a_1 ist er fest, von a_1 bis a_2 flüssig, von a_2 bis a_3 dampfförmig, über a_3 ein permanentes Gas. War der konstante Druck gerade gleich einer Atmosphäre, so entspricht a_1 dem normalen Schmelzpunkt, a_2 dem normalen Siedepunkt.

Wählen wir jetzt einen tieferen Druck, so wird das Schmelzen bei den meisten Körpern schon bei einer ein klein wenig tieferen Temperatur eintreten (in der Zeichnung stark übertrieben!). Ganz wesentlich früher erfolgt aber jetzt das Sieden, so daß die Punkte a_1 und a_2 aneinanderrücken. Erniedrigen wir den Druck noch weiter, so fallen Schmelzpunkt und Siedepunkt in den Punkt P zusammen und unterhalb des diesem Punkte zugehörigen Druckes p_s ist ein Schmelzen überhaupt nicht mehr möglich, sondern es tritt für jeden Druck $p < p_s$ bei bestimmter Temperatur (a'' a_2'') wieder unter Aufnahme einer ganz bestimmten Umwandlungswärme, der Sublimationswärme, unmittelbarer Übergang aus dem festen in den dampfförmigen Zustand ein.

Denkt man sich Schmelz-, Siede- und Sublimationspunkte auch für alle anderen Drucke eingetragen, so erhält man durch ihre Verbindung drei Kurven, die als Schmelz-, Verdampfungs- und Sublimationskurve bezeichnet werden und nichts anderes sind, als die geometrische Darstellung der eindeutigen Beziehung, welche beim Schmelzen, Verdampfen und Sublimieren zwischen Druck und Temperatur besteht. So gibt vor allem die Verdampfungskurve den wichtigen Zusammenhang zwischen der Temperatur und dem Druck des gesättigten Dampfes. Es wäre demnach von großem Werte, wenn es gelänge, die genaue Gleichung dieser Kurven aufzustellen. Doch kann man, wie dies in § 90 geschehen soll, nur ihre Differentialgleichung ableiten.

Durch die drei Kurven wird die Tp-Ebene in drei Blätter zerlegt, von denen ein jedes alle Zustände der Substanz in einer bestimmten Aggregatsform enthält. Diese drei Blätter berühren sich in einem Punkt, dem Schnittpunkt der drei Kurven, dem sogenannten Tripelpunkt (P). Die Koordinaten dieses Punktes bestimmen das einzige Wertepaar von Druck und Temperatur, bei welchem sich alle drei Aggregatszustände nebeneinander in beliebigem Mischungsverhältnis dauernd erhalten, oder, wie man sagt, miteinander „koexistieren" können. Hingegen ist auf der Schmelzkurve die Koexistenz von Dampf gleichen Druckes nicht möglich, da er sich sofort verflüssigen würde, auf der Verdampfungskurve die von fester Substanz, auf der Sublimationskurve die von Flüssigkeit.

Das Existenzgebiet einer einzigen, bestimmten Aggregatsform des Stoffes ist also durch eine Fläche gegeben, innerhalb welcher Druck und Temperatur beliebig veränderlich sind (2 Freiheiten), das Koexistenzgebiet zweier Formen durch je eine Kurve, auf der die Veränderung der einen Variablen durch die der anderen bereits bestimmt erscheint (1 Freiheit), endlich das Koexistenzgebiet dreier Formen durch einen Punkt; hier kann also weder p noch T geändert werden, ohne daß eine der Aggregatsformen verschwindet, die Zahl der Freiheiten ist gleich Null.

Für Wasser sind die Koordinaten des Tripelpunktes 0·0075° C und 4·58 mm Hg.

Sowie durch Überhitzen über den Siedepunkt läßt sich eine Flüssigkeit auch durch Unterkühlen unter den Schmelzpunkt in einen „metastabilen“ Zustand bringen. Wasser kann man, ohne daß es gefriert, leicht bis — 10° C abkühlen und wenn man es mit Öl bedeckt, sogar bis — 20° C. Erst wenn durch eine Erschütterung gewisse Punkte vor anderen ausgezeichnet werden, oder wenn man ein noch so kleines Stückchen Eis hineinbringt, erstarrt es rasch unter Abgabe der Schmelzwärme. Noch stärker als Wasser lassen sich die Schmelzen gewisser Salze, wie Fixiernatron oder Thymol unterkühlen.

Mißt man die Dampfspannung über einer unterkühlten Schmelze, so ist sie größer als über dem festen Körper bei gleicher Temperatur. So gilt für unterkühltes Wasser und Eis:

	0	– 4	– 8	– 12	– 16° C
Wasser	4·58	3·42	2·53	1·84	1·33 mm Hg
Eis	4·58	3·29	2·34	1·64	1·14 „ „ .

Es ist also die Sublimationskurve nicht die Fortsetzung der Verdampfungskurve (gestrichelt eingezeichnet), wie sie über der unterkühlten Flüssigkeit beobachtet wird, sondern schließt an die letztere im Tripelpunkt unter einem allerdings spitzen Winkel an, wie denn auch dort die Sublimationswärme nicht gleich der Verdampfungswärme ist, sondern sie um den Betrag der Schmelzwärme übertrifft.

Der kritische Punkt des betreffenden Körpers liegt in dieser Darstellung bei *K*, dem Endpunkt der Verdampfungskurve auf der kritischen Isotherme. Dort werden Flüssigkeit, Dampf und permanentes Gas identisch und die Verdampfungswärme gleich Null. Die Eigenschaften des kritischen Punktes sind also ganz und gar andere als die des Tripelpunktes.

Neunzehntes Kapitel.

Der I. und II. Hauptsatz im Koexistenzgebiet zweier Aggregatszustände.

§ 89. Der I. Hauptsatz im Koexistenzgebiet zweier Aggregatszustände, vornehmlich im Sättigungsgebiet.

In den bisherigen theoretischen Ausführungen haben wir nur homogene Körper betrachtet. Im folgenden soll aber der Fall behandelt werden, daß ein Teil des Körpers sich in einem anderen Aggregatszustand befindet als der Rest. Weitaus am wichtigsten ist der Fall, daß ein Teil flüssig, der Rest dampfförmig ist. Dann handelt es sich um einen nassen Dampf, um Zustände, die auf der Verdampfungskurve oder in der Arbeitsfläche unterhalb der Grenzkurve, also im Sättigungsgebiet gelegen sind.

Ein zylindrisches Gefäß (vgl. Fig. 72) sei durch einen Stempel verschlossen, auf dem ein dem jeweiligen Innendruck gleicher Gegendruck lasten soll. Im Gefäß sei eine Dampfmenge x und eine Flüssigkeitsmenge $1 - x$ enthalten, so daß wir im ganzen wieder die Mengeneinheit behandeln. Es ist dann x der spezifische Dampfgehalt der betrachteten Mengeneinheit nassen Dampfes und nach Gleichung (53) ihr Volumen

$$v = v' + \varphi x.$$

Wir führen ihr nun eine kleine Wärmemenge dq zu. Diese Wärmemenge wird gleichzeitig zu zweierlei verwendet werden. Einmal zur Erhöhung der Temperatur von Flüssigkeit und Dampf um, sagen wir, dT. Da aber der Dampf in Berührung mit seiner Flüssigkeit steht, also gesättigt bleibt, muß außerdem etwas Flüssigkeit verdampfen, also x um ein dx wachsen. Hierzu wird der Rest der Wärme verbraucht. Zugleich ändert sich das Volumen um

$$dv = dv' + \varphi\, dx + x\, d\varphi.$$

Da es sich im ganzen um eine nur kleine Zustandsänderung handelt, können wir uns auch das Erwärmen und Verdampfen nacheinander vorgenommen denken. Ist der nur zum Erwärmen nötige Wärmeaufwand dq_1 und der nur zum Verdampfen nötige dq_2, so ist $dq = dq_1 + dq_2$ und es handelt sich im folgenden zunächst darum, dq_1 und dq_2 auszudrücken.

Beim Erwärmen wächst der Druck, und zwar so, wie der Druck gesättigten Dampfes mit der Temperatur anwächst, also längs der Verdampfungskurve, deren Gleichung exakt nicht bekannt ist und durch

$$\pi = f(T)$$

gegeben sein soll. Die sp. W. der Flüssigkeit c' und die des Dampfes c'', die bei der Berechnung von dq_1 anzuwenden sind, sind dann weder die bei konstantem Druck, noch die bei konstantem Volumen, sondern die sp. W., welche Flüssigkeit und Dampf aufweisen, wenn beim Erwärmen der Druck jeweils gleich π ist. Beziehen wir uns auf die Arbeitsfläche, so können wir auch sagen: Es ist c' die sp. W. der Flüssigkeit, wenn jeweils Siededruck herrscht, d. h. es ist c' die sp. W. der Substanz auf und in der Richtung der unteren Grenzkurve, und es ist c'' die sp. W. des trocken gesättigten Dampfes, d. h. es ist c'' die sp. W. der Substanz auf und zwar in der Richtung der oberen Grenzkurve.

Wir werden c' und c'' später berechnen und es wird sich zeigen, daß c' nahezu gleich ist der sp. W. der Flüssigkeit bei konstantem Druck, so daß es bei den meisten praktischen Rechnungen ihr gleich gesetzt werden kann. Hingegen ist c'', die sp. W. des gesättigten Dampfes, von der des Dampfes in der Richtung der Isobare durchaus verschieden und hat für die meisten Stoffe einen negativen Wert. Um nämlich beim Erwärmen auf der oberen Grenzkurve, also gesättigt zu bleiben, um zu verhindern, daß er in das Gebiet des ungesättigten oder überhitzten Dampfes gelangt, muß der Dampf gleichzeitig auf die jeweilige Sättigungsdichte zusammengedrückt werden und die hierbei gewonnene Kompressionswärme ist in der Regel mehr als hinreichend, um die zur Erwärmung nötige Wärmemenge zu liefern, so daß Wärmeentzug stattfinden muß. Im Anschluß an die Ausführungen des § 47 ließe sich das auch in die Aussage fassen, daß die Richtung der oberen Grenzkurve in der Regel in den Winkel fällt, den Dampfisotherme und Adiabate an der betreffenden Stelle miteinander einschließen.

Die zur Temperatursteigerung um dT nötige Wärmemenge, die der aus Flüssigkeit und trocken gesättigtem Dampf bestehenden Mengeneinheit zugeführt werden muß, ist also

$$dq_1 = [c'(1-x) + c''x]\,dT.$$

Sehr leicht ist die Berechnung von dq_2. Ist r die Verdampfungswärme bei der Temperatur T, so ist zur Verdampfung der Menge dx der Wärmebetrag $r\,dx$ nötig. Es ist also $dq_2 = r\,dx$ und somit schließlich

$$dq = [c'(1-x) + c''x]\,dT + r\,dx. \qquad \text{(I')}$$

Wir können in dieser Gleichung einen Ausdruck für den ersten Hauptsatz im Sättigungsgebiet erblicken und zwar einen Ausdruck, der sich auf das Variablenpaar der Arbeitsfläche, also auf v und π bezieht. In der Tat ist dT aus $\pi = f(T)$ durch $d\pi$ ausdrückbar, während die Gleichung (53) den Zusammenhang zwischen x und v herstellt.

Sind Volumen und Druck die Veränderlichen, so lautet die Differentialgleichung für den I. Hauptsatz [Gleichung (II c)]

$$\left(\frac{\partial Y}{\partial p}\right)_v - \left(\frac{\partial X}{\partial v}\right)_p = A,$$

wobei die Bedeutung der thermodynamischen Koeffizienten X und Y aus der Definitionsgleichung $dq = X\,dp + Y\,dv$ erhellt. Wir wollen also X und Y für das Sättigungsgebiet berechnen.

Sehr einfach ergibt sich der Wert von Y. Es ist

$$Y = \left(\frac{dq}{dv}\right)_p = \left(\frac{dq}{dv}\right)_\pi$$

und da mit π zugleich T invariabel wird, unter Berücksichtigung der Gleichung (I'):

$$Y = \left(\frac{dq}{dv}\right)_T = r\left(\frac{\partial x}{\partial v}\right)_T.$$

Es ist nun aber $v = v' + \varphi x$ und da für p und T konstant auch v' und $\varphi = v'' - v'$ ganz bestimmte Werte haben: $(dv)_T = \varphi\,dx$ oder $\left(\frac{\partial x}{\partial v}\right)_T = \frac{1}{\varphi}$. Man findet also:

$$Y = \frac{r}{\varphi}.$$

Um X zu berechnen, ist $\left(\frac{dq}{dp}\right)_v = \left(\frac{dq}{d\pi}\right)_v$ zu bilden. Es ist also v konstant zu halten, oder $dv = dv' + \varphi\,dx + x\,d\varphi = 0$ zu setzen, woraus sich $(dx)_v = -\frac{dv'}{\varphi} - \frac{x}{\varphi}d\varphi$ ergibt. Somit

$$(dq)_v = [c'(1-x) + c''x]\,dT - \frac{r}{\varphi}dv' - \frac{rx}{\varphi}d\varphi$$

und

$$X = [c'(1-x) + c''x]\frac{dT}{d\pi} - \frac{r}{\varphi}\frac{dv'}{d\pi} - \frac{rx}{\varphi}\frac{d\varphi}{d\pi},$$

wo wir totale Differentialzeichen schreiben können, da T, v', φ, wie übrigens auch r, ausschließlich Funktionen von π sind und vom Volumen überhaupt nicht abhängen.

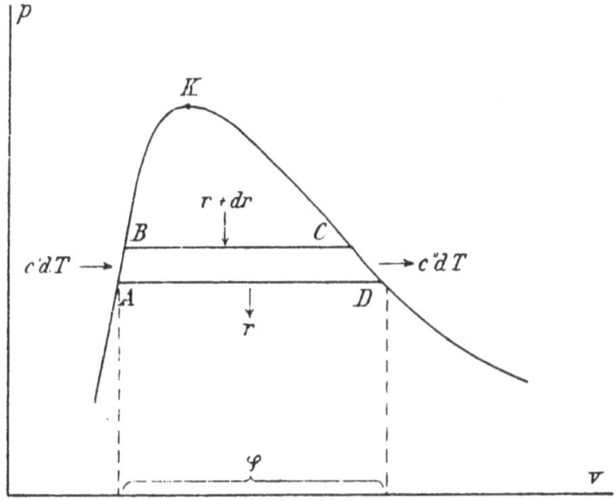

Fig. 83.

Setzen wir nun die für Y und X gewonnenen Ausdrücke in die Gleichung (IIc) ein. Es ist

$$\left(\frac{\partial Y}{\partial p}\right)_v = \frac{1}{\varphi^2}\left[\varphi\frac{dr}{d\pi} - r\frac{d\varphi}{d\pi}\right] = \frac{1}{\varphi}\frac{dr}{d\pi} - \frac{r}{\varphi^2}\frac{d\varphi}{d\pi}.$$

Ferner ist zunächst

$$\left(\frac{\partial X}{\partial x}\right)_p = (c'' - c')\frac{dT}{d\pi} - \frac{r}{\varphi}\frac{d\varphi}{d\pi}$$

und da wieder

$$\left(\frac{\partial x}{\partial v}\right)_p = \left(\frac{\partial x}{\partial v}\right)_T = \frac{1}{\varphi} \text{ ist,}$$

$$\left(\frac{\partial X}{\partial v}\right)_p = \left(\frac{\partial X}{\partial x}\right)_p\left(\frac{\partial x}{\partial v}\right)_p = \frac{c'' - c'}{\varphi}\frac{dT}{d\pi} - \frac{r}{\varphi^2}\frac{d\varphi}{d\pi}.$$

Somit schließlich

$$\left(\frac{\partial Y}{\partial p}\right)_v - \left(\frac{\partial X}{\partial v}\right)_p = \frac{1}{\varphi}\frac{dr}{d\pi} - \frac{c'' - c'}{\varphi}\frac{dT}{d\pi} = A$$

oder

$$A\varphi\frac{d\pi}{dT} = \frac{dr}{dT} - c'' + c'. \qquad \text{(II')}$$

Diese Gleichung kann übrigens bequemer auf direktem Wege abgeleitet werden, indem wir den I. Hauptsatz auf den Kreisprozeß $ABCD$ anwenden, den wir uns im Sättigungsgebiet zwischen den unendlich nahen Isobaren π und $\pi + d\pi$ oder, was dasselbe ist, zwischen den Isothermen T und $T + dT$ durchlaufen denken (Fig. 83). Es seien r und $r + dr = r + \frac{dr}{dT}dT$ die Verdampfungswärmen bei der Temperatur T bzw. $T + dT$. Zugeführt werden dann längs AB die Wärmemenge $c'dT$ und längs BC die Wärmemenge $r + \frac{dr}{dT}dT$; abgeführt längs CD und längs DA die Wärmemengen $c''dT$ und r. Der gesamte Wärmeverbrauch ist also

$$c'dT + r + \frac{dr}{dT}dT - c''dT - r = (c' - c'')dT + \frac{dr}{dT}dT.$$

Die Fläche des Kreisprozesses ist anderseits bei Vernachlässigung Glieder zweiter Ordnung gleich $\varphi d\pi$. Aus der Gleichsetzung

$$A\varphi d\pi = \frac{dr}{dT}dT - (c'' - c')dT$$

folgt die obige Beziehung.

§ 90. Der II. Hauptsatz im Koexistenzgebiet zweier Aggregatszustände. Die Gleichung von Clapeyron-Clausius.

Was nun die Umformung der analogen Differentialgleichung (VI c) für den II. Hauptsatz

$$Y\left(\frac{\partial T}{\partial p}\right)_v - X\left(\frac{\partial T}{\partial v}\right)_p = AT$$

anlangt, so bemerken wir wieder, daß hier Druck und Temperatur vom Volumen ganz unabhängig sind, also $\left(\frac{\partial T}{\partial v}\right)_p = 0$ zu setzen ist und daß $\left(\frac{\partial T}{\partial p}\right)_v = \frac{dT}{d\pi}$ wird. Führen wir dann noch den oben für Y erhaltenen Wert ein, so wird $\frac{r}{\varphi}\frac{dT}{d\pi} = AT$

oder

$$\frac{d\pi}{dT} = \frac{r}{A\varphi T}. \qquad \text{(VI')}$$

Es ist das eine wichtige Beziehung, welche Clausius aus der Theorie abgeleitet hat, nachdem sie schon vorher von Clapeyron auf unrichtiger Grundlage gewonnen worden war. Wir werden ihre Bedeutung im folgenden Paragraphen besprechen.

Auch sie können wir auf direktem Wege ableiten. Wir denken uns zu diesem Zwecke im Sättigungsgebiet zwischen den unendlich benachbarten Isothermen T und $T - dT$ einen Carnotschen Kreisprozeß ausgeführt. AD und BC seien also im Grenzfall unendlich kurze Stückchen der durch A und B gehenden Adiabaten. Der thermische Wirkungsgrad ist

$$\eta = \frac{T - (T - d\,T)}{T} = \frac{d\,T}{T}.$$

Er ist gegeben durch das Verhältnis der im Wärmemaß gemessenen Arbeit, die im Prozeß geleistet wurde, zur zugeführten Wärmemenge. Steigt längs AB das Volumen von v_1 auf v_2, der spezifische Dampfgehalt von x_1 auf x_2, so ist $v_1 = v' + \varphi x_1$ und $v_2 = v' + \varphi x_2$, also die

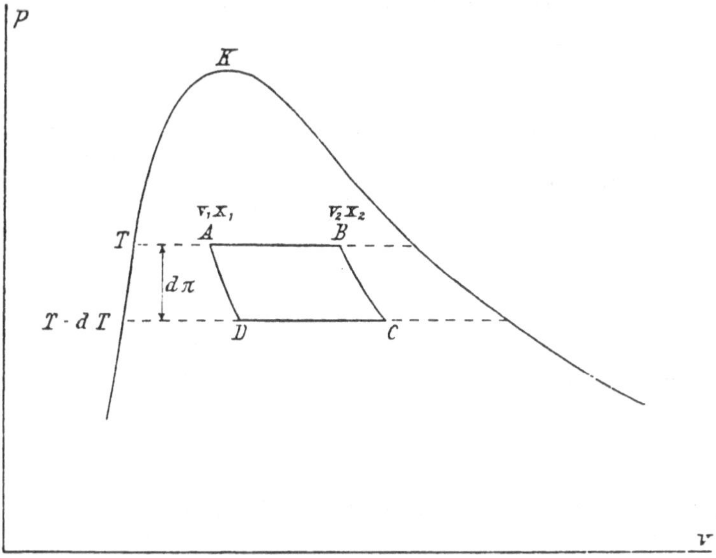

Fig. 84.

Breite der bis auf unendlich Kleines höherer Ordnung als Parallelogramm aufzufassenden Fläche $ABCD$ gleich $v_2 - v_1 = \varphi(x_2 - x_1)$. Die Höhe ist $d\pi$, wo $d\pi$ die dT zugehörige Änderung des Sättigungsdruckes bezeichnet und somit diese Fläche, d. h. die geleistete Arbeit gleich $\varphi(x_2 - x_1)\,d\pi$. Zugeführt wird im Kreis, nämlich längs AB die Wärmemenge $r(x_2 - x_1)$. Daraus folgt

$$\eta = \frac{d\,T}{T} = \frac{A\,\varphi\,(x_2 - x_1)\,d\,\pi}{r\,(x_2 - x_1)} = \frac{A\,\varphi\,d\,\pi}{r},$$

also die Gleichung von Clapeyron-Clausius.

Setzen wir schließlich den aus ihr für $\frac{d\,\pi}{d\,T}$ gewonnenen Wert in die Gleichung (II') des vorhergehenden Paragraphen ein, vereinigen wir also die beiden Hauptsätze, so kommen wir zu der Beziehung

$$\frac{r}{T} = \frac{d\,r}{d\,T} - c'' + c'$$

oder

$$c'' = c' + \frac{d\,r}{d\,T} - \frac{r}{T}\,. \tag{56}$$

Das ist eine ebenfalls von Clausius gewonnene Gleichung, die einen Zusammenhang zwischen c'' und c', also zwischen den sp. W. längs der beiden Grenzkurven herstellt. Auch auf sie müssen wir noch zurückkommen.

§ 91. Folgerungen aus der Gleichung von Clapeyron-Clausius.

Die Gleichung

$$\frac{d\,\pi}{d\,T} = \frac{r}{A\,\varphi\,T}$$

gilt nach ihrer Ableitung überall, wo in einem Stoff zwei verschiedene Aggregatsformen nebeneinander bestehen; sie ist nichts anderes als die Differentialgleichung der Verdampfungs-, Schmelz- und Sublimationskurve in der Tp-Fläche. Wir haben dann unter r die betreffende Umwandlungswärme zu verstehen (Verdampfungs-, Schmelz- oder Subliamtionswärme) und unter φ die Differenz der spezifischen Volumina der höheren und niederen Aggregatsform. Als höhere Aggregatsform gilt hierbei diejenige, welche aus der anderen durch Wärmezufuhr entsteht.

Wir können diese Gleichung und damit unsere Theorie mit aller Schärfe prüfen, indem wir sie in der Form

$$r = A\,\varphi\,T\,\frac{d\,\pi}{d\,T}$$

verwenden, um aus der beobachteten Volumsdifferenz φ und dem beobachteten Anstieg des Druckes gesättigten Dampfes mit der Temperatur die Verdampfungswärme zu berechnen. Es ist gemäß der früher gegebenen Zusammenstellung für Wasser bei 100^0 C, also für $T = 373$ das Volumen von 1 kg gesättigtem Wasserdampf $v'' = 1 \cdot 674$ m^3, das von 1 kg Wasser $v' = 0 \cdot 001$ m^3, somit $\varphi = 1 \cdot 673$. Ferner ist

$$\frac{d\,\pi}{d\,T} = 27 \cdot 12\,\frac{\text{mm Hg}}{\text{C}^0} = \frac{27 \cdot 12}{760}\,\frac{\text{At}}{\text{C}^0}$$

oder da 1 At $= 10333\ \frac{\text{kg}}{\text{m}^2}$ ist,

$$\frac{d\,\pi}{d\,T} = \frac{27 \cdot 12\,.\,10333}{760}\;\frac{\text{kg}}{\text{m}^2}\;\frac{1}{\text{C}^0}\,.$$

Also

$$r = \frac{1 \cdot 673\,.\,373\,.\,27 \cdot 12\,.\,10333}{427\,.\,760} = 538 \cdot 87\ \text{Cal.}$$

Die oben erwähnten Beobachtungen von Henning ergaben $r = 538 \cdot 7$ in fast vollkommener Übereinstimmung mit der berechneten Zahl. Umgekehrt hat Zeuner auf Grund der Beobachtungen von Regnault aus r und $\frac{d\pi}{dT}$ die Größe φ bzw. v'' berechnet und erhielt Werte, welche mit den neueren Messungen in sehr guter Übereinstimmung stehen.

Eine weitere Prüfung ermöglicht die Anwendung der Gleichung auf den Schmelzvorgang. $\frac{dT}{d\pi}$ gibt hier die Änderung der Schmelztemperatur, wenn der Druck um die Einheit wächst. Man sieht zunächst, daß nachdem A, T und die Schmelzwärme positive Größen sind, das Vorzeichen von $\frac{dT}{d\pi}$ vom Vorzeichen des φ abhängt. In der Regel sinkt der feste Körper in seiner Schmelze zu Boden, ist also auch hier, wie bei der Verdampfung immer, $v'' > v'$ und φ positiv, d. h. unter höherem Druck schmilzt der Körper erst bei höherer Temperatur, und die Schmelzkurve ist wie in Fig. 82 nach rechts geneigt. Es gibt aber auch einige Stoffe (Eis, Wismut, Gußeisen), die auf ihrer Schmelze schwimmen, also negatives φ haben und für diese ist $\frac{dT}{d\pi}$ negativ, die Schmelzkurve ist nach links geneigt und eine Erhöhung des Druckes muß eine Erniedrigung des Schmelzpunktes bewirken. Beides entspricht der Erfahrung in qualitativer und quantitativer Beziehung.

Für Eis ist die Schmelzwärme 80·0 Cal, ferner $v'' = 1{\cdot}00012 . 10^{-3} \mathrm{m^3/kg}$, $v' = 1{\cdot}09082 . 10^{-3} \mathrm{m^3/kg}$, also $\varphi = -0{\cdot}09070 . 10^{-3}$. Somit entspricht einer Drucksteigerung um $1 \frac{\mathrm{kg}}{\mathrm{m^2}}$ eine Temperaturänderung $\frac{dT}{d\pi} = -\frac{0{\cdot}0907 . 10^{-3} . 273}{427 . 80{\cdot}0} = -0{\cdot}000725 . 10^{-3}\ \mathrm{C^0} \Big/ \frac{\mathrm{kg}}{\mathrm{m^2}}$ oder einer Drucksteigerung um 1 At eine Temperaturerniedrigung um 0·00749 C⁰. Es braucht also rund 130 At um den Schmelzpunkt des Eises um 1° zu verschieben, was mit den zuerst von Thomson ausgeführten Messungen (— 0·00755 C⁰ pro At) übereinstimmt. Beobachtungen an sich normal verhaltenden Stoffen wurden von Bunsen, Batelli, de Visser, Tammann und anderen ausgeführt. So beobachtete man bei Benzol pro At eine Erhöhung des Schmelzpunktes um 0·0297° (gegen 0·0296° berechnet) und bei Essigsäure um 0·0244° (gegen 0·0242° berechnet).

Mit der Erniedrigung des Schmelzpunktes von Eis durch Druck hängt eine Erscheinung zusammen, welche man als Wiedergefrieren (Regelation) des Eises bezeichnet. Schlingt man um ein Stück Eis einen dünnen Draht und hängt daran ein Gewicht von etwa 1 kg, so verteilt sich der Zug des Gewichtes auf eine so kleine Fläche, daß das Eis unter dem Draht unter verhältnismäßig hohen Druck kommt und dort eine Erniedrigung des Schmelzpunktes um einige Zehntel Grad eintritt. Ist das Eis ursprünglich auf 0°, so wird es unter der Drahtschlinge schmelzen und die hierzu nötige Schmelzwärme dem Eis in der Umgebung entziehen, das hierdurch unter 0° abgekühlt wird. Das über die einsinkende Drahtschlinge fließende Wasser gefriert daher dort wieder und die Schlinge wandert mit der Zeit durch das Eis, ohne es zu zerschneiden.

Die Gleichung von Clapeyron-Clausius ist, wie schon erwähnt wurde, die Differentialgleichung der Verdampfungskurve. Könnten wir sie integrieren, so erhielte man die grundlegende Beziehung zwischen Siededruck und Temperatur, also die Gleichung $\pi = f(T)$. Das ist exakt nicht möglich, da weder φ noch r in geschlossener Form als Funktion von T oder von π bekannt sind. Genähert kann es geschehen, wenn man für r etwa eine lineare Abhängigkeit, also $r = \alpha - \beta T$ annimmt, wie es z. B. für Wasser über 100° zutrifft und weiter unter Vernachlässigung von v' gegen v'' für φ die Gasgleichung anwendet. Es wird also $\varphi = v''$ gesetzt und angenommen, daß die Gasgleichung, die für überhitzte Dämpfe genähert gilt, auch noch auf der oberen Grenzkurve, d. h. auf den gesättigten Dampf ohne allzu grobe Fehler angewendet werden kann (vgl. S. 241). Es ist dann $\varphi = \frac{RT}{\pi}$ und es wird

$$\frac{dT}{d\pi} = \frac{ART^2}{(\alpha - \beta T)\pi},$$

also

$$\frac{d\pi}{\pi} = \frac{\alpha}{AR}\frac{dT}{T^2} - \frac{\beta}{AR}\frac{dT}{T}$$

und

$$\ln \pi = K - \frac{\alpha}{AR} \cdot \frac{1}{T} - \frac{\beta}{AR} \ln T, \tag{57}$$

wo K die Integrationskonstante bedeutet. Diese Formel für die Spannkraft des gesättigten Dampfes in ihrer Abhängigkeit von der Temperatur wurde zuerst von Kirchhoff aufgestellt, wird aber auch häufig nach Rankine genannt. Sie wurde an den Regnaultschen Beobachtungen in der Weise geprüft, daß man in der Formel

$$\ln \pi = K_1 - \frac{K_2}{T} - K_3 \ln T$$

die Konstanten K aus den Versuchen bestimmte und nachwies, daß in der Tat die Beobachtungen vorzüglich dargestellt werden konnten.

Es zeigt sich hierbei, daß von Quecksilber und von Flüssigkeiten mit sehr niedrigem Siedepunkte (Wasserstoff) abgesehen, die Konstante K_1 für alle Stoffe ungefähr denselben Wert hat.

Damit hängt eine zuerst von Trouton aufgefundene, genähert richtige Regel zusammen. Vergleicht man nämlich die Verdampfungswärme verschiedener Flüssigkeiten vom Molekulargewicht μ bei gleichem Siededruck, so ist genähert

$$\frac{r\mu}{T} = \text{const},$$

z. B. beim normalen Siedepunkt etwa 20.

Es ergibt sich diese Beziehung, wenn wir oben r als von der Temperatur überhaupt unabhängig, d. h $\alpha = r$ und $\beta = 0$ ansetzen, also die Gleichung (57) in der Form

$$\ln \pi = K - \frac{r}{AR} \cdot \frac{1}{T} = K - \frac{1}{A\mathfrak{R}} \cdot \frac{r\mu}{T}$$

schreiben und berücksichtigen, daß $K = K_1$ für alle Flüssigkeiten, mit Ausnahme der erwähnten, ziemlich gleichen Wert hat. Dann ist für gleiches π auch $\frac{r\mu}{T}$ für alle Flüssigkeiten ungefähr gleich.

Für technische Rechnungen sind die Kirchhoffsche Formel und ebenso andere in ähnlicher Weise auf die Gültigkeit der Gasgleichung für Dampf gegründete vielfach zu schleppend, besonders wenn es sich nur um die Darstellung in einem beschränkten Bereich handelt. Hier kann man das dritte Glied der Kirchhoffschen Gleichung weglassen, d. h. die Verdampfungswärme wieder als unveränderlich ansehen und mit in der Regel genügender Näherung

$$\ln \pi = K_1 - \frac{K_2}{T}$$

oder

$$T = \frac{K_2}{K_1 - \ln \pi}$$

schreiben, worauf van der Waals aufmerksam gemacht hat. Verwendet man Briggsche Logarithmen und mißt den Druck in at, so berechnet man für Wasserdampf aus den Messungen Holborns nach Schüle

zwischen 20 und 100° C : $\log \pi = 5{\cdot}9778 - \frac{2224{\cdot}4}{T}$

„ 100 „ 200° C : $\log \pi = 5{\cdot}6485 - \frac{2101{\cdot}6}{T}$

„ 200 „ 350° C : $\log \pi = 5{\cdot}45142 - \frac{2010{\cdot}8}{T}$.

Soll der Druck in mm Hg berechnet werden, so ist noch 2·8666 zu addieren. Diese Formeln sind an die Endpunkte der betreffenden Intervalle angeschlossen, die Abweichungen um die Mitte der Intervalle also am größten.

Schreibt man $K_1 = \ln C$, so gibt die letzte Formel durch Entlogarithmieren

$$\pi = Ce^{-\frac{K_2}{T}} = Ce^{-\frac{1}{A\mathfrak{R}}\frac{r\mu}{T}}.$$

Diese Dampfdruckformel würde ihrer Ableitung nach genau gelten für eine Flüssigkeit, deren Verdampfungswärme konstant ist und deren Dampf sich schon in Sättigungsnähe wie ein ideales Gas verhält. Außerdem müßten wir voraussetzen, daß sie genügend weit von der kritischen Temperatur entfernt ist, so daß v' gegen v'' vernachlässigt werden kann. Man nennt mitunter eine solche Flüssigkeit eine „ideale“. Dieser Ausdruck darf nicht mißverstanden werden. Während die wirklichen Gase und Dämpfe sich durch Ausdehnen oder Überhitzen dem Verhalten des idealen Gases beliebig nähern lassen, gibt es keinen Vorgang durch den die Abweichungen zwischen der wirklichen und „idealen" Flüssigkeit beliebig verringert werden könnten, wenn sie auch im allgemeinen mit sinkender Temperatur kleiner werden.

Eine besondere Bedeutung hat die Konstante K_1 der Kirchhoffschen Formel neuerdings dadurch gewonnen, daß sie Nernst zur Berechnung des Gleichgewichts von Gasreaktionen verwendet. Sie wird von ihm geradezu als die „chemische Konstante" des betreffenden Stoffes bezeichnet. Wird der Druck in At gemessen, so liegt ihr Wert (von Helium und Wasserstoff abgesehen) für alle Gase bei rund 7.

Zwanzigstes Kapitel.

Die spezifischen Wärmen auf der Grenzkurve und im Gebiet des überhitzten Dampfes.

§ 92. Berechnung der spezifischen Wärme auf der unteren Grenzkurve.

Die sp. W. c' der Flüssigkeit auf der unteren Grenzkurve läßt sich aus der der unmittelbaren Messung zugänglichen sp. W. der Flüssigkeit bei konstantem Druck c_p' gemäß der Gleichung (35 b) (§ 64) leicht berechnen. Es ist $\frac{dp}{dT}$ in der Richtung der Grenzkurve zu nehmen, also gleich $\frac{d\pi}{dT}$ zu setzen und man erhält

$$c' = c_p' - A\,T\left(\frac{\partial v'}{\partial T}\right)_p \frac{d\pi}{dT}\,. \tag{58}$$

Es ist (nach Thiesen) für Wasser bei 100° C die Zunahme des spezifischen Volumens pro Grad, also

$$\left(\frac{\partial v'}{\partial T}\right)_p = 0{\cdot}000785\,\frac{\text{cm}^3}{\text{gr C}^0} = 0{\cdot}000000785\,\frac{\text{m}^3}{\text{kg C}^0}\,,$$

ferner ist

$$\frac{d\pi}{dT} = \frac{27{\cdot}12}{760}\cdot 10333\,\frac{\text{kg}}{\text{m}^2}\cdot\frac{1}{\text{C}^0}\,,$$

also

$$c_p' - c' = \frac{373\,.\,0{\cdot}000000785\,.\,27{\cdot}12\,.\,10333}{427\,.\,760} = 0{\cdot}000253\ \text{Cal.}$$

In gleicher Weise ergibt sich für 180° C diese Differenz gleich 0·0035 Cal.

Man sieht also, daß für die im Dampfkessel in Frage kommenden Temperaturen der Unterschied zwischen c' und der bei konstantem Druck gemessenen sp. W. so gering ist, daß er vernachlässigt, daß also $c' = c_p''$ gesetzt werden kann.

§ 93. Berechnung der spezifischen Wärme auf der oberen Grenzkurve.

Kennt man nun c', so kann die Berechnung von c'', der sp. W. des trocken gesättigten Dampfes ohne weiteres nach Gleichung (56) erfolgen. Es ist

$$c'' = c' + \frac{d\,r}{d\,T} - \frac{r}{T}\cdot$$

Setzt man $c' = c_p'$ und für c_p' die in § 25 mitgeteilten Werte, weiter für r und $\frac{d\,r}{d\,T}$ die in der Tabelle auf S. 240 angegebenen Zahlen, so berechnet man für Wasserdampf bei verschiedenen Temperaturen die folgenden c'':

ϑ^0 C	c''	ϑ^0 C	c''
40	– 1·37	100	– 1·08
60	– 1·26	140	– 0·93
80	– 1·16	180	– 0·73.

Wir haben also hier den Fall vor uns, daß ein Weg mit negativer sp. W. Bedeutung gewinnt. Es wurde das schon früher erklärt. Die beim Erwärmen zur Erhaltung der Sättigung gleichzeitig notwendige Kompression liefert soviel Wärme, daß ohne Wärmeentzug der Dampf überhitzt würde.

Die meisten anderen gesättigten Dämpfe haben auch negative sp. W. Eine Ausnahme bildet Ätherdampf, der durchaus positives c'' aufweist. Gesättigter Chloroformdampf hat für Temperaturen unter 123° C negative, darüber positive sp. W. Bei 123° wird also beim Chloroform die obere Grenzkurve von der Dampfadiabate tangiert. Man berechnet z. B.:

		bei 0° C	bei 100° C
Schwefelkohlenstoff	$c''=$	– 0·184	– 0·141
Äther		+ 0·106	+ 0·131
Chloroform		– 0·108	– 0·015.

Eine experimentelle Bestimmung von c'' wäre schwer möglich.

§ 94. Experimentelle Prüfung. Aggregatsverwandlungen auf der Adiabate.

Wird die aus zwei verschiedenen Aggregatsformen zusammengesetzte Mengeneinheit einer adiabatischen Druckänderung unterworfen, so erfolgt hierbei ein teilweiser Übergang aus dem einen in den anderen Aggregatszustand. Um das zu berechnen haben wir $\frac{\partial x}{\partial p}$ für $d\,q = 0$ zu bilden; denn dieser Differentialquotient gibt dann an, um wieviel sich der Anteil der höheren Aggregatsform vermehrt, wenn der Druck adiabatisch um die Einheit wächst. Es ist nun nach Gleichung (I') für $dq = 0$

$$\frac{\partial x}{\partial T} = - \frac{c'(1-x) + c'' x}{r}$$

und

$$\frac{\partial x}{\partial p} = \frac{\partial x}{\partial T}\frac{dT}{d\pi} = - \frac{c'(1-x) + c'' x}{r}\frac{A\varphi T}{r}, \tag{59}$$

wenn man $\frac{dT}{d\pi}$ aus der Gleichung von Clapeyron-Clausius ausdrückt. Die Menge x des höheren Aggregatszustandes nimmt also bei Kompression zu oder ab, je nachdem der Ausdruck auf der rechten Seite positiv oder negativ ist.

Für einen Körper, der teils fest, teils flüssig ist, bedeutet bis auf ganz kleine, zu vernachlässigende Beträge c' die sp. W. der festen und c'' die der flüssigen Aggregatsform bei konstantem Druck. Ferner ist hier r gleich der Schmelzwärme σ. Da diese Größen stets positiv sind, hängt das Vorzeichen nur von dem des $\varphi = v'' - v'$ ab. Ist φ, wie in der Regel, positiv, so nimmt x mit wachsendem Druck ab, d. h. es tritt bei Kompression Erstarren eines Teils der Flüssigkeit ein, bis die freiwerdende Schmelzwärme das Gemisch bis auf den dem erhöhten Druck entsprechenden erhöhten Schmelzpunkt erwärmt hat. Ist φ negativ (Wasser), so nimmt x zu, d. h. es schmilzt etwas von dem im festen Aggregatszustand befindlichen Teil des Körpers, bis sich die hier durch den Druck erniedrigte Schmelztemperatur eingestellt hat. Das wurde durch Versuche bestätigt.

Die oben für $\left(\frac{\partial x}{\partial p}\right)_{dq=0}$ angeschriebene Formel setzt allerdings beständige Temperaturgleichheit zwischen dem festen und flüssigen Teil des Körpers voraus. Es ist aber zu bemerken, daß durch rasche adiabatische Kompression dieses Temperaturgleichgewicht ein wenig gestört wird, da die durch sie allein bewirkte, wenn auch sehr geringe Temperaturänderung für die feste Substanz eine etwas andere sein wird als für die flüssige.

In noch weit erhöhtem Maße wird dies der Fall sein, wenn wir einen aus Flüssigkeit und gesättigtem Dampf bestehenden Körper betrachten. Die adiabatische Volums- und Temperaturänderung erstreckt sich hier so gut wie ausschließlich auf den Dampf und die vorhandene Flüssigkeit spielt nur insofern eine Rolle, als ihre den Dampf berührende Oberfläche ihn ständig im Zustand der Sättigung erhält. Der Vorgang wird also so verlaufen, als ob $x = 1$, d. h. das Gefäß ausschließlich mit ständig im Zustand der Sättigung befindlichem Dampf gefüllt wäre. Dann ist

$$\frac{\partial x}{\partial p} = - \frac{c'' x}{r} \cdot \frac{A\varphi T}{r}$$

und da alle andern Größen stets positiv sind, hängt das Vorzeichen dieses Ausdruckes nur vom Vorzeichen der Größe c'' ab. Ist, wie in der Regel, c'' negativ, so entspricht einer Druckabnahme, also einer Dilatation des gesättigten Dampfes eine Abnahme von x, also eine Kondensation des Dampfes, d. h. Auftreten von Nebel. Ist hingegen, wie bei Ätherdampf, c'' positiv, so muß umgekehrt die Nebelbildung bei Kompression des Dampfes eintreten.

Diese von Clausius gezogene Folgerung der Theorie hat Hirn der Prüfung unterzogen. Der nasse Dampf, der untersucht werden sollte, befand sich in einem Metallzylinder, dessen Stirnflächen um die Durchsicht zu ermöglichen mit starken Glasplatten verschlossen waren. An den Zylinder war seitlich ein kleiner zweiter angeschlossen, in dem sich ein Stempel befand. Durch Hineinstoßen oder Herausziehen des Stempels konnte der Dampf adiabatisch zusammengedrückt oder ausgedehnt werden. Die ganze Vorrichtung befand sich in einem Ölbade, um den Versuch bei geeigneter Temperatur ausführen zu können. Es zeigte sich nun in der Tat bei Wasser- oder Schwefelkohlenstoffdampf die Nebelbildung beim Herausziehen, bei Ätherdampf hingegen beim Hineinstoßen des Stempels. Für Chloroformdampf konnte Cazin nachweisen, daß er sich unter 123° C wie Wasserdampf, bei höherer Temperatur hingegen wie Ätherdampf verhält, je nachdem eben die Adiabate steiler oder weniger steil verläuft, als die obere Grenzkurve bei der betreffenden Temperatur.

§ 95. Berechnung und Messung der spezifischen Wärme bei konstantem Druck für überhitzte Dämpfe.

Die Kenntnis der Größe der sp. W. überhitzter Dämpfe, vor allem der von überhitztem Wasserdampf, ist schon wegen der häufigen, mit mannigfachen Vorteilen verbundenen Verwendung überhitzten Dampfes in der Dampfmaschine von großer Bedeutung. Aus dem Dampfraum des Kessels führt eine nochmals von den heißen Feuergasen umspülte Rohrleitung zum Arbeitszylinder oder der sonstigen Gebrauchsstelle des Dampfes, der, langsam strömend, hierbei unter konstantem Druck und zwar in der Regel unter dem im Kessel herrschenden Druck überhitzt wird.

Hat uns auf der unteren Grenzkurve die Kenntnis von c_p', der sp. W. der Flüssigkeit bei konstantem Druck die Berechnung von c', der sp. W. der Flüssigkeit in der Richtung der unteren Grenzkurve ermöglicht, so können wir umgekehrt auf der oberen Grenzkurve die Kenntnis von c'', der sp. W. des gesättigten Dampfes oder der sp. W. in der Richtung der oberen Grenzkurve benützen, um einen Ausdruck für die dort herrschende sp. W. des Dampfes bei konstantem Druck c_p'' zu gewinnen. Da eine Erwärmung trocken gesättigten Dampfes bei konstantem Druck ihn überhitzt, so ist c''_p die sp. W. des ungesättigten oder überhitzten Dampfes, aber in unmittelbarer Nachbarschaft der oberen Grenzkurve. Es ist nun wieder nach Gleichung (35b):

$$c'' = c_p'' - A\,T\left(\frac{\partial v''}{\partial T}\right)_p \frac{d\pi}{dT}$$

oder da

$$c'' = c' + \frac{dr}{dT} - \frac{r}{T} = c_p' - A\,T\left(\frac{\partial v'}{\partial T}\right)_p \frac{d\pi}{dT} + \frac{dr}{dT} - \frac{r}{T}$$

ist,

$$c_p'' = c_p' + \frac{dr}{dT} - \frac{r}{T} + A\,T\frac{d\varphi}{dT}\frac{d\pi}{dT},$$

oder, wenn wir schließlich $\frac{d\pi}{dT}$ aus der Gleichung von Clapeyron-Clausius einsetzen

$$c_p'' = c_p' + \frac{dr}{dT} - \frac{r}{T} + \frac{r}{\varphi}\frac{d\varphi}{dT}. \tag{60}$$

Es ist das eine von Planck abgeleitete Formel, welche die Berechnung von c_p'' aus anderen bekannten Größen ermöglicht.[1]

In ähnlicher Weise läßt sich ein zweites Verfahren zur Berechnung der sp. W. bei konstantem Druck für überhitzten Dampf darstellen, welches Tumlirz angewendet hat. So wie nämlich die Kenntnis der sp. W. in der Richtung $\frac{d\pi}{dT}$ die Berechnung von c_p'' gestattet, würde die Kenntnis der sp. W. in irgend einer anderen, gegebenen Richtung ebenfalls diese Berechnung ermöglichen. Kennt man z. B. die Gleichung der Dampfadiabate, also auch die Richtung, in welcher die sp. W. gleich Null ist, so kann man nach Gleichung (35b) hieraus ebenfalls c_p für den Dampf berechnen.

Es haben nun Hirn und Cazin mittels des oben beschriebenen Apparates auch untersucht, um wieviel überhitzter Dampf adiabatisch ausgedehnt werden muß, damit gerade Nebelbildung eintritt und Grashof hat daraus für die Adiabate des Wasserdampfes in der Tp-Fläche die Gleichung $p\,T^{-n} = \text{const}$ berechnet, wo $n = 4{\cdot}232$ ist, was in der Gleichung der Gasadiabate $Tp^{\frac{1-\varkappa}{\varkappa}} = \text{const}$ einem $\varkappa = 1{\cdot}31$ entspräche. In neuerer Zeit hat auf anderem Wege Makower $\varkappa = 1{\cdot}30$ gefunden. Es ist dann nach der Formel von Grashof in der Richtung der Adiabate

$$\frac{dp}{dT} = n\frac{p}{T}$$

und somit für $c = 0$ nach Gleichung (35b)

$$c_p = A\,T\left(\frac{\partial v}{\partial T}\right)_p n\frac{p}{T} = A\,n\,p\left(\frac{\partial v}{\partial T}\right)_p.$$

Es bedeutet hierin c_p die sp. W. des überhitzten Dampfes bei konstantem Druck überhaupt und nicht wie c_p'' die des Dampfes gerade in Sättigungsnähe, d. h. in unmittelbarer Nachbarschaft der oberen Grenzkurve und ebenso $\left(\frac{\partial v}{\partial T}\right)_p$ den thermischen Koeffizienten der Ausdehnung für überhitzten Dampf bei dem gewählten Druck p.

[1] Setzt man $\varphi = v''$ und wendet die Gasgleichung an, so ist auch genähert $c_p'' = c_p' + \frac{dr}{dT}$ oder $\frac{dr}{dT} = c_p'' - c_p'$.

Mit dem Grashofschen Wert für n hat Linde aus den von ihm mit Knoblauch und Klebe beobachteten Ausdehnungskoeffizienten überhitzten Wasserdampfes nach dieser Formel c_p'' bei jeweiliger Sättigung und c_p bei Atmosphärendruck berechnet und die folgenden Zahlen erhalten:

ϑ^0 C	c_p''	c_p bei 1 At
100	0·493	0·493
120	511	488
140	532	484
160	563	481
180	607	479

Doch ist zu bedenken, daß sowohl die Formel von Planck, wie die von Tumlirz kaum geeignet sind, sehr genaue Werte von c_p'' bzw. von c_p zu liefern. Einerseits ist $\frac{dr}{dT}$ nicht genau genug bestimmt, andererseits ist die Annahme, daß n einen für alle Temperaturen und Drucke gleichen Wert hat, gewiß nur beiläufig richtig, wie dies neuere Versuche auch gezeigt haben.

Doch läßt sich die Berechnung von c_p aus anderen Beobachtungen entbehren, da die experimentelle Bestimmung mit aller wünschenswerten Genauigkeit vorgenommen werden kann. Von der Bestimmung der sp. W. von überhitztem Wasserdampf bei konstantem Druck durch Holborn und Henning nach dem Verfahren von Regnault war bereits in § 37 die Rede. Diese Messungen erstrecken sich wohl bis 1400° C, beschränken sich jedoch auf Atmosphärendruck. Bei den Abweichungen von der Gasgleichung, welche überhitzte Dämpfe in Sättigungsnähe zeigen, ist aber zu erwarten, daß im Gegensatz zu den permanenten Gasen eine beträchtliche Abhängigkeit der sp. W. vom Druck besteht, bei dem die Überhitzung vorgenommen wird. Da in den neueren mit überhitztem Wasserdampf arbeitenden Maschinen, deren Wirkungsgrad zum Teil wegen des höheren Temperaturunterschiedes im Kreisprozeß, hauptsächlich aber wegen Vermeidung der Zylinderkondensation größer ist als bei den mit Sattdampf arbeitenden Maschinen, Überhitzungen bis 350° unter den im Kessel herrschenden Drucken in Anwendung kommen, haben Knoblauch, Jakob und Mollier die Abhängigkeit des c_p vom Druck für Wasserdampf eingehend untersucht.

Es wurde hierbei einem überhitzten Dampfstrom von der Temperatur ϑ durch elektrische Heizung eine bestimmte Wärmemenge Q in der Zeiteinheit zugeführt und die hierdurch erzielte Temperatursteigerung $\Delta\vartheta$ gemessen. Ist n die in der Zeiteinheit durchströmende Dampfmenge (aus dem Gewicht des Kondensats bestimmt), so gibt $\frac{Q}{n\,\Delta\vartheta}$ die gesuchte Größe c_p bei der Temperatur ϑ und bei dem im Heizapparat herrschenden Druck. Die Versuche umfassen einen Bereich von

Sättigungsnähe bis 550° C für die Drucke von 2, 4, 6 und 8 at und stellen das folgende, auch aus der Figur 85 ersichtliche Verhalten fest:

Die Temperaturabhängigkeit ist bei höheren Drucken eine verwickeltere, als sie nach den Versuchen von Holborn und Henning bei Atmosphärendruck besteht. Es nimmt c_p vom Wert beim Sättigungszustand zunächst ab, erreicht ein Minimum, worauf es wieder langsam steigt. Außerdem zeigt sich aber noch eine in Sättigungsnähe sehr beträchtliche mit steigender Überhitzung immer kleiner werdende Abhängigkeit vom Druck, die über 500° fast ganz verschwindet. In der Tat nähert sich der Dampf, wenn er die kritische Temperatur überschritten hat immer mehr dem idealen Gase, dessen sp. W. nur mehr Funktion der Temperatur ist. Die beobachteten Minima erklären sich durch Übereinanderlagerung zweier entgegengesetzter Einflüsse. Einerseits steigt, wie in allen mehratomigen Gasen, die sp. W. mit der Temperatur, andererseits nehmen die in Sättigungsnähe beträchtlichen Kohäsionskräfte mit steigender Temperatur ab, was für sich allein ein Sinken von c_p zur Folge hätte. In der Nähe der Sättigung überwiegt dieser, bei hoher Überhitzung jener Einfluß und

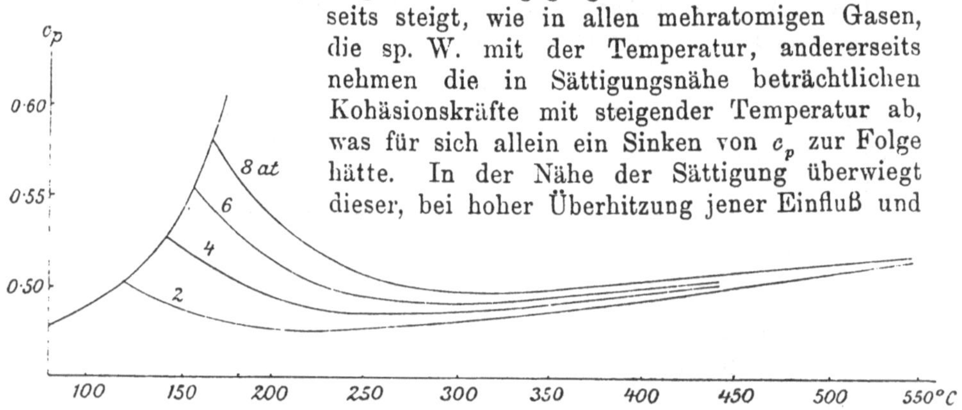

Fig. 85.

im Minimum halten sie sich im Gleichgewicht. Die mittlere sp. W. für eine Überhitzung von Sättigungstemperatur τ^0 auf ϑ^0 C bei dem entsprechenden Druck π gibt die folgende Tabelle:

π τ	2 120	4 143	6 158	8 at 169° C
ϑ = 150°	c_p = 0·496	0·528	—	—
200	488	509	0·537	0·565
250	484	499	519	535
300	482	495	510	521
350	483	494	505	514
400	484	493	503	511
450	486	494	503	510
500	489	496	504	510
550	492	499	505	511

Einundzwanzigstes Kapitel.

Das Wärmediagramm für Wasserdampf.

§ 96. Wärmebedarf bei der Verdampfung.

Es ist wichtig die Wärmemenge zu kennen, welche benötigt wird, um die Mengeneinheit einer Flüssigkeit von 0° C in trocken gesättigten Dampf von der Temperatur ϑ^0 C zu verwandeln. Diese Verwandlung kann auf verschiedenem Wege geschehen; die Regel ist es aber, daß man die Flüssigkeit zunächst als solche auf die Temperatur ϑ erhitzt, worauf dann bei dieser Temperatur die Verdampfung vollzogen wird. Der Wärmebedarf setzt sich also zunächst aus zwei Teilen zusammen: erstens aus der sogenannten „Flüssigkeitswärme“ q, das ist die Wärmemenge, welche man benötigt um die Mengeneinheit Flüssigkeit von 0 auf ϑ^0 zu erwärmen, zweitens aus der Verdampfungswärme r, die benötigt wird, um die Flüssigkeit bei der Temperatur ϑ restlos zu verdampfen. Die Summe $q + r$ nennt man die „Gesamtwärme“ des gesättigten Dampfes und bezeichnet sie in der Regel mit λ. Ebenso nennt man den Ausdruck $\lambda_x = q + rx$ die „Gesamtwärme“ eines nassen Dampfes vom Dampfgehalt x.

Was den ersten Summanden, die Flüssigkeitswärme, betrifft, so ist es nach § 92 so gut wie gleich, ob wir uns die Erwärmung auf der unteren Grenzkurve vorgenommen denken, d. h. unter einem Druck, der beim Erwärmen im selben Maß anwächst, wie der Sättigungsdruck mit der Temperatur steigt, oder ob wir die Flüssigkeit gleich anfangs unter den der Endtemperatur ϑ entsprechenden Sättigungsdruck bringen und nun die Erwärmung von 0° aus bei diesem unveränderten Enddruck vollzogen denken. Das letztere entspricht zudem der Erwärmung im Dampfkessel, wo wirklich das kalte Wasser, durch die Speisepumpe eingepreßt, gleich unter Kesseldruck gebracht wird, d. h. unter den Druck des gesättigten Dampfes, in den es verwandelt wird. Es ist bis auf einen praktisch zu vernachlässigenden Betrag

$$q = \int_{273}^{T} c' \, dT = \int_{0}^{\vartheta} c' \, d\vartheta = c_p' \vartheta .$$

Hingegen ist bei genaueren Rechnungen die Abhängigkeit des c_p' von der Temperatur zu berücksichtigen, was durch Einführen des zwischen 0 und ϑ^0 gültigen Mittelwerts $\bar{c}_p'$ geschieht. Für Wasser kann zwischen 0 und 100° mit wohl fast immer genügender Annäherung $c_p' = 1$ gesetzt werden. Für höhere Temperaturen ist der betreffende Mittelwert aus den früher (§ 25) erwähnten Messungen von Dieterici abzuleiten.

Den zweiten Summanden, die Verdampfungswärme, kann man sich mit Vorteil abermals aus zwei Teilen zusammengesetzt denken: aus einem größeren Teil, der sogenannten „inneren Verdampfungswärme“ ϱ,

d. i. der Wärmebetrag, der zur Überwindung der Kohäsion der Flüssigkeit, zu ihrem Zerreißen in Dampfmolekeln verbraucht wird, und aus einem kleineren Teil, der sogenannten „äußeren Verdampfungswärme“, d. i. der Wärmebetrag $A \pi \varphi$, der zur Leistung der äußeren Arbeit $\pi (v'' - v') = \pi \varphi$ verwendet wird, die der Vergrößerung des Volumens der Flüssigkeit auf das des Dampfes gegen den konstanten Sättigungsdruck π entspricht. Es ist dann

$$r = \varrho + A \pi \varphi$$

und

$$\lambda = \bar{c}_p' \vartheta + r = \bar{c}_p' \vartheta + \varrho + A \pi \varphi .$$

Ebenso wie von der Gesamtwärme λ des gesättigten oder nassen Dampfes spricht man auch von der Gesamtwärme λ' eines überhitzten Dampfes und versteht darunter die Wärmemenge, welcher man bedarf, um die Mengeneinheit Flüssigkeit von 0^0 zunächst bei der Temperatur τ in gesättigten Dampf zu verwandeln und dann diesen Dampf bei ungeändertem Druck π auf die Temperatur ϑ zu überhitzen. Ist $\bar{c}_p$ die für Wasserdampf aus der Zahlentafel des vorhergehenden Paragraphen zu entnehmende mittlere sp. W. des überhitzten Wasserdampfes, welche dem Druck π und der vorzunehmenden Überhitzung auf ϑ^0 entspricht, so ist offenbar

$$\lambda' = \lambda + \bar{c}_p (\vartheta - \tau) ,$$

wo jetzt λ aus

$$\lambda = \bar{c}_p' \tau + r$$

zu berechnen ist.

Bei der Erzeugung von Dampf im Kessel einer im Dauerbetrieb befindlichen Maschine gibt allerdings strenge genommen λ und λ' noch nicht den gesamten Wärmebedarf zur Erzeugung von 1 kg gesättigten oder überhitzten Dampfes, da zum Hineindrücken des Wassers durch die Speisepumpe in den Kessel pro kg die Arbeit $\pi v'$ geleistet, also auch noch die Wärmemenge $A \pi v'$ verbraucht werden muß. Erst

$$i = \lambda + A \pi v' \quad \text{bzw.} \quad i' = \lambda' + A \pi v'$$

gibt den ganzen pro kg erzeugten Satt- oder Heißdampf verschwindenden Wärmebetrag, oder, wie man das nennt, seinen „Wärmeinhalt bei konstantem Druck“.

Doch sind i und λ nur sehr wenig voneinander verschieden. So ist selbst für $\pi = 20$ at der Betrag $A \pi v' = \frac{1}{427} 20000 \cdot 0{\cdot}001$ nur gleich $0{\cdot}47$ Cal, was gegenüber der Gesamtwärme für 20 at ($\lambda = 672{\cdot}8$) keine Rolle spielt. Man kann also Wärmeinhalt und Gesamtwärme praktisch einander gleich setzen.

Endlich sei noch der Vollständigkeit halber der Ausdruck „Dampfwärme“ angeführt, worunter man die Summe $q + \varrho$ versteht, also die um das Wärmeäquivalent der Ausdehnungsarbeit oder die äußere Verdampfungswärme verminderte Gesamtwärme. Wir werden im folgenden Paragraph zeigen, daß diese Dampfwärme nichts anderes, als die innere Energie u des gesättigten Dampfes bedeutet. Desgleichen werden dort für Wasserdampf die einzelnen Wärmebeträge zahlenmäßig gegeben werden und wird später von ihrer graphischen Darstellung die Rede sein. Einen Überblick über die Bezeichnungsweise gibt das folgende Schema:

Wärmeinhalt i

Gesamtwärme λ — $A \pi v'$

Flüssigkeitswärme q — Verdampfungswärme r

innere Verdampfungsw. ϱ — äußere Verdampfungsw. $A \pi \varphi$

Dampfwärme u

§ 97. Entropie und Energie im Sättigungsgebiet.

Als Ausgangspunkt der Entropie- und Energiezählung gelten Entropie und Energie (s_0 und u_0) der bei 0° C unter Siededruck befindlichen Flüssigkeit, Werte, die dem Zustand A auf der unteren Grenz-

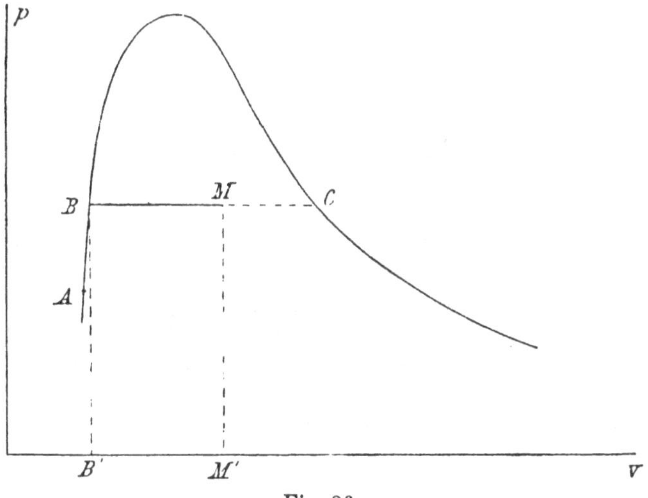

Fig. 86.

kurve entsprechen sollen. Um zunächst die Entropie in dem beliebigen Punkt M des Sättigungsgebietes zu finden, haben wir $\int_A^M \frac{dq}{T}$ zu berechnen und zwar auf irgendeinem Weg, der die Punkte A und M miteinander verbindet. Wir wählen den zur Berechnung einfachsten. Um nach M zu kommen, gehen wir zunächst auf der unteren Grenzkurve von A aus bis zur Höhe von M nach B, d. h. erwärmen die Flüssigkeit von 273° abs. bis T, wenn T die Temperatur im Punkte M, also auch im Punkte B

bezeichnet, steigern aber gleichzeitig den Druck so, daß nichts verdampft. Es ist dann für ein jedes Element dieses Weges $d q = c' d T$ und

$$s_B = s_0 + \int_{273}^{T} c' \frac{d T}{T}.$$

Ersetzen wir c' durch $\bar{c}_p'$, was nach den früheren Ausführungen gestattet ist, so wird

$$s_B = s_0 + \bar{c}_p' \ln \frac{T}{273}.$$

Nun gehen wir noch von B auf der Isotherme nach M. Ist in M der spezifische Dampfgehalt gleich x, so wird auf diesem Wegstück im ganzen die Wärmemenge $r x$ bei der unveränderten Temperatur T zugeführt. Es ist somit schließlich:

$$s_M = s_B + \frac{r x}{T} = s_0 + \bar{c}_p' \ln \frac{T}{273} + \frac{r x}{T}.$$

Setzt man noch $s_0 = 0$, d. h. zählt die Entropie von A aus, so ergibt sich für die Entropie des nassen Dampfes in einem durch T und x gekennzeichneten Punkt des Sättigungsgebietes

$$s = \bar{c}_p' \ln \frac{T}{273} + \frac{r x}{T}. \tag{61}$$

Auf der unteren Grenzkurve ist $x = 0$ und die Entropie

$$s' = \bar{c}_p' \ln \frac{T}{273}, \tag{61'}$$

auf der oberen Grenzkurve ist $x = 1$ und somit

$$s'' = s' + \frac{r}{T}. \tag{61''}$$

In ganz ähnlicher Weise kann man auch die Energiedifferenz zwischen A und M berechnen. Ebenso wie das Differential der Entropie ist auch das der Energie ein vollständiges, das Berechnungsergebnis daher vom Weg unabhängig, als den wir wieder den Weg von A nach B und von B nach M wählen.

Die Energievermehrung von A nach B ist gleich der auf diesem Weg zugeführten Wärmemenge $\int_{273}^{T} c' d T = \bar{c}_p' (T - 273) = \bar{c}_p' \vartheta$, vermindert um die auf diesem Wege geleistete äußere Arbeit. Diese äußere Arbeit ist aber wegen des steilen Anstieges der unteren Grenzkurve, d. h. wegen der sehr genäherten Konstanz von v' so klein, daß sie vernachläßigt werden kann. Von B bis M wird die Wärmemenge $r x$ zugeführt und die durch das Rechteck $B M M' B'$ dargestellte Arbeit geleistet, dessen Höhe gleich π und dessen Breite gleich φx ist. Die Energievermehrung beträgt also auf diesem Wegstück $r x - A \pi \varphi x$. Es ist somit

$$u_M = u_0 + \bar{c}_p' \vartheta + (r - A \pi \varphi) x = u_0 + \bar{c}_p' \vartheta + \varrho x.$$

Wenn endlich $u_0 = 0$ gesetzt wird, so gibt das für einen durch ϑ und x bestimmten Zustand des Sättigungsgebietes

$$u = \bar{c}_p' \vartheta + \varrho x = q + \varrho x. \tag{62}$$

Für $x = 1$, d. h. für trocken gesättigten Dampf wird $u = q + \varrho$, deckt sich also mit derjenigen Größe, die oben als Dampfwärme bezeichnet wurde.

Die folgende „Verdampfungstafel“ gibt für Wasserdampf und für den praktisch wichtigsten Temperaturbereich eine Zusammenstellung von Zahlenwerten für die hier und im vorhergehenden Paragraphen erwähnten Größen. Ausführliche Tafeln finden sich in Schüle „Technische Thermodynamik“ (Springer 1917), sowie in dem unter dem Titel „Leitfaden der technischen Wärmemechanik“ erschienenen Auszug aus dem ersten Band dieses Buches.

ϑ^0	π at	r	$A\pi\varphi$	ϱ	$q = \bar{c}_p'\vartheta$	λ	$u = q + \varrho$	s'[1]	$\frac{r}{T}$	s''
0	0·00622	594·8	30·4	564·4	0	594·8	564·4	0	2·1780	2·1780
40	0·0752	574·0	34·4	539·6	39·9	613·9	579·5	0·1369	1·8333	1·9702
50	0·126	568·5	35·4	533·1	49·9	618·4	583·0	0·1682	1·7595	1·9277
59·7	0·200	563·1	36·5	526·5	59·6	622·7	586·1	0·1977	1·6920	1·8897
60	0·203	562·9	36·5	526·4	59·9	622·8	586·3	0·1986	1·6899	1·8885
70	0·318	557·1	37·5	519·6	69·9	627·0	589·5	0·2282	1·6237	1·8519
80	0·483	551·1	38·6	512·5	79·9	631·0	592·4	0·2569	1·5607	1·8176
80·9	0·5	550·5	38·6	511·9	80·8	631·2	592·7	0·2595	1·5551	1·8146
90	0·715	545·0	39·6	505·4	89·9	634·9	595·3	0·2850	1·5010	1·7860
99·1	1·0	539·3	40·6	498·7	99·1	638·4	597·8	0·3099	1·4490	1·7589
100	1·033	538·7	40·7	498·0	100·0	638·7	598·0	0·3123	1·4438	1·7561
110	1·461	532·1	41·5	490·6	110·1	642·2	600·7	0·3390	1·3889	1·7279
119·6	2·0	525·6	42·2	483·4	119·9	645·5	603·3	0·3640	1·3384	1·7024
120	2·024	525·3	42·2	483·1	120·2	645·5	603·3	0·3650	1·3363	1·7013
130	2·754	518·2	43·0	475·2	130·5	648·7	605·7	0·3906	1·2855	1·6761
132·9	3·0	516·1	43·2	472·8	133·4	649·5	606·2	0·3979	1·2712	1·6691
140	3·684	510·9	43·7	467·2	140·7	651·6	607·9	0·4156	1·2367	1·6523
142·9	4·0	508·8	43·9	464·8	143·8	652·6	608·6	0·4227	1·2231	1·6458
150	4·852	503·8	44·5	459·3	150·9	654·7	610·2	0·4401	1·1907	1·6308
151·1	5·0	503·1	44·6	458·5	152·0	655·1	610·5	0·4428	1·1860	1·6288
158·1	6·0	498·0	45·0	453·0	159·3	657·3	612·3	0·4597	1·1549	1·6146
160	6·299	496·6	45·1	451·5	161·2	657·8	612·7	0·4642	1·1466	1·6108
164·2	7·0	493·6	45·4	448·2	165·5	659·1	613·7	0·4742	1·1287	1·6029
169·6	8·0	489·7	45·7	444·0	171·2	660·9	615·2	0·4869	1·1062	1·5931
170	8·071	489·4	45·7	443·7	171·6	661·0	615·3	0·4878	1·1045	1·5923
174·6	9·0	486·1	45·9	440·2	176·4	662·5	616·6	0·4986	1·0858	1·5844
179·1	10·0	482·8	46·2	436·6	181·2	664·0	617·8	0·5090	1·0677	1·5767
180	10·215	482·2	46·2	436·0	182·0	664·2	618·0	0·5111	1·0642	1·5753

[1] Berechnet nach der Formel von Dieterici für die sp. W. des Wassers (gültig für $\vartheta > 40^0$) $c_p = 0·9983 - 0·0001037\,\vartheta + 0·000002073\,\vartheta^2$ und unter der Annahme $\vartheta = T - 273·1$ nach der Formel:

$$s' = -\,6·62561 - 0·0006736\,\vartheta + 0·0000010365\,\vartheta^2 + 2·719813 \log T\,.$$

Für 40^0 wurde der von Schüle auf graphischem Wege ermittelte Wert $s'_{40^0} = 0·1369$ eingesetzt.

§ 98. Die Dampfadiabate.

Auf jeder Adiabate ist für endliche Temperaturen die Entropie konstant und die geleistete Arbeit äquivalent der Abnahme der inneren Energie, also für Naßdampf

$$l = \frac{1}{A}[q_1 + \varrho_1 x_1 - (q_2 + \varrho_2 x_2)]. \tag{63}$$

Geht die adiabatische Entspannung von einem Druck π_1 und einem spezifischen Dampfgehalt x_1 aus und endet sie bei einem Druck π_2, so sind die zugehörigen Werte von q_1, ϱ_1, q_2 und ϱ_2 für Wasser ohneweiteres der Verdampfungstabelle zu entnehmen, während x_2 sich aus der Bedingung $s_1 = s_2$ ergibt, oder einfacher, wie gleich gezeigt werden soll, mit dem Zirkel im sT-Diagramm abgegriffen werden kann.

Genähert läßt sich nach Zeuner die Naßdampfadiabate von 200° abwärts für einen anfänglichen spezifischen Dampfgehalt $x > 0{\cdot}7$ und für nicht allzugroße Druckänderung durch eine Polytrope

$$\pi v^{1\cdot035 + 0\cdot1x} = \text{const}$$

darstellen, also für anfänglich trocken gesättigten Dampf durch

$$\pi v^{1\cdot135} = \text{const}.$$

Schreiben wir den Exponenten $1{\cdot}035 + 0{\cdot}1\,x = n$, so ergibt sich dann nach Formel (23') (§ 45) die Arbeit genähert gleich

$$l = \frac{1}{1-n}(\pi_2 v_2 - \pi_1 v_1).$$

Auch die Adiabate des Heißdampfes kann, wie übrigens schon erwähnt wurde, genähert als Polytrope, die längs ihr geleistete Arbeit somit durch die gleiche Formel dargestellt werden, wobei dem Exponenten der Wert 1·3 zu geben ist, so daß die Gleichung im Arbeitsdiagramm

$$p v^{1\cdot3} = \text{const}$$

lautet. Allerdings ist der Exponent, wie neuere Versuche lehren, mit Druck und Temperatur etwas veränderlich.

Da Heißdampf von Wasser bei hinreichender adiabatischer Ausdehnung den Sättigungszustand erreicht, so gilt die Formel $p v^{1\cdot3} = \text{const}$ nur bis zu dieser Grenze und tritt für die weitere Ausdehnung sprungweise die Formel $\pi v^{1\cdot135} = \text{const}$ an ihre Stelle. Die Dampfadiabate zeigt also in der vp-Fläche beim Durchgang durch die Grenzkurve einen Knick.

---

1. 1 kg trocken gesättigter Dampf von 160° C dehnt sich adiabatisch aus, bis seine Temperatur auf 80° C gesunken ist. Wie groß ist sein Nässegrad am Ende der Ausdehnung und wie groß ist die geleistete Arbeit?

Aus $s_1 = s_2$, also $s_1'' = s_2' + \frac{r_2}{T_2} x$ folgt unter Benützung der Verdampfungstafel $1 \cdot 611 = 0 \cdot 257 + 1 \cdot 561 x$ und daraus $x = 0 \cdot 867$. Der Nässegrad ist also $13 \cdot 3\,\%_0$. Die Arbeit ist dann

$$l = \frac{1}{A}[q_1 + \varrho_1 - (q_2 + \varrho_2 x)] = 427[161 \cdot 2 + 451 \cdot 5 -$$
$$- 79 \cdot 9 - 512 \cdot 5 . 0 \cdot 867] = 37\,800 \text{ kgm.}$$

2. 1 kg Heißdampf von 400° C und einem Druck von 7 at dehnt sich adiabatisch bis zu einem Druck von 0·5 at aus. Sättigung wird hierbei noch nicht erreicht. Wie groß ist die Arbeit und die Endtemperatur?

Nach der Gleichung von Tumlirz (§ 78) ist

$$p_1 v_1 = 47 \cdot 1 (273 + 400) - 0 \cdot 016 . 70000 = 30578,$$

ferner aus $p_2^{\frac{1}{n}} v_2 = p_1^{\frac{1}{n}} v_1$

$$p_2 v_2 = p_1 v_1 \left(\frac{p_2}{p_1}\right)^{\frac{n-1}{n}} = 30578 \left(\frac{0 \cdot 5}{7}\right)^{\frac{0 \cdot 3}{1 \cdot 3}} = 16620$$

$$l = \frac{1}{1-n}(p_2 v_2 - p_1 v_1) = 46500 \text{ kgm.}$$

Die Endtemperatur findet man aus der Tumlirzschen Gleichung durch Einsetzen des für $p_2 v_2$ erhaltenen Wertes zu 81·6° C, also knapp oberhalb der einem Druck von 0·5 at entsprechenden Sättigungstemperatur.

§ 99. Konstruktion des Wärmediagramms.

Trägt man zu den verschiedenen auf der absoluten Skala gemessenen Temperaturen die Werte von s' und s'' in die Entropie-Temperaturfläche ein, so erhält man das Abbild der unteren und oberen Grenzkurve des betreffenden Stoffes im Wärmediagramm. In der Fig. 87 ist das für Wasser durchgeführt. Die beiden Kurven trennen wieder das Sättigungsgebiet nach links von dem Gebiet der reinen Flüssigkeit, nach rechts von dem des Heißdampfes und gehen im kritischen Punkt ineinander über. Doch ist das nur angedeutet, da für Wasser Sattdampftemperaturen über 200° C wegen zu großer Kesselspannung praktisch kaum in Frage kommen.

Zieht man durch das Sättigungsgebiet Parallele zur Abszissenachse, so sind das wieder, wie im Arbeitsdiagramm, zugleich die Isothermen und Isobaren des nassen Dampfes. In irgendeinem Punkt einer dieser Strecken mit den Koordinaten s und T ist die Entfernung von der unteren Grenzkurve $s - s' = \frac{r x}{T}$ dem spezifischen Dampfgehalt x proportional. Teilt man also diese Strecken in gleich viele Teile (etwa in 10, wie in Fig. 87) und verbindet die Teilpunkte, so erhält man Linien gleichen spezifischen Dampfgehaltes (von Zehntel zu Zehntel fortschreitend).

Häufig trägt man im Sättigungsgebiet noch einige Isochoren ein, wie dies auch hier geschehen ist. Geht man von einem Punkt der oberen Grenzkurve aus, wo das Volumen v'' ist, d. h. gleich dem spezifischen Volumen trocken gesättigten Dampfes von der betreffenden Temperatur T und denkt sich diesen Dampf in einem festen Gefäß eingeschlossen, so wird bei Abkühlung ein Teil kondensieren, aber das Kondensat und der Dampfrest das gleiche Volumen v'' einnehmen wie früher. Ist hierbei die Temperatur von T auf T' gesunken, so muß also $v'' = v' + \varphi' x$ sein, wo sich v' und φ' auf die Temperatur T' beziehen und den Tabellen entnommen werden können. Setzt man übrigens v' bei der Temperatur T' gleich v' bei der Temperatur T, was für Wasser innerhalb des behandelten Temperaturgebietes sehr nahe zutrifft, so ist auch einfach

$$x = \frac{\varphi \text{ bei der Temperatur } T}{\varphi \text{ bei der Temperatur } T'}.$$

Hierdurch ist die Stelle gegeben, an welcher die betreffende Isochore $v = v'' = \text{const}$ die Isotherme T' schneidet und durch Fortsetzen dieses Verfahrens ihr ganzer Verlauf. Da x auch noch für 0° C einen kleinen aber von Null verschiedenen Wert behält, wird die untere Grenzkurve von den Isochoren nicht erreicht.

Schließlich werden im Wärmediagramm die Isobaren des überhitzten Dampfes verzeichnet. Wäre c_p für überhitzten Dampf konstant, so wären diese Linien Polytropen und ihre Gleichung nach § 57 die einer logarithmischen Linie, nämlich $s = c_p \ln T + \text{const.}$ Die Konstante ist hier bestimmt, da wir die Entropie der Flüssigkeit bei 0° unter Siededruck willkürlich gleich Null gesetzt haben. Es wäre dann

$$s = s'' + c_p \ln \frac{T}{\tau},$$

wo s'' die Entropie des trocken gesättigten Dampfes von der Temperatur τ bedeutet, durch dessen Erwärmen bei konstantem Druck der überhitzte Dampf entstanden ist. Da aber c_p weder von der Temperatur noch vom Druck unabhängig ist, bei welchem der Dampf überhitzt wird, muß die Isobare aus

$$s = s'' + \int_{\tau}^{T} c_p \frac{dT}{T}$$

unter Benützung der für c_p gefundenen Werte ermittelt werden, wie sie durch Fig. 85 veranschaulicht sind. Genähert kann statt mit der wahren sp. W. auch mit Mittelwerten gerechnet werden, wie solche auf S. 284 mitgeteilt wurden und ausführlicher in den bezüglichen Originalarbeiten enthalten sind.

Adiabaten werden keine eingezeichnet; denn sie sind in der ganzen Fläche einfach durch zur Ordinatenachse parallele Gerade gegeben.

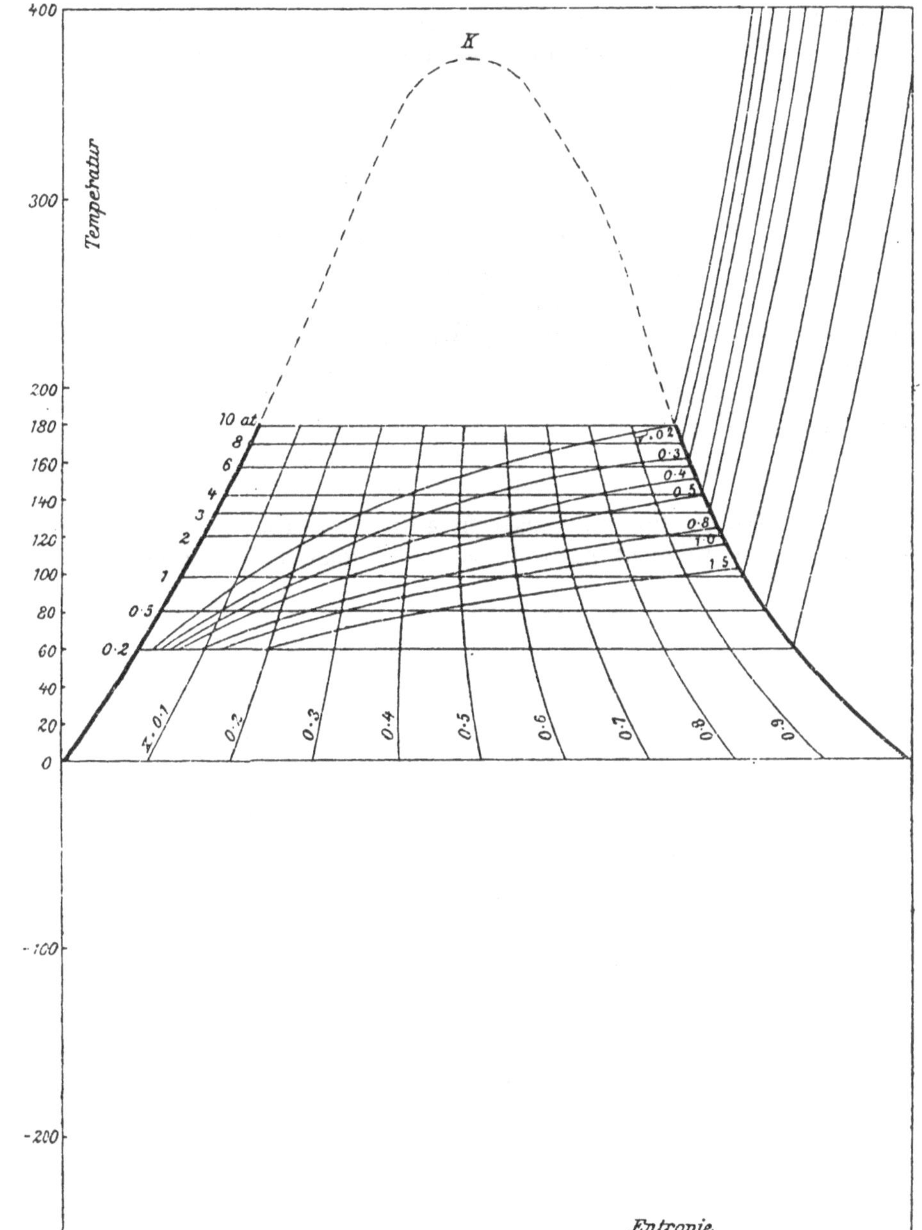

400
300
200
180
160
140
120
100
80
60
40
20
0
-100
-200
-273.1
Temperatur
K
10 at
8
6
4
3
2
1
0.5
0.2
x = 0.1
0.2
0.3
0.4
0.5
0.6
0.7
0.8
0.9
v = 0.2
0.3
0.4
0.5
0.8
1.0
1.5
Entropie
0.2
0.4
0.6
0.8
1.0
1.2
1.4
1.6
1.8
2.0
2.2

Fig. 87.

Das Diagramm ist zwar maßstäblich ausgeführt, aber zu klein, als daß an ihm selbst genauere Messungen vorgenommen werden könnten und bezweckt auch nur die folgende kurze Erörterung derartiger Messungen zu erleichtern. Es wurde ebenso wie das *si*-Diagramm im § 102 nach größeren, linienreichen Diagrammen gezeichnet, die dem bereits oben erwähnten Buch von Schüle beigelegt sind.[1]

Es leuchtet ein, daß eine solche Darstellung der wichtigsten Zustandsänderungen des Wasserdampfes im Wärmediagramm die rasche Lösung praktisch bedeutungsvoller Fragen auf graphischem Wege ermöglicht. Besonders lassen sich die Fragen, welche den Wärmebedarf auf einem bestimmt vorgegebenem Wege betreffen, nach den Ausführungen in § 57 durch eine planimetrische Messung erledigen. Aber auch andere Fragen, wie nach der Änderung des spezifischen Dampfgehaltes bei im Sättigungsgebiet verlaufenden Prozessen, nach dem thermischen Wirkungsgrad vorgegebener Kreisprozesse usw., lassen sich durch Abgreifen von Strecken mit dem Zirkel oder Ausmessen von Flächen ohne weiteres beantworten.

---

1. In Fig. 88 gibt die senkrecht gestrichelte Fläche die Flüssigkeitswärme q, die wagrecht gestrichelte die Verdampfungswärme r und die

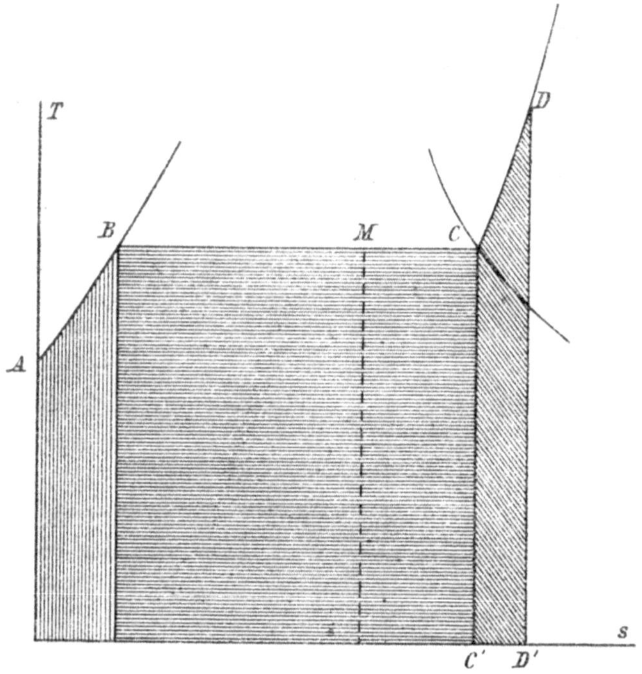

Fig. 88.

[1] Auch Schüle: Die Eigenschaften des Wasserdampfes nach den neuesten Versuchen, Zeitschr. d. Ver. deutscher Ing. 55, 1506 u. 1561 (1911).

schräg gestrichelte die Überhitzungswärme, d. h. die Wärme, die es braucht um 1 kg gesättigten Dampf von der Temperatur $C'C$ bei festgehaltenem Druck in überhitzten Dampf von der Temperatur $D'D$ zu verwandeln. Die senkrecht und wagrecht gestrichelten Flächen geben zusammen die Gesamtwärme des trocken gesättigten, alle drei Flächen zusammen, die des überhitzten Dampfes. Ist in M der spezifische Dampfgehalt gleich x, so wird die Gesamtwärme dieses nassen Dampfes $\lambda = q + rx$ durch die unter ABM gelegene Fläche dargestellt.

2. Wird gesättigter Dampf in einem festen Gefäß abgekühlt, so kondensiert er zum Teil und die hierbei zu entziehende Wärmemenge sowie die Menge des Kondensats ist durch den Verlauf der betreffenden Isochore gegeben: die Wärmemenge pro kg als die unter der Isochore gelegene Fläche $MDD'M'$, der Nässegrad durch das Verhältnis $MC:BC$, in welchem die Isochore die der Endtemperatur zugehörige Isotherme schneidet. Wird umgekehrt ein mit Wasser und Dampf gefülltes festes Gefäß (z. B. ein Kessel bei abgesperrter Dampfleitung) erhitzt, so verschiebt sich der Zustand, etwa von M ausgehend, längs der Isochore und ist wieder für jede Temperatur durch die unter dem bis dahin zurückgelegten Weg gelegene Fläche $MNN'M'$ der Wärmebedarf gegeben, während die verdampfte Wassermenge als Differenz der Verhältnisse $MC:BC$ und $NF:EF$ berechnet wird.

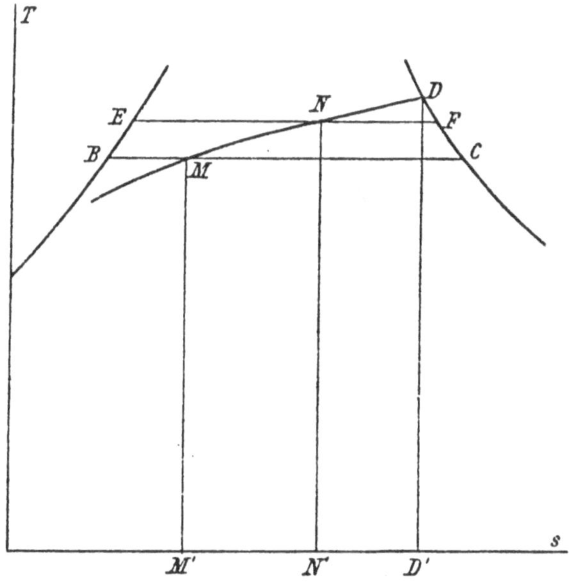

Fig. 89.

3. Heißdampf von der Temperatur T, der etwa aus gesättigtem Dampf von der Temperatur τ durch isobare Überhitzung erzeugt wurde, leiste durch seine adiabatische Ausdehnung solange Arbeit, bis seine Temperatur auf T'' gesunken ist. Sein Zustand ändert sich längs einer Parallelen zur Ordinatenachse. Im Schnittpunkt mit der Grenzkurve, also bei einer dem Diagramm ohne weiteres zu entnehmenden bestimmten Temperatur T' tritt Sättigung ein und bei weiterer adiabatischer Ausdehnung Nebelbildung und Kondensation, die bei der Temperatur T'' soweit fortgeschritten ist, wie es wieder dem Verhältnis entspricht, in

dem dort die Isotherme geschnitten wird. Man sieht, in wie übersichtlicher Weise die Veränderungen im Nässegrad bei adiabatischer Ausdehnung oder Zusammendrückung durch das Diagramm dargestellt werden.

Da nach § 57 die Subtangente einer jeden Kurve im sT-Diagramm die sp. W. gibt, welche an der betreffenden Stelle längs der Zustandsfolge herrscht, welche durch die Kurve dargestellt erscheint, sieht man sofort, daß die sp. W. längs der oberen Grenzkurve für Wasser negativ ist. Für Äther, dessen c'' positiv ist, muß demnach die obere Grenz-

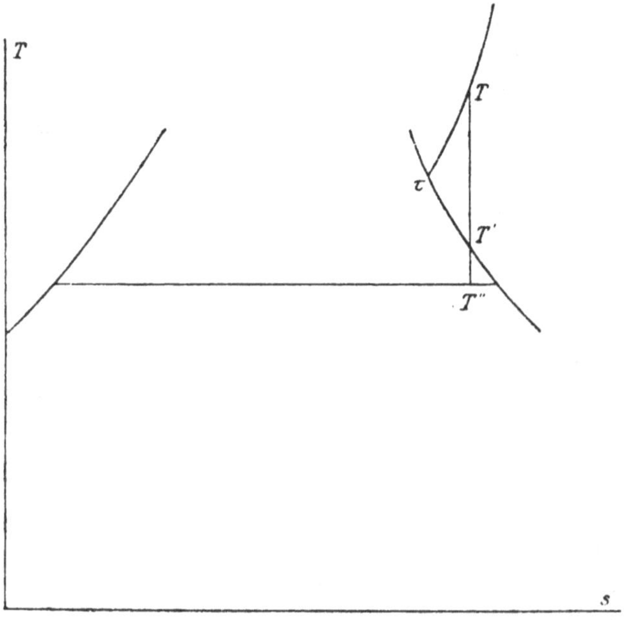

Fig. 90.

kurve gegen die Abszissenachse die entgegengesetzte Neigung haben. Hier muß man dann adiabatisch komprimieren, um aus dem Gebiet des Heißdampfes in das der Sättigung zu gelangen.

§ 100. Anwendung des Wärmediagramms auf den Idealprozeß einer Kolbendampfmaschine für Sattdampf und Heißdampf.

Wir vergleichen den wirklichen Verlauf des Arbeitsvorganges in einer mit gesättigtem Dampf betriebenen Maschine mit dem folgenden Idealprozeß:

Unter dem Stempel des Arbeitszylinders befindet sich die Mengeneinheit Wasser und der Stempel liegt unmittelbar auf der Wasserfläche. Die Temperatur ist T und der auflastende Druck so groß, wie der dieser Temperatur entsprechende Sättigungsdruck π (Zustand A). Es wird nun Wärme zugeführt und gleichzeitig der Stempel so belastet, daß gerade nichts verdampft (Erwärmung längs der unteren Grenzkurve), bis auf diesem Weg AB die Temperatur T' und der zugehörige Sättigungsdruck π' erreicht ist. Hier wird jetzt das Wasser isotherm-isobar verdampft, wobei der Stempel gehoben und die der äußeren Verdampfungswärme äquivalente Ausdehnungsarbeit geleistet wird (Weg BC).

Während bisher Wärme zugeführt wurde, soll längs des folgenden Wegstückes CD der nun den Zylinder füllende trocken gesättigte und hochgespannte Dampf ohne Wärmezu- oder Abfuhr, also adiabatisch, sich ausdehnen, bis seine Temperatur auf T_1, sein Druck auf π_1 gesunken ist. Hierbei wird Nebelbildung eintreten, ein kleiner Teil

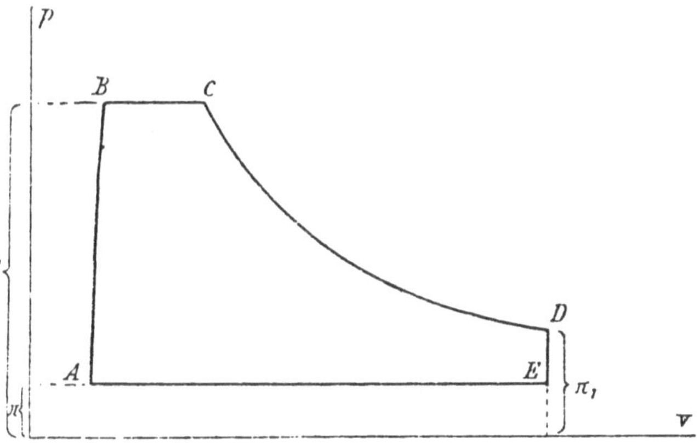

Fig. 91.

des Dampfes bereits verflüssigt werden. In D wird diese Ausdehnung und Arbeitsleistung unterbrochen, der Stempel festgehalten und der Zylinder gekühlt, so daß der Zustand sich längs der Isochore DE verändert und Temperatur und Druck wieder gleich T und π werden. Hierbei wird unter Wärmeabfuhr ein großer Teil des Dampfes verflüssigt. Schließlich kondensiert auch der noch verbliebene Rest und zwar isotherm-isobar, also unter weiterer Wärmeabgabe, während sich der Stempel unter Verbrauch von Arbeit von E nach A zurückbewegt. Hiermit ist die Mengeneinheit Wasser wieder in den Ausgangszustand zurückgekommen und der Kreis kann von neuem beginnen.

Natürlich ist dieser Idealprozeß vom Vorgang, wie er sich tatsächlich in einer Sattdampfmaschine abspielt, in mancher Beziehung verschieden, wie ein Blick auf das in Fig. 92 wiedergegebene Indikatordiagramm einer solchen Maschine lehrt. Zunächst erfolgt in Wirklichkeit die Verdampfung und Kondensation nicht im Arbeitszylinder selbst, sondern in eigenen Organen, nämlich im Dampfkessel bzw. im Kondensator. Bei *b* öffnet die Steuerung den vom Kessel in den Zylinder führenden Einlaßkanal und es strömt Dampf in den Zylinder, bis sich der Schieber oder das Ventil bei *c* wieder schließt. Bei *d* wird der Zylinder gegen den Kondensator, einen luftverdünnten, gekühlten Raum geöffnet und der Dampf in ihn ausgepufft. Der noch verbleibende Rest wird zum Teil vom rückgehenden Kolben ebenfalls in den Kondensator geschoben, zum andern Teil, nachdem die Steuerung bei *f* die Verbindung mit dem Kondensator wieder geschlossen hat, durch die Wucht des Schwungrades längs des Weges *fa* im schädlichen Raum des Zylinders adiabatisch komprimiert. Im Idealprozeß haben wir vom schädlichen Raum ganz abgesehen. Weiter ist die Ausdehnungslinie *cd* keine reine Adiabate. Da nämlich der Dampf gleich beim Eintritt zum Teil (bis 20 %) an der Zylinderwand kondensiert, nimmt er bei der folgenden Expansion durch

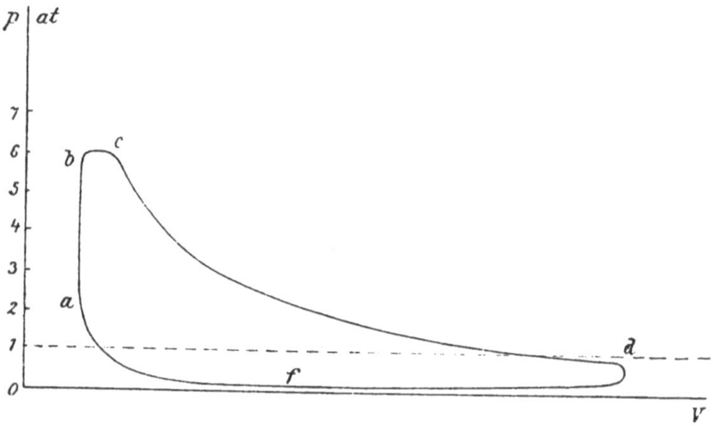

Fig. 92.

teilweises Verdampfen dieses Kondensats wieder Wärme auf und sinkt sein Druck langsamer als es der Adiabate nassen Dampfes entspricht. In der Tat ist in der Regel die Linie *cd* von einer gleichseitigen Hyperbel nicht weit verschieden. Auch erfolgt die Erwärmung des Wassers nicht längs der unteren Grenzkurve, sondern bei dem konstanten Druck, der im Kessel herrscht. Am auffallendsten sind aber die Rundungen, welche überall die Ecken des theoretischen Idealprozesses ersetzen und davon herrühren, daß das Öffnen und Schließen der Ein- und Auslaßorgane eine gewisse Zeit erfordert. Alle diese Umstände zusammengenommen bewirken, daß das „Güteverhältnis" (§ 50) den Wert von 60 % selten überschreitet. Trotzdem wollen wir uns mit der Behandlung des oben dargestellten Idealprozesses begnügen.

Zeichnen wir ihn im sT-Diagramm, so erhalten wir den in Fig. 93 dargestellten Kreis $ABCDEA$. Die Fläche $ABCC'A'A$ gibt die der Maschine zugeführte Wärmemenge q', die Fläche $AEDC'A'A$ die abgeführte Wärmemenge q, beides auf 1 kg der arbeitenden Substanz bezogen. Der thermische Wirkungsgrad

$$\eta = \frac{A\,l}{q'} = \frac{q' - q}{q'}$$

ist somit ohne weiteres dem Diagramm als das Verhältnis der Flächen $ABCDEA$ und $ABCC'A'A$ auf planimetrischem Weg zu entnehmen.

Für eine mit überhitztem Dampf arbeitende Maschine ist der theoretische Kreis durch Fig. 94 wiedergegeben ($ABCDEFA$); der thermische Wirkungsgrad, der jetzt durch das Verhältnis der Flächen-

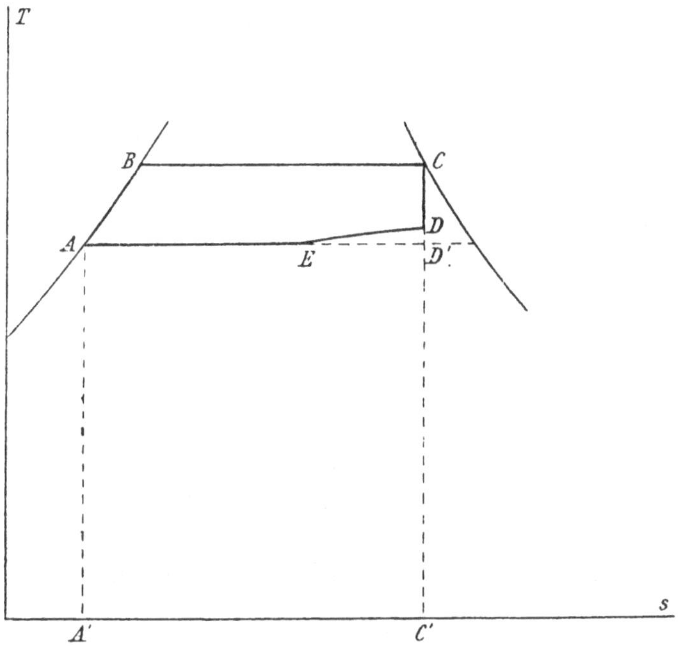

Fig. 93.

inhalte $ABCDEFA$ und $ABCDD'A'A$ dargestellt wird, ist bei gleicher Kessel- und Kondensatorspannung etwas größer als für eine mit Sattdampf arbeitende Maschine. Die adiabatische Ausdehnung führt hierbei den Heißdampf in der Regel noch über den Sättigungspunkt G hinaus, so daß im ersten Teil (längs DG) der Exponent der Adiabate im Arbeitsdiagramm 1·3, im zweiten Teil (längs GE) nur 1·135 betragen sollte, was freilich auch hier wieder praktisch durch Wärmeaustausch mit der Zylinderwand in dem Sinne geändert erscheint, daß die Exponenten diese Werte nicht erreichen.

Natürlich wird man sowohl bei Sattdampf- wie bei Heißdampfbetrieb danach streben, die adiabatische Expansion möglichst weit zu treiben,

d. h. die Isochore und das Flächenstück EDD' bzw. FEE' zum Verschwinden zu bringen; was aber bei Kolbenmaschinen nie ganz gelingt. Bei der Dampfturbine hingegen wird vollkommene Expansion bis zum

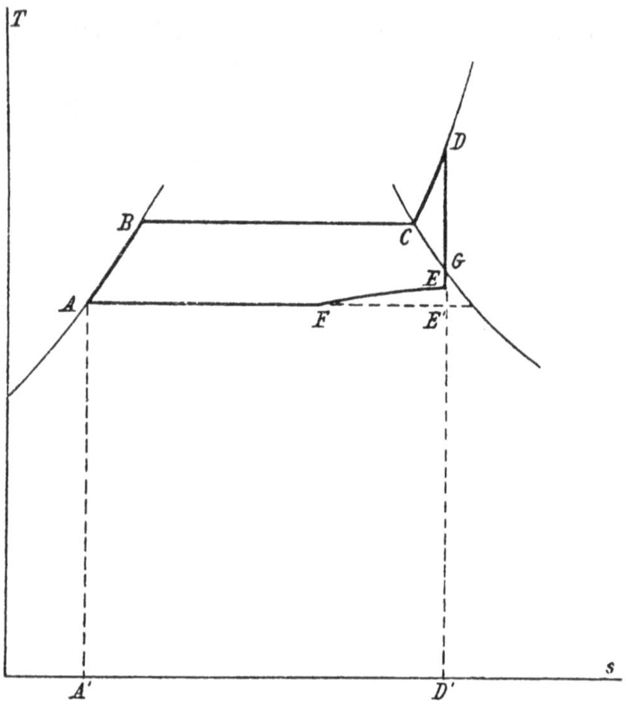

Fig. 94.

Druck des Kondensators durch Anwenden von Laval-Düsen leicht erreicht. Die in Arbeit verwandelte Wärme ist dann im Idealprozeß einfach gleich der Differenz der Gesamtwärmen oder Wärmeinhalte am Anfang und Ende der adiabatischen Expansion.

Zweiundzwanzigstes Kapitel.

Die charakteristischen Funktionen.

§ 101. Die Definition der charakteristischen Funktionen.

Die beiden Hauptsätze haben uns die Kenntnis zweier wichtiger Zustandsfunktionen, nämlich der inneren Energie u und der Entropie s vermittelt. Einem bestimmten Zustand, also einem bestimmten Wertepaar zweier thermischer Variabler, z. B. einem bestimmten T und einem bestimmten v entsprechen Werte von u und s, die bis auf eine Konstante ebenfalls ganz bestimmt sind. Da aus der die beiden Hauptsätze zusammenfassenden Gleichung

$$T\,ds = du + A\,p\,dv$$

auch

$$du = T\,ds - A\,p\,dv$$

und

$$ds = \frac{1}{T}(du + A\,p\,dv)$$

folgt, so können wir uns die Energie auch als Funktion von s und v, die Entropie auch als Funktion von u und v ausgedrückt denken. Wäre uns eine dieser beiden Funktionen für einen bestimmten Körper gegeben, so wären hierdurch seine thermischen Eigenschaften vollkommen festgelegt; denn es folgt z. B. aus $u = f(s, v)$ ohne weiteres

$$T = \left(\frac{\partial u}{\partial s}\right)_v \quad \text{und} \quad p = -\frac{1}{A}\left(\frac{\partial u}{\partial v}\right)_s$$

und da man durch Elimination von s aus diesen Ausdrücken (von denen jeder natürlich wieder Funktion von s und v ist), eine Beziehung zwischen v, p und T, also die Zustandsgleichung erhält, sind auch die thermischen Koeffizienten berechenbar. Doch ist u weder als Funktion von s und v, noch s als Funktion von u und v wirklich anzugeben oder durch einfache Messungen zu gewinnen, so daß diese Beziehungen ohne praktische Bedeutung sind.

Es ist nun aber selbstverständlich auch jeder aus u, s und den thermischen Veränderlichen gebildete Ausdruck eine Zustandsfunktion mit exaktem Differential, und solche Ausdrücke lassen sich unter gleichzeitiger passender Wahl der beiden Veränderlichen in verschiedener Weise derart zusammenstellen, daß sie einerseits den Körper ebenfalls bezüglich seiner thermischen Eigenschaften vollständig bestimmen, anderseits aus physikalischen Messungen in ihrer funktionalen Abhängigkeit von den beiden Veränderlichen direkt ermittelt oder berechnet werden können. Es kann für die wärmetheoretische Behandlung von Aufgaben, besonders solcher, bei denen die mechanische Arbeitsleistung in den Hintergrund tritt und wie sie in der Thermochemie und physikalischen Chemie auftreten, von wesentlichem Vorteil sein, statt u und s derartige Funktionen einzuführen. Massieu, der zuerst darauf hingewiesen hat, bezeichnet sie als „charakteristische Funktionen". Es braucht wohl kaum eigens gesagt zu werden, daß dieser Vorteil zunächst formaler Art ist und damit nichts gewonnen werden kann, was sich nicht auch unmittelbar aus den beiden Hauptsätzen mittels des Energie- und Entropiebegriffes herleiten ließe. Doch wurde durch die Einführung dieser Funktionen zugleich eine wesentliche Veranschaulichung vor allem der chemischen und elektrischen Vorgänge in wärmetheoretischer Hinsicht erzielt und der Fortschritt auf diesen Gebieten sehr wesentlich gefördert.

Die wichtigsten sind:

1. Die „Wärmefunktion" $i = u + Apv$ (Variable p und s),
2. Die „freie Energie" $h = u - Ts$ (Variable v und T),
3. Das „thermodynamische Potential" $g = u - Ts + Apv$ (Variable p und T).

Jede dieser Funktionen beziehen wir wieder auf die Mengeneinheit. In i bleibt eine Konstante, in h und g ein Ausdruck von der Form $a - Tb$ unbestimmt, wo a und b Konstante sind. Welche von ihnen im besonderen Fall zu wählen ist, wird sich aus den folgenden Betrachtungen ergeben. Es wird sich zeigen, daß die Wärmefunktion für die Behandlung isobarer, die freie Energie für die Behandlung isothermer Vorgänge sich vorzüglich eignet, während das thermodynamische Potential dort am Platze ist, wo der Vorgang gleichzeitig isotherm und isobar verläuft.

§ 102. Die Wärmefunktion und das si-Diagramm.

Aus $dq = du + Ap\,dv$ folgt für die Wärmemenge, die bei konstantem Druck zuzuführen ist, wenn sich der Körper aus dem Zustand A in den Zustand B begibt

$$q = u_B - u_A + Ap(v_B - v_A) = (u_B + Apv_B) - (u_A + Apv_A) = i_B - i_A.$$

Bei isobarer Zustandsänderung ist also die auszutauschende Wärmemenge gleich der Änderung der Wärmefunktion und weil diese eine Zustandsfunktion, d. h. ihr Differential exakt ist, durch den Anfangs- und Endzustand eindeutig bestimmt. Denken wir uns i als Funktion von s und p gegeben, so sind die anderen Zustandsgrößen, wie T, v und u ohne weiteres zu berechnen. Durch Differentiation der Definitionsgleichung von i erhält man nämlich

$$di = du + Ap\,dv + Av\,dp,$$

oder, da nach der die beiden Hauptsätze ausdrückenden Gleichung $T ds = du + Ap\,dv$ auch $di = T ds + Av\,dp$ ist, folgt

$$v = \frac{1}{A}\left(\frac{\partial i}{\partial p}\right)_s, \quad T = \left(\frac{\partial i}{\partial s}\right)_p \quad \text{und} \quad u = i - Apv = i - p\left(\frac{\partial i}{\partial p}\right)_s.$$

Es ist also auch

$$i = u + p\left(\frac{\partial i}{\partial p}\right)_s. \tag{VIII}$$

Da die chemischen Prozesse aller Art in der Regel unter dem konstanten Druck der Atmosphäre verlaufen, so ist die hierbei auftretende Wärmetönung durch die Differenz der Wärmefunktion der an dem Prozeß beteiligten Körper im Anfangszustand und im Endzustand $i_A - i_B$ gegeben, ebenso wie bei einem isochor verlaufenden chemischen Prozeß durch die Differenz der inneren Energien. Es ist eben, wie das schon im § 51 an dem Beispiel der Verbrennung gezeigt wurde, die

Wärmetönung bei unter konstantem Druck verlaufendem Prozeß um soviel größer als die Wärmetönung des bei konstantem Volumen verlaufenden Prozesses, als das Wärmeäquivalent der gegen den konstanten Druck geleisteten oder verbrauchten Arbeit beträgt.

Aber nicht nur in der Thermochemie, wo sie zuerst Gibbs eingeführt hat, auch für die Behandlung motorischer Prozesse kann es von Vorteil sein, die Wärmefunktion zu benützen. Es betrifft dies vor allem die Drosselungsvorgänge. Nach den Ausführungen in § 44 (Gl. 19) hat i vor und hinter der Drosselstelle den gleichen Wert. Da es hierbei gleichgültig ist, in welcher Weise die Drosselung vorgenommen wird, ob durch poröse Pfropfen wie bei den Joule-Thomsonschen Versuchen oder durch Ventile, Schieber oder Düsen, wenn nur der Endzustand des Gases oder Dampfes in so weiter Entfernung von der Öffnung betrachtet wird, daß alle Wirbel verschwunden sind, erkennt man die Nützlichkeit dieser Funktion für die Theorie aller Prozesse, bei denen ein Gas oder Dampf einen plötzlichen Druckabfall erfährt, wie in der Lindeschen Maschine und vor allem in der Dampfturbine. Deshalb soll hier kurz die Wärmefunktion für Wasserdampf ermittelt und im Anschluß an das vorhergehende Kapitel gezeigt werden, daß die Einführung dieser Wärmefunktion als Ordinate und der Entropie als Abszisse in ein Diagramm zu einer Darstellung führt, welche der Darstellung im sT-Diagramm in mancher Hinsicht vorzuziehen ist. Darauf hat Mollier hingewiesen.

Zunächst sieht man leicht ein, daß die Wärmefunktion eines Dampfes, gleichgültig ob naß, trocken gesättigt oder überhitzt, sich mit derjenigen Größe deckt, die wir in § 96 als Wärmeinhalt des Dampfes bezeichnet haben; denn es ist z. B. für trocken gesättigten Dampf

$$u + Apv = q + \varrho + A\pi v'' = q + \varrho + A\pi\varphi + A\pi v'$$
$$= q + r + A\pi v' = \lambda + A\pi v' = i$$

oder für Naßdampf

$$u + Apv = q + \varrho x + A\pi(v' + \varphi x) = q + rx + A\pi v' = \lambda_x + A\pi v' = i_x,$$

wo i_x den Wärmeinhalt des nassen Dampfes vom Dampfgehalt x bezeichnet. Da außerdem $A\pi v'$, wie schon erwähnt wurde, praktisch gegen λ verschwindet, läßt sich die Wärmefunktion hier auch durch die Gesamtwärme ersetzen.

Tragen wir also in einer Fläche die Entropie als Abszisse, die Gesamtwärme als Ordinate ein, so entspricht auch in ihr ein jeder Punkt einem bestimmten Zustand des flüssigen oder dampfförmigen Stoffes, wie in irgendeiner anderen Zustandsfläche.

Zunächst konstruiert man wieder die beiden Teile der Grenzkurve, indem zusammengehörige Werte von s' und q bzw. s'' und λ der früher gegebenen Tabelle entnommen und eingetragen werden. Die untere Grenzkurve beginnt im Ursprung, wo die Temperatur 0° C und der Druck gleich dem dieser Temperatur entsprechenden Sättigungsdruck von

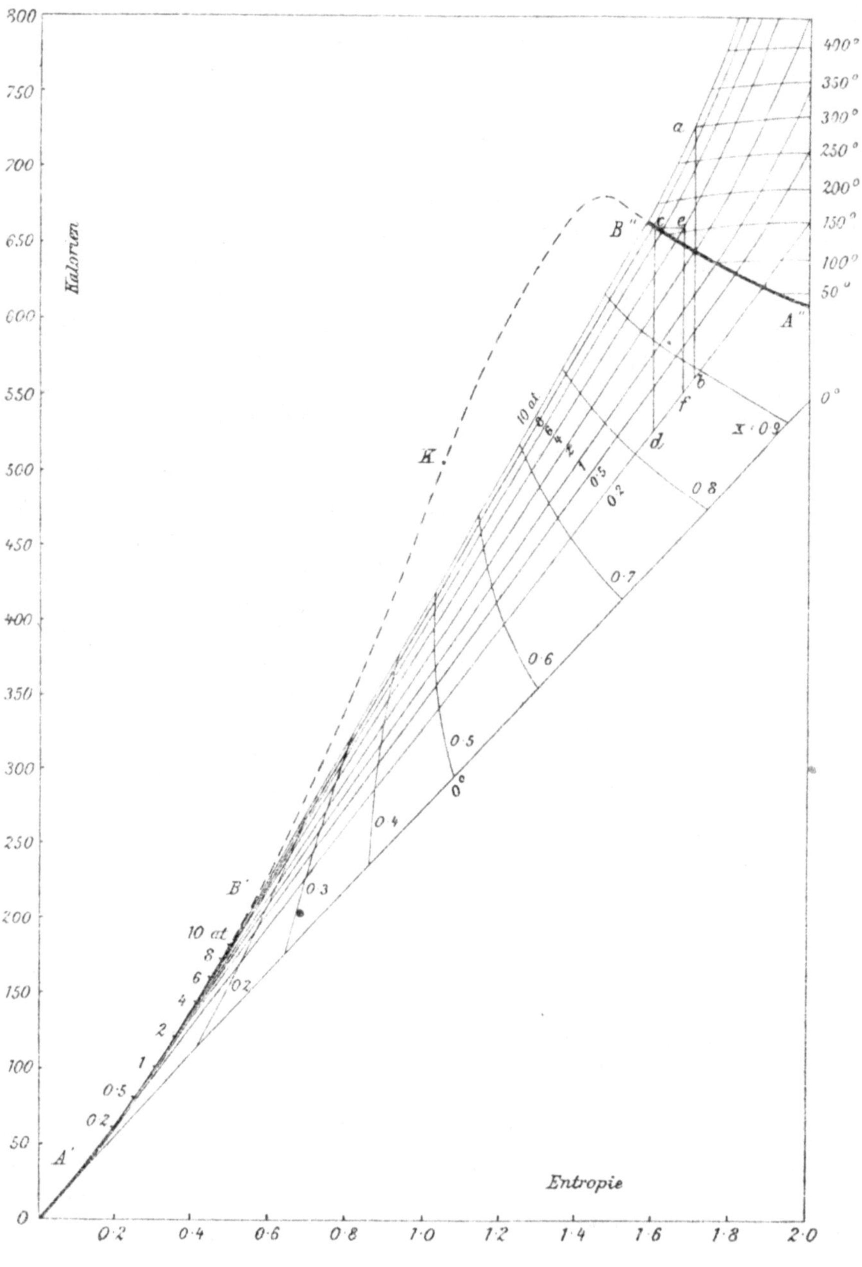

Fig. 95.

4·6 mm Hg = 0·0062 at ist und setzt sich mit wachsender Temperatur und ihr entsprechendem Druck längs der Kurve $A'B'$ fort, wobei die

Drücke in angemessenen Abstufungen vermerkt werden. Die obere Grenzkurve beginnt bei 0° C und dem Druck 0·0062 at mit dem Wertepaar $s'' = 2{\cdot}178$ und $\lambda = r_0 = 594{\cdot}8$ (dieser Punkt liegt rechts etwas außerhalb der Zeichenebene) und setzt sich mit wachsenden Werten von Druck und Temperatur und abnehmender Entropie in der Richtung $A''B''$ fort, um längs der gestrichelt gezeichneten Linie über den kritischen Punkt in die untere Grenzkurve überzugehen. Auch hier sind wieder die Drücke in gleicher Abstufung vermerkt, wie auf der unteren Grenzkurve. Verbindet man auf den beiden Kurven Punkte, welche gleichen Drücken zugehören, durch Gerade, so sind diese Geraden die Isobaren und natürlich zugleich die Isothermen in dem unter der Grenzkurve gelegenen Sättigungsgebiet, wie man leicht zeigen kann[1], und sucht man auf ihnen Punkte, in denen x einen bestimmten Wert hat (es ist für ein bestimmtes x die zugehörige Ordinate durch $i_x = \lambda_x = q + rx$ gegeben), so erhält man auch die Kurven gleichen spezifischen Dampfgehaltes. Sie sind von 0·2 aufwärts um je ein Zehntel aufsteigend eingezeichnet.

Weiter werden die Isobaren des Heißdampfes als Fortsetzung der Geraden des Sättigungsgebietes eingetragen. Hierzu müssen zusammenhängende Werte für die Entropie des Heißdampfes sowie seine Gesamtwärme auf Grund der früher erwähnten Messungen der sp. W. des überhitzten Wasserdampfes nach den oben gegebenen Formeln berechnet worden sein. Verbindet man auf ihnen Punkte gleicher Temperatur, so erhält man auch noch die Isothermen des Heißdampfes. Ihr fast wagrechter Verlauf läßt erkennen, daß der Wärmebedarf zur Herstellung überhitzten Wasserdampfes bestimmter Temperatur sich mit dem Druck, bei dem die Verdampfung und Überhitzung erfolgt, nur wenig ändert.

Die Adiabaten endlich sind natürlich auch hier wieder überall zur Ordinatenachse parallele Gerade.

Der Vorteil dieser Darstellung gegenüber dem sT-Diagramm besteht zunächst darin, daß die Wärmemengen nicht wie dort durch Flächen, sondern gerade für die technisch wichtigen isobaren Prozesse durch Strecken gegeben sind, also ohne weiters mit dem Zirkel gemessen werden können; weiters darin, daß Anfangs- und Endzustand bei der Drosselung auf einer zur Abszisse Parallelen liegen, während im sT-Diagramm die Punkte gleichen Wärmeinhaltes auf Kurven liegen, die erst wieder gesondert eingezeichnet werden müßten.

---

1. Heißdampf von 300° und 10 at dehne sich, etwa in einer mit Kondensation arbeitenden Dampfturbine, adiabatisch auf einen Druck

[1] Es ist nämlich $s = s' + \frac{rx}{T}$ und $i_x = \lambda_x = q + rx$, wobei für konstanten Druck T, r, q und s' unveränderlich sind, so daß man durch Elimination von x zwischen i und s die lineare Beziehung $i_x = (q - s'T) + Ts$ erhält.

von 0·2 at aus. Wie groß ist die im Kreisprozeß bestenfalls zu gewinnende Arbeit, wenn die Expansion eine vollkommene ist?

Nach der Bemerkung auf S. 300 ist sie für diesen Fall im Idealprozeß einfach äquivalent der Differenz der Wärmeinhalte am Anfang und Ende der adiabatischen Expansion, d. h. der Strecke ab. Die ihr entsprechende Kalorienzahl (168) multipliziert mit 427 gibt die pro kg Dampf geleistete Arbeit (71 700 kgm).

2. Gesättigter Dampf von 8 at soll das einemal direkt in einer Turbine vollkommen bis 0·2 at expandieren, das anderemal, nachdem seine Spannung durch Drosselung auf 4 at erniedrigt wurde. Um wieviel muß im zweiten Fall die Dampfmenge größer sein, damit gleiche Leistung erzielt wird?

Zunächst zeigt ein Blick auf das Diagramm, daß der trocken gesättigte Wasserdampf durch Drosselung (Strecke ce) zu Heißdampf wird. Die Arbeit pro kg entspricht im ersten Fall der Strecke cd (138 Cal), im zweiten der Strecke ef (114 Cal). Soll sie gleich werden, so muß im zweiten Fall die in gleicher Zeit verwendete Dampfmenge $\frac{138}{114} = 1 \cdot 21$ mal so groß sein als im ersten.

3. Wie groß ist die Ausströmungsgeschwindigkeit von auf 300° überhitztem Wasserdampf von 10 at Druck, der durch eine Laval-Düse vollkommen auf einen Druck von 0·2 at expandiert?

Die bestenfalls zu gewinnende Arbeit fanden wir oben gleich 71 700 kgm. Sie entspricht, von allen Wärme- und Reibungsverlusten abgesehen, der im Dampfstrahl pro kg enthaltenen Energie.

Also

$$\frac{U^2}{2g} = 71\,700 \quad \text{und} \quad U = \sqrt{143400\,\mathrm{g}} = 1186\,\frac{\mathrm{m}}{\mathrm{sec}}.$$

§ 103. Die freie Energie und die Berechnung von Affinitäten aus dem Nernstschen Wärmesatz.

Die Definition der freien Energie $h = u - Ts$ stammt von Helmholtz. Durch Differentiation erhält man, wieder unter Berücksichtigung der Beziehung $Tds = du + Apdv$

$$dh = -Apdv - sdT.$$

Denken wir uns also h als Funktion von T und v gegeben, so ist zunächst die dritte thermische Veränderliche

$$p = -\frac{1}{A}\left(\frac{\partial h}{\partial v}\right)_T, \quad \text{ferner} \quad s = -\left(\frac{\partial h}{\partial T}\right)_v$$

und somit

$$u = h + Ts = h - T\left(\frac{\partial h}{\partial T}\right)_v.$$

Hierdurch ist die Anweisung gegeben, wie die anderen Zustandsgrößen aus h berechnet werden können. Die letzte dieser drei Beziehungen, die wir auch in der Form

$$h = u + T\left(\frac{\partial h}{\partial T}\right)_v \tag{IX}$$

schreiben können, heißt die Helmholtzsche Gleichung und vereinigt die beiden Hauptsätze in einer Form, die sich für die Behandlung isothermer chemischer Vorgänge eignet, so daß sie Nernst als Fundamentalgleichung der physikalischen Chemie behandelt.

Daß die freie Energie bei isotherm verlaufenden Prozessen eine ausgezeichnete Rolle spielt, ergibt sich schon aus der Bemerkung, daß mit $dT = 0$

$$dh = -Ap\,dv \quad \text{oder} \quad Ap\,dv = -dh$$

wird.

Integrieren wir von einem Zustand A zu einem Zustand B, so wird

$$h_A - h_B = A\int_A^B p\,dv.$$

Es ist also die isotherm geleistete Arbeit gleich der Abnahme der Größe h, die hiernach als Maß der Arbeitsfähigkeit des Körpers auf isothermem Wege, als die frei verfügbar werdende, oder kurz die „freie Energie“ erscheint. In der Tat können wir, falls wir sie durch umkehrbare Führung des Prozesses auch vollständig gewinnen, mit ihr tun, was uns beliebt, sie durch Hebung eines Gewichtes oder Spannung einer Feder als potentielle Energie aufspeichern, oder etwa vermittels eines Elektromotors in elektrische Energie umsetzen.

Aber diese bei isothermem Prozeß freiwerdende Energie ist nur ein Teil der gesamten zwischen den Zuständen A und B vorhandenen Energiedifferenz. Wollten wir die Energiedifferenz ganz ausbeuten, so müßten wir den Prozeß adiabatisch führen. Im adiabatischen Prozeß ist

$$A\int_A^B p\,dv = u_A - u_B,$$

wird also der ganze Energieunterschied auch frei. Hier ist hingegen wegen $u = h + Ts$

$$u_A - u_B = h_A - h_B + (Ts)_A - (Ts)_B.$$

Ohne Änderung der Temperatur kann also nur die Änderung des Summanden h gewonnen werden, während die des zweiten Summanden Ts ungenutzt bleibt, weswegen Ts von Helmholtz als die für isotherme Prozesse „gebundene Energie“ bezeichnet wird.

Der Wert dieser Auffassung liegt weniger in der Anwendung auf Vorgänge, bei denen es sich um die Gewinnung mechanischer Arbeit handelt, als in der Anwendbarkeit auf chemische und elektrochemische Prozesse. Auch bei ihnen kann Arbeit gewonnen werden und zwar wieder in umkehrbarer oder nicht umkehrbarer Weise.

Führt man eine chemische Verbindung isotherm in einem Kalorimeter bei konstantem Volumen aus, so ist die Wärme, die hierdurch dem Kalorimeter zugeführt wird, durch die Differenz der Energien gegeben, welche die sich verbindenden Stoffe vor und nach der Verbindung aufweisen. Es ist also $u_A - u_B$ gleich der Wärmetönung des isochoren Prozesses. Arbeit wird gar keine gewonnen. Von der Temperatur, bei der die Verbindung vollzogen wird, hängt nach § 51 die Wärmetönung in der Weise ab, daß die Änderung pro Grad, d. h. ihr Temperaturkoeffizient $\frac{\partial}{\partial T}(u_A - u_B)$ durch die Differenz der sp. W. des reagierenden Systems vor und nach der Verbindung gegeben ist.

Man kann aber dieselbe chemische Verbindung bisweilen auch in einem „umkehrbaren" galvanischen Element sich vollziehen lassen, und zwar gleichfalls isotherm, wo jetzt der der Größe $h = h_A - h_B$ entsprechende Teil der verfügbaren Energiedifferenz ganz zur Stromlieferung ausgenützt wird und nur der Rest als Wärme in die Umgebung abgegeben wird. Es kann dann h aus der Stromenergie berechnet werden und gilt als Maß der chemischen „Affinität" oder „Verwandtschaft" der im Element reagierenden Stoffe. Als umkehrbar sind hierbei diejenigen galvanischen Elemente zu bezeichnen, bei welchen die Umkehr der Stromrichtung das Element in den früheren Zustand zurückbringt, wie das z. B. beim Daniellschen Element (Zink in Zinksulfat, Kupfer in Kupfersulfat) beim Akkumulator und anderen Kombinationen der Fall ist. Aber auch die Bestimmung von Dissoziationskonstanten, Löslichkeitsbestimmungen und andere Messungen können zur Ermittlung der Affinität verwendet werden.

Es war nun Nernst aufgefallen, daß die kalorimetrisch gemessene Größe $u = u_A - u_B$ und das auf elektrischem Wege gemessene $h = h_A - h_B$ bei nicht zu hohen Temperaturen einander nahezu gleich sind, und daß auch sonst bei niederen Temperaturen die im Wärmemaß ausgedrückte Affinität und die Wärmetönung für reagierende feste und flüssige Körper sich nur wenig unterscheiden, wobei man bei diesen Körpern wegen der geringen Volumsänderungen statt der Wärmetönung bei konstantem Volumen ohne merklichen Fehler die bei konstantem Druck (Atmosphärendruck) gemessene setzen darf.

Während also in den Maschinen die aus dem Brennstoff freiwerdende Wärmemenge sich nur nach Maßgabe des verfügbaren Temperaturunterschiedes in Arbeit umsetzen läßt, kann z. B. im galvanischen Element praktisch die ganze Wärmetönung in Form von elektrischer Energie gewonnen werden.

Da $u - h$ mit sinkender Temperatur immer kleiner und schon bei Temperaturen, die noch verhältnismäßig weit vom absoluten Nullpunkt entfernt sind, fast gleich Null wird, schließt Nernst, daß in der Nachbarschaft des absoluten Nullpunktes, also für $\lim T = 0$, die Größe

$u - h$ in höherer Ordnung als T verschwindet. Nach der Helmholtzschen Gleichung folgt daraus, daß für $T = 0$

$$\left(\frac{\partial h}{\partial T}\right)_v = 0$$

ist.

Wie das für alle Eigenschaften und Eigenschaftsfunktionen der Körper der Fall zu sein scheint, wird also auch h in der Nähe des absoluten Nullpunktes von der Temperatur unabhängig und nähert sich demselben festen Grenzwert wie u und zwar ebenfalls mit zur Temperaturachse paralleler Tangente. Die Gleichungen

$$h_0 = u_0 \quad \text{und} \quad \left(\frac{\partial h}{\partial T}\right)_v = \left(\frac{\partial u}{\partial T}\right)_v = 0 \quad \text{für } T = 0$$

sind die Originalform des Nernstschen Wärmesatzes, den wir in verallgemeinerter Fassung bereits im Kapitel XIV kennen gelernt haben.

Hier setzt auch die bisher wichtigste Anwendung des Nernstschen Satzes ein, nämlich seine Verwendung zur Berechnung der chemischen Affinität aus thermischen Daten allein. Durch Differentiation der Helmholtzschen Gleichung erhält man nämlich

$$\left(\frac{\partial h}{\partial T}\right)_v = \left(\frac{\partial u}{\partial T}\right)_v + \left(\frac{\partial h}{\partial T}\right)_v + T\left(\frac{\partial^2 h}{\partial T^2}\right)_v$$

oder

$$\left(\frac{\partial^2 h}{\partial T^2}\right)_v = -\frac{1}{T}\left(\frac{\partial u}{\partial T}\right)_v,$$

also

$$\left(\frac{\partial h}{\partial T}\right)_v = -\int \frac{1}{T}\left(\frac{\partial u}{\partial T}\right)_v dT + b,$$

wo b eine Integrationskonstante bedeutet, die noch Funktion des Volumens sein kann. Durch partielle Integration ergibt sich weiter

$$\left(\frac{\partial h}{\partial T}\right)_v = -\frac{u}{T} - \int \frac{u}{T^2}\, dT + b,$$

und setzt man in die Helmholtzsche Gleichung ein, so wird

$$h = -T\int \frac{u}{T^2}\, dT + bT, \tag{64}$$

d. h. es wird $h_A - h_B = h$ bis auf ein unbestimmt bleibendes Glied bT in seiner Temperaturabhängigkeit berechenbar, wenn die Wärmetönung $u_A - u_B = u$ als Funktion der Temperatur bekannt ist. Das ist wegen $\frac{\partial u}{\partial T} = c - \gamma$ der Fall, wenn durch Messungen für die reagierenden Stoffe und das Reaktionsprodukt die sp. W. in ihrer Abhängigkeit von der Temperatur festgestellt wurde (§ 51).

Das noch unbestimmt bleibende additive Glied bT läßt sich beseitigen, wenn es auf irgendeinem Wege, etwa durch Vollzug der Reaktion in einem umkehrbaren galvanischen Element gelingt, die

Affinität auch nur bei einer einzigen Temperatur zu ermitteln. Bezeichnen wir diesen der Temperatur T' zugehörigen Wert der Affinität mit h', so ist, wie man leicht findet, h für irgendeine andere Temperatur T aus der Gleichung

$$h = h' \frac{T}{T'} - T \int_{T'}^{T} \frac{u}{T^2} \, dT$$

berechenbar.

Es ist nun aber die experimentelle Bestimmung der Affinität selbst nur bei einer einzigen Temperatur oft recht schwierig, ja bisweilen unmöglich und so war es für die Ermittlung chemischer Affinitäten von großer Bedeutung, als Nernst darauf hinwies, daß aus $\left(\frac{\partial h}{\partial T}\right)_v = 0$ für $T = 0$ folgt, daß die Integrationskonstante b gleich Null ist. Dann ergibt sich

$$h = - T \int \frac{u}{T^2} \, dT$$

und die Affinität wird aus thermischen Daten allein berechenbar.

Nehmen wir z. B. an, daß die sp. W. aller Reaktionsteilnehmer und des Reaktionsproduktes sich als Potenzreihen von T entwickeln lassen. Dann ist auch $c - \gamma$ in der Form

$$c - \gamma = \left(\frac{\partial u}{\partial T}\right)_v = \alpha + \beta T + \gamma T^2 + \ldots$$

darstellbar, wobei nach dem Nernstschen Satz $\alpha = 0$ sein muß. Weiters ergibt sich infolgedessen

$$u = u_0 + \frac{\beta}{2} T^2 + \frac{\gamma}{3} T^3 + \ldots .$$

Die in dieser Formel auftretende Konstante $u_0 = h_0$, d. h. die Wärmetönung oder Affinität für $T = 0$, läßt sich aus einer einzigen Bestimmung der Wärmetönung bei beliebiger Temperatur errechnen. Es ist somit schließlich

$$h = - T \int \frac{u}{T^2} \, dT = - T \left[- \frac{u_0}{T} + \frac{\beta}{2} T + \frac{\gamma}{6} T^2 + \ldots \right] =$$

$$u_0 - \frac{\beta}{2} T^2 - \frac{\gamma}{6} T^3 - \ldots .$$

Die auf die verschiedenste Weise vorgenommene Prüfung dieser Rechnungen an der Erfahrung hat sie durchaus bestätigt, besonders wenn man für die Darstellung der Temperaturabhängigkeit der sp. W. statt Potenzreihen die Formeln der Quantentheorie anwendet.

Es ist zu bemerken, daß unter Wärmetönung nicht nur die Reaktionswärme einer chemischen Verbindung, sondern auch die Umwandlungswärme einer einfachen Substanz von einer Aggregatsform in die andere verstanden werden kann, wobei dann die „Affinität" ein Maß der Kräfte ist, mit der sich diese Umwandlung vollzieht. So erfährt z. B. Schwefel beim Erhitzen über 100° eine Umwandlung aus der rhombischen in die monokline Form unter Aufnahme von Wärme und nach Rückkühlung auf Temperaturen, die unter 100° liegen, eine Rückverwandlung aus der monoklinen in die rhombische Form unter Abgabe von Wärme. Sie wurde in ihrer Temperaturabhängigkeit durch den Versuch als

$$u = 1{\cdot}57 + 1{\cdot}15 \,.\, 10^{-5} T^2 \frac{\text{cal}}{\text{gr}}$$

bestimmt.

Daß diese Bestimmung bei dem konstanten Druck der Atmosphäre, statt bei konstantem Volumen vorgenommen wurde, macht nichts aus, da die äußere Arbeit sehr klein ist. Dann muß die Differenz der sp. W. des monoklinen und rhombischen Schwefels durch

$$c - \gamma = \frac{T}{\partial} = 2{\cdot}30 \,.\, 10^{-5}\, T$$

gegeben sein, was die Versuche bestätigt haben. Für die Affinität ergibt sich

$$h = 1{\cdot}57 - 1{\cdot}15 \,.\, 10^{-5} T^2 \frac{\text{cal}}{\text{gr}},$$

in bester Übereinstimmung mit den Werten, welche man hierfür durch Versuche über die Löslichkeit beider Modifikationen in verschiedenen Lösungsmitteln erhalten hat:

ϑ^0	h beob.	h ber.
0	0·72	0·71
15·5	0·64	0·61
25·3	0·57	0·55

Desgleichen kann man den Umwandlungspunkt, d. h. diejenige Temperatur, bei welcher rhombischer und monokliner Schwefel miteinander im Gleichgewicht stehen, ohne daß Umwandlung eintritt, aus der Annahme berechnen, daß dort h gleich Null wird. Es folgt $T = 369{\cdot}5$ (96·5° C), während die Messung 95·4° C ergibt. Da diese Messung tatsächlich unter dem konstanten Druck der Atmosphäre ausgeführt wurde, ist auch bei diesem Vergleich die Volumsänderungsarbeit vernachlässigt.[1]

Es sei noch erwähnt, daß bei Kenntnis von u die Größe h aus dem Nernstschen Satz auch auf zeichnerischem Wege ermittelt werden kann. Zieht man von einem Punkt der u-Kurve Parallele zur Ordinaten- und Abszissenachse und verbindet den Schnittpunkt der ersten Parallelen mit der h-Kurve mit dem Schnittpunkt der zweiten Parallelen mit der Ordinatenachse, so ist nämlich im so gebildeten rechtwinkeligen Dreieck

$$\operatorname{tg} \alpha = \frac{u - h}{T} = -\left(\frac{\partial h}{\partial T}\right)_v,$$

[1] Bei konstantem Druck ist nämlich im Gleichgewichtsfall eigentlich nicht $h_A - h_B = 0$, sondern $g_A - g_B = 0$, wo g das thermodynamische Potential bedeutet, wie im folgenden Paragraphen ausgeführt wird.

d. h die Hypotenuse CB des Dreiecks hat die Richtung der im Punkt B an die h-Kurve gelegten Tangente. Indem man also vom gemeinsamen Anfangspunkt beider Kurven ausgeht und berücksichtigt, daß dort die Tangente horizontal verläuft, kann man auf der u-Kurve schrittweise weitergehend tangentenweise die h-Kurve als gebrochenen Linienzug gewinnen. Es wurde auch bereits ein Apparat beschrieben, der diese Konstruktion automatisch ausführt.

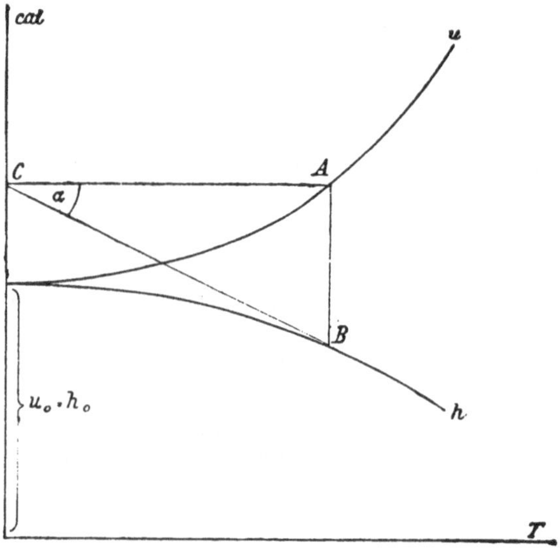

Fig. 96.

Natürlich ist durch alles Vorhergehende die freie Energie nur als Funktion der Temperatur festgelegt, während ihre Abhängigkeit vom spezifischen Volumen offen bleibt. Sie läßt sich bestimmen, falls man die Zustandsgleichung kennt. So ergibt sich für das ideale Gas aus

$$p = \frac{RT}{v} = -\frac{1}{A}\left(\frac{\partial h}{\partial v}\right)_T$$

$$h = -ART\ln v + C,$$

wo die Integrationskonstante C noch Funktion der Temperatur ist, hingegen das Volumen nicht enthält. Daraus folgt auch

$$u = h - T\left(\frac{\partial h}{\partial T}\right)_v = -ART\ln v + C + ART\ln v - TC' = -TC' + C,$$

wo C' die Ableitung der Funktion C, also $-TC' + C$ ebenfalls eine reine Temperaturfunktion bedeutet. Es ist also für das ideale Gas u nur von der Temperatur abhängig, ein Satz, den wir in § 63 bereits auf anderem Wege bewiesen haben.

Analog folgt für eine Substanz, die der van der Waalsschen Gleichung gehorcht, aus

$$p = \frac{RT}{v-b} - \frac{a}{v^2} = -\frac{1}{A}\left(\frac{\partial h}{\partial v}\right)_T$$

$$h = -ART\ln(v-b) - \frac{Aa}{v} + C$$

und

$$u = h - T\left(\frac{\partial h}{\partial T}\right)_v = -\frac{Aa}{v} - TC' + C.$$

Hier ist also u auch noch vom Volumen abhängig.

Endlich wird für nassen Dampf

$$h = u - Ts = c_p \vartheta + \varrho x - T c_p \ln \frac{T}{273} - r x = c_p \left(\vartheta - T \ln \frac{T}{273}\right) - A \pi \varphi x,$$

wenn man für die Zählung der freien Energie ebenso wie für die von u und s die bei 0° C siedende Flüssigkeit als Ausgangspunkt wählt.

Doch ist zu betonen, daß für feste und flüssige Körper oder für Systeme, die nur aus flüssigen und festen Körpern bestehen, also keinen Stoff in gas- oder dampfförmigem Zustand enthalten, sogenannte „kondensierte Systeme", innerhalb der Grenzen des Drucks, bei dem die Bestimmungen ausgeführt werden, die Veränderlichkeit der freien Energie mit der Dichte praktisch kaum in Frage kommt.

§ 104. Das thermodynamische Potential.

Die dritte charakteristische Funktion, die hauptsächlich durch die Arbeiten von Duhem und Gibbs in die Thermochemie Eingang fand, ist durch den Ausdruck

$$g = u - Ts + Apv$$

gegeben, ihr Zusammenhang mit i und h somit durch die Beziehungen

$$g = i - Ts = h + Apv.$$

Denken wir uns g als Funktion von T und p gegeben, so folgt zunächst aus

$$dg = du - T ds - s dT + A p dv + A v dp = - s dT + A v dp,$$

$$s = -\left(\frac{\partial g}{\partial T}\right)_p \quad \text{und} \quad v = \frac{1}{A}\left(\frac{\partial g}{\partial p}\right)_T,$$

ferner

$$u = g + Ts - Apv = g - T\left(\frac{\partial g}{\partial T}\right)_p - p\left(\frac{\partial g}{\partial p}\right)_T$$

und

$$i = g + Ts = g - T\left(\frac{\partial g}{\partial T}\right)_p.$$

Es gilt somit auch die der Helmholtzschen Gleichung ähnliche Beziehung

$$g = i + T\left(\frac{\partial g}{\partial T}\right)_p. \tag{X}$$

Das thermodynamische Potential erweist sich vor allem dort als nützlich, wo es sich um Veränderungen handelt, die bei konstanter Temperatur und konstantem Druck vor sich gehen. Für solche Veränderungen folgt

$$dg = - s dT + A v dp = 0, \quad \text{d. h.} \quad g = \text{const.}$$

Wenn also, wie z. B. bei den Aggregatsänderungen, der Körper bei einem bestimmten Druck und bei einer bestimmten Temperatur gleichzeitig in zwei Zuständen in jedem beliebigen Mengenverhältnis bestehen kann, so ist dort das thermodynamische Potential in beiden Zuständen pro Mengeneinheit gleich groß.

Das kann auch unmittelbar aus dem I. Hauptsatz

$$dq = du + A p dv$$

gefolgert werden. Bei bestimmter Temperatur T wird offenbar dann Gleichgewicht zwischen beiden Aggregatsformen herrschen, wenn der Druck einen ganz bestimmten Wert p besitzt, der dadurch gegeben ist, daß bei der Überführung der Stoffmenge dx aus der Form 1 in die Form 2 die hierbei verbrauchte latente Wärme genau so groß ist wie die hierdurch bewirkte Energieveränderung vermehrt um die hierbei geleistete Arbeit, d. h. es ist

$$dx\int_1^2 dq = dx\int_1^2 T ds = dx\int_1^2 du + dx A\int_1^2 p dv$$

oder, da T und p bestimmte Größen sind,

$$u_1 - T s_1 + A p v_1 = u_2 - T s_2 + A p v_2 .$$

Es ist also

$$g_1 = g_2 .$$

Da diese Potentiale als Funktionen von p und T zu denken sind, so bedeutet $g_1 = g_2$ die Beziehung, die zwischen p und T im Fall des Gleichgewichts besteht, d. h. die Gleichung der betreffenden Umwandlungskurve in der Tp-Fläche, z. B. der Verdampfungs- Schmelz- oder Sublimationskurve.

Analog gilt für den Tripelpunkt

$$g_1 = g_2 = g_3 ;$$

denn da nach dem Vorstehenden der Stoff in der ersten und zweiten Aggregatsform nur dann im Gleichgewicht bestehen kann, wenn $g_1 = g_2$ ist, in der zweiten und dritten, wenn $g_2 = g_3$ und endlich in der ersten und dritten, wenn die Gleichung $g_1 = g_3$ gilt, so kann er in allen drei Formen zugleich nur dann im Gleichgewicht bestehen, wenn die obige Doppelgleichung erfüllt ist. Sie bestimmt die beiden Veränderlichen p und T vollständig, d. h. es gibt nur diskrete Punkte, in denen für einen Stoff die Koexistenz dreier Formen im Gleichgewicht möglich ist. Tritt noch eine vierte Form (z. B. eine zweite feste Modifikation) hinzu, so wäre jetzt für den Fall des vierfachen Gleichgewichts p und T aus der dreifachen Gleichung $g_1 = g_2 = g_3 = g_4$ zu bestimmen, was im allgemeinen nicht mehr möglich ist. Es ist daraus zu schließen, daß ein einzelner Stoff in nicht mehr als drei verschiedenen Formen im Gleichgewicht koexistieren kann. Sind mehr als drei Formen möglich, so wächst wohl die Zahl der Tripelpunkte, ohne daß es zu vier- oder gar noch mehrfachen Punkten kommt.

Diese Schlüsse lassen sich nach Gibbs in bemerkenswerter Weise auf den Fall erweitern, daß das System nicht aus einem einzelnen Körper besteht, sondern aus mehreren Körpern zusammengesetzt ist.

Was die Berechnung der Änderung des thermodynamischen Potentials durch eine chemische Reaktion betrifft, so erfolgt sie auf genau demselben Wege wie die der Affinität, nachdem die Beziehungen (IX) und (X) der Form nach gleich sind. Es ist also in vollkommener Analogie mit Gleichung (64)

$$g = g_A - g_B = -T\int \frac{i}{T^2}\,dT + b'T,$$

wobei aber jetzt die Integration nicht bei konstantem Volumen, sondern bei konstantem Druck auszuführen ist und das von T unabhängige b' noch Funktion von p sein kann. Die Wärmetönung bei konstantem Druck $i = i_A - i_B$ läßt sich ebenso wie die bei konstantem Volumen in ihrer Temperaturabhängigkeit ermitteln, wenn die sp. W. der Reaktionsteilnehmer und des Reaktionsproduktes bis zu den tiefsten Temperaturen bekannt ist. Natürlich handelt es sich aber jetzt um die sp. W. bei konstantem Druck. Da es zudem die sp. W. bei konstantem Druck ist, welche bei festen und flüssigen Körpern durch den Versuch einzig und allein ermittelt wird und sich auch die gemessenen Wärmetönungen fast immer auf konstanten Druck (Atmosphärendruck) beziehen, so ist es gar nicht die Affinität, sondern die Änderung des thermodynamischen Potentials, was tatsächlich nach dem im vorhergehenden Paragraphen auseinandergesetzten Verfahren mittels des Nernstschen Satzes erhalten wird, wenn man, wie dies stets geschehen ist, statt mit der Wärmetönung bei konstantem Volumen mit der bei konstantem Druck rechnet. Da aber

$$\begin{aligned} g_A - g_B &= u_A - u_B - (Ts_A - Ts_B) + A(pv_A - pv_B) \\ &= h_A - h_B + Ap(v_A - v_B) \end{aligned}$$

ist, so sieht man ein, daß sich die so berechnete Größe von der Affinität nur um den Betrag $Ap(v_A - v_B)$ unterscheidet, der bei kondensierten Systemen unbedenklich vernachlässigt werden kann.

Sachverzeichnis.

Kolibri 360 GmbH
Ferdinand-Jühlke-Straße 7
99095 Erfurt, Deutschland
produktsicherheit@kolibri360.de